NOUVEAUX ÉLÉMENTS
DE GÉOMÉTRIE

A L'USAGE DES CLASSES SUPÉRIEURES DES LYCÉES
DES ASPIRANTS AU BACCALAURÉAT ÈS SCIENCES
ET DES CANDIDATS AUX ÉCOLES POLYTÉCHNIQUE,
SPÉCIALE MILITAIRE, NAVALE, CENTRALE, ETC.

Par M. E. A. TARNIER

DOCTEUR ÈS SCIENCES, ANCIEN EXAMINATEUR POUR L'ADMISSION
A L'ÉCOLE SPÉCIALE MILITAIRE DE SAINT-CYR.

TOME Ier

GÉOMÉTRIE PLANE.

PARIS

IMPRIMERIE ET LIBRAIRIE CLASSIQUES

MAISON JULES DELALAIN ET FILS

DELALAIN FRÈRES, Successeurs

56, RUE DES ÉCOLES.

NOUVEAUX ÉLÉMENTS
DE GÉOMÉTRIE.

TOME Ier.

Livres I-IV. — Géométrie plane.

NOUVEAUX ÉLÉMENTS
DE GÉOMÉTRIE

A L'USAGE DES CLASSES SUPÉRIEURES DES LYCÉES
DES ASPIRANTS AU BACCALAURÉAT ÈS SCIENCES
ET DES CANDIDATS AUX ÉCOLES POLYTECHNIQUE,
SPÉCIALE MILITAIRE, NAVALE, CENTRALE, ETC.

Par M. E. A. TARNIER

DOCTEUR ÈS SCIENCES, ANCIEN EXAMINATEUR POUR L'ADMISSION
A L'ÉCOLE SPÉCIALE MILITAIRE DE SAINT-CYR.

> L'Arithmétique et la Géométrie sont
> les deux ailes des Mathématiques.
> LAGRANGE.

TOME Iᵉʳ

GÉOMÉTRIE PLANE.

PARIS
IMPRIMERIE ET LIBRAIRIE CLASSIQUES
MAISON JULES DELALAIN ET FILS
DELALAIN FRÈRES, Successeurs
56, RUE DES ÉCOLES.

PRÉFACE.

Si l'on admet l'aphorisme d'après lequel *quiconque a beaucoup entendu a beaucoup appris*, on trouvera tout naturel que j'aie
publié des *Éléments de Géométrie*. Peut-être même dira-t-on
que j'aurais dû le faire plus tôt, alors surtout que, de nos jours,
les nombreuses publications se succèdent avec une prodigieuse
rapidité. Mais si, en usant d'une sage lenteur, j'ai suivi le chemin
le plus long, nul ne pourra nier que j'aie suivi le chemin le plus
sûr.

Oui, j'ai beaucoup entendu, tant à Paris que dans les départe-
ments, sur les matières de *géométrie*. C'est que, en effet, cette
science capitale, fondamentale, « l'une des deux ailes des mathématiques, » comme disait LAGRANGE, a fait partie, pendant près
de vingt ans, des interrogations auxquelles je soumettais, comme
examinateur, les candidats à l'école spéciale militaire de Saint-
Cyr.

Oui, je les ai entendus exposer avec plus ou moins de clarté
les diverses méthodes enseignées par les professeurs des lycées,
des écoles préparatoires, *etc.*, et j'ai pu, à loisir, comparer ces
méthodes entre elles, pour ensuite adopter la meilleure.

Dans les différents centres d'examen, comprenant quatre ré-
gions de la France, j'ai vu se reproduire les mêmes fautes, les
mêmes erreurs, comme si elles avaient été puisées à la même
source. A quelle source ? Je l'ignore. Je ne veux ici que con-
stater le fait ; je ne le discute pas.

J'ai fini par connaître la cause de certaines difficultés contre
lesquelles venait échouer la presque totalité des futurs officiers
de l'armée.

Comme, à chaque session d'examen, je classais soigneusement
les précieux documents acquis par une sorte d'inspection générale,

faite sur une grande échelle, on me permettra de dire qu'un livre composé avec de pareils éléments, un livre pris, pour ainsi dire, sur le vif, fait par les candidats eux-mêmes, et en quelque sorte en collaboration avec eux, doit inspirer une certaine confiance aux professeurs et aux élèves.

Il suffira de le feuilleter, pour être frappé de son peu de ressemblance avec ses devanciers. A quoi bon augmenter la liste des classiques sortis du même moule, et tellement calqués les uns sur les autres, que par un seul on les connaît tous ?

Quant à la publication de ces éléments en deux parties, distribuées en deux volumes, l'un pour la géométrie à *deux* dimensions[1], l'autre pour la géométrie à *trois* dimensions, cela m'était absolument nécessaire d'après mon plan. Je visais, en effet, à faire quelque chose de vraiment substantiel, au point de vue de la rigueur des démonstrations, et de l'incorporation dans le texte de certaines questions qui reviennent sans cesse dans les *concours* et les *examens*.

En ce qui concerne le niveau d'enseignement que j'ai adopté, il sera jugé peut-être trop élevé par les esprits superficiels ; mais je n'écris pas pour eux, je m'adresse aux élèves sérieux, et je leur dis : Parcourez la liste des questions de géométrie proposées au baccalauréat ès sciences comme sujets de composition, et vous serez convaincus que ce n'est pas avec les petites géométries à la Clairaut, avec les géométries incomplètes, pauvres de démonstrations rigoureuses, que vous pourrez franchir avec succès l'épreuve qui détermine l'admissibilité aux épreuves orales.

Ce n'est pas tout : je crois devoir reproduire ici la substance d'une conversation que j'ai eue, l'année dernière, avec un professeur d'un des lycées de Paris. Voici quelles étaient ses doléances :

« Depuis la fameuse *bifurcation*, la géométrie n'a plus l'im-

---

1, Il y a des concours pour lesquels on n'exige que la géométrie plane : lui consacrer un livre spécial, c'est donc une bonne idée.

« portance d'autrefois ; elle n'est plus cette belle *gymnastique de
« l'esprit*, qui nous donnait des sujets capables et nous prépa-
« rait de vrais mathématiciens. Aujourd'hui, c'est triste à dire,
« on entre à l'école polytechnique sans savoir la géométrie comme
« on la savait au temps de Poisson, d'Arago, de Leverrier, *etc.*
« Aussi n'avons-nous plus de sujets hors ligne en fait de
« science. Il faut se hâter de rendre à la géométrie pure, abstraite,
« spéculative, en un mot rationnelle, la place qui, à tous les points
« de vue, lui appartient de droit. Comme remède au mal, on de-
« vrait faire de la géométrie un *prix d'honneur au concours gé-
« néral de la Sorbonne.* Le temps presse, car voilà que les
« regards commencent à se porter du côté de l'étranger : on va
« jusqu'à dire que c'est dans une ville autre que Paris que se
« trouvent maintenant les meilleurs traités de *calcul différentiel
« et intégral.* »

Un pareil langage, tenu par un homme compétent, sorti de
l'École normale supérieure, n'était certes pas fait pour me persuader de publier une géométrie anodine, n'ayant, comme l'on
dit, ni vice ni vertu, ne renfermant rien de nouveau, rien d'origi-
nal. Cette espèce de révélation ne fit donc que me confirmer dans
mon projet de contribuer, dans la mesure de mes forces, à faire
revivre un enseignement qui, dans l'antiquité, servait de préparation à la philosophie ; et voilà pourquoi ces *Éléments* ont un caractère qui leur est propre.

J'appelle particulièrement l'attention sur la nouvelle marche
que j'ai adoptée pour la *mesure des volumes.* Au lieu de *mélan-
ger le parallélipipède* avec le *prisme,* d'aller du premier au second, pour revenir ensuite, dans l'enseignement didactique, du second au premier, ce qui n'est ni simple, ni logique, je fais de la
mesure du prisme un corollaire de celle du parallélipipède, qui,
à mon avis, est assez puissant par lui-même pour se passer de
l'auxiliaire que je viens d'indiquer. Ceci est, d'ailleurs, en corrélation avec la méthode que j'ai suivie pour le *rectangle,* dont la
mesure est établie sans l'intervention du *triangle.* Grâce à ce
changement, les élèves ne seront plus embarrassés pour exposer

dans un examen l'enchaînement des idées relatives aux surfaces et aux volumes.

Quant à la nouvelle disposition des figures, pour laquelle les éditeurs ont épuisé les ressources de l'*art typographique*, elle offre, fort agréablement, un avantage qui saute aux yeux. Parcourir ainsi ces dessins, admirablement exécutés, uniformément disposés à la partie supérieure de chaque page, c'est faire, en quelque sorte, ce que chacun de nous connaît : c'est considérer dans les différentes galeries d'un musée, un à un, les tableaux de peinture qui y sont exposés. Cette étude préalable, à la simple vue, « *par l'aspect* » des beautés géométriques, est une innovation qui certainement plaira d'autant plus aux élèves, qu'ils n'auront jamais besoin de retourner les pages pour avoir sous les yeux les figures indiquées dans le texte. A cette occasion, j'ai les plus grands remerciements à adresser à MM. Guilloud et Laporte, qui m'ont vaillamment secondé pour cette partie de l'ouvrage, tout en me faisant bénéficier de leurs judicieuses observations pour le texte proprement dit.

E. A. TARNIER.

GÉOMÉTRIE RATIONNELLE

INTRODUCTION

INTRODUCTION

FONDÉE SUR LES IDÉES NATURELLES.

I. Il n'est personne qui, avant d'aborder l'étude d'une science, quelle qu'elle soit, n'en possède certaines notions que la Nature, notre premier maître, fait entrer à notre insu dans l'esprit de chacun.

II. Cependant ce sont ces notions imparfaites, et que l'on ne sait pas encore définir, qui servent de point de départ, de fondement : sans elles, on ne pourrait rien faire, on ne pourrait rien démontrer.

III. A ce point de vue, la *Géométrie* est dans des conditions exceptionnellement favorables ; car, plus que toute autre branche de l'enseignement, elle abonde en idées premières ou naturelles. En effet, qui ne connaît, plus ou moins, la *ligne droite* et la *règle* ; la *circonférence* et le *compas* ; l'*angle*, la droite *oblique*, la droite *perpendiculaire*...; le *plan* ou *surface plane*, le *parallélisme* des droites...: le *triangle*, le *rectangle*, le *carré*... ; le *cube*, la *pyramide*... ; la *sphère*, le *cône* et le *cylindre ?* Ces connaissances, en quelque sorte innées, tiennent surtout à ce que les objets qui nous environnent, et dont plusieurs nous sont familiers par l'usage pratique que nous en faisons, affectent une forme plus ou moins *géométrique :* en effet, qu'est-ce que l'Architecture, à laquelle nous devons nos habitations, les ornementations, *etc.*, si ce n'est de la *Géométrie pratique?*

IV. C'est donc sur une géométrie *naturelle* qu'est basée la géométrie *rationnelle* ou de raisonnement. L'ancienne Grèce est citée, avec raison, comme ayant été le berceau de cette belle conception de l'esprit humain. La géométrie y fut cultivée avec le plus grand succès par d'illustres philosophes[1]. L'un d'eux, Platon, avait pour cette science une admiration telle, au point de vue de la logique, qu'il en faisait la base de son enseignement philosophique : aussi lisait-on sur le frontispice de son Académie ou École, ce court programme : « *Nul n'entre ici, s'il n'est géomètre.* »

Pour ces hommes, dont les noms sont voués à l'immortalité, le Créateur était un géomètre, et *le plus grand des géomètres.*

V. Pour exposer les préliminaires qui nous sont nécessaires, examinons (*fig.* I) le petit solide en bois dont voici la représentation en perspective[2] :

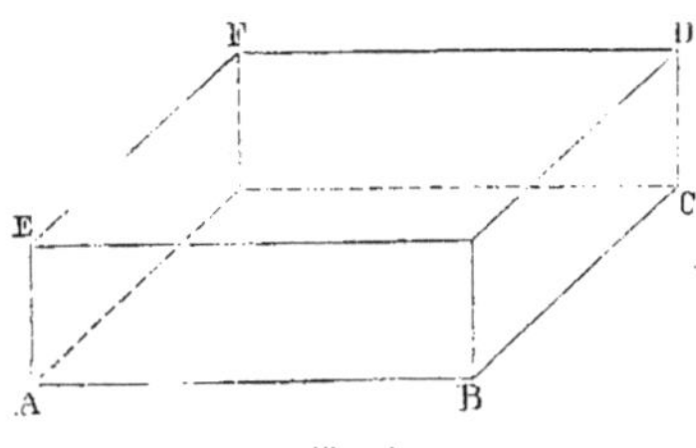

Fig. I.

Ce solide s'appelle *corps :* c'est le nom que l'on donne à tout ce qui tombe sous nos sens.

---

1. Thalès, Pythagore, Anaximandre, Anaxagore, Hippocrate de Chio, Archimède, Euclide...

2. *Parallélipipède rectangle.* Il fait partie de la collection des solides dont on se sert dans les cours pour faciliter l'enseignement de la géométrie à trois dimensions.

VI. Parmi les propriétés de ce corps, telles que la *matière* dont il est formé, telles que son *poids*, sa *densité*, etc., il en est une dont on s'occupe presque exclusivement en géométrie : c'est son *volume*, c'est-à-dire la place déterminée qu'il occupe dans l'espace indéfini où sont situés tous les corps de la nature.

VII. Ce corps nous présente extérieurement plusieurs *faces*, dont la réunion forme ce qu'on appelle sa *surface*.

VIII. Chacune de ces faces est terminée par ce qu'on appelle des *lignes* ou *arêtes*.

IX. Enfin, ces lignes elles-mêmes ont des extrémités qu'on appelle *points* ou *sommets*.

En résumé, les mots : *Volume, surface, ligne, point,* désignent des choses inhérentes aux solides dont nous aurons à étudier les propriétés [1].

X. La *longueur* [AB] d'un solide (*fig.* I et II) est, de toutes les lignes de sa surface, celle qui a la plus grande étendue :

A   B

Fig. II.

L'*épaisseur* [CD] (*fig.* I et III) est celle qui est la plus petite :

C   D

Fig. III.

Enfin la *largeur* [EF] (*fig.* I et IV) est celle qui est comprise entre les deux autres : plus petite que l'une, et plus grande que l'autre.

E   F

Fig. IV.

---

1. Les auteurs, qui ne séparent pas la Géométrie de la *Mécanique*, expliquent la *génération* de la ligne par le mouvement d'un point, la génération de la surface par le mouvement d'une ligne, et la génération du solide par le mouvement d'une surface.

La *longueur*, l'*épaisseur* et la *largeur* sont ce qu'on appelle les *trois dimensions* du solide.

XI. Quant aux *surfaces*, elles n'ont que *deux dimensions* : *longueur* et *largeur*.

XII. Les *lignes* n'en ont qu'une, la *longueur*.

XIII. Enfin, le *point* n'a pas d'étendue ; il n'a de dimension ni dans un sens ni dans un autre.

XIV. Il est vrai que, lorsque dans la réalité on isole une surface du corps auquel elle appartient, on enlève à ce corps une partie de son volume, ce qui donne à cette surface une certaine *épaisseur* ; mais comme dans le raisonnement on en fait *abstraction*, c'est comme si cette épaisseur n'existait pas.

De même, lorsqu'on isole une ligne d'une surface, on donne à cette ligne une certaine *largeur* ; mais on n'en tient pas compte.

Enfin, lorsqu'on isole un point d'une ligne, on donne à ce point une certaine *étendue* ; mais on en fait aussi abstraction.

XV. Les *corps*, les *surfaces* et les *lignes* se désignent sous le nom générique de *figures*.

XVI. La *Géométrie* est *la science de l'étendue figurée*.

XVII. Il y a deux sortes de géométrie élémentaire :
La géométrie *pratique*, ou *industrielle* ;
La géométrie *théorique*, ou *rationnelle*.

Dans la première, il n'y a *pas de surface sans épaisseur ; pas de ligne sans largeur ; pas de point sans étendue*. Cette épaisseur, cette largeur, cette étendue, sont celles qui proviennent de l'artiste ou du dessinateur. Dans la seconde, au contraire, *les surfaces sont sans épaisseur ; les lignes sont sans largeur ; les points sont sans figure et sans étendue*.

Dans la première, l'exactitude des dessins faits à main levée ou avec des instruments a une telle importance, que souvent cette exactitude tient lieu de *démonstration*. Dans la seconde, au contraire, cette exactitude est si peu nécessaire pour prouver une vérité, qu'il est permis de dire que : « *On raisonne juste sur des figures fausses.* »

La première est une *éducation de l'œil et de la main*, tandis que l'autre est une véritable *gymnastique de l'esprit*.

XVIII. On dit que deux figures sont *égales* lorsqu'elles peuvent être *superposées* ou appliquées l'une sur l'autre de manière à se confondre dans toutes leurs parties : on dit alors qu'elles *coïncident*.

De la ligne droite.

XIX. La notion de la *ligne droite*, ou de la *droite*, est une une idée tellement naturelle, et par suite indéfinissable, que l'on dit : « *Aller droit devant soi* » quand, ne rencontrant aucun obstacle, on veut aller d'un endroit à un autre *par le chemin le plus court*; ce qui en géométrie rationnelle s'exprime ainsi :

« *La ligne droite* [AB] (*fig.* V) *est le plus court chemin d'un point à un autre.* »

A ——————————————————— B

Fig. V.

XX. Toute droite *finie* [AB] (*fig.* VI) doit être considérée

C —— A″ —— A′ —— A ———————— B —— B′ —— B″ —— D

Fig. VI.

comme étant une partie d'une autre droite finie [A′B′] plus grande que la première. De même A′B′ est une partie de A″B″, et ainsi de suite indéfiniment. En conséquence, toute droite finie est une portion de droite indéfinie. Chacune des parties AC, BD, se nomme *prolongement* de la droite AB.

On tire de ce principe les *conséquences* suivantes : 1° *Par deux points donnés* [A, B] (*fig.* V et VI) *on peut faire passer une ligne droite* [AB ou CABD], *mais on n'en peut faire passer qu'une.*

2° *Deux droites, finies ou indéfinies, qui ont deux points communs, coïncident.*

3° *Toute droite n'a qu'un seul prolongement soit dans un sens soit dans l'autre.*

4° La *direction* d'une droite finie AB (*fig.* VI) est la droite indéfinie CD à laquelle appartient AB.

5° *Deux droites* [AB, CD] (*fig.* VII) *ne peuvent se rencontrer qu'en un point* O.

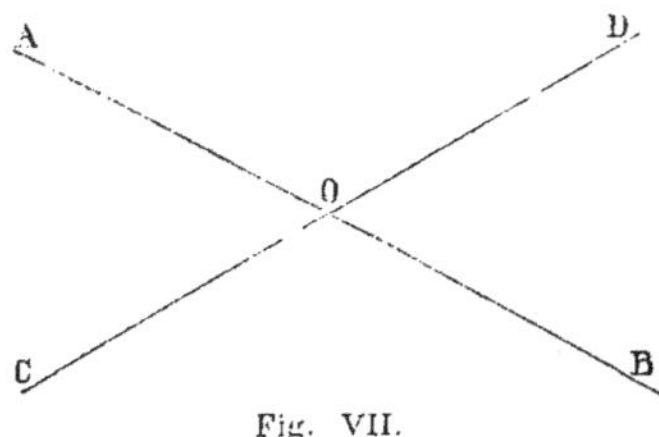

Fig. VII.

XXI. On appelle *ligne brisée* une ligne composée de plusieurs droites : telle est la ligne ABCDE (*fig.* VIII).

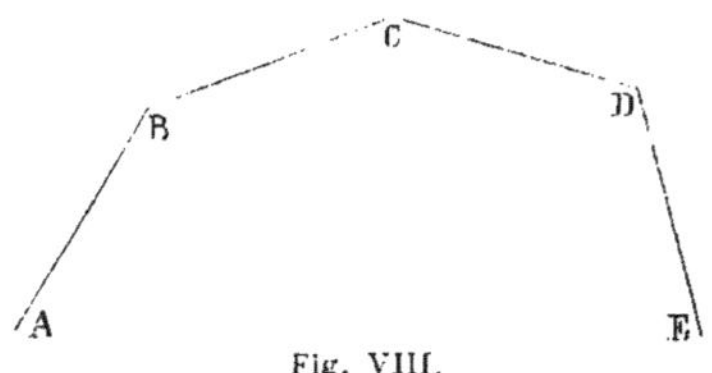

Fig. VIII.

XXII. On appelle *ligne courbe* une ligne dont aucune partie n'est droite : telle est la ligne ABC (*fig.* IX).

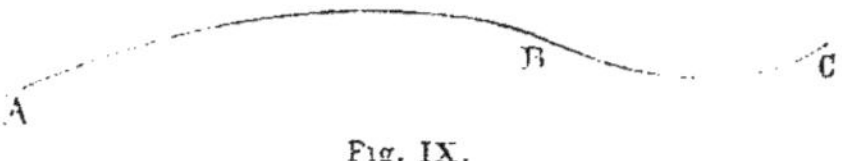

Fig. IX.

XXIII. On donne souvent le nom de *ligne mixte* à une ligne, en partie droite, en partie courbe : telle est la ligne ABCD (*fig*. X).

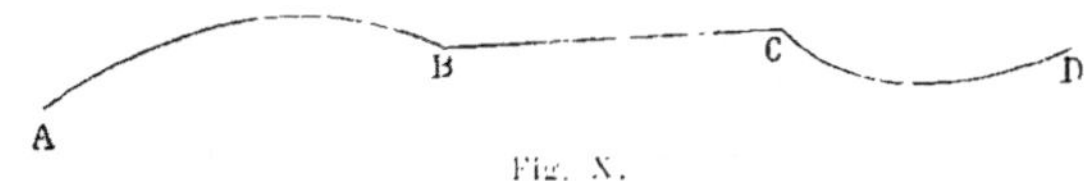

Fig. X.

Du plan.

XXIV. Le *plan* est une surface indéfinie [MN] (*fig*. XI) sur laquelle une droite [AB] peut être appliquée exactement partout dans tous les sens[1].

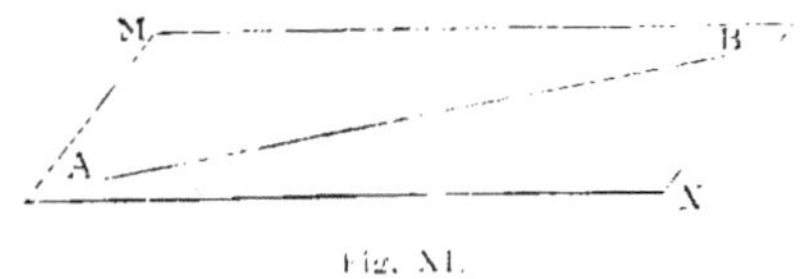

Fig. XI.

Division de la géométrie.

XXV. Conformément au plan adopté par Legendre, nous divisons la géométrie en deux parties :

Géométrie plane, comprenant quatre livres ;

Géométrie dans l'espace, comprenant le même nombre de livres.

La première est consacrée à l'étude des figures entièrement situées dans le même plan ; la seconde, à celles des figures qui sont contenues dans plusieurs plans.

---

1. Nous prouverons plus tard l'existence d'une pareille surface, autrement que par le procédé expérimental.

Termes usités en géométrie.

XXVI. Les mots techniques que nous allons faire connaître ne sont pas d'une absolue nécessité, mais ils ont l'avantage de servir à mieux distinguer les *propositions* qui sont à démontrer, et à mettre plus en relief les vérités sur lesquelles on veut appeler l'attention des élèves.

1° *Proposition*[1] : c'est l'expression d'un énoncé quelconque. Elle est affirmative ou négative.

2° *Axiome*[2] : c'est une vérité évidente par elle-même. Telles sont les propositions suivantes, qui interviennent souvent en géométrie :

Le tout est plus grand que chacune des parties dans lesquelles il a été divisé.

Le tout est égal à la somme des parties dans lesquelles il a été divisé.

Deux quantités séparément égales à une troisième sont égales entre elles.

3° *Théorème*[3] : c'est une vérité qui, pour être admise, exige un raisonnement appelé *démonstration*.

Dans tout théorème, il faut distinguer trois choses : 1° le *sujet*, ou l'objet dont on parle; 2° l'*hypothèse*, ou ce qu'on accorde ; 3° la *conclusion*, ou ce qu'il faut prouver[4].

Ainsi, quand en arithmétique on dit que *dans toute*

---

1. Du latin *propositio*.
2. Du grec *axióma*, croyance.
3. Du grec *theoréma*.
4. On peut encore dire que : *un théorème est une proposition telle qu'une certaine relation étant accordée entre plusieurs quantités, il en existe nécessairement une autre.* — Faire voir que la seconde est la conséquence de la première, c'est ce qu'on appelle *démontrer le théorème*.

proportion le produit des extrêmes est égal au produit des moyens, le *sujet* est une *proposition* ; l'*hypothèse*, ou la relation accordée, est que le rapport des deux premiers nombres est égal au rapport des deux autres ; la *conclusion* ou la relation à démontrer, est que le produit des extrêmes est égal au produit des moyens ; quant à la démonstration du principe, elle consiste à faire voir que la troisième est la conséquence nécessaire des deux autres [1].

4° *Réciproque* : c'est la proposition inverse de la première : l'hypothèse devient *conclusion*, et la conclusion devient *hypothèse*.

Les réciproques sont : les unes vraies et les autres fausses. Ces dernières jouent un rôle secondaire dans l'enseignement didactique.

5° *Problème* [2] : c'est une question dont on demande la réponse ou *solution*.

6° *Corollaire* [3] : c'est une vérité qui découle plus ou moins immédiatement d'un théorème démontré ou d'un problème résolu.

7° *Pétition de principe* : sophisme, ou mauvais raisonnement qui consiste à alléguer pour preuve ce qui fait l'objet même de la question. C'est ce qui a lieu quand, dans la démonstration d'un théorème, on s'appuie sur ce qu'il faut prouver.

8° *Cercle vicieux* : sophisme ou mauvais raisonnement qui consiste à donner pour preuve d'une allégation une proposition qui n'est pas encore établie. Supposons, par exemple, que pour démontrer le 12° théorème de la Géo-

---

1. Tout commençant fera bien, jusqu'à nouvel ordre, d'écrire à gauche ce qu'on accorde, à droite ce qu'on demande, et de placer la figure entre les deux.

2. Du grec *probléma*, de *proballo*, proposer.

3. Du latin *corollarium*, même signification.

métrie on s'appuie sur le 20ᵉ, on fera un cercle vicieux, puisque la 20ᵉ proposition, venant après la 12ᵉ, repose directement ou indirectement sur la 12ᵉ ; et comme on est tenu de démontrer le principe sur lequel on s'appuie, on ira de la 12ᵉ à la 20ᵉ et de la 20ᵉ à la 12ᵉ sans pouvoir sortir du cercle où l'on se sera maladroitement enfermé[1].

---

1. Voilà pourquoi on est obligé d'apprendre par cœur l'ordre dans lequel l'auteur a enchaîné les propositions. Parfois, il arrive qu'un élève remplace une longue démonstration par une autre beaucoup plus courte, alors que cette brièveté n'est due qu'à ce que les deux auteurs ont enchaîné différemment les propositions. Ce sont là des écueils sur lesquels il est nécessaire d'appeler l'attention de ceux qui étudient la géométrie pour la première fois.

PREMIÈRE PARTIE
GÉOMÉTRIE PLANE

LIVRE Ier

PRINCIPES FONDAMENTAUX

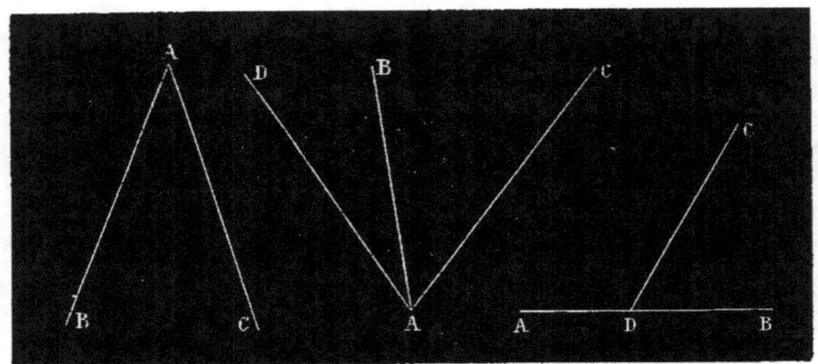

Fig. 1.   Fig. 2.   Fig. 3.

CHAPITRE Ier

LES ANGLES.

1. Lorsque deux droites [AB, AC][1] (*fig.* 1) partent d'un même point, elles forment ce qu'on appelle un *angle*[2].

Les *côtés* de cet angle sont les droites concourantes [AB, AC].

Le *sommet* est le point [A] d'où partent les côtés.

On *désigne* un angle par trois lettres en plaçant celle du sommet au milieu. Ainsi BAC ou CAB (*fig.* 1) désigne l'angle des deux droites AB, AC.

Lorsque l'angle est seul, une lettre suffit, celle du sommet [A] (*fig.* 1); dans le cas contraire, les trois sont nécessaires : DAB, ou BAC, ou DAC (*fig.* 2).

2. Définition I. *Angles adjacents.* On dit que deux angles [BAC, BAD] (*fig.* 2) sont *adjacents*[3], lorsqu'ils ont leur sommet [A] au même point, et un côté commun [AB], sans être l'un dans l'autre.

Définition II. *Angles adjacents sur une droite* (*fig.* 3). On

---

1. Nous ferons en commençant une observation importante. Nous avons mis entre crochets les lettres qui nous ont paru indispensables pour mieux préciser les définitions ; mais l'élève devra toujours, dans l'étude de ces définitions et surtout de l'énoncé des théorèmes et de leurs corollaires, apprendre par cœur le texte sans s'occuper de ces lettres.

2. Du latin *angulus.*

3. Du latin *ad jacere,* être situé auprès.

1.

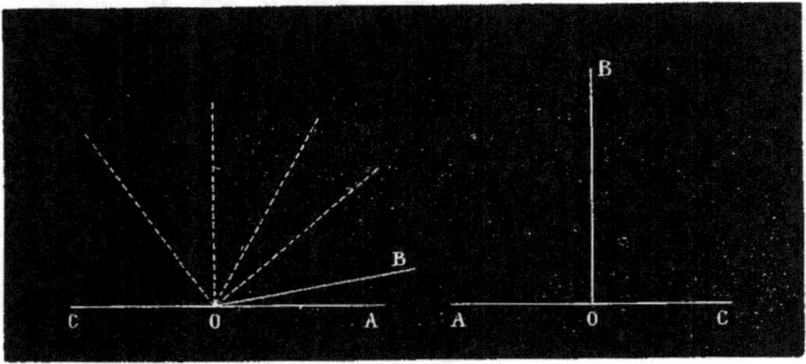

Fig. 4.   Fig. 5.

appelle ainsi deux angles adjacents remplissant cette condition remarquable qu'un des côtés de l'un [DA] est le prolongement d'un côté [BD] de l'autre [1].

3. GÉNÉRATION DE L'ANGLE. Concevons que deux droites, OA, OB (*fig.* 4), soient d'abord couchées l'une sur l'autre, de manière à se confondre; puis que OB, tournant autour du point O comme autour d'un pivot, s'écarte progressivement de OA; OB engendrera une suite d'angles de plus en plus grands, et il n'y aura plus d'angle lorsque, dans ce mouvement rotatoire, OB coïncidera avec OC, prolongement de AO.

Parmi les diverses positions de la ligne mobile, il y en a une qu'il importe de remarquer : c'est la position OB (*fig.* 5), telle que la droite ne penche ou ne s'incline ni d'un côté ni de l'autre par rapport à AC. On dit alors que OB *tombe d'aplomb* sur AC, ou, d'après le langage de la géométrie rationnelle (qui n'est pas toujours celui de la géométrie *pratique*), que OB est *perpendiculaire* sur AC. De là découle la définition suivante :

4. PERPENDICULARITÉ[2]. *Une droite* [OB] *(fig.* 5) *est dite perpendiculaire sur une autre* [AC] *lorsqu'elle fait avec celle-ci deux angles adjacents* [AOB, COB] *égaux entre eux*. Chacun de ces angles se nomme *angle droit*.

---

1. C'est à tort qu'on ne définit ordinairement que cette position des angles adjacents.

2. De *per*, à travers, et *pendere*, être suspendu.

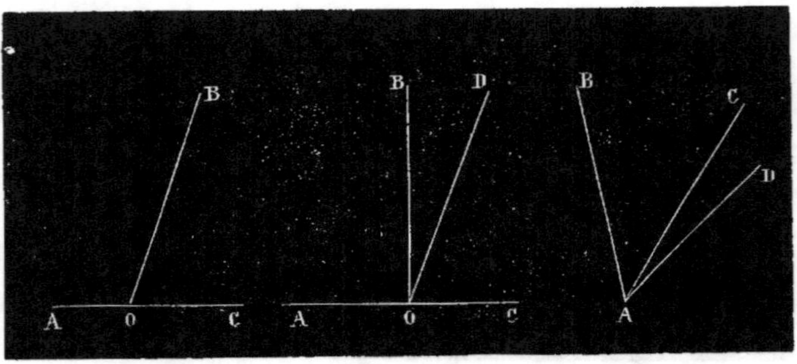

Fig. 6.   Fig. 7.   Fig. 8.

Par opposition à la *perpendicularité de deux droites*, on dit qu'une droite [OB] (*fig.* 6) est *oblique* sur une autre [AC] quand la première fait avec la seconde deux angles adjacents [AOB, BOC] inégaux entre eux.

Le plus petit des deux, BOC, se nomme angle *aigu ;* le plus grand, AOB, se nomme angle *obtus.* Ainsi l'angle *aigu* est celui qui est plus petit que son adjacent sur une même droite, et l'angle *obtus* celui qui est plus grand.

On voit également que l'angle *droit* [AOB] (*fig.* 7) tient le milieu dans les espaces occupés par l'angle *obtus* [AOD] et l'angle *aigu* [COD] :

$$COD < COB < AOD.$$

REMARQUES. Un angle, considéré comme quantité, ne dépend pas de la longueur de ses côtés.

On considère comme égaux deux angles, lorsque, en les plaçant l'un sur l'autre, leurs côtés coïncident en partie ou en totalité, à partir du sommet.

Les angles, comme toutes les *grandeurs*, sont susceptibles d'*addition*, de *soustraction*, de *multiplication* et de *division*.

Un angle peut être la *somme* ou la *différence* de deux autres.

Un angle peut être un *multiple*, un *sous-multiple* ou *partie aliquote* d'un autre.

Ainsi l'angle BAD (*fig.* 8) est la somme des deux angles BAC, CAD :

$$BAD = BAC + CAD.$$

L'angle BAC est la différence des deux angles BAD, CAD ;

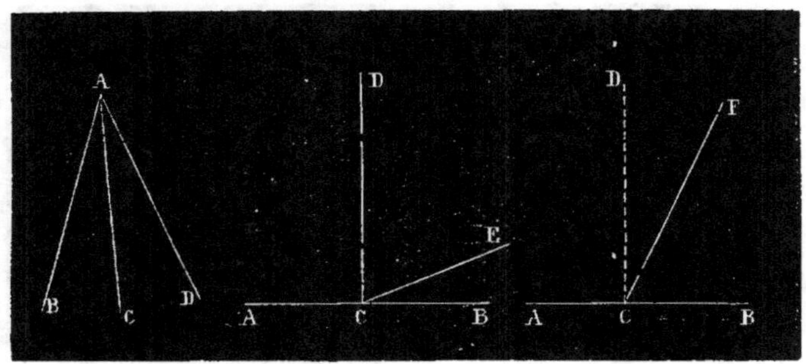

Fig. 9. Fig. 10. Fig. 11.

l'angle CAD est la différence des deux angles DAB, CAB.

$$BAC = BAD - CAD ; \quad CAD = DAB - CAB.$$

L'angle BAD *fig*. 9 est le double de l'angle BAC, parce que l'angle BAC est supposé égal à l'angle CAD :

$$BAD = 2 \, BAC = 2 \, CAD ;$$

par suite,

$$BAC = \frac{1}{2} BAD \quad \text{et} \quad DAC = \frac{1}{2} BAD.$$

5. Théorème. *Par un point [C] (fig.* 10), *pris sur une droite* [AB], *on peut élever une perpendiculaire* [CD] *à cette droite, et l'on n'en peut élever qu'une.*

Démonstration. 1° Je suppose que la droite CE, d'abord couchée sur CB, tourne autour du point C en s'élevant progressivement au-dessus de AB. Cette droite mobile fera d'abord avec CB un angle très petit, en sorte que l'un des angles adjacents BCE augmentera pendant que l'autre ACE diminuera. Dès lors, on conçoit qu'il y aura une certaine position CD telle que l'angle ACD sera égal à l'angle BCD ; donc, au point C, il y a une perpendiculaire CD sur AB.

2° Dans toute autre position, CF par exemple *fig*. 11). L'un des angles adjacents BCF sera plus petit que l'un des deux angles égaux BCD, ACD, tandis que l'autre ACF sera plus grand : d'où il suit que cette autre droite CF ne saurait être perpendi-

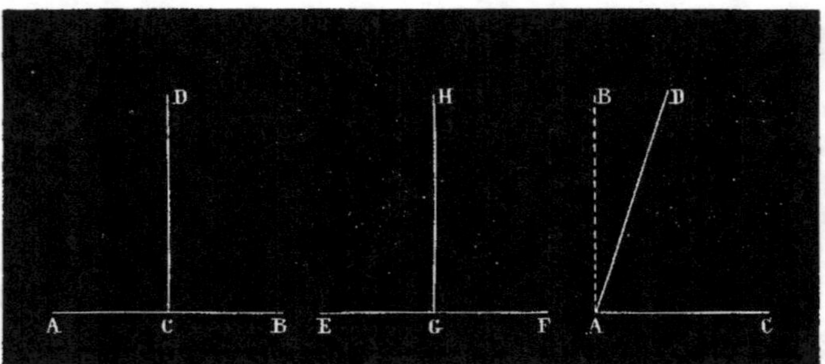

Fig. 12.   Fig. 13.

culaire sur AB, ce qui démontre la seconde partie de la proposition énoncée.

COROLLAIRE. *Les angles droits sont tous égaux entre eux.*
Soient les deux droites CD, GH (*fig.* 12), respectivement perpendiculaires sur AB et sur EF. Je *transporte* mentalement la seconde figure EGFH sur la figure ACBD : je mets d'abord le point G sur le point C, puis je fais tourner cette seconde figure autour du point C de manière que la droite EF prenne la direction AB ; dans cette position, la perpendiculaire GH coïncidera avec la perpendiculaire CD dans toute son étendue, puisque par le point C on ne peut pas élever deux perpendiculaires sur AB ; dès lors, ces deux droites se confondront, et les angles droits de la première figure se confondront aussi avec ceux de la seconde ; donc, finalement, *les angles droits sont tous égaux entre eux.*   *C. Q. F. D*[1].

6. UNITÉ D'ANGLE. Comme l'angle droit est d'une grandeur invariable, les géomètres l'ont adopté pour *unité d'angle.* Ainsi, au lieu de dire :

L'angle *aigu* est celui qui est plus *petit* que son adjacent, l'angle *obtus* est celui qui est plus *grand* que son adjacent.

On peut dire :

L'angle *aigu* [CAD] (*fig.* 13) est celui qui est plus *petit* qu'un

---

1. Abréviation des mots : *ce qu'il fallait démontrer.*

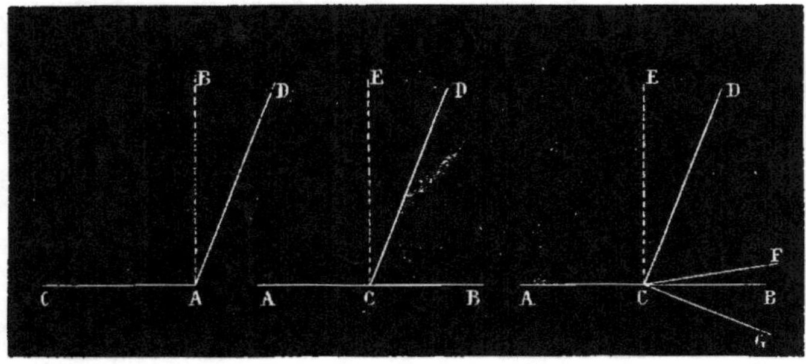

Fig. 14.   Fig. 15.   Fig. 16.

angle *droit* [CAB]; l'angle *obtus* [CAD] (*fig*. 14) est celui qui est plus *grand* qu'un angle *droit* [BAC].

Soient I l'angle droit et A un angle quelconque.

Cet angle sera aigu, droit ou obtus, selon qu'on aura les relations de grandeur

$$A < I, \qquad A = I, \qquad A > I.$$

7. Théorème. *Toute ligne droite* [CD] (*fig*. 15) *qui en rencontre une autre* [AB] *fait avec celle-ci deux angles adjacents* [ACD], [BCD] *dont la somme est égale à deux angles droits.*

Démonstration. Au point C j'élève sur AB la perpendiculaire CE; elle fera avec AB deux angles droits, ACE, BCE, et, comme l'angle ACD vaut à lui seul les deux angles ECA, ECD, les deux angles primitifs ACD, BCD, pris ensemble, valent les trois angles ECA, ECD, DCB; or, le premier est droit, les deux autres font ensemble un second angle droit: donc la somme ACD + BCD est égale à deux angles droits.   *C. Q. F. D.*

Remarque. Si (*fig*. 16) on remplace dans la somme précédente l'angle DCB par un angle plus petit DCF, ou par un angle plus grand DCG, la somme deviendra plus petite ou plus grande que deux angles droits : donc elle ne pourra valoir deux droits qu'autant que le côté CF ou CG du second angle se confondra avec CB ; d'où l'on tire la conclusion réciproque qui suit :

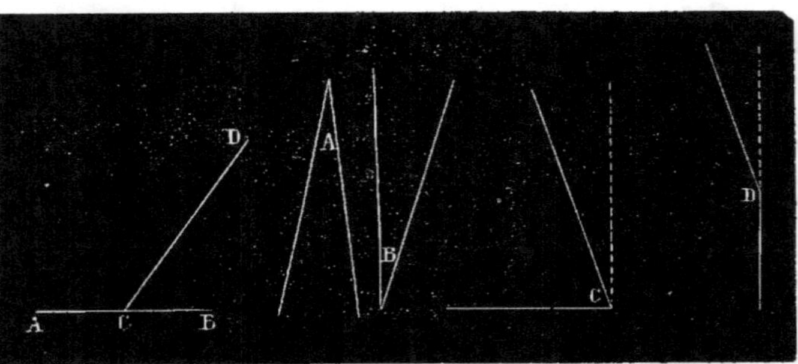

Fig. 17.   Fig. 18.

Si deux angles adjacents [ACD, BCD] (*fig.* 17) *valent ensemble deux angles droits, leurs côtés extérieurs* [CA, CB] *sont en ligne droite. Ainsi, pour que deux angles adjacents valent deux droits, il faut et il suffit qu'ils soient adjacents sur une droite.*

8. LOCUTIONS CONSACRÉES. 1° Deux angles sont dits *compléments* l'un de l'autre ou *complémentaires*, lorsque, pris ensemble, ils valent un angle droit ; 2° deux angles sont dits *suppléments* l'un de l'autre ou *supplémentaires*, lorsque, pris ensemble, ils valent deux angles droits.

Établissons dès à présent les deux propositions suivantes : nous éviterons ainsi des redites fastidieuses en abrégeant le langage.

Deux angles [A, B] (*fig.* 18) sont égaux lorsqu'ils sont *compléments* d'un même angle [C] ou *suppléments* d'un même angle [D].

En premier lieu, par hypothèse,

$$A + C = 1 \text{ droit}$$

et
$$B + C = 1 \text{ droit,}$$

d'où
$$A + C = B + C,$$

et comme, d'après un autre axiome : *Si, de quantités égales, on retranche la même quantité, les restes sont égaux*, on peut ôter C (de part et d'autre), et on obtient

$$A = B.$$ *C.Q.F.D.*

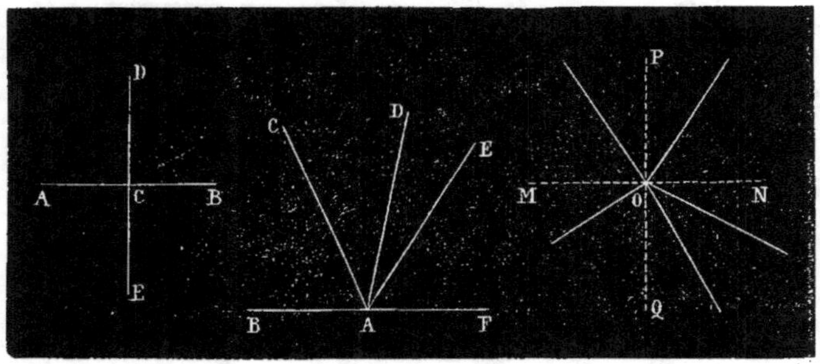

Fig. 19.   Fig. 20.   Fig. 21.

En second lieu *(fig.* 18), $A + D = 2$ droits

et $B + D = 2$ droits

d'où $A + D = B + D$;

par suite, $A = B.$ *C. Q. F. D.*

Corollaires du théorème n° 7.

COROLLAIRE I. *Si une droite* [DE] *(fig.* 19) *est perpendiculaire sur une autre* [AB], *réciproquement la seconde* [AB] *est perpendiculaire sur la première* [DE].

En effet, puisque, par hypothèse, DE est perpendiculaire sur AB, l'angle ACD est droit; son adjacent ACE sur DE est donc aussi un angle droit; par suite, AB est perpendiculaire sur DE.

COROLLAIRE II. *Tous les angles consécutifs* [BAC, CAD, DAE, EAF] *(fig.* 20), *formés autour d'un même point* A, *d'un même côté d'une droite* [BF], *valent ensemble deux angles droits.*

Car leur somme est égale à celle des deux angles EAB, EAF.

COROLLAIRE III. *La somme des angles formés autour d'un même point* [O] *(fig.* 21, *est égale à quatre angles droits.*

Car tous ensemble valent autant que les quatre angles droits formés par les deux droites MN, PQ, perpendiculaires l'une à l'autre et passant par le point O.

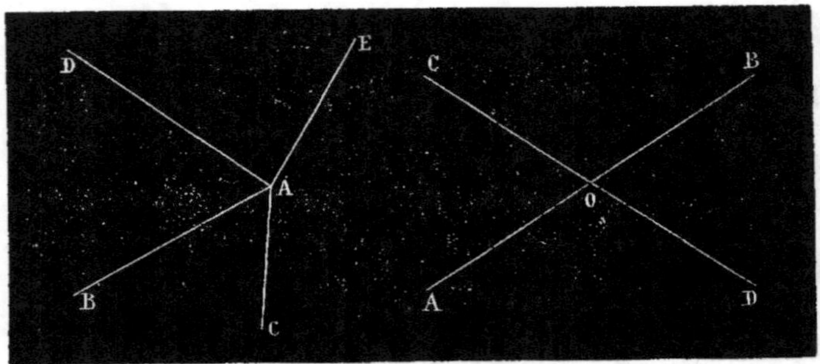

Fig. 22.   Fig. 23.

9. DÉFINITION. On dit que deux angles [BAC, DAE] (*fig.* 22) sont *opposés par le sommet* lorsqu'ils ont leur sommet au même point, sans avoir aucune partie commune.

REMARQUE. Deux droites [AB, CD] (*fig.* 23), qui se coupent en un point [O], forment deux couples d'angles opposés par le sommet : 1° DOB, AOC ; 2° AOD, COB [1].

10. THÉORÈME. *Les angles opposés par le sommet, formés par deux droites* [AB, CD] (*fig.* 23) *qui se coupent, sont égaux entre eux.*

DÉMONSTRATION :

1° Les deux angles AOC, DOB sont égaux, comme suppléments d'un même angle COB.

2° Les deux angles COB, AOD sont égaux, comme suppléments d'un même angle AOC.

RÉCIPROQUEMENT, les trois points A, O, B, d'une part, et C, O, D, d'autre part, sont en ligne droite, si

$$AOC = DOB$$

et

$$COB = AOD ;$$

en effet, ces deux égalités ajoutées membre à membre donnent :

$$AOC + COB = DOB + AOD,$$

---

1. C'est à tort que l'on ne définit ordinairement que ce genre d'angles opposés au sommet.

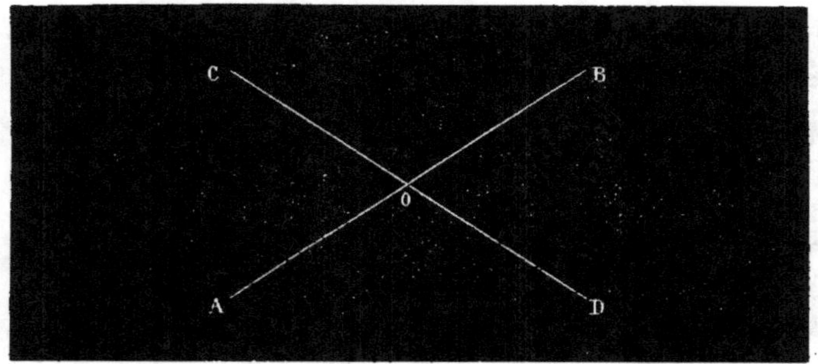

Fig. 24.

et, comme, $AOC + COB + DOB + AOD = 4$ droits,

on en conclut que $AOC + COB = 2$ droits,

égalité qui prouve que les lignes AO et OB sont en ligne droite.

De même, $AOC + AOD = 2$ droits

prouve que CO et OD sont en ligne droite.

REMARQUE. La proposition suivante est une combinaison du théorème n° 10 et de sa réciproque.

Si deux angles opposés par le sommet [AOC, DOB] *fig. 24 sont égaux, si en outre l'une des lignes* [AOB] *qui les forment est droite, l'autre ligne* [COD] *est aussi une ligne droite.*

En effet, l'angle AOD a pour supplément l'angle DOB, puisque AOB est une ligne droite; mais, par hypothèse, DOB = AOC: donc AOD et AOC sont suppléments l'un de l'autre; par suite, les trois points C, O, D sont en ligne droite.   *C. Q. F. D.*

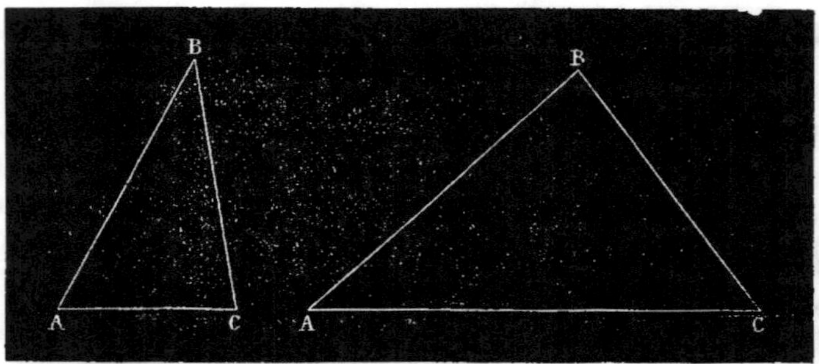

Fig. 25.   Fig. 26.

CHAPITRE II

LES TRIANGLES.

11. Définitions. Un *triangle* [ABC] (*fig.* 25) est une portion de plan limitée par trois droites qui se rencontrent deux à deux et sont terminées à leurs points de rencontre [1].

Les *côtés* du triangle sont les droites elles-mêmes [AB, BC, AC].

Les *angles* du triangle sont les angles que ces droites font entre elles.

Les *sommets* du triangle sont les points [A, B, C] où ces lignes se rencontrent.

12. Théorème. *Dans tout triangle* [ABC] (*fig.* 26), *chaque côté est plus petit que la somme des deux autres et plus grand que leur différence.*

Démonstration. Soit le triangle ABC, dans lequel je supposerai que AC est *le plus grand* des trois côtés. Comme la ligne droite AC est le plus court chemin du point A au point C, on peut poser

$$AC < AB + BC,$$

ce qui démontre la première partie de la proposition, car si

---

1. *Trilatère* est synonyme de *triangle*, mais ce mot est peu employé.

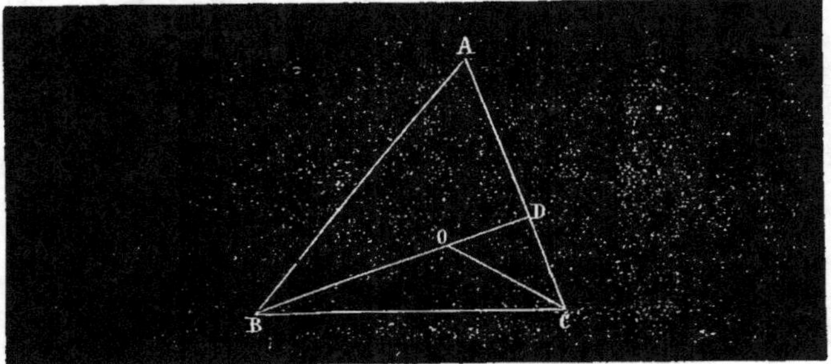

Fig. 27.

le plus grand des côtés est moindre que la somme des deux autres, à plus forte raison en est-il de même pour un côté plus petit.

L'inégalité ci-dessus, renversée, donne

$$AB + BC > AC.$$

Diminuant les deux membres de AB, on a

$$BC > AC - AB.$$

Ainsi, le *plus petit* des trois côtés est plus grand que la différence des deux autres. En conséquence, *dans tout triangle, chaque côté est compris entre la somme et la différence des deux autres côtés;* il est plus petit que l'une et plus grand que l'autre.

13. THÉORÈME. *Si d'un point* [O] *(fig.* 27), *pris dans l'intérieur d'un triangle* [ABC], *on mène des droites* [OB, OC] *aux extrémités d'un même côté* [BC], *la somme de ces lignes sera plus petite que la somme des deux autres côtés du triangle.*

DÉMONSTRATION. Je prolonge BO jusqu'à sa rencontre en D avec AC, et j'ai les deux inégalités

$$BO + OD < BA + AD,$$
$$OC < OD + DC.$$

Je les ajoute membre à membre, et j'obtiens

$$BO + OD + AC < OB + AD + OD + DC.$$

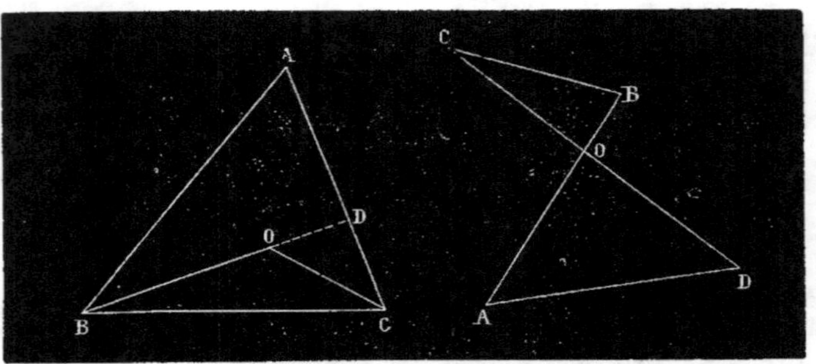

Fig. 27.   Fig. 28.

Je retranche la ligne de construction OD (*fig.* **27**) de chaque membre de cette inégalité, et, comme AD + DC est égal à AC, j'obtiens finalement

$$BO + OC < AB + AC.$$ c. Q. F. D.

14. THÉORÈME. *La somme de deux droites* [AB, CD] (*fig.* 28) *qui se coupent en un point* [O], *est plus grande que la somme des deux droites opposées* [AD, BC] *qui joignent deux à deux leurs extrémités.*

En effet, on a $AD < AO + OD.$

$$BC < BO + OC.$$

Ajoutant ces deux inégalités membre à membre, puis remarquant que AO + BO est égal à AB et que OD + OC est égal à CD, il vient

$$AD + BC < AB + CD.$$ c. Q. F. D.

15. THÉORÈME. *Deux triangles* [ABC, DEF] (*fig.* 29) *sont égaux lorsqu'ils ont un angle égal* [A = D] *compris entre deux côtés égaux chacun à chacun* [AB = DE, AC = DF].

DÉMONSTRATION (*par superposition*). Je transporte le triangle DEF sur le triangle ABC; je mets d'abord le point D sur le

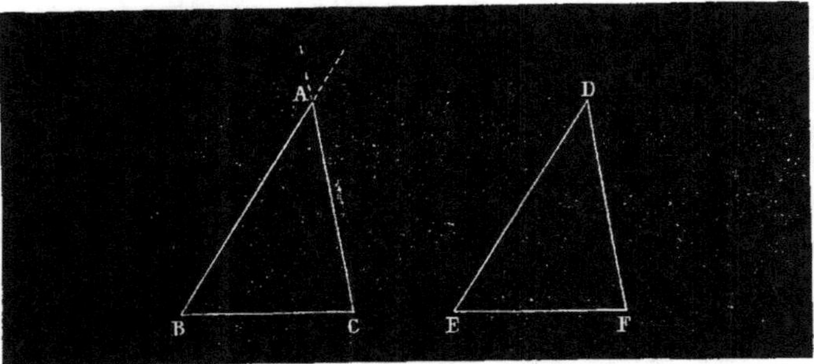

Fig. 29.

point A ; je fais prendre au côté DE la direction AB, et comme, par hypothèse, ces côtés sont égaux, le point E tombe au point B ; dès que le côté DE est dans la direction de AB, l'égalité des angles D et A oblige le côté DF à prendre la direction AC [1], et comme ces deux côtés sont égaux, le point F tombe au point C ; par suite, le troisième côté EF se confond avec BC : donc les deux triangles coïncident dans toute leur étendue ; donc ils sont égaux.   *C. Q. F. D.*

Corollaire. BC=EF, B=E, C=F.

La réciproque du théorème précédent est vraie ; c'est l'objet du théorème suivant.

16. Théorème. *Deux triangles* [ABC, DEF] *(fig. 30) sont égaux lorsqu'ils ont un côté égal* [BC=EF] *adjacent à deux angles égaux chacun à chacun* [B=E, C=F].

Démonstration *(par superposition)*. Pour opérer cette superposition, je fais coïncider EF avec son égal BC ; puisque l'angle E est égal à l'angle B, le côté ED prend la direction BA, et le point D

____

1. Il est sous-entendu qu'on place le triangle DEF de manière que F et C soient du même côté de AB.

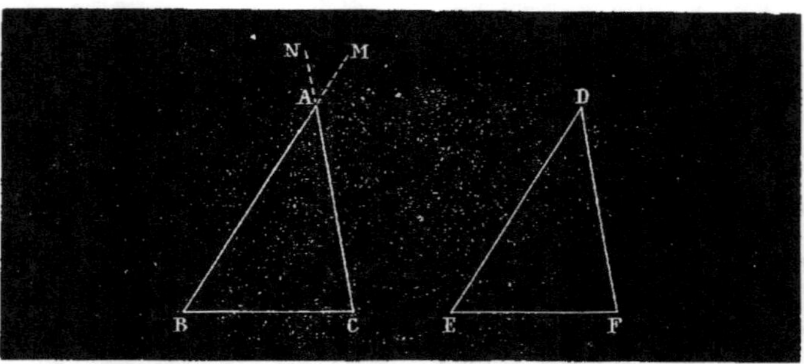

Fig. 30.

tombe sur quelque point de la droite BA (*fig*. 30), ou de son prolongement AM. De même, puisque l'angle F est égal à l'angle C, et que déjà le côté FE est dans la direction CB, le côté FD prend la direction CA, et le point D tombe en quelque point de CA, ou de son prolongement AN; ce point, devant se trouver tout à la fois sur BAM et sur CAN, ne peut être qu'en un point commun à ces deux droites; or, elles en ont un, et un seul, qui est le sommet A : donc D tombe en A; ainsi les deux triangles coïncident dans toute leur étendue, et par conséquent sont égaux.

C. Q. F. D.

COROLLAIRE. AB $=$ DE, AC $=$ DF, A $=$ D.

17. THÉORÈME. *Deux triangles sont égaux lorsqu'ils ont leurs trois côtés égaux chacun à chacun.*

DÉMONSTRATION. Cette démonstration se fait à l'aide d'un *lemme* [1].

LEMME. *Si deux triangles* [ABC, DEF] (*fig*. 31) *ont un angle* [A et D] *inégal, compris entre deux côtés égaux chacun à chacun* [AB $=$ DE, AC $=$ DF], *le troisième côté* [BC] *de l'un, opposé au plus grand angle, est plus grand que le troisième côté* [EF] *de l'autre, opposé au plus petit angle.*

---

1. Du grec *lémma*, dérivé de *lambanô*, prendre, admettre; c'est une proposition préliminaire qu'on établit pour servir à la démonstration d'une autre proposition.

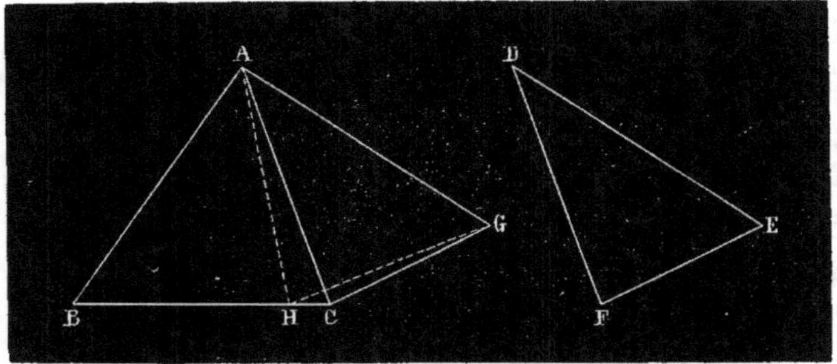

Fig. 31.

DÉMONSTRATION. Je transporte le triangle DEF (*fig.* 31) à
côté du triangle ABC, et je le place de manière que le côté DF
coïncide avec son égal AC; soit AGC la nouvelle position du
triangle DEF.

Je divise l'angle BAG en deux parties égales par une ligne
AH; comme l'angle BAC est plus grand que l'angle CAG, il est
plus grand que BAH, moitié de l'angle total BAG : donc AH
tombe dans l'intérieur de l'angle BAC, et AH rencontre BC en
un point H que je joins au point G par la droite HG.

Cela posé, les deux triangles AHB, AHG ont le côté commun
AH; le côté AB est égal au côté AG par hypothèse; l'angle BAH
est égal à l'angle HAG par construction: donc les troisièmes
côtés BH et HG sont égaux.

D'autre part, dans le triangle HCG, j'ai

$$CG < CH + HG\,^{1};$$

je remplace HG par son égal HB, et j'obtiens

$$CG < CH + HB$$

ou $$CG < BC$$

et, par conséquent $$EF < BC.$$ C. Q. F. D.

---

1. Si les points H, C, G étaient en ligne droite, le triangle HCG
n'existerait pas; cela n'empêcherait pas de poser

$$CG < CH + HG.$$

puisque CG ne serait qu'une partie de HG.

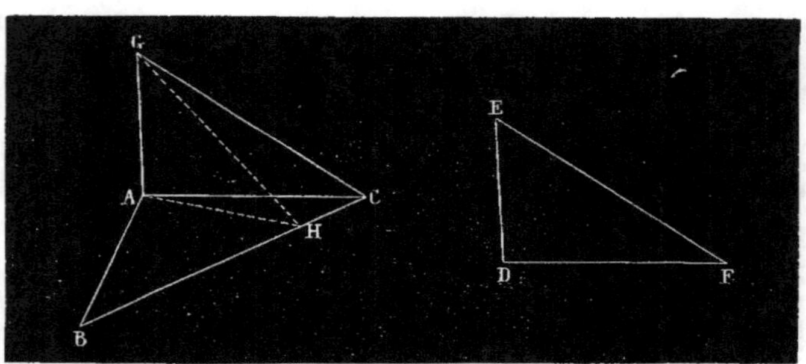

Fig. 32.

Remarque I. Si la somme des angles BAC, CAG (*fig.* 32) sur-
passait deux angles droits, cela n'empêcherait pas de trouver une
ligne AH qui fît des angles égaux avec AB et AG. En effet, en
la supposant d'abord confondue avec AC, elle ferait avec AG un
angle plus petit qu'avec AB, puisque, par hypothèse, l'angle BAC
est plus grand que l'angle CAG ; si ensuite on la faisait tourner
autour du point A pour la rapprocher de AB, l'angle GAH augmen-
terait, et l'angle BAH diminuerait jusqu'à devenir nul : il y aura
donc un instant où les angles HAG, HAB deviendront égaux, et
la démonstration s'achèvera comme précédemment.

Remarque II. Puisque, dans deux triangles dont deux côtés
sont égaux chacun à chacun, les troisièmes côtés sont égaux ou
inégaux selon que les angles compris par le premier côté sont
égaux ou inégaux, la réciproque du lemme est vraie et s'é-
nonce :

*Si deux triangles ont deux côtés égaux chacun à chacun, et
que le troisième côté de l'un soit plus grand que le troisième côté
de l'autre, l'angle de l'un, opposé au plus grand côté, sera plus
grand que l'angle de l'autre, opposé au plus petit côté.*

Cette digression terminée, revenons au théorème n° 17.

Les triangles ABC, DEF (*fig.* 33), disons-nous, sont égaux lorsqu'ils ont les trois côtés égaux. En effet, d'après ce qui précède,
l'inégalité ou l'égalité des angles A et D compris entre côtés égaux
chacun à chacun entraînerait l'inégalité ou l'égalité des troi-
                    2.

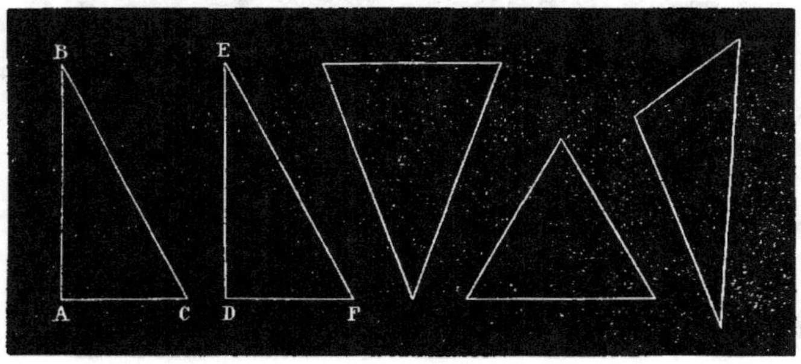

Fig. 33.   Fig. 34.   Fig. 35.   Fig. 36.

sièmes côtés BC, **EF** ; et comme, par hypothèse, ces côtés sont égaux, le cas d'inégalité des angles A et D se trouve écarté, et alors les triangles proposés sont égaux, comme ayant un angle égal compris entre côtés égaux chacun à chacun.

COROLLAIRE. $A = D, \quad B = E, \quad C = F.$

Toutefois il faut bien se garder de croire que la réciproque de ce corollaire soit vraie, c'est-à-dire que l'égalité des angles de deux triangles entraine l'égalité de leurs côtés. Cette question reviendra plus tard.

Dans les *trois cas* d'égalité précédents, on peut dire que *les angles égaux sont opposés aux côtés égaux*, et *vice versa*.

18. DÉFINITIONS. On appelle triangle *isocèle*[1] un triangle dont deux côtés sont égaux entre eux (*fig.* 34).

Le triangle *équilatéral*[2] est celui dont les trois côtés sont égaux (*fig.* 35).

Le triangle *scalène*[3] est celui dont les trois côtés sont inégaux (*fig.* 36).

Un triangle dont les trois angles sont égaux est dit *équiangle*[4].

---

1. Du grec *isos*, égal, et *skélos*, jambe.
2. Du latin *æquus*, égal, et *latus, lateris*, côté.
3. Du grec *skalénos*, boiteux.
4. Du latin *æquus*, égal.

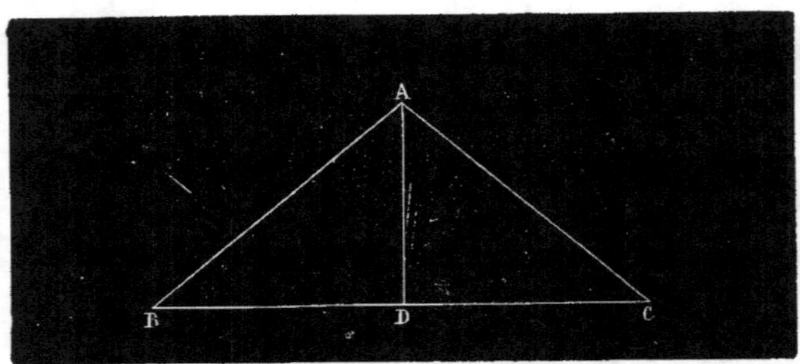

Fig. 37.

19. THÉORÈME. *Dans un triangle isocèle* [BAC] (*fig.* 37), *les angles* [C, B], *opposés aux côtés égaux, sont égaux.*

DÉMONSTRATION. Je joins le sommet A au milieu D du troisième côté BC : je forme ainsi deux triangles ADB, ADC, dans lesquels AD est commun ; AB est égal à AC par hypothèse ; BD est égal à DC par construction : donc ces deux triangles sont égaux (n° 17) ; par suite, l'angle C, opposé au côté AD dans le premier, est égal à l'angle B opposé au côté AD dans le second, ce qui démontre le principe énoncé.

COROLLAIRE I. Comme le triangle équilatéral est isocèle dans tous les sens, il est *équiangle.*

COROLLAIRE II. L'égalité des triangles ADB, ADC (*fig.* 37) montre que l'angle ADB, opposé au côté AB, est égal à l'angle ADC, opposé au côté AC. Puisque AD fait avec BC deux angles adjacents égaux, cette ligne est perpendiculaire sur BC.

Par suite de l'égalité des deux mêmes triangles, les deux angles BAD, CAD sont égaux. La droite AD, qui divise l'angle BAC en deux parties égales, se nomme la *bissectrice* de cet angle.

Le côté BC, inégal aux deux autres, se nomme la *base* du triangle isocèle.

La droite AD, qui, joignant le sommet du triangle au milieu de la base, est perpendiculaire sur cette base, se nomme la *hauteur* du triangle isocèle.

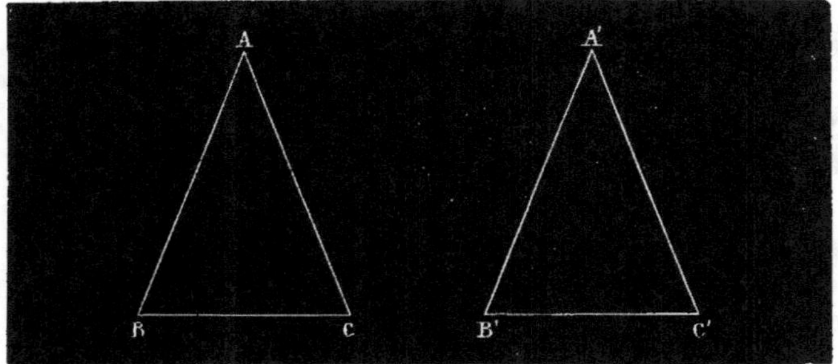

Fig. 38.

Corollaire III. La droite AD (*fig.* 37), qui va du sommet d'un triangle isocèle au milieu D de sa base, remplit à la fois quatre conditions qu'il importe d'énumérer :

1° Elle passe par le sommet du triangle ;

2° Elle passe par le milieu de la base[1] ;

3° Elle est perpendiculaire sur la base ;

4° Elle est bissectrice de l'angle au sommet.

Or, comme *deux conditions suffisent pour déterminer la position d'une droite*, la remarque que nous venons de faire donne lieu à plusieurs propositions :

I. La bissectrice de l'angle d'un triangle isocèle tombe perpendiculairement sur le milieu de la base.

II. La perpendiculaire élevée sur le milieu de la base d'un triangle isocèle passe par son sommet, et divise l'angle en deux parties égales.

III. La perpendiculaire abaissée du sommet d'un triangle isocèle sur la base divise cette base et l'angle au sommet en deux parties égales[2].

20. Théorème. *Un triangle [ABC] (fig. 38) est isocèle lorsque deux angles [B, C] de ce triangle sont égaux entre eux*[3].

---

1. On lui donne le nom de *médiane*.

2. Ce théorème, quoique vrai, doit être considéré comme non encore démontré, sa démonstration résultant du théorème n° 33, page 37.

3. C'est la réciproque du théorème n° 19.

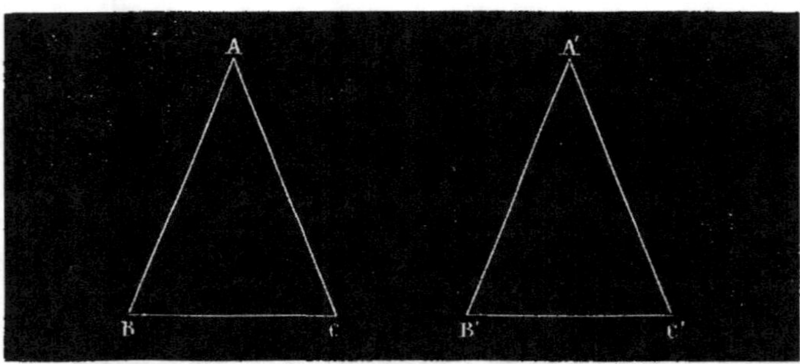

Fig. 38.

DÉMONSTRATION (*par le retournement*). Je conçois un triangle A'B'C' (*fig.* 38) égal au précédent. Je *retourne* ce triangle A'B'C' et je l'applique sur ABC; je place la base B'C' sur CB, de manière que C' tombe en B et que B' tombe en C. L'angle C, par hypothèse, est égal à l'angle B; mais l'angle C' n'est autre que l'angle C; donc cet angle C' est égal à l'angle B; par suite, dès que le côté C'B' est appliqué sur le côté BC, le second côté C'A' suit la direction BA; de même, l'angle B' est égal à l'angle C; par suite, le côté B'A' suit la direction CA, et les deux triangles coïncident : ainsi, C'A', qui représente CA, se confond avec AB; donc les côtés AB, AC sont égaux entre eux.   *C. Q. F. D*[1].

---

1. La démonstration suivante de Legendre va nous conduire à une observation importante.

Soit l'angle ABC = ACB; je dis que le côté AC sera égal au côté AB.

Car si ces côtés ne sont pas égaux, soit AB le plus grand des deux. Prenez BD = AC et joignez DC. L'angle DBC est, par hypothèse, égal à ACB; les deux côtés DB, BC sont égaux aux deux côtés AC, CB : donc le triangle DBC serait égal au triangle ACB. Mais la partie ne peut pas être égale au tout : donc il n'y a point d'inégalité entre les côtés AB, AC; donc le triangle ABC est isocèle.

Ce raisonnement, très différent du nôtre, sera plus facilement compris par la majorité des élèves, mais il repose sur la *réduction à l'absurde*, méthode tombée en discrédit. Ce mode d'argumentation, qui semble avoir été créé en vue de la *controverse*, se réduit à ceci : « *Si vous niez ce que je dis, je vais vous prouver qu'il en résulte une absurdité.* » Application : Si vous niez que AB soit égal à AC lorsque l'angle C est égal à l'angle B, je ferai un

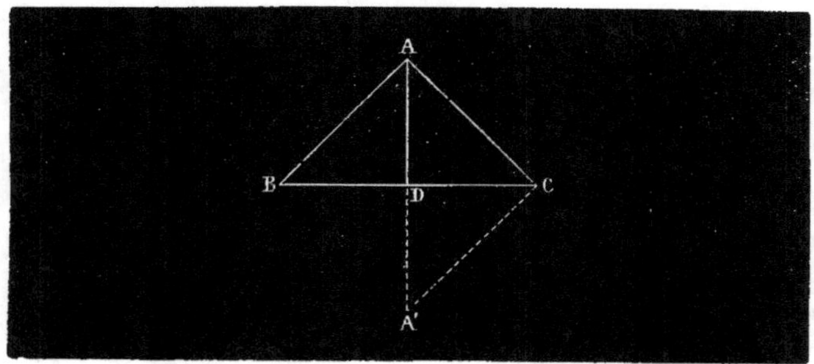

Fig. 39.

CorollaIre. *Tout triangle équiangle est équilatéral.*

21. Théorème. *Un triangle [ABC] (fig. 39) est isocèle lorsqu'une droite [AD] de ce triangle est tout à la fois médiane et bissectrice de l'angle au sommet.*

Démonstration. Par hypothèse BD = DC, angle BAD = angle CAD. De prime abord, on est porté à croire que les deux triangles ABD, ADC sont égaux, comme ayant trois éléments égaux chacun à chacun, savoir : deux côtés et un angle. Mais, dans le cas actuel, l'angle égal, au lieu d'être *compris* entre les côtés égaux, est *opposé* à l'un d'eux, et dans ce cas deux triangles ne sont pas toujours égaux[1]. Il est vrai qu'ici il y a égalité entre ces triangles, mais il faut la démontrer. Pour cela, nous ferons

---

raisonnement qui aboutira à ce que *la partie est égale au tout*, ce qui est absurde ; donc AB = AC ; donc le triangle est isocèle. A coup sûr, le raisonnement est sans réplique ; néanmoins on fait une objection. « *Cette « manière de raisonner, dit-on, ne fait pas bien apercevoir la liaison des con- « clusions avec les hypothèses ; elle prouve la vérité, mais elle ne la fait pas « sentir. Celui qui s'en sert peut convaincre plutôt que persuader ; on peut se « dire après : C'est vrai, mais comment se fait-il que ce soit vrai?* » Voilà la critique, plus ou moins spécieuse. Comme notre ouvrage est destiné à des candidats appelés à subir une épreuve sérieuse, notre devoir d'auteur a été d'éviter de les diriger dans une voie qui diminuerait leurs chances de succès. Aussi, tout en adoptant le plan de Legendre, sommes-nous obligé de le modifier dans plusieurs parties. Toutefois, dans un examen, il vaudrait mieux pour un élève raisonner par la *réduction à l'absurde* que de ne donner aucune démonstration.

1. On verra plus tard qu'une *quatrième* condition est nécessaire.

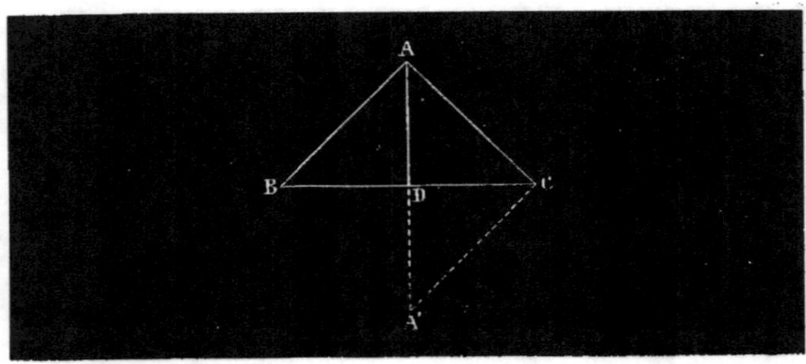

Fig. 39.

un *détour* : nous prouverons que les deux triangles sont égaux, comme égaux à un troisième[1].

Dans ce but, je prolonge AD (*fig.* 59) d'une longueur DA′ égale à DA, et je tire A′C.

Les deux triangles ADB, A′DC sont égaux comme ayant un angle égal compris entre deux côtés égaux chacun à chacun ; BDA = CDA′ comme opposés par le sommet, BD = DC par hypothèse, DA = DA′ par construction ; donc 1° A′C = AB et DA′C = DAB et par conséquent DAC ; dans le triangle AA′C les angles à la base A et A′ sont égaux ; donc CA′ = CA (n° 19) ; par suite, triangle ADC = triangle A′DC ; mais triangle ADB = triangle A′DC ; donc, en effet, les deux triangles ADB, ADC sont égaux, d'où il suit que AB = AC.   *C. Q. F. D.*

22. Théorème. *De deux côtés d'un triangle* [ABC] (*fig.* 40), *celui-là est le plus grand qui est opposé au plus grand angle.*

Démonstration. Soit l'angle BAC plus grand que l'angle C : il faut prouver que BC, opposé à BAC, est plus grand que AB opposé à C.

Puisque l'angle BAC est plus grand que l'angle C, je puis détacher du premier, par une droite DA, un angle DAC égal à l'angle C. Alors,

$$AB < AD + BD ;$$

---

1. C'est ce qu'on appelle *tourner la difficulté.*

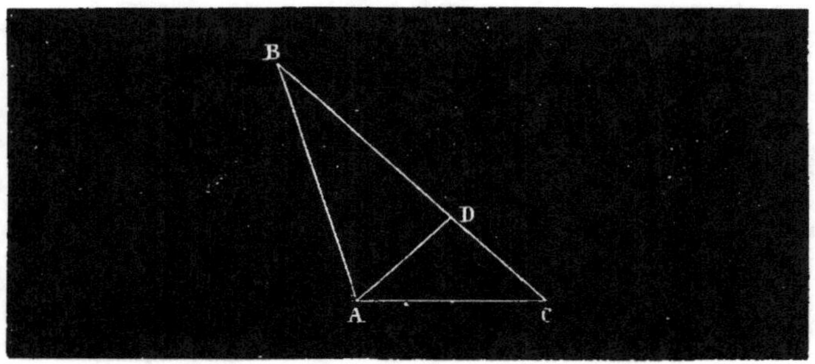

Fig. 10.

or, $AD = DC$;

donc $AB < DC + BD$ ou $< BC$

ou encore   • $BC > AB.$ C. Q. F. D.

REMARQUE. Puisque, dans un triangle, les angles et les côtés
qui leur sont opposés sont liés entre eux de telle sorte que, si
l'on considère deux de ces côtés, un côté égal est opposé à un
angle égal, un côté plus grand ou plus petit est opposé à un angle
plus grand ou plus petit, il faut en conclure que, réciproquement,
*de deux angles d'un triangle celui-là est le plus grand qui est
opposé au plus grand côté, et celui-là est le plus petit qui est
opposé au plus petit côté,* en sorte que

$$BC > AB$$

entraîne $A > C.$

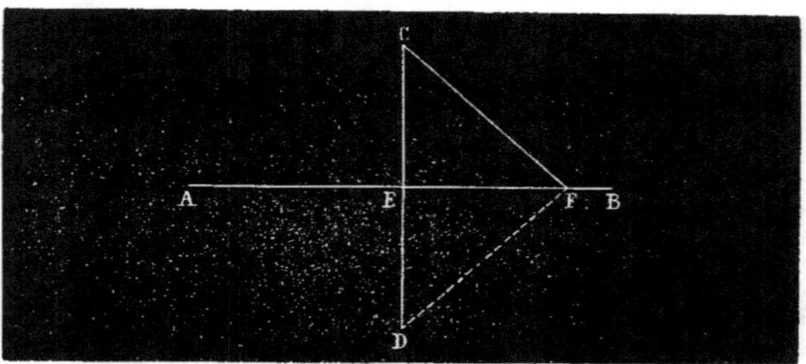

Fig. 41.

CHAPITRE III

PERPENDICULAIRES ET OBLIQUES.

23. THÉORÈME. *D'un point* [C] *(fig. 41), pris hors d'une droite* [AB], *on peut abaisser une perpendiculaire* [CE] *sur cette droite, et on n'en peut abaisser qu'une.*

DÉMONSTRATION. 1° Je suppose que la partie supérieure du plan, sur lequel la figure est tracée, tourne autour de AB comme charnière, et vienne s'appliquer sur la partie inférieure ; soit D le point sur lequel tombera le point C ; je tire CD, et je dis que cette droite est perpendiculaire sur AB.

En effet, si la partie du plan qui a tourné autour de AB retourne à sa position primitive, D tombera en C ; E ne bougera pas, par conséquent ED tombe sur EC ; l'angle AED coïncidera avec AEC, il lui est donc égal ; AE, faisant des angles égaux avec CD, lui est perpendiculaire, et, à son tour, CD est perpendiculaire sur AB.

2° CE étant perpendiculaire à AB, toute autre droite CF *(fig.* 41), partant du point C et aboutissant à la droite AB, ne sera pas perpendiculaire à cette droite.

En effet, si je fais coïncider la figure ACB avec ADB en la faisant tourner autour de AB, CF tombera sur FD et l'angle CFE coïncidera avec EFD ; ces deux angles sont donc égaux ; mais CED étant une ligne droite, CFD est une ligne brisée ; les deux angles

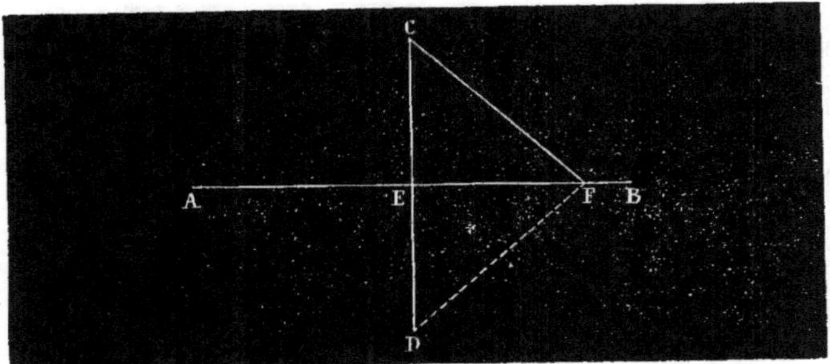

Fig. 41.

CFE, EFD qui sont égaux, ne valant pas ensemble deux droits,
ne peuvent pas être droits; ainsi, finalement, CF est oblique
sur AB, et CD est la seule droite qui, passant par le point C,
soit perpendiculaire à AB.   *C. Q. F. D.*

24. THÉORÈME. *Si, par un point [C] (fig. 41, extérieur à une
droite [AB], on mène à cette droite une perpendiculaire [CE] et une
oblique [CF], la perpendiculaire sera plus courte que l'oblique.*

DÉMONSTRATION. Je fais tourner la portion de figure CFE autour
de AB comme charnière, de manière à la rabattre en FDE de
l'autre côté de AB; alors j'ai

$$DE = EC \quad \text{et} \quad DF = CF.$$

Or, la droite CE étant par hypothèse perpendiculaire sur AB,
l'angle CEF, est droit; l'angle DEF, qui lui est égal, est donc aussi
droit, et, par conséquent CED est une ligne droite;

or, $CD < CF + FD$

ou $2\,CE < 2\,CF$;

par suite, $CE < CF$.   *C. Q. F. D.*

COROLLAIRE. *Puisque la perpendiculaire abaissée d'un point
sur une droite est plus courte que toute autre ligne aboutissant
de ce point à la même droite, elle est la vraie distance du point à
la droite.*

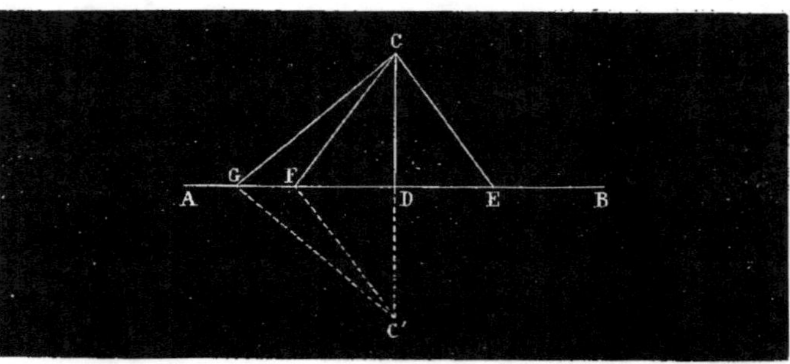

Fig. 42.

25. Théorème. *Si, d'un point [C] (fig. 42) extérieur à une droite [AB], on mène à cette droite une perpendiculaire [CD] et différentes obliques : 1° deux obliques [CE, CF] qui s'écartent également du pied de la perpendiculaire, [de telle sorte que l'on ait DE = DF], sont égales ; 2° de deux obliques inégalement écartées du pied de la perpendiculaire [CE, CG], celle qui s'en écarte le plus [CG] est la plus longue.*

Démonstration. 1° Les deux triangles CDE, CDF sont égaux (n° 15) ; donc

$$CE = CF.$$

2° Je prends DF = DE ; je tire CF, et la question est ramenée à prouver que l'on a CG > CF.

A cet effet, je prolonge CD d'une longueur DC′ = CD, puis je tire C′F et C′G. Le triangle CC′G donne (n° 13) :

$$CF + FC′ < CG + GC′,$$

d'où

$$2\,CF < 2\,CG ;$$

par suite,

$$CF < CG$$

ou

$$CG > CF. \qquad\qquad C.\,Q.\,F.\,D.$$

26. Principe. Supposons que l'on ait fait successivement toutes les *hypothèses* que comporte une question, et que les *conclusions* respectives soient incompatibles entre elles : il y aura entre les premières et les secondes une relation telle, que toutes les *réciproques* seront vraies ; en sorte que, si les hypothèses successives

$$H,\ H′,\ H″,\ H‴,\ldots,$$

conduisent à

$$C,\ C′,\ C″,\ C‴\ldots$$

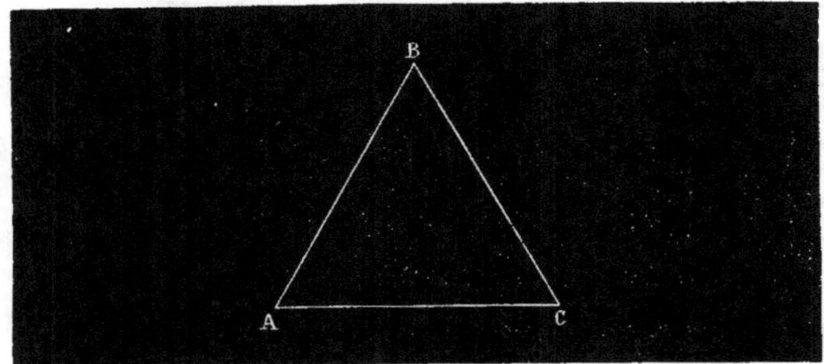

Fig. 43.

on pourra renverser le tableau et dire que, avec

$$C,\ C',\ C'',\ C''',\dots$$

on a respectivement $H,\ H',\ H'',\ H''',\dots$

DÉMONSTRATION PAR EXCLUSION. Si avec C on n'avait pas H, on aurait ou H', ou H'', ou H''',....; or, d'après le théorème direct, H' donnerait C', ce qui est inadmissible, puisque, par supposition. C et C' s'excluent mutuellement; par la même raison, on ne peut avoir ni H'', ni H''', *etc.*; donc C entraîne H, c'est-à-dire que la réciproque est vraie. Même raisonnement pour C', C'', C''', *etc.*

Deux exemples se sont déjà présentés à l'appui de ce qui précède.

1° Soit un triangle ABC (*fig.* 43).

$$ABC = ACB \quad \text{donne} \quad AC = AB,$$
$$ABC > ACB \quad \text{donnerait} \quad AC > AB,$$
$$ABC < ACB \quad \text{donnerait} \quad AC < AB.$$

Donc, réciproquement,

$$AC = AB \quad \text{donne} \quad ABC = ACB,$$
$$AC > AB \quad \text{donnerait} \quad ABC > ACB.$$
$$AC < AB \quad \text{donnerait} \quad ABC < ACB.$$

c'est-à-dire que dans un triangle, *si un côté est égal à un autre, l'angle opposé au premier est égal à l'angle opposé au second, et*

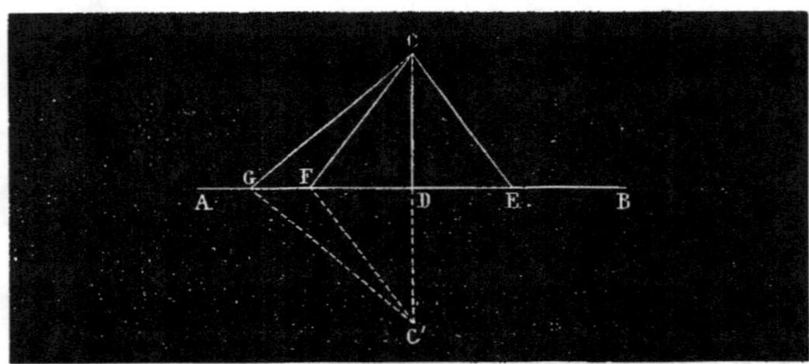

Fig. 44.

si un côté est plus grand qu'un autre, l'angle opposé au premier est plus grand que l'angle opposé au second.

En second lieu, reprenons la figure de la perpendiculaire et des obliques (*fig. 44*) :

$$DE = DF \quad \text{donne} \quad CE = CF,$$
$$DE < DF \quad \text{donnerait } CE < CF,$$
$$DE > DF \quad \text{donnerait } CE > CF.$$

Donc, réciproquement,

$$CE = CF \quad \text{donne} \quad DE = DF,$$
$$CE < CF \quad \text{donnerait } DE < DF,$$
$$CE > CF \quad \text{donnerait } DE > DF,$$

c'est-à-dire que : 1° *si deux obliques sont égales, elles s'écartent également du pied de la perpendiculaire ;* 2° *si deux obliques sont inégales, elles s'écartent inégalement du pied de la perpendiculaire; celle qui est la plus longue s'en écarte le plus; celle qui est la plus courte s'en écarte le moins.*

A ces réciproques joignons cette autre : *si une ligne est le plus court chemin d'un point à une droite, elle est perpendiculaire sur cette droite.*

En conséquence, lorsque, par la suite, d'autres exemples d'exclusion réciproque se présenteront, nous éviterons des redites en renvoyant le lecteur au principe général de logique contenu dans le n° 26.

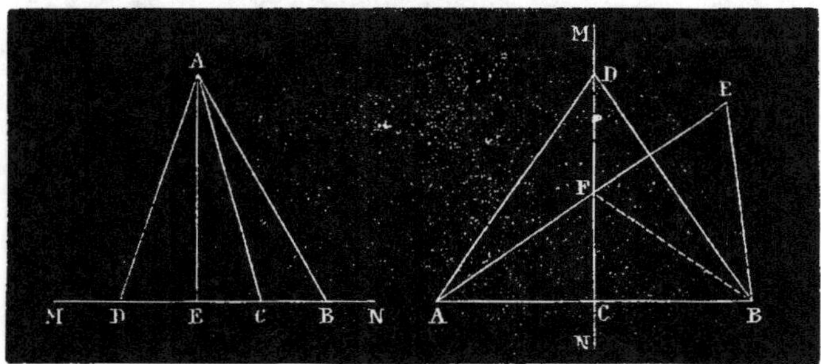

Fig. 45.   Fig. 46.

27. Remarque. Entre une droite MN *(fig. 45)* et un point A
extérieur on ne peut pas mener plus de deux droites égales: car
supposons trois droites, allant du point A à la droite MN ; si
l'une d'elles était perpendiculaire, elle serait plus courte que
chacune des deux autres; dans le cas contraire, il y aurait du
même côté de la perpendiculaire AE au moins deux obliques
AB, AC, lesquelles seraient inégales.

28. Théorème. *Si, par le milieu* [C] *(fig. 46) d'une droite* [AB]
*d'une longueur déterminée, on élève sur cette droite une perpen-
diculaire* [MN]: *1° un point quelconque* [D], *pris sur cette perpendiculaire, est également distant des deux extrémités de la droite* AB;
2° tout point [E] *situé hors de la perpendiculaire est inégalement
distant des mêmes extrémités.*

Démonstration. 1° Puisque, par hypothèse, CA = CB, les deux
obliques DA, DB sont égales comme s'écartant également du
pied de la perpendiculaire; donc DA = DB, c'est-à-dire que le
point D est à égale distance des deux extrémités A et B.

2° Je joins le point E aux deux points A et B; comme A et E
sont situés de part et d'autre de MN, la ligne de jonction EA
coupe MN en un point F; je tire FB. Dans le triangle EFB,
on a EB < EF + FB; ou, en remplaçant FB par FA qui lui est
égal, EB < EF + FA, ou enfin EB < EA.   *C. Q. F. D.*

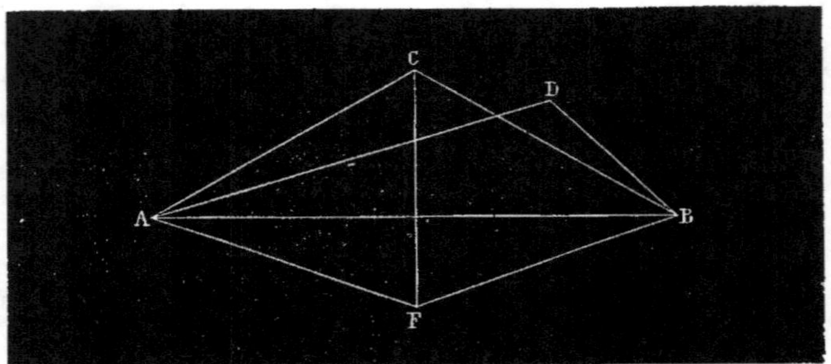

Fig. 47.

Remarque I. Puisque les points de la perpendiculaire MN sont les seuls du plan qui soient équidistants chacun des points A et B, il faut en conclure que :

1° *Tout point* [C] *(fig. 47), également distant des deux extrémités d'une droite* [AB], *appartient à la perpendiculaire élevée par le milieu de cette droite.* En conséquence, lorsque, dans la résolution d'un problème, nous aurons besoin d'un point situé à égale distance de deux autres, nous saurons à quelle droite il appartient.

2° *Tout point* [D] *(fig. 47), inégalement distant des deux extrémités d'une droite* [AB], *est situé à droite ou à gauche de la perpendiculaire élevée par le milieu de cette ligne.*

3° *Une droite* [CF] *(fig. 47) est perpendiculaire sur le milieu d'une autre droite* [AB] *lorsqu'elle a deux de ses points* [C et F] *situés chacun à égale distance des deux extrémités de cette seconde droite.*

En effet, les deux points C, F appartiennent chacun à la perpendiculaire élevée sur le milieu de AB; mais ils appartiennent aussi à la droite CF qui joint ces deux points; or, c'est un axiome que *deux droites qui ont deux points communs coïncident dans toute leur étendue ;* donc CF n'est autre que la perpendiculaire elle-même élevée sur AB et en son milieu.

Remarque II. Cette propriété nous sera fort utile dans la résolution des problèmes.

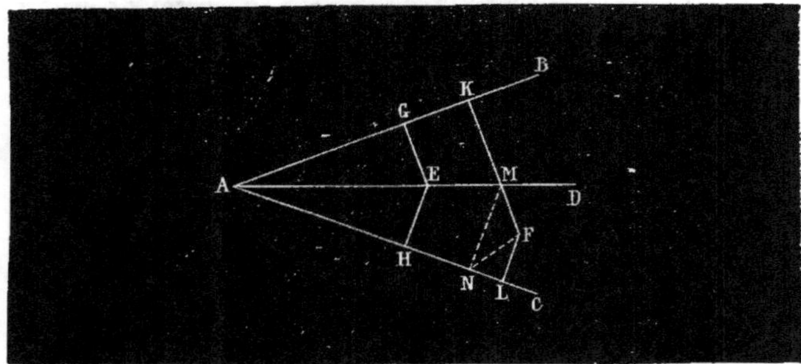

Fig. 48.

29. Théorème. *Si une droite [AD] (fig. 48) divise un angle [BAC] en deux parties égales, 1° tout point [E] situé sur cette droite est également distant des deux côtés [AB, AC] de cet angle: 2° tout point [F] situé hors de cette droite est inégalement distant des mêmes côtés.*

Démonstration. Rappelons que la distance d'un point à une droite est mesurée par la longueur de la perpendiculaire menée du point à cette droite (n° 24); si donc, d'un point quelconque E, pris sur AD, on abaisse les perpendiculaires EH, EG, il faudra démontrer qu'elles sont *égales;* puis, si d'un point F, hors de AD, on abaisse les perpendiculaires FK, FL, il faudra démontrer qu'elles sont *inégales.*

1° Faisons tourner la portion de figure DAC autour de AD jusqu'à ce qu'elle s'applique sur la portion DAB; comme, par hypothèse, l'angle DAC est égal à l'angle DAB, la droite AC tombera sur la droite AB; le point E ne bouge pas; EH, qui est perpendiculaire sur AC, prend la direction de EG, et, comme le point H doit être tout à la fois sur AB et sur EG, ce point tombera en G, et EH coïncidera avec EG, en sorte que

$$EH = EG.$$

C. Q. F. D.

2° Soit M le point où FK coupe AD; de ce point abaissons sur AC la perpendiculaire MN, et tirons FN. Cela posé.

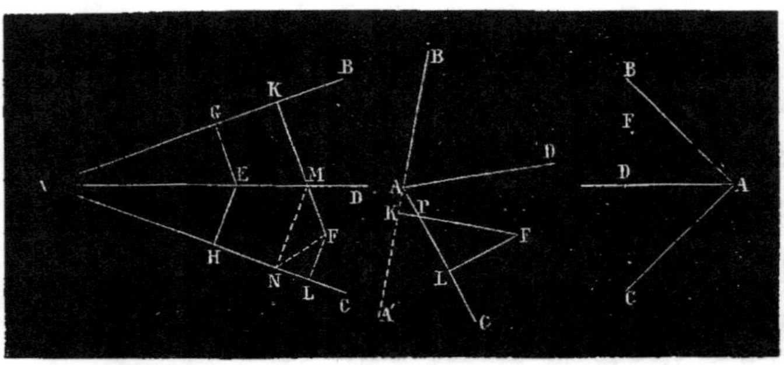

Fig. 48.   Fig. 49.   Fig. 50.

$$FL < FN \; (\textit{fig. } 48).$$

$$FN < FM + MN.$$

ou $$FN < FM + MK,$$

ou $$FN < FK.$$

et à plus forte raison $$FL < FK. \hspace{2cm} C. \; Q. \; F. \; D.$$

Lorsque l'angle est obtus, il peut arriver (*fig.* 49) que la perpendiculaire FK ne rencontre pas la bissectrice; mais, comme le point F est dans l'angle DAC, et que les points de la droite BA et de son prolongement AA′ sont tous hors de cet angle, la droite FK, qui part du point F et aboutit à un point de BA′, rencontrera nécessairement l'un des côtés de DAC. Si donc FK ne rencontre pas AD, comme dans la figure 48, elle rencontrera AC comme dans la figure 49; soit P le point d'intersection, alors FK sera plus grand que FP qui n'en est qu'une partie, et à plus forte raison plus grand que la perpendiculaire FL.

Remarque. Puisque les points de la bissectrice AD sont les seuls points du plan également distants des côtés de l'angle BAC, il faut en conclure que :

1° *Tout point* [D] (*fig.* 50) *situé dans un angle, et également distant de ses deux côtés, est sur la droite qui partage cet angle en deux parties égales.* En conséquence, lorsque, dans la résolution d'un problème, nous aurons besoin d'un point équidistant de deux droites qui se coupent, nous saurons à quelle droite il appartient.

3.

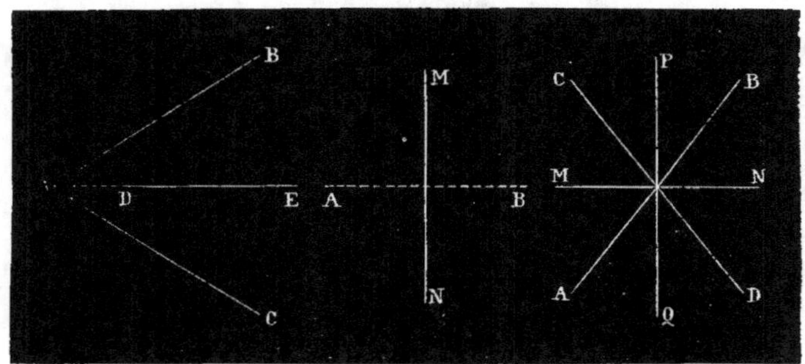

Fig. 51.   Fig. 52.   Fig. 53.

2° *Tout point [F] (fig. 50) inégalement distant des deux côtés d'un angle est situé hors de la bissectrice de cet angle.*

3° *Si une droite [DE] (fig. 51) située dans un angle [BAC] a deux de ses points [D, E] équidistants chacun des côtés de cet angle, elle passe par son sommet et partage cet angle en deux parties égales.*

30. Définition. On appelle *lieu géométrique* une ligne dont tous les points jouissent d'une propriété commune, à l'exclusion de tous les autres points du plan.

En conséquence :

1° *Le lieu géométrique des points également distants de deux points donnés [A, B] (fig. 52) est la perpendiculaire [MN] menée à la droite qui les joint et passant par le milieu de cette droite.*

2° *Le lieu géométrique des points également distants de deux droites [AB, CD] (fig. 53) qui se coupent se compose des bissectrices des quatre angles que forment ces droites.*

Il n'est pas difficile de démontrer que ces bissectrices sont deux à deux en ligne droite et ne forment que deux droites MN, PQ ; ces deux droites sont perpendiculaires l'une à l'autre.

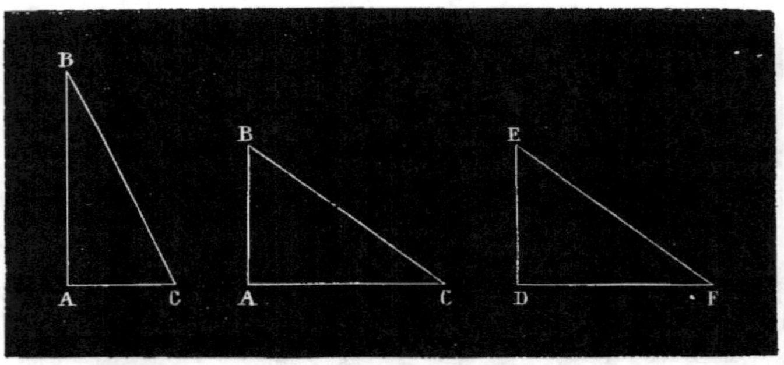

Fig. 54.   Fig. 55.

CHAPITRE IV

LES TRIANGLES RECTANGLES.

31. Définition. On appelle triangle *rectangle* un triangle [BAC] (*fig.* 54), qui a un angle droit.

Le côté [BC] opposé à l'angle droit se nomme *hypoténuse*[1]. Les deux autres côtés se nomment les côtés de l'angle droit.

Comme l'oblique BC est plus longue que la perpendiculaire BA, l'angle A est plus grand que l'angle C, lequel, par conséquent, est aigu.

Par une raison semblable, l'angle B est aigu. Ainsi, dans tout triangle rectangle, il y a deux angles aigus.

32. Théorème. *Deux triangles rectangles* [BAC, EDF] (*fig.* 55) *sont égaux lorsqu'ils ont l'hypoténuse égale et un côté de l'angle droit égal :*
$$BC = EF, \quad BA = ED.$$

Démonstration. Je place le triangle EDF sur le triangle BAC de manière que le côté DE coïncide avec son égal AB; dans cette position, le côté DF prend la direction AC, et les hypoténuses EF, BC seront deux obliques égales partant du même point B de la perpendiculaire BA; donc elles s'écarteront également du

---

1. Du grec *hypo*, sous, et *teinô*, tendre.

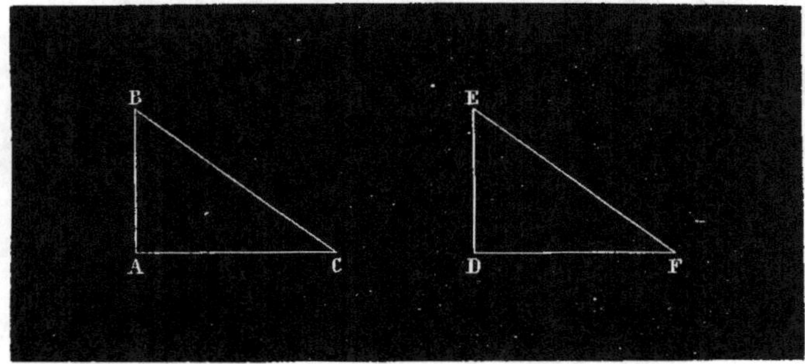

Fig. 56.

pied A de cette perpendiculaire; par suite, elles se confondront,
et les deux triangles coïncideront dans toute leur étendue; ils
sont donc égaux.   *C. Q. F. D.*

Corollaire. AC = DF; l'angle B = l'angle E; l'angle C =
l'angle F.

33. Théorème. *Deux triangles rectangles* [BAC, EDF] *(fig. 56)
sont égaux lorsqu'ils ont l'hypoténuse égale et un angle aigu
égal :*
$$BC = EF ; \quad B = E.$$

Démonstration. Je porte EDF sur BAC de manière que l'hypoténuse EF coïncide avec l'hypoténuse BC; à cause de l'égalité
des angles E et B, le côté ED prendra la direction BA; comme
d'ailleurs le point F est déjà confondu avec le point C, et que,
d'un même point C, on ne peut abaisser qu'une perpendiculaire
sur une droite AB, le côté FD se confondra avec le côté CA, ce
qui démontre le principe énoncé.

Corollaire. AB = DE; AC = DF; C = F.

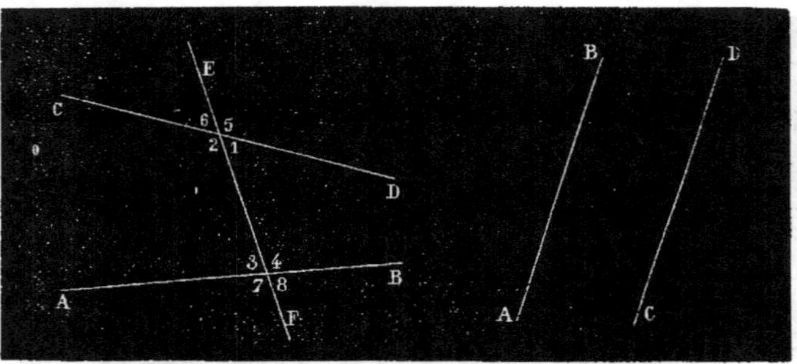

Fig. 57.   Fig. 58.

CHAPITRE V

THÉORIE DES PARALLÈLES.

34. Définitions. Lorsque deux lignes [AB, CD] (*fig.* 57) sont coupées par une troisième [EF], on nomme :

1° Angle *intérieur* ou *interne*, chacun des quatre angles formés entre les deux premières droites, c'est-à-dire les angles [1], [2], [3], [4] ;

2° Angle *extérieur* ou *externe*, chacun des quatre angles formés en dehors de ces mêmes droites, c'est-à-dire les angles [5], [6], [7], [8] ;

3° Angles *alternes-internes*, deux angles formés de côtés différents de la *transversale* ou *sécante* EF, intérieurs et non adjacents; tels sont [1 et 3]; [2 et 4] ;

4° Angles *internes-externes* ou *correspondants*, deux angles, l'un intérieur et l'autre extérieur, formés d'un même côté de la sécante et non adjacents; tels sont [4 et 5]; [3 et 6]; [1 et 8]; [2 et 7] ;

5° Angles *alternes-externes*, deux angles formés de côtés différents de la sécante, extérieurs et non adjacents; tels sont [5 et 7]; [6 et 8].

Remarque. Ces angles n'offrent rien de remarquable lorsque les lignes AB, CD sont inclinées l'une par rapport à l'autre; mais il n'en est plus de même lorsqu'elles sont *parallèles*.

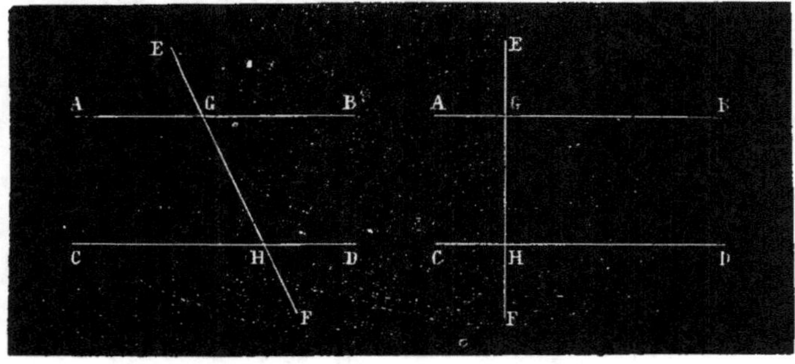

Fig. 59.   Fig. 60.

35. DROITES PARALLÈLES. Deux droites [AB, CD] (*fig.* 58) sont dites *parallèles* [1], lorsque, *étant situées dans le même plan*, elles ne peuvent jamais se rencontrer à quelque distance qu'on les prolonge.

RÈGLE GÉNÉRALE. Quand en géométrie on expose une théorie comprenant un certain nombre de propositions, la première chose à faire est de *justifier la définition* qui lui sert de point de départ.

Y a-t-il des parallèles? telle est la première question à traiter. La réponse résulte du théorème suivant.

36. THÉORÈME. *Deux droites* [AB, CD] (*fig.* 59) *sont parallèles lorsqu'elles forment avec une sécante* [EF] *deux angles* [AGH, CHG], *internes du même côté, suppléments l'un de l'autre.*

1ᵉʳ CAS PARTICULIER (*fig.* 60). Chaque angle interne est droit. Dans cette position, les deux droites AB, CD sont *perpendiculaires à la même droite* EF, et par conséquent parallèles, puisque: premièrement, deux droites qui se rencontrent (sans se confondre) se rencontrent en un point; secondement, d'un point pris hors d'une droite, on ne peut pas abaisser deux perpendiculaires sur cette droite (nº 25).

2ᵉ CAS GÉNÉRAL. Pour ramener ce cas à celui de la sécante perpendiculaire, je raisonne comme il suit.

---

1. En grec *parallèles*.

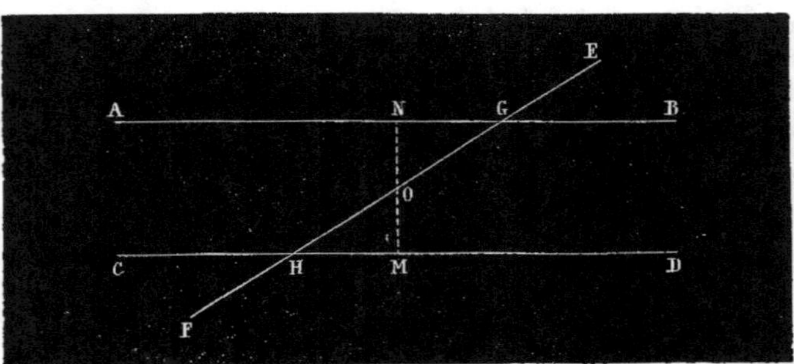

Fig. 61.

Du point O (*fig.* 61), milieu de GH, j'abaisse une perpendiculaire OM sur CD; à partir du point G, je prends sur GA une longueur GN égale à HM, et je joins le point N au point O. Les deux triangles OMH, ONG sont égaux : en effet, GN est égal à HM par construction ; l'angle OHM, *supplément de* OHC (n° 7), est égal à l'angle OGA supplément du même *par hypothèse.* Ces deux triangles sont donc égaux comme ayant un angle égal compris entre deux côtés égaux chacun à chacun ; de là deux conclusions : 1° l'angle ONG = OMH ; or le second est droit ; donc le premier l'est aussi ; 2° les deux angles HOM, GON sont égaux ; or ils sont opposés par le sommet, et l'une des lignes qui les forment, GOH, est droite ; donc, à son tour, l'autre NOM est aussi droite (n° 10, remarque). Finalement, la ligne de construction MON est une perpendiculaire commune aux deux droites AB, CD ; donc, d'après le cas particulier, ces deux droites sont parallèles. *C. Q. F. D.*

Remarque. La condition d'après laquelle il y a *parallélisme,* lorsque les deux angles internes sont supplémentaires, est *suffisante.* Mais cette condition est-elle *nécessaire?* c'est-à-dire pourrait-il y avoir encore parallélisme si la somme de ces deux angles était plus grande ou plus petite que deux droits ? La réponse est l'objet d'un second théorème qui, avec le précédent, forme ce que nous appellerons la *théorie des parallèles.* Viendront ensuite les corollaires principaux.

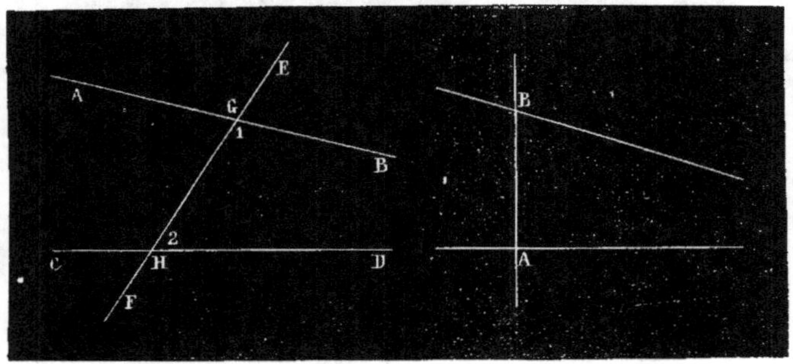

Fig. 62.   Fig. 63.

37. THÉORÈME. *Deux droites* [AB, CD] *(fig. 62), suffisamment prolongées, se rencontrent lorsque la somme des angles intérieurs* [1] *et* [2] *du même côté de la sécante* [EF] *est plus petite que deux angles droits.*

1er CAS PARTICULIER *(fig. 63).* L'un des angles [A] est *droit,* et l'autre [B] est *aigu.*

Cette proposition est ce qu'on appelle le *postulatum d'Euclide.* On entend par *postulatum* une vérité qui, sans être évidente au même degré qu'un axiome, peut néanmoins être admise sans difficulté. C'est le cas de la *rencontre* de deux droites, l'une *perpendiculaire* et l'autre *oblique* sur une troisième droite.

On n'est jamais parvenu à donner de ce principe une véritable démonstration, par la raison qu'il est étroitement lié avec la notion de la ligne droite, laquelle, étant une *idée simple,* ne peut être définie par une idée plus simple, en sorte que la science que nous exposons conserve intégralement son caractère de géométrie rationnelle[1].

Avant d'aborder le cas général, déduisons du *postulatum* le corollaire suivant.

---

1. Voir la note A à la fin du volume.

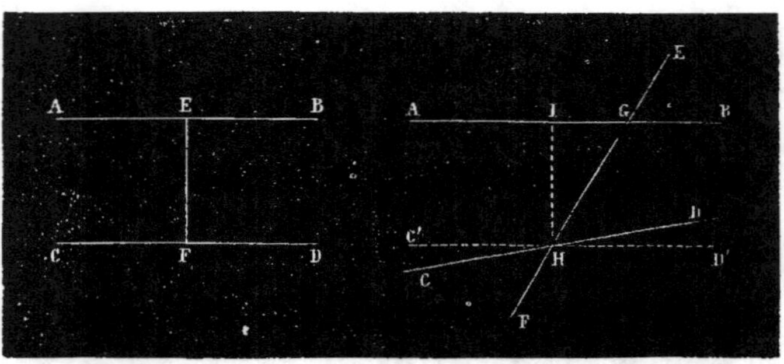

Fig. 64.   Fig. 65.

Si deux droites [AB, CD] (*fig.* 64) *sont parallèles, et que d'un point* [E] *pris sur l'une on abaisse une perpendiculaire* [EF] *sur l'autre, elle le sera en même temps sur la première.*

En effet, au point E il existe une perpendiculaire sur EF (n° 5); or, cette perpendiculaire ne peut être que EB puisque, oblique sur cette droite, elle irait rencontrer sa parallèle FD, ce qui est impossible.

2° Cas général (*fig.* 65). Revenons au second théorème. Puisque GHD n'est pas assez grand pour être le supplément de HGB, je conçois la possibilité de l'augmenter de manière à lui faire remplir cette condition. Soit C'D' la nouvelle position de CD; dans ce cas, les droites AB, C'D' sont parallèles; si donc du point H j'abaisse sur AB la perpendiculaire IH, celle-ci sera en même temps perpendiculaire sur HD'; l'angle IHD' étant droit, l'angle IHD est aigu; en résumé, HD, c'est-à-dire CD, est oblique sur IH, tandis que AB est perpendiculaire sur la même ligne; donc les deux lignes suffisamment prolongées se rencontreront; ce qu'il fallait démontrer.

Remarque. Si, d'un côté de la sécante, les angles internes valent ensemble moins de deux droits, les deux autres valent plus, puisque, à eux quatre, ils valent quatre angles droits. Quant à la rencontre des deux lignes, elle a toujours lieu du côté où la somme est la plus petite. D'un côté, elles *convergent*, et de l'autre, elles *divergent*.

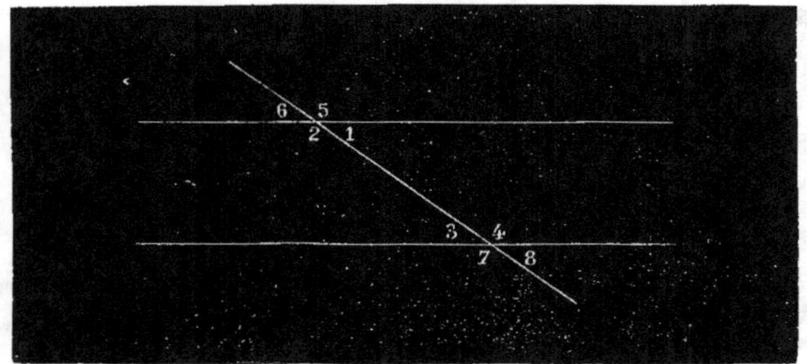

Fig. 66.

38. Les corollaires de la théorie des parallèles sont très-nombreux. Examinons les principaux :

COROLLAIRE I. *Si deux droites sont parallèles, les angles internes d'un même côté sont supplémentaires* ; en effet, sans cela ces deux lignes se rencontreraient.

COROLLAIRE II *fig. 66. Deux droites sont parallèles, lorsque les angles alternes-internes sont égaux.*

En effet, [1 et 2] sont supplémentaires ; or, par hypothèse, [2] est égal à [4], donc [1 et 4] sont supplémentaires, et il y a parallélisme.

COROLLAIRE III *fig. 66. Si deux droites sont parallèles, les angles alternes-internes sont égaux.*

En effet, [2 et 4] sont égaux comme ayant le même supplément, l'angle [1].

COROLLAIRE IV *fig. 66. Deux droites sont parallèles lorsque les angles correspondants sont égaux.*

En effet, [5] a pour supplément [1] ; mais [5 = 4] par hypothèse ; donc [4 et 1] sont supplémentaires, et il y a parallélisme.

COROLLAIRE V *fig. 66. Si deux droites sont parallèles, les angles correspondants sont égaux.*

En effet, [4 et 5] sont égaux, comme ayant le même supplément [1].

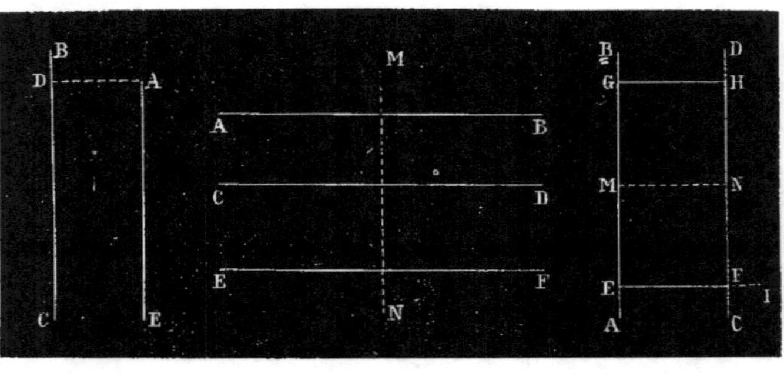

Fig. 67.   Fig. 68.   Fig. 69.

COROLLAIRE VI. *Par un point* [A] *(fig. 67) on peut mener une parallèle à une droite* [BC], *et on ne peut en mener qu'une.*

Du point A j'abaisse AD perpendiculaire sur BC, et au même point je mène AE perpendiculaire sur AD : c'est la parallèle demandée. C'est d'ailleurs la seule, en vertu du *postulatum.*

COROLLAIRE VII. *Deux droites* [AB, CD] *(fig. 68) parallèles à une troisième* [EF] *sont parallèles entre elles.* En effet, la ligne MN, menée perpendiculairement sur AB, est aussi perpendiculaire sur sa parallèle EF ; par la même raison, MN, perpendiculaire sur EF, l'est aussi sur sa parallèle CD ; en sorte que AB et CD sont parallèles comme perpendiculaires à la même droite.

COROLLAIRE VIII. *Deux droites parallèles* [AB, CD] *(fig. 69) sont partout à la même distance l'une de l'autre, et réciproquement.*

Des points quelconques E, G, pris sur AB, j'abaisse sur CD les perpendiculaires EF, GH, qui sont aussi perpendiculaires sur AB. Ces deux perpendiculaires mesurent deux distances des parallèles. Pour démontrer qu'elles sont égales, du point M milieu de EG j'abaisse sur CD la perpendiculaire MN ; je fais tourner la figure NMGH autour de MN jusqu'à ce qu'elle s'applique sur la figure NMEF : MG prendra la direction ME, puisque les angles en M sont égaux comme droits, et G tombera en E, puisque MG = ME ; GH prendra la direction EF, puisque les angles en G et en E sont égaux comme droits, et l'extrémité H tombera sur EF ou sur son prolongement FI ; d'autre part, NH prendra la direc-

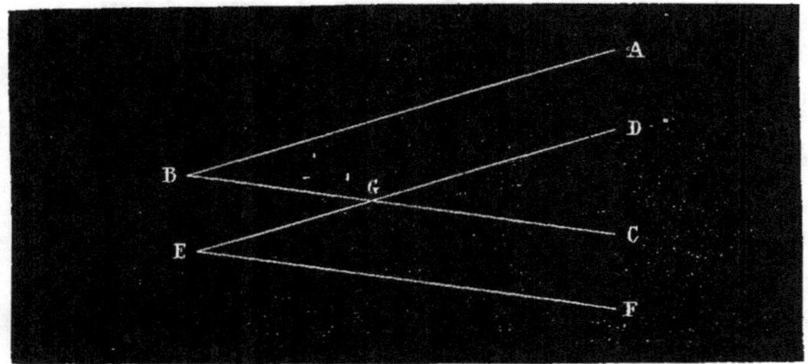

Fig. 70.

tion NF, puisque ces deux lignes sont perpendiculaires à MN, et
II tombera sur NF ou sur son prolongement FC ; II, devant tomber
sur NC et sur EI, tombera sur leur point de rencontre F ; les extrémités de GII coïncideront donc avec celles de EF ; donc EF = GH.

La réciproque est vraie puisque les droites, étant partout
équidistantes, ne peuvent se rencontrer. En d'autres termes :

*Lorsqu'une ligne a tous ses points à égale distance d'une droite,
cette ligne est droite et parallèle à la première.*

Et comme deux points suffisent pour déterminer la direction
d'une droite, on peut dire que :

*Une droite est parallèle à une autre lorsqu'elle a deux de ses
points à égale distance de cette autre.*

Enfin concluons encore que :

*Le lieu géométrique des points dont les distances à une droite
donnée sont égales à une longueur donnée est l'ensemble des
deux parallèles menées de part et d'autre à la ligne donnée, à
des distances égales à la longueur donnée.*

CorollAIRE IX. *Deux angles qui ont leurs côtés parallèles
chacun à chacun sont égaux ou supplémentaires.*

1° Les angles ABC, DEF *fig.* 70, ont leurs côtés BA, BC, ED,
EF respectivement parallèles et dirigés dans le même sens. Dans
ce cas. ces angles sont égaux. En effet, ils sont égaux chacun à
l'angle DGC d'après la propriété des *angles correspondants*, et
par conséquent égaux entre eux.

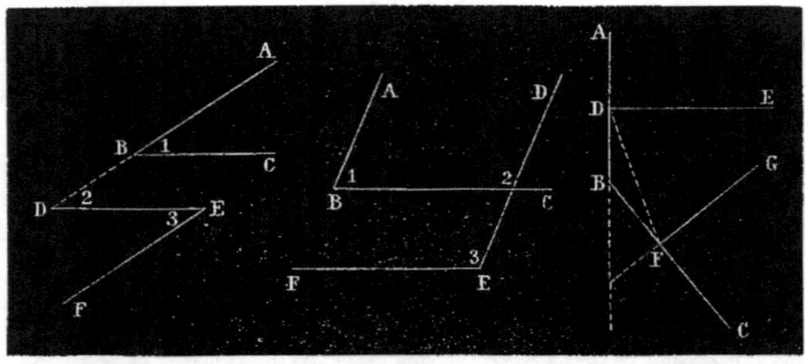

Fig. 71.   Fig. 72.   Fig. 73.

2° Les angles ABC, DEF (*fig.* 71) ont leurs côtés BA, BC, ED, EF respectivement parallèles, mais dirigés en sens contraires. Dans ce cas, ils sont encore égaux. En effet [1] est égal à [2]; [3] est égal à [2]; donc [1] est égal à [3].   *C. Q. F. D.*

3° Les angles ABC, DEF (*fig.* 72) ont leurs côtés parallèles chacun à chacun; mais deux de ces côtés, BA, ED, sont dirigés dans le même sens, et les deux autres, BC, EF, en sens contraires. Dans ce cas, ils sont supplémentaires. En effet [1] est supplément de [2]; [2] est égal à [3]; donc [1 et 3] sont supplémentaires.   *C. Q. F. D.*

Corollaire X (*fig.* 73, 74). *Lorsque deux droites* [AB, BC] *se coupent, leurs perpendiculaires respectives* [DE, FG] *se coupent aussi.*

1° Si (*fig.* 73) GF, perpendiculaire sur BC, rencontre AB, c'est que GF est oblique sur AB; donc, d'après le *postulatum*, elle rencontre DE.   *C. Q. F. D.*

2° Si (*fig.* 74) GF, perpendiculaire sur BC, ne rencontre pas AB, c'est-à-dire lui est parallèle, c'est que BC, perpendiculaire sur GF, est aussi perpendiculaire sur AB, et en même temps parallèle à DE; mais alors GF, perpendiculaire sur BC, rencontre DE, parallèle à BC. Finalement, dans tous les cas, les droites DE, FG se rencontrent.   *C. Q. F. D.* [1].

---

1. La démonstration suivante, donnée par quelques auteurs, n'est pas générale.

Tirez DF (*fig.* 73, 74) : les droites DE, FG font avec DF deux angles

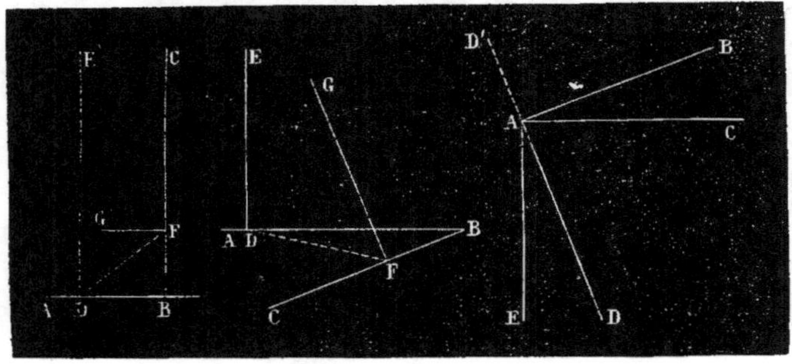

Fig. 74.   Fig. 75.   Fig. 76.

39. Théorème. *Deux angles* [BAC, DAE] (*fig.* 76) *qui ont leurs côtés perpendiculaires chacun à chacun* [AD *sur* AB, AE *sur* AC] *sont égaux ou supplémentaires.*

Démonstration. 1° Les angles *droits* DAB, EAC ont la partie commune DAC ; donc l'autre partie BAC de l'un est égale à la partie DAE de l'autre.   *C. Q. F. D.*

2° Je prolonge la perpendiculaire AD en AD'; l'angle EAD', dont les côtés sont perpendiculaires à ceux de BAC, est le supplément de DAE, et par conséquent le supplément de BAC, qui est égal à DAE.   *C. Q. F. D.*

Remarque. La distinction des deux cas est facile à faire : les angles sont égaux lorsque la figure est telle que l'angle droit BAD peut prendre la position CAE en tournant autour du point A, AB allant coïncider avec AC ; cette condition n'est pas remplie pour l'angle EAD', car si le côté AB vient sur AC, AD' ne vient pas sur AE, mais sur son prolongement.

J'ajoute que, quelle que soit la position du second angle dans le plan de la figure, ses côtés, étant respectivement perpendiculaires

---

aigus ; la somme de ces deux angles *internes du même côté* étant moindre que deux droits, DE et FG se rencontreront.

Mais il pourrait arriver (*fig.* 75) que l'un des angles internes, EDF, fût obtus, et dans ce cas, il ne serait pas évident que la somme EDF + DFG fût moindre que deux droits.

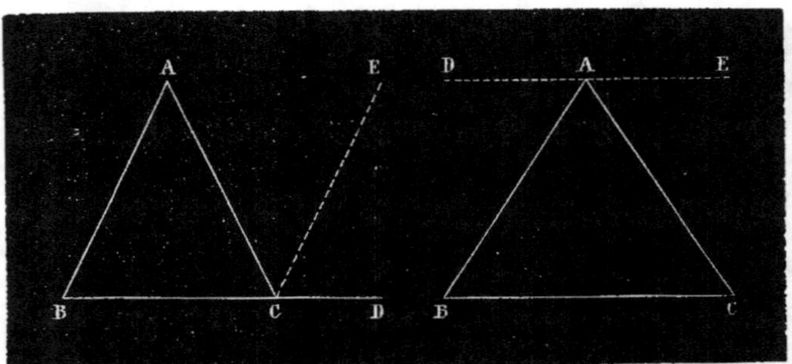

Fig. 77.   Fig. 78.

sur AB et sur AC, seront parallèles à DD′ et à EA ; ce second angle, sera donc égal à l'un des angles DAE, D′AE, et par conséquent égal à l'angle BAC ou au supplément de cet angle.

40. THÉORÈME. *La somme des trois angles d'un triangle* [ABC] (*fig.* 77) *est égale à deux angles droits.*

DÉMONSTRATION. Je prolonge le côté BC d'une longueur quelconque CD ; par le point C je mène CE parallèle à AB, et j'obtiens autour du point C les trois angles

ACB,

ACE,

ECD.

Ces trois angles valent ensemble deux angles droits ; or, 1° ACB est un angle du triangle ; 2° ACE et CAB sont égaux comme alternes-internes par rapport aux parallèles AB, EC et à la sécante AC ; 3° l'angle ECD est égal à son correspondant ABC ; donc le principe énoncé est démontré.

REMARQUE (*fig.* 78). La parallèle auxiliaire pourrait être menée par le point A, mais la précédente est préférable à cause de l'angle *extérieur* dont nous parlons plus loin.

COROLLAIRE I. Dans tout triangle, il ne peut y avoir qu'un angle droit, et à plus forte raison qu'un angle obtus.

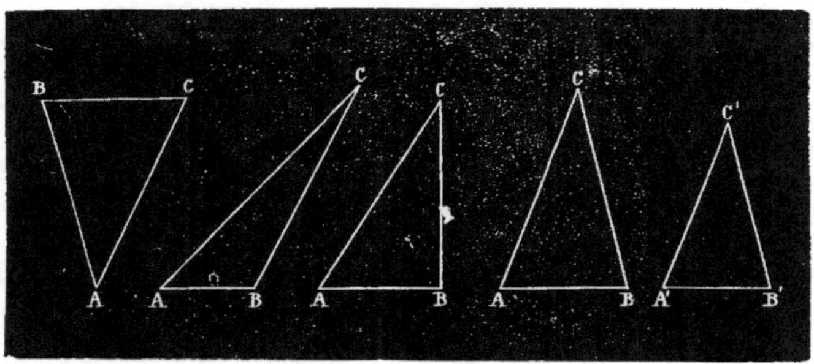

Fig. 79.   Fig. 80.   Fig. 81.   Fig. 82.

On appelle triangle *acutangle* [1] un triangle [ABC] (*fig.* 79) qui n'a que des angles aigus.

On appelle triangle *obtusangle* [2], un triangle [ABC] (*fig.* 80) qui a un angle obtus.

COROLLAIRE II. Les deux angles aigus d'un triangle rectangle [ABC] (*fig.* 81) sont complémentaires.

COROLLAIRE III. Quand on connaît deux angles d'un triangle, ou simplement leur somme, on obtient le troisième en retranchant cette somme de deux angles droits.

COROLLAIRE IV. Lorsque deux angles [A et B] d'un triangle [ABC] *fig.* 82, sont respectivement égaux à deux angles [A' et B'] d'un autre triangle [A'B'C'], le troisième C du premier est égal au troisième C' du second.

Car C et C' sont : l'un le supplément de A + B et l'autre celui de A' + B', somme égale à la précédente.

On dit de ces deux triangles ABC, A'B'C', qu'ils sont *équiangles* entre eux.

COROLLAIRE V. L'angle du triangle équilatéral est les $\frac{2}{3}$ de l'angle droit.

____

1. Ou *oxygone*.
2. Ou *amblygone*.
   T. *Géométrie plane*.   4

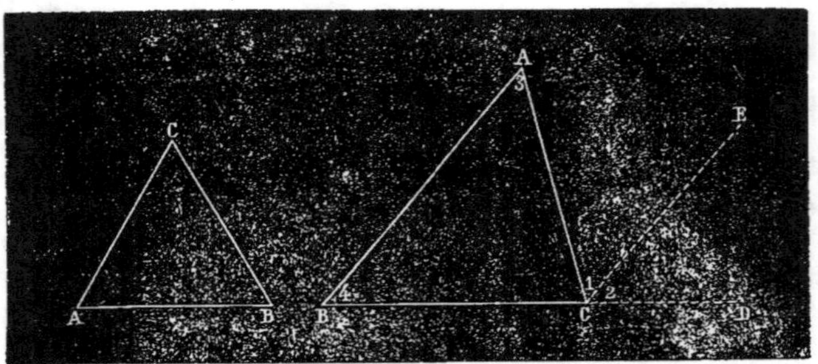

Fig. 83.   Fig. 84.

En effet, le triangle [ABC] (*fig.* 83), étant équilatéral est équiangle (n° 19, cor.); donc l'égalité

$$A+B+C=2^d$$

devient

$$A+A+A=2^{d\cdot}$$

ou

$$3A=2^d$$

d'où

$$A=\left(\frac{2}{3}\right)^{d\cdot}$$

C. Q. F. D.

41. DÉFINITION. On appelle angle *extérieur* d'un triangle [ABC] (*fig.* 84) un angle [ACD] formé par l'un des côtés [AC] de ce triangle et le prolongement [CD] d'un autre.

Il existe entre cet angle et les deux angles non adjacents A et B du triangle une relation qui a de nombreuses applications.

A lui seul, il vaut les deux autres.

En effet, menons la droite CE parallèle à BA, et nous aurons :

$$[1]=[3]$$
$$[2]=[4];$$

donc $[1]+[2]$, ou $ACD=[3]+[4]$, ou $A+B$.   C. Q. F. D

Cet angle ACD serait le double de chacun des angles A et B si l'on avait CA = CB, c'est-à-dire si le triangle ABC était isocèle.

4.

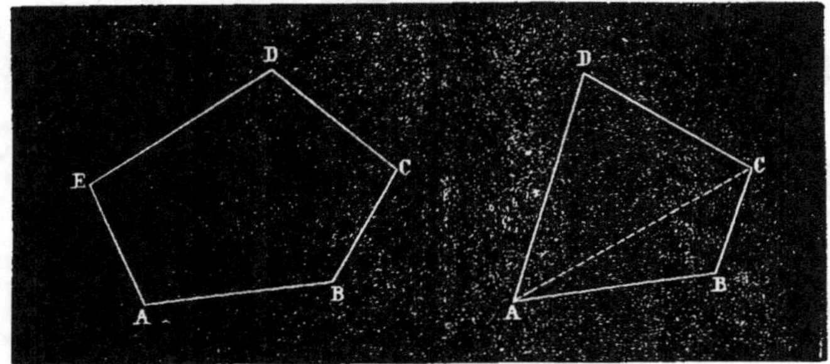

Fig. 85.   Fig. 86.

CHAPITRE VI.

POLYGONES. — QUADRILATÈRES.

42. DÉFINITIONS. I. Un *polygone*[1] est une surface plane (*fig.* 85) terminée par une ligne brisée : telle est la surface ABCDE.

II. Chacune des droites qui composent le contour ou le *périmètre*[2] d'un polygone est un *côté* de ce polygone.

III. Chacun des angles formés par deux côtés consécutifs d'un polygone est un *angle* de ce polygone.

IV. Les sommets sont ceux des angles de ce polygone.

On compte autant de sommets et autant d'angles que de côtés.

V. Toute droite (*fig.* 86), qui, dans un polygone, joint deux sommets non consécutifs est une *diagonale*[3] de ce polygone : telle est la ligne AC.

---

1. Du grec *polys*, nombreux, et *gônia*, angle.
2. Du grec *peri*, autour, et *metron*, mesure.
3. Du grec *dia*, à travers, et *gônia*, angle.

<table>
<tr><td>Fig. 87.</td><td>Fig. 88.</td><td>Fig. 89.</td></tr>
</table>

VI. On classe les polygones d'après le nombre de leurs côtés ; on a ainsi :

Le *triangle*[1], ou polygone de *trois* côtés ;

Le *quadrilatère*[2],	—	de *quatre* ;
Le *pentagone*,	—	de *cinq* ;
L'*hexagone*,	—	de *six* ;
L'*heptagone*,	—	de *sept* ;
L'*octogone*,	—	de *huit* ;
L'*ennéagone*,	—	de *neuf* ;
Le *décagone*,	—	de *dix* ;
L'*endécagone*,	—	de *onze* ;
Le *dodécagone*,	—	de *douze* ;
Le *pentédécagone*[3],	—	de *quinze*.

Ce sont les seuls polygones qui aient un nom particulier ; les autres se désignent simplement par l'énonciation du nombre de leurs côtés.

Observation. Dans la géométrie élémentaire, on ne considère que les polygones dont le périmètre est partout convexe du même côté, en sorte que les prolongements de tous les côtés sont hors du polygone (*fig.* 87).

Sans cette restriction, c'est-à-dire si l'on admettait de s poly-

---

1. Ou *trilatère*.
2. Ou *quadrigone*.
3. Ces mots techniques, de *pentagone* à *pentédécagone*, dérivent du grec.

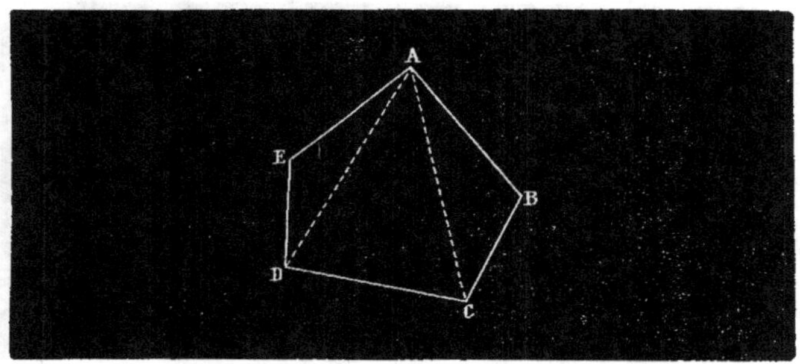

Fig. 90.

gones à angles *rentrants* (*fig*. 88) et des polygones *étoilés* (*fig*. 89),
plusieurs des théorèmes qui suivent devraient être modifiés.

43. THÉORÈME. *La somme des angles intérieurs d'un polygone
est égale à autant de fois deux droits qu'il y a de côtés moins
deux.*

DÉMONSTRATION. Soit, pour fixer les idées, le pentagone
ABCDE (*fig*. 90).

Par un des sommets, A par exemple, menons les diagonales
AC, AD. Le polygone se trouve ainsi décomposé en triangles, et
comme tous les côtés du polygone, excepté les deux qui aboutissent au sommet A, servent chacun de base à un triangle, il y
a autant de triangles qu'il y a de côtés moins deux.

Dans la figure actuelle il y a trois triangles; il y en aurait
quatre dans l'hexagone, cinq dans l'heptagone, et ainsi de
suite.

Comme la somme des angles de chaque triangle est égale à
deux droits, la somme des angles de tous les triangles vaudra
autant de fois deux droits qu'il y a de triangles, c'est-à-dire qu'il
y a de côtés moins deux. D'ailleurs, l'angle A du polygone vaut
tous les angles qui ont pour sommet commun le point A, les
angles B et E sont chacun un angle du polygone et de l'un des
triangles, et les autres angles adjacents aux bases de ces triangles, considérés deux à deux, sont les autres angles du polygone:
donc la somme totale des angles intérieurs de la figure est la
même que la somme totale des angles des triangles, laquelle,

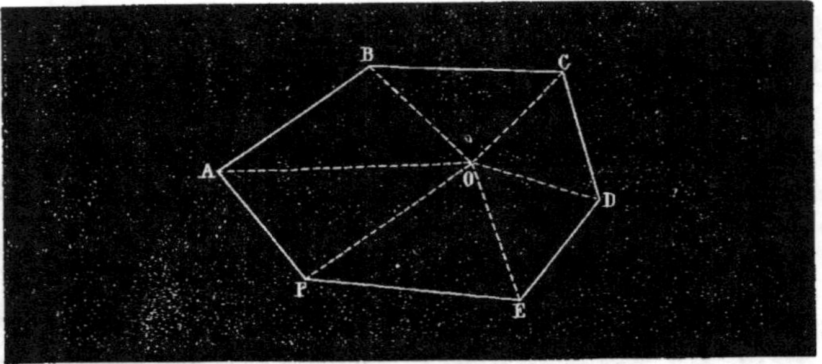

Fig. 91.

par conséquent, vaut autant de fois deux droits qu'il y a de côtés
moins deux.   *C. Q. F. D.*

Formule. Soit n le nombre des côtés ; si S désigne la somme
des angles, on aura l'expression générale :

$$(1) \qquad S = 2^d \times (n - 2),$$

expression dans laquelle n est au moins égal à trois.

APPLICATIONS. I. Quelle est la somme des angles d'un polygone
de quatre côtés ?

Je remplace n par 4, et j'ai :

$$S = 2^d \times (4 - 2) = 2^d \times 2 = 4^d.$$

II. Quelle est la somme des angles d'un polygone de six côtés ?
La formule donne :

$$S = 2^d \times (6 - 2) = 2^d \times 4 = 8^d.$$

III. Quelle est la somme des angles d'un polygone de dix-sept
côtés ?

$$S = 2^d \times (17 - 2) = 2^d \times 15 = 30^d.$$

Autre formule. Effectuons la multiplication indiquée de 2^d par
$n - 2$, et nous aurons :

$$(2) \qquad S = n2 - 4.$$

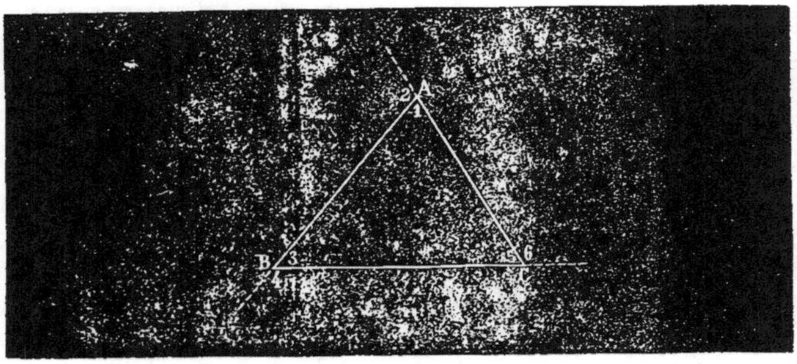

Fig. 92.

Dans la formule (1), le 2 qui est soustractif désigne un nombre de *côtés*, tandis que dans la formule (2) le 4 désigne un nombre d'*angles droits*.

11. Démonstration géométrique de la formule $S = 2n - 4$. Soit l'hexagone ABCDEF (*fig.* 91). Je joins tous les sommets à un point O quelconque pris dans l'intérieur de ce polygone. — D'après cette construction, il y a six triangles, c'est-à-dire autant que de côtés ; il y en aurait n si le polygone avait n côtés ; la somme des angles de chacun de ces triangles est égale à deux droits : cela fait donc $2n$ droits ; mais de cette somme il faut évidemment retrancher celle des angles formés autour du point O, laquelle est égale à 4 angles droits (nº 8, cor. III) : donc

$$S = 2n - 4. \qquad C.\ Q.\ F.\ D.$$

Corollaire. *La somme des angles extérieurs* [2] [4] [6] *d'un triangle* [ABC] (*fig.* 92) *est égale à 4 angles droits.*

Car $[1] + [2] = 2^d$; $[3] + [4] = 2^d$; $[5] + [6] = 2$ droits :

Donc $[1] + [2] + [3] + [4] + [5] + [6] = 6$ droits.

Or $[1] + [3] + [5] = 2$ droits ;

Donc $[2] + [4] + [6] = 4$ droits. *C. Q. F. D.*

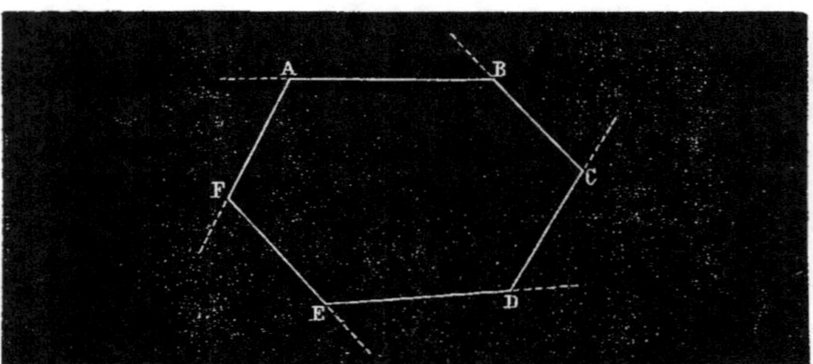

Fig. 93.

Plus généralement la somme des angles extérieurs d'un polygone [ABCDEF] (*fig.* 93) est égale à quatre angles droits.

Soit *n* le nombre des côtés du polygone ; chaque angle extérieur joint à l'angle intérieur adjacent forme deux angles droits ; à eux tous, ils valent 2 *n* droits ; mais les intérieurs valent $2\,n - 4$: donc les extérieurs valent $2\,n - (2n-4)$, ou $2\,n - 2n + 4$, c'est-à-dire 4 angles droits.	*C. Q. F. D.*

43. *Formule de la valeur de l'angle* [A] *d'un polygone équiangle de* n *côtés.* Les *n* angles valent en somme $(2n-4)$ angles droits. Or, par hypothèse, ils sont tous égaux entre eux : donc un seul [A] vaut la n^{me} partie de $2n-4$; en sorte que,

$$(3) \qquad A = \frac{2n-4}{n}.$$

APPLICATIONS. I. Valeur de l'angle du triangle équilatéral. Remplaçant *n* par 3, nous avons :

$$A = \frac{(2 \times 3) - 4}{3} = \frac{6-4}{3} = \frac{2^{d}}{3}.$$

II. Valeur de l'angle de l'octogone équiangle.

$$A = \frac{(2 \times 8) - 4}{8} = \frac{16-4}{8} = \frac{12}{8} = \frac{3}{2} = 1^{d}\,\frac{1}{2}.$$

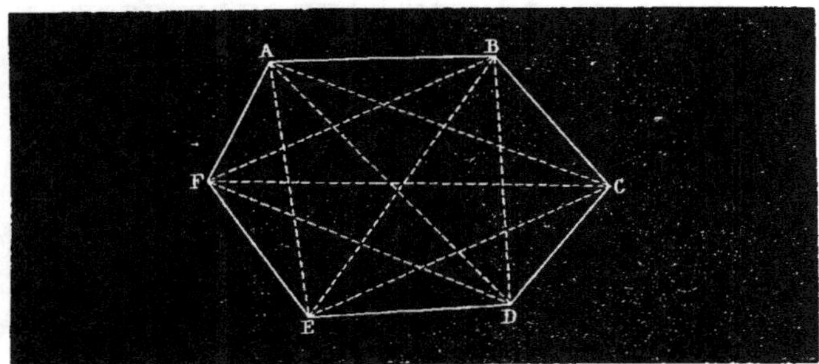

Fig. 94.

Remarque. La formule (3) peut s'écrire :

$$A = \frac{2n}{n} - \frac{4}{n}$$

ou $\qquad$ (4) $\qquad A = 2^d - \frac{4}{n}.$

Plus n est grand, et plus $\frac{4}{n}$ est petit; plus $\frac{4}{n}$ est petit, et plus la différence augmente et tend à être égale à 2 droits. Donc, *l'angle d'un polygone équiangle dont le nombre des côtés va sans cesse en augmentant, tend de plus en plus à devenir égal à 2 angles droits* [1].

46. *Formule du nombre des diagonales d'un polygone de n côtés.* —Par chaque sommet on peut en mener $n - 3$: cela en fait donc en tout $(n - 3) \times n$: mais comme chacune est comptée deux fois, la formule est $N = \frac{n\,n - 3}{2}.$

Applications. I. Combien y a-t-il de diagonales dans l'hexagone? (Fig. 94.)

$$N = \frac{6 \times 6 - 3}{2} = 9.$$

II. Dans le décagone?

$$N = \frac{10 \times (10 - 3)}{2} = \frac{10 \times 7}{2} = 35.$$

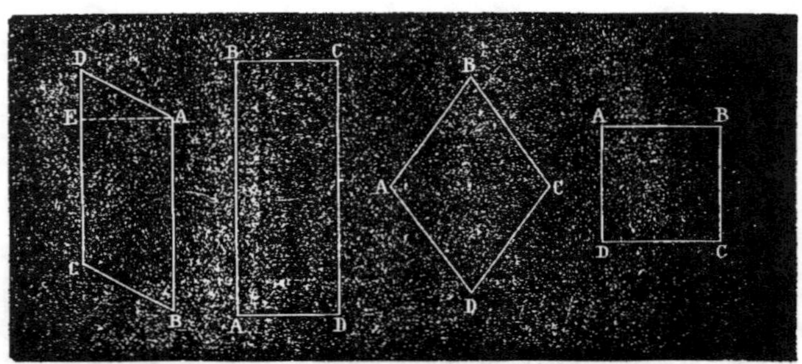

Fig. 95.   Fig. 96.   Fig. 97.   Fig. 98.

Les quadrilatères.

47. Définitions. I. Le *parallélogramme*[1] est un quadrilatère
dont les côtés opposés sont parallèles. Tel est le quadrilatère
ABCD (*fig.* 95).

La *base* [DC] d'un parallélogramme est indifféremment l'un
des côtés de ce parallélogramme.

La *hauteur* d'un parallélogramme est la distance [EA] de la
base au côté opposé.

II. Le *rectangle*[2] est un quadrilatère qui a les angles droits
sans avoir les côtés égaux. Tel est le quadrilatère ABCD (*fig.* 96).

La *base* d'un rectangle est indifféremment l'un quelconque des
quatre côtés : AB par exemple. La *hauteur* est l'un des deux
côtés perpendiculaires à celui qu'on a choisi pour base : AD, par
exemple.

III. Le *losange*[3] est un quadrilatère dont les côtés sont égaux
sans que les angles soient droits. Tel est le quadrilatère ABCD
(*fig.* 97).

IV. Le *carré*[4] est un quadrilatère qui a ses angles droits et
ses côtés égaux. Tel est le quadrilatère ABCD (*fig.* 98).

---

1. Du grec *parallèlos*, parallèle, et *gramma*, ligne.
2. Du latin *rectus*, droit, et *angulus*, angle.
3. Du grec *loxos*, oblique, et *ankôn*, angle.
4. Ou *quarré*, du latin *quadratus*.

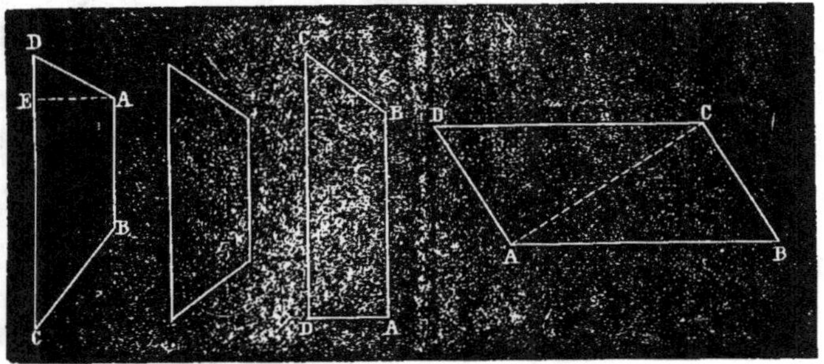

Fig. 99.   Fig. 100.   Fig. 101.   Fig. 102.

V. Le *trapèze*[1] est un quadrilatère dont deux côtés opposés sont inégaux et parallèles. Tel est le quadrilatère ABCD (*fig.* 99).

Les *bases* d'un trapèze sont les deux côtés parallèles.

La *hauteur* [AE] d'un trapèze est la distance des deux bases, et par conséquent leur perpendiculaire commune.

Le trapèze *isocèle* (*fig.* 100) est celui dans lequel les deux côtés non parallèles sont égaux.

Le *trapèze rectangle*, ou mieux *birectangle* (*fig.* 101), est celui dans lequel l'un des côtés non parallèles est perpendiculaire aux bases.

Dans ce cas, la hauteur [AD] du trapèze est le côté perpendiculaire aux deux bases.

Propriétés du parallélogramme.

18. THÉORÈME. *Les côtés opposés d'un parallélogramme* [ABCD] *fig.* 102 *sont égaux deux à deux* AB = CD; AD = BC.

DÉMONSTRATION. Je mène l'une des diagonales, AC; elle décompose le quadrilatère en deux triangles :

ABC, ACD,

dans lesquels AC est commun ; les angles BAC et ACD sont égaux comme alternes-internes (par rapport aux parallèles AB, CD, et

[1] De τράπεζα, table.

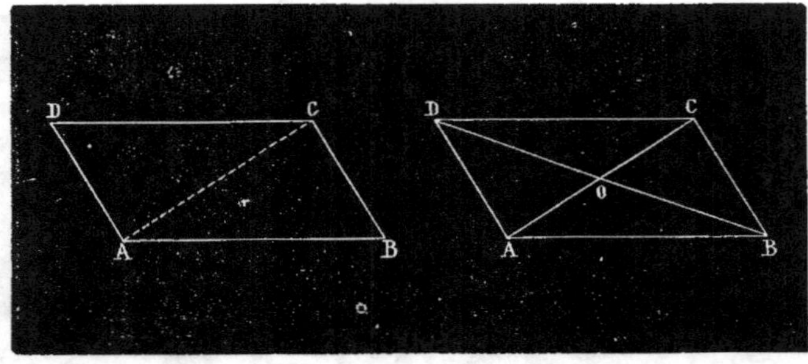

Fig. 102.   Fig. 103.

à la sécante AC); l'angle ACB (*fig.* 102) est égal à l'angle CAD, à cause du parallélisme des côtés AD, BC, et de la sécante AC; ces triangles étant égaux comme ayant un *côté égal adjacent à deux angles égaux chacun à chacun*, j'en conclus : 1° que AB opposé à l'angle ACB est égal à CD opposé à l'angle CAD ; 2° que AD est égal à BC.   *C. Q. F. D.*

49. Théorème. *Les angles opposés d'un parallélogramme* [ABCD] (*fig.* 102) *sont égaux deux à deux* [A = C ; B = D].

Démonstration. De l'égalité des triangles ABC, ADC, il résulte que l'angle B est égal à l'angle D, et aussi que l'angle DAB, composé des deux angles BAC, CAD, est égal à l'angle BCD, composé des deux angles ACD, ACB, respectivement égaux aux précédents.   *C. Q. F. D.*

50. Théorème. *Les diagonales* [AC, BD] (*fig.* 103) *d'un parallélogramme* [ABCD] *se coupent mutuellement en deux parties égales :* (OA = OC ; OB = OD).

Démonstration. Les deux triangles BOC, AOD, sont tels que :

$$BC = AD,$$
$$DBC = ADB,$$
$$ACB = CAD :$$

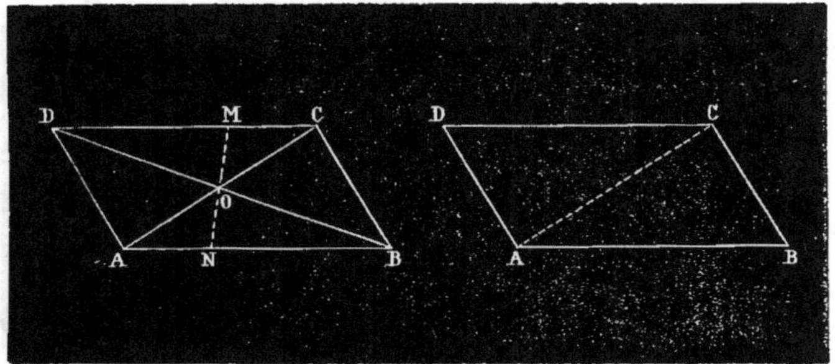

Fig. 104.   Fig. 105.

donc ces triangles sont égaux; par suite,

$$OA = OC,$$

$$OB = OD.$$

ce qui démontre le théorème énoncé.

Remarque. Le point [O] (*fig.* 104) de rencontre des diagonales d'un parallélogramme jouit d'une propriété remarquable[1]. Ce point est non seulement le milieu des diagonales, mais encore *celui de toutes les droites qui y passent et se terminent aux côtés opposés du quadrilatère*[2].

Démonstration. Soit MN l'une de ces droites. Les deux triangles MOD, NOB, sont égaux comme ayant un côté égal adjacent à deux angles égaux chacun à chacun: donc MO = ON. *C. Q. F. D.*

51. Théorème. *Un quadrilatère* [ABCD] *(fig.* 105) *dont les côtés opposés sont égaux deux à deux* AB = DC; AD = BC) *est un parallélogramme.*

---

1. Qui a son analogue dans le sixième livre.
2. On démontre en statique que ce point, appelé *centre* du parallélogramme, est le *centre de gravité* de la figure. Si ce parallélogramme était en métal, ce serait par ce point qu'il faudrait le suspendre pour le mettre en équilibre, quelle que fût sa position.

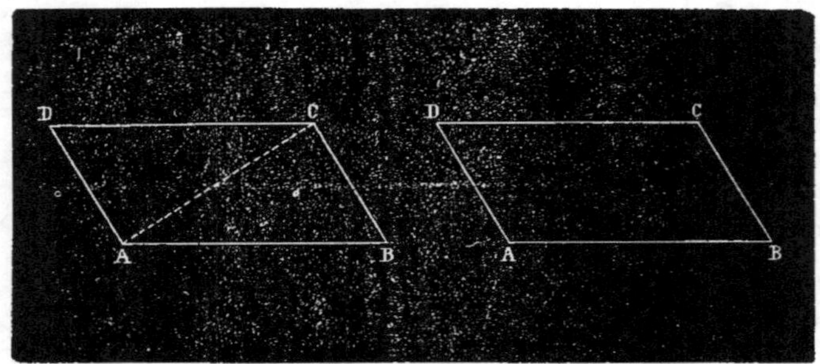

Fig. 105.   Fig. 106.

DÉMONSTRATION. Les triangles ABC, ADC (*fig.* 105), sont égaux comme ayant *les trois côtés égaux chacun à chacun ;* par suite, ils sont équiangles entre eux, et les angles égaux sont ceux qui sont opposés aux côtés égaux :

$$\text{BAC} = \text{ACD}, \quad \text{ACB} = \text{CAD}.$$

La première égalité prouve que les côtés AB, CD, sont parallèles ; de la seconde on conclut le parallélisme des deux autres, AD, BC : donc, d'après la définition, la figure est un parallélogramme.

C. Q. F. D.

52. THÉORÈME. *Un quadrilatère* [ABCD] *(fig.* 106) *est un parallélogramme lorsque les angles opposés sont égaux deux à deux* (A = C ; B = D).

DÉMONSTRATION :

$$A = C \quad B = D,$$

donc
$$A + B = C + D.$$

Or ces deux sommes valent ensemble 4 angles droits ; donc chacune d'elles vaut 2 angles droits :

$$A + B = 2^d \text{ (d'où AD parallèle à BC)},$$

$$C + D = 2^d \text{ (ce qui confirme le parallélisme précédent)} :$$

Mais
$$A = C :$$

Donc
$$A + D = 2^d \text{ (d'où AB parallèle à DC)}.$$

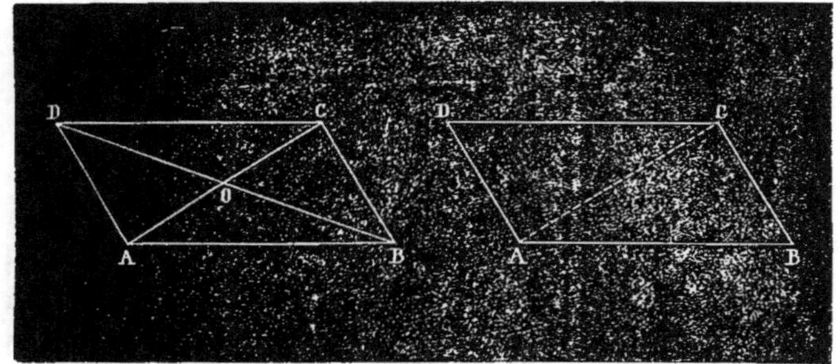

Fig. 107.   Fig. 108.

Remarque. Les deux conditions (égalité, somme d'angles égale à 4 droits) sont nécessaires; car, dans un quadrilatère quelconque ABCD, on a la relation A + B + C + D = 4 droits, sans qu'il en résulte le parallélisme des côtés opposés.

53. Théorème. *Un quadrilatère [ABCD] (fig. 107) est un parallélogramme lorsque ses diagonales se coupent mutuellement en deux parties égales.*

Démonstration. Les deux triangles AOD, BOC, sont égaux comme ayant un angle égal compris entre côtés égaux chacun à chacun; par suite, OCB = OAD : donc AD est parallèle à BC.

Les deux triangles AOB, DOC, sont égaux; par suite OAB = OCD : donc AB est parallèle à CD.

54. Théorème. *Un quadrilatère [ABCD] (fig. 108) est un parallélogramme lorsque deux côtés [AB, CD] sont tout à la fois égaux et parallèles.*

Démonstration. Je mène la diagonale AC : les deux triangles ABC, ADC, sont égaux comme ayant un *angle égal compris entre deux côtés égaux chacun à chacun* BAC = ACD, AB = CD, AC commun : par suite, AD = BC, et la figure est un parallélogramme.

C. Q. F. D.

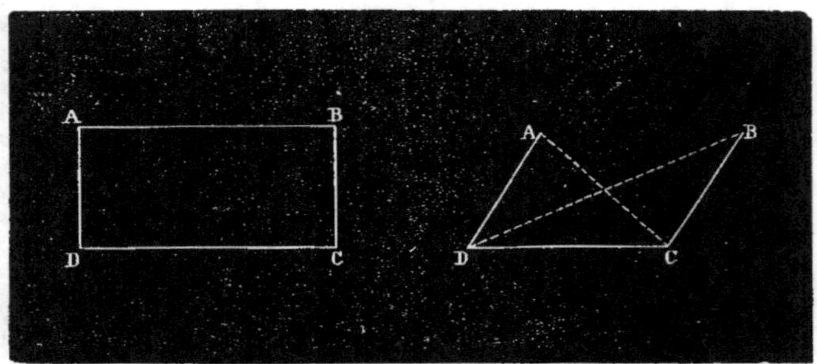

Fig. 109.   Fig. 110.

Propriétés du rectangle.

55. Soit le rectangle ABCD (*fig*. 109); ses côtés opposés AB, CD, sont parallèles comme perpendiculaires à la même droite ; par une raison semblable, AD est parallèle à BC ; les côtés opposés étant parallèles, le rectangle jouit de toutes les propriétés du parallélogramme : donc ses diagonales se coupent mutuellement en deux parties égales. De plus, *elles sont égales,* ce qui n'a pas lieu dans les autres parallélogrammes.

En effet, soit (*fig*. 110) un parallélogramme que nous tracerons sans le côté AB. Il est vrai que dans les deux triangles DAC, DBC, le côté DC est commun ; le côté AD est égal au côté BC ; mais l'angle *obtus* BCD est plus grand que l'angle *aigu* ADC : donc, d'après le lemme n° 17, la diagonale DB est plus grande que la diagonale AC ; mais dans le rectangle ABCD (*fig*. 109), cette inégalité d'angles disparaît, puisque les angles droits sont égaux entre eux : donc, finalement, *les diagonales d'un rectangle se coupent mutuellement en deux parties égales et de plus sont égales.*

Ajoutons que la réciproque est vraie, pourvu qu'on comprenne dans l'énoncé de cette réciproque les deux hypothèses : égalité des diagonales, égalité des deux parties de chacune.

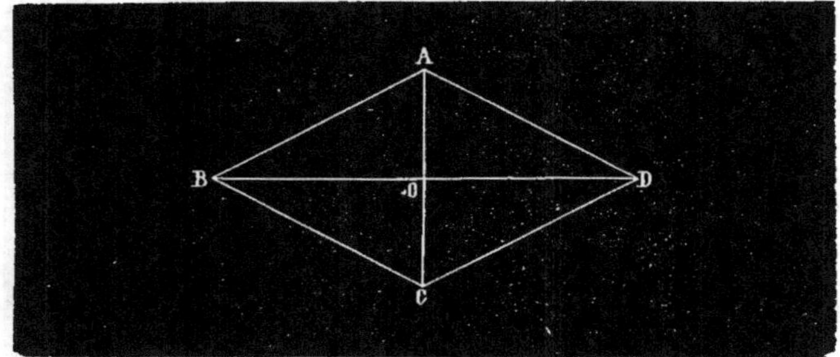

Fig. 111.

Propriétés du losange.

56. Soit le losange ABCD (*fig.* 111). Ses côtés opposés sont égaux. puisque, par définition, ce quadrilatère est équilatéral : donc tout ce qui a été démontré pour le parallélogramme lui est applicable ; mais la réciproque n'est pas vraie ; ce qui le distingue du parallélogramme, c'est que *ses diagonales se coupent à angle droit* (ou orthogonalement). En effet, les triangles BOA, BOC, sont égaux :

$$BO \text{ est commun,}$$
$$BA = BC,$$
$$AO = OC :$$

donc
$$BOA = BOC ;$$

par suite, BD est perpendiculaire sur AC ; et il est facile de voir que ce raisonnement n'est applicable ni au parallélogramme ni au rectangle.

Remarque. On pourrait également conclure que AC est perpendiculaire sur BD et la coupe en deux parties égales, de ce qu'elle passe par deux points : A et C, dont chacun est équidistant des deux extrémités de BD.

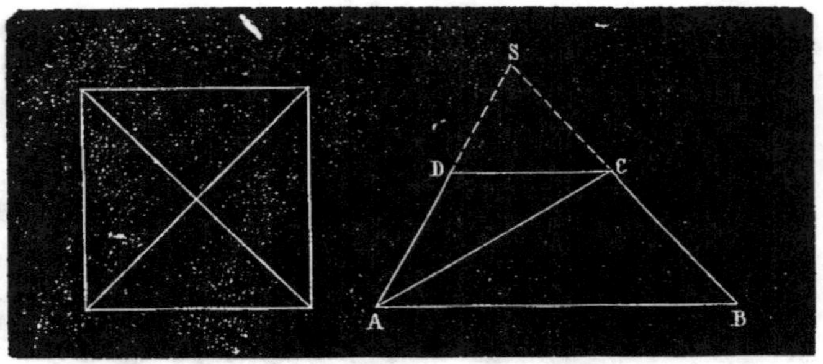

Fig. 112.   Fig. 113.

Propriétés du carré.

57. D'après sa définition, le carré (*fig.* 112) jouit de toutes les propriétés du *parallélogramme*, puisque ses côtés opposés sont parallèles ; de celles du *rectangle*, puisque ses angles sont droits ; de celles du *losange*, puisque ses quatre côtés sont égaux. En · conséquence :

1° Les diagonales du carré se coupent mutuellement en deux parties égales ;

2° Les diagonales sont égales ;

3° Les diagonales se coupent à angles droits ;

4° Les diagonales décomposent la figure en quatre triangles rectangles égaux entre eux.

Mais, de tous ces quadrilatères, le carré est le seul qui soit décomposé par ses diagonales en *quatre triangles rectangles iso-cèles égaux entre eux.*

Remarque. Le rectangle, le losange et le carré ne sont que des *variétés* du parallélogramme. Prenons un parallélogramme : 1° s'il a un angle droit, les trois autres seront droits et la figure sera un *rectangle ;* 2° si deux côtés adjacents sont égaux entre eux, tous les côtés seront égaux entre eux et le quadrilatère sera un *losange ;* 3° enfin, si deux côtés adjacents sont égaux entre eux et font un angle droit, le quadrilatère sera un *carré.*

Le *trapèze* lui-même (*fig.* 113) se rattache au parallélogramme. En effet, chaque diagonale, AC par exemple, le décompose en

5.

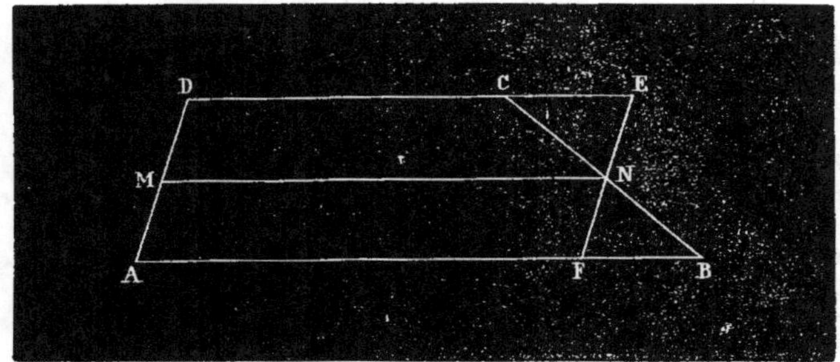

Fig. 114.

deux triangles ABC, ADC, dont chacun a pour base l'une de ses bases, AB ou CD, et même hauteur que lui.

Mais, chose digne de remarque, ce trapèze peut être aussi considéré comme la *différence* de deux triangles SAB, SDC, dont chacun aurait pour base une des bases du trapèze, et dont le sommet commun S serait le point de rencontre des deux côtés non parallèles.

Si ce point S s'éloignait indéfiniment, le trapèze dégénérerait en parallélogramme. Aussi dit-on que ce parallélogramme peut être considéré comme *limite* d'un trapèze, c'est-à-dire comme un cas particulier de ce quadrilatère.

58. THÉORÈME. *Dans un trapèze* [ABCD] (*fig.* 114), *la droite* [MN] *qui joint les milieux* [M, N] *des côtés non parallèles* [AD, BC] *est:* 1° *parallèle aux bases;* 2° *également distante des bases;* 3° *égale à leur demi-somme.*

DÉMONSTRATION. Par le point N, milieu de BC, je mène une parallèle à AD, et je la termine à la rencontre des bases du trapèze. Les deux triangles BNF, CNE sont égaux comme ayant un côté égal adjacent à deux angles égaux chacun à chacun : donc NF = NE.

Or, dans le parallélogramme AFED, FE = AD ou 2FN = 2AM : par suite, FN = AM : la figure AFNM est donc un parallélogramme, puisque deux côtés sont égaux et parallèles (n° 52; par suite, MN est parallèle à AB et par conséquent à DC, ce qui démontre la première partie du théorème.

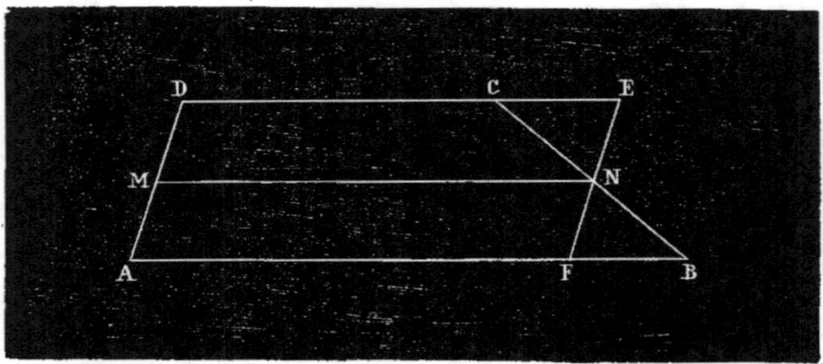

Fig. 114.

2° La distance de MN (*fig.* 114) à AB est égale à la distance de la même droite à DC, car ces distances sont les hauteurs respectives de deux triangles égaux : NBF, NCE.

3°
$$DC = DE - EC$$
$$AB = AF + BF,$$

ou   (1) $$DC = MN - EC,$$

ou   (2) $$AB = MN + EC.$$

J'ajoute membre à membre les deux égalités (1)(2), et j'obtiens :

$$AB + DC = 2MN,$$

d'où $$MN = \frac{AB + DC}{2}.$$

Donc, *la droite qui joint les milieux des côtés non parallèles d'un trapèze est une moyenne arithmétique entre les deux bases de ce trapèze.*

EXERCICES RÉCAPITULATIFS DU LIVRE Iᵉʳ.

EXAMENS ORAUX[1].

1ᵉʳ Examen. — Analysez *l'introduction.*

Pourquoi devez-vous apprendre par cœur l'ordre dans lequel nous avons enchaîné les propositions ?

En quoi consiste le mode de démonstration par *superposition ?*

Rappelez les trois cas d'égalité des triangles.

Quel est celui qui ne se démontre pas par superposition ?

Définissez les *angles adjacents* et les *angles adjacents sur une droite.* Si l'on ne définissait que les angles adjacents sur une droite, l'énoncé du théorème réciproque : *deux angles adjacents sur une droite valent deux angles droits,* serait-il correct ?

Quel est le lieu géométrique des points équidistants chacun des extrémités d'une droite ? — Raisonnement.

Démontrez que si deux droites parallèles sont coupées par une sécante, les angles *alternes-internes* sont égaux, et réciproquement.

Tracez deux droites qui se coupent obliquement : menez la bissectrice de chacun des angles adjacents. — Quel angle ces bissectrices forment-elles entre elles?

Tracez un quadrilatère quelconque; divisez chacun de ses angles en deux parties égales, et démontrez que les angles opposés du quadrilatère ainsi obtenu sont supplémentaires.

2ᵉ Examen. — Définissez les *angles opposés au sommet.*

Si on ne définissait que ceux qui sont formés par deux *droites* qui se coupent, y aurait-il une réciproque pour le théorème direct : *Lorsque deux droites se coupent, les angles opposés par le sommet sont égaux deux à deux ?*

Prouvez que deux angles sont égaux lorsqu'ils sont *suppléments* ou *compléments* d'un même angle.

---

1. À défaut d'un professeur, l'élève se les fera subir à lui-même au tableau. Le mieux serait de travailler en commun avec un autre élève.

Pourquoi avons-nous tenu à établir ce principe une fois pour toutes ?

Exposez la *théorie des parallèles* réduite, comme nous l'avons dit, à deux théorèmes principaux se décomposant chacun en deux propositions.

Dites ce que vous entendez par le *Postulatum d'Euclide* que nous avons admis dans cette théorie.

3e Examen. — Tracez un triangle ABC ; joignez le milieu D de AB avec le milieu E de AC et prouvez que DE est parallèle à BC et égal à la *moitié* de cette ligne.

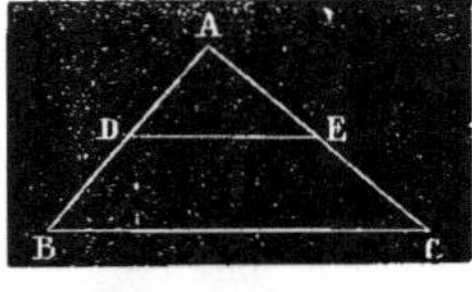

A cette question rattachez la suivante : On trace un trapèze ABCD ; on mène les diagonales AC, BD ; on joint leurs milieux : prouvez que EF est égal à la demi-différence des bases.

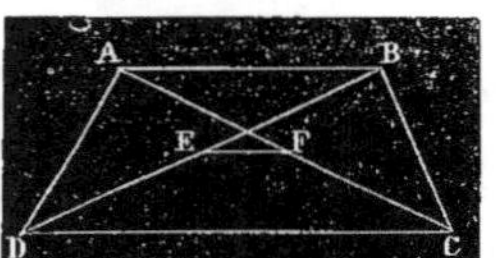

Démontrez que, si deux droites sont parallèles, les angles *correspondants* sont égaux, et réciproquement.

4e Examen. — Quel est le lieu geométrique des points distants d'une droite donnée d'une longueur donnée ?

Divisez un angle en deux parties égales, et faites connaître la propriété de la bissectrice.

Nommez un quadrilatère équiangle sans être équilatéral ; un quadrilatère équilatéral sans être équiangle ; un quadrilatère équilatéral et équiangle.

Tracez un trapèze ABCD ; menez la droite MN qui divise AD, BC en deux parties égales ; marquez le milieu O de cette ligne ; au-dessous de DC tracez une droite quelconque PQ ; *projetez* sur cette ligne les cinq points O, A, B, C, D, et prouvez que la première perpendiculaire est le *quart* de la somme des quatre autres.

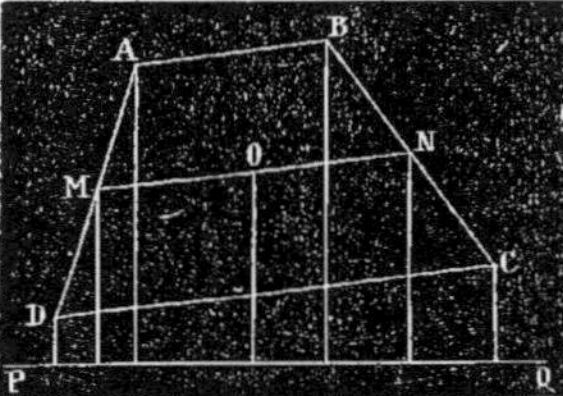

5e Examen. — Prouvez que les parallèles comprises entre parallèles sont égales.

Prouvez que deux droites parallèles sont partout équidistantes, et réciproquement.

Quelle relation y-a-t-il 1° entre deux angles qui ont leurs côtés *parallèles* chacun à chacun ? 2° entre deux angles qui ont leurs côtés *perpendiculaires* chacun à chacun ?

Tracez un quadrilatère quelconque ; joignez le milieu de chaque côté aux milieux des côtés adjacents. Quelle figure obtenez-vous ?

Vous vous êtes appuyé sur ce qu'une droite est parallèle à la base d'un triangle lorsqu'elle joint les milieux des côtés de ce triangle. Comment le démontrez-vous ?

6° Examen. — Démontrez le principe sur lequel repose la démonstration du troisième cas d'égalité des triangles.

Démontrez que des quatre quadrilatères : parallélogramme, rectangle, losange, carré, ce dernier est le seul que ses diagonales décomposent en quatre triangles rectangles isocèles égaux entre eux.

Démontrez que, si deux droites se coupent, leurs perpendiculaires respectives se coupent. Rappelez la démonstration que nous avons indiquée, démonstration très simple, mais qui n'est pas générale.

Tracez un parallélogramme ; divisez les angles chacun en deux parties égales, et prouvez que le quadrilatère obtenu est un rectangle dont la diagonale est la différence entre les côtés du parallélogramme.

7° Examen. — Démontrez que, lorsque deux droites se coupent, les angles opposés au sommet qu'elles forment sont égaux deux à deux, et réciproquement.

Rappelez l'énoncé du théorème formé en partie de la directe et en partie de la réciproque de la proposition précédente, en vue de la démonstration du premier théorème de la théorie des parallèles.

Tracez un triangle ABC ; menez la droite AD du sommet A au milieu
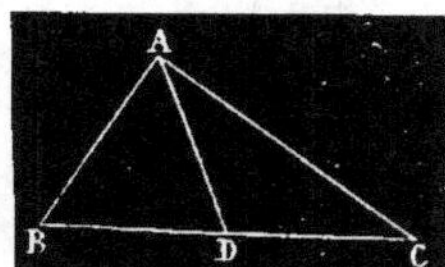
de BC et supposez-la égale à la moitié de cette ligne ; prouvez que l'angle BAC est droit.

Vous vous êtes appuyé sur la propriété de l'angle extérieur d'un triangle ; rappelez-en la démonstration.

Que serait l'angle BAC si l'on avait AD < CD ?

Que serait l'angle BAC si l'on avait AD > BD ?

8ᵉ Examen. — Rappelez les deux cas d'égalité des *triangles rectangles* et leur démonstration.

Lorsque vous joignez le sommet d'un triangle isocèle au milieu de sa base, quelles sont les propriétés de cette ligne de jonction ?

Prouvez qu'un triangle est isocèle quand une ligne tracée dans son intérieur est tout à la fois *médiane* et *bissectrice*.

Prouvez qu'un quadrilatère est un parallélogramme lorsque les angles opposés sont égaux deux à deux.

9ᵉ Examen. — Démontrez que deux droites sont parallèles lorsque deux angles internes du même côté de la sécante sont supplémentaires. La démonstration étant achevée, énoncez tous les principes sur lesquels vous vous êtes appuyé.

Démontrez que deux droites parallèles à une troisième sont parallèles entre elles.

Quelle est la valeur de l'angle du triangle équilatéral ?

Quelle est la formule du nombre des diagonales d'un polygone de n côtés ?

Quel est le polygone qui a 35 diagonales ?

La formule est $N = \dfrac{n\,(n-3)}{2}$. Démontrez que $n\,(n-3)$ est toujours un nombre pair.

Prouvez que la différence de deux nombres impairs est toujours un nombre pair.

10ᵉ Examen. — Tracez une droite indéfinie MN; marquez deux points A, B, au-dessus de cette droite, et cherchez sur MN un point C tel que les deux angles BCN, ACM, soient égaux entre eux.

Pour vous mettre sur la voie, je vous dirai que pour avoir ce qu'on appelle le point A′ *symétrique* d'un point donné A par rapport à une droite MN, il faut, du point A, abaisser sur MN une perpendiculaire, et la prolonger d'une longueur égale.

Démontrez que la ligne brisée ACB est la plus courte parmi toutes celles dont les deux côtés joignent A et B aux différents points de MN.

Supposez que MN soit la bande d'un billard; en quel point la bille A doit-elle frapper cette bande pour qu'après avoir rebondi elle rencontre la bille B ?

Rappelez la formule de la valeur de l'angle d'un polygone équiangle de n côtés. — Discutez cette formule.

11e Examen. — Tracez un triangle ABC ; marquez un point O dans l'intérieur ; tirez les droites OB. OC, et 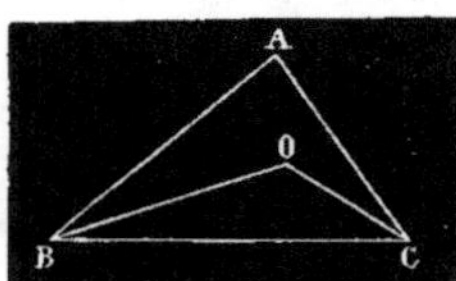 prouvez : 1° que BO + OC est plus court que BA + AC ; 2° que l'angle BOC est plus grand que l'angle A.

Démontrez géométriquement les deux formules $S = 2^d \times (n-2)$ et $S = 2n - 4$.

Tracez un angle et trouvez dans l'intérieur de cet angle un point tel que ses distances aux côtés soient respectivement égales à deux lignes données.

Tracez un angle et faites un angle qui lui soit égal.

Démontrez que deux triangles sont égaux lorsqu'ils sont équilatéraux entre eux.

12e Examen. — Démontrez qu'un triangle est isocèle lorsque dans ce triangle deux angles sont égaux entre eux.

Démontrez que, de deux angles d'un triangle, celui-là est le plus grand qui est opposé au plus grand côté.

Dites ce qu'on entend par la réciproque d'un théorème.

Démontrez que les trois angles d'un triangle valent deux droits. — Quels sont les corollaires que nous avons déduits de ce théorème fondamental ?

13e Examen. — Démontrez que la somme des angles extérieurs d'un polygone est égale à quatre angles droits, quel que soit le nombre des côtés de ce polygone.

Démontrez les trois propositions suivantes :

Par un point pris sur une droite on peut *élever* une perpendiculaire sur cette droite, et l'on n'en peut élever qu'une.

D'un point pris hors d'une droite on peut *abaisser* une perpendiculaire sur cette droite, et l'on n'en peut abaisser qu'une.

Par un point pris hors d'une droite on peut *mener* une parallèle à cette droite, et l'on n'en peut mener qu'une.

Combien faut-il de conditions pour déterminer la position d'une droite ?

Citez quelques axiomes de *géométrie*.

14ᵉ Examen.— Tracez les deux lignes brisées ABCD, AFGHD, dont l'une enveloppe l'autre, et prouvez que la première est plus courte que la seconde, en supposant que l'enveloppée est partout convexe du même côté, et que les deux lignes sont terminées aux mêmes extrémités.

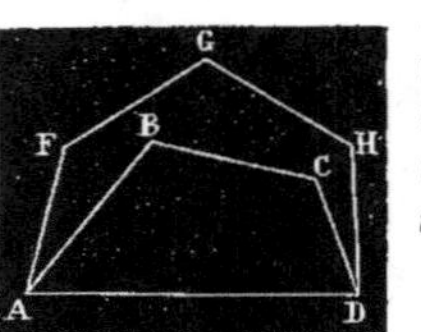

Tracez deux droites; menez les bissectrices des quatre angles qu'elles font entre elles, et faites connaitre les points dont elles sont le lieu géométrique ; prouvez qu'elles sont deux à deux en ligne droite et qu'elles font entre elles des angles droits.

Tracez la droite AB, marquez un point C équidistant de A et de B; marquez-en un second D; tirez CD; prolongez cette droite jusqu'à AB et rappelez ce que nous avons démontré. — Est-ce un théorème ou un corollaire ?

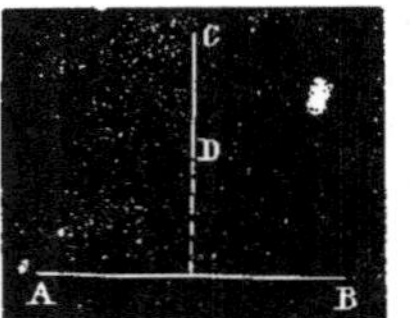

Démontrez que deux droites, suffisamment prolongées, se rencontrent lorsqu'elles font avec une sécante deux angles internes du même côté, dont la somme est plus petite que deux angles droits.

15ᵉ Examen. — Rappelez les trois sortes d'angles. — Tracez-les au tableau. — Définissez-les.

Rappelez les trois sortes de triangles par rapport aux côtés. — Rappelez ce que nous avons démontré pour chacun d'eux.

Mêmes questions pour les trois sortes de triangles par rapport aux angles.

On aurait besoin d'un point équidistant de deux autres: où le chercherait-on ?

Même question pour un point équidistant de deux droites.

Même question pour un point distant d'une droite donnée d'une longueur donnée.

Nota. Vous ne tarderez pas à apprendre que, dans les problèmes graphiques, les points cherchés se trouvent par des intersections de lieux géométriques.

16ᵉ Examen. — Quand on trace une ligne sur le papier ou sur le tableau, on lui donne une certaine largeur. D'après cela, comment peut-on dire que : *une ligne est une longueur sans largeur?*

Quand on construit une surface, quelque mince 'qu'elle soit, on lui donne une certaine *épaisseur*, et cependant on dit qu'une surface est ce qui a *longueur et largeur sans épaisseur*. Comment concilier ces deux choses?

Enfin, quand on marque des points sur le papier ou sur le tableau, on leur donne une certaine étendue, et cependant on dit que *le point n'a ni figure ni étendue.*

Qu'appelle-t-on lignes parallèles? Combien de conditions dans la définition? Pourquoi, dans les quatre premiers livres de la géométrie, se contente-t-on de démontrer que les lignes ne se rencontrent pas, pour établir leur parallélisme?

Tracez un triangle isocèle ABC; projetez le sommet B sur AC et le sommet C sur AB. Que sont les deux perpendiculaires B*b*, C*c*? Tirez *bc;* cette droite est-elle parallèle à BC?

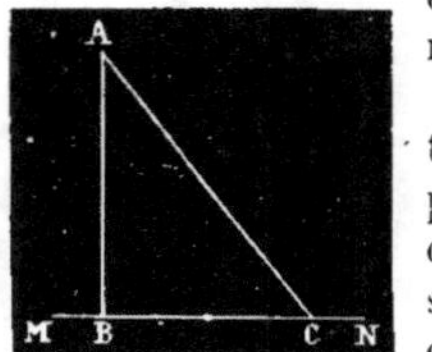

Démontrez que deux obliques partant d'un même point sont égales lorsqu'elles s'écartent également du pied de la perpendiculaire abaissée du même point.

Démontrez qu'une oblique AC à une droite MN est plus longue que la perpendiculaire à cette droite partant du même point A.

Démontrez-le sans prolonger la figure de l'autre côté de MN; pour cela servez-vous de la perpendiculaire à CB menée par son milieu; et démontrez préalablement qu'elle rencontre AC, sans vous appuyer sur le *postulatum* d'Euclide.

Démontrez que l'oblique AD est plus longue que AC, si BD est plus grand que BC; avec les mêmes conditions que dans la question précédente.

Dans un losange, les diagonales partagent les angles chacun en deux parties égales.

Réciproquement, si les diagonales d'un quadrilatère partagent chaque angle en deux parties égales, ce quadrilatère est un losange.

Les quatre hypothèses de cette réciproque sont-elles toutes nécessaires pour la démonstration?

Si, pour *démontrer les théorèmes*, on a recours à des constructions d'après lesquelles on se sert du *milieu* d'une droite; on mène une perpendiculaire à une droite; on mène une parallèle à une droite; on mène la bissectrice de l'angle de deux droites, *etc., etc.*, et que ces constructions ne nous soient pas encore connues, faut-il en conclure qu'il y a cercle vicieux ou pétition de principe?

Pour *démontrer les théorèmes*, on a recours à des figures; ces figures ne sont pas exactes, lors même qu'au lieu de les faire à *main levée* on aurait recours à des instruments. Comment se fait-il que, malgré ces inexactitudes, les démonstrations soient rigoureuses?

QUESTIONS A TRAITER PAR ÉCRIT.

1er Sujet. — On donne une droite ; on projette ses extrémités sur une autre droite, et l'on propose de comparer la longueur de la droite donnée à celle de sa projection.

2e Sujet. — On propose de partager une droite en deux parties telles que leur différence soit égale à une ligne donnée.

3e Sujet. — On donne un triangle équilatéral ; on projette un point pris dans l'intérieur, sur les trois côtés, et l'on propose de démontrer que la somme des perpendiculaires est la même, quel que soit le point intérieur.

4e Sujet. — Démontrez que la somme des quatre côtés d'un quadrilatère est plus grande que la somme des diagonales, et plus petite que le double de la même somme.

5e Sujet. — Démontrez les six propositions suivantes :
Sont égaux : 1° Deux parallélogrammes qui ont un angle égal compris entre deux côtés égaux chacun à chacun ;
2° Deux losanges qui ont un côté égal et un angle égal;
3° Deux rectangles qui ont deux côtés adjacents égaux chacun à chacun ;
4° Deux carrés qui ont un côté égal ;
5° Deux carrés qui ont une diagonale égale ;
6° Deux carrés tels que la droite qui joint les milieux de deux côtés adjacents de l'un soit égale à celle qui joint les milieux de deux côtés adjacents de l'autre.

6e Sujet. — Lorsqu'un point situé dans l'intérieur d'un polygone est le milieu de toutes les droites qui y passent et se terminent au périmètre, quel nom lui donne-t-on, et quelle est la propriété de chacune de ces droites ?

7e Sujet. — La droite XY qui traverse une figure ABCDEF, est

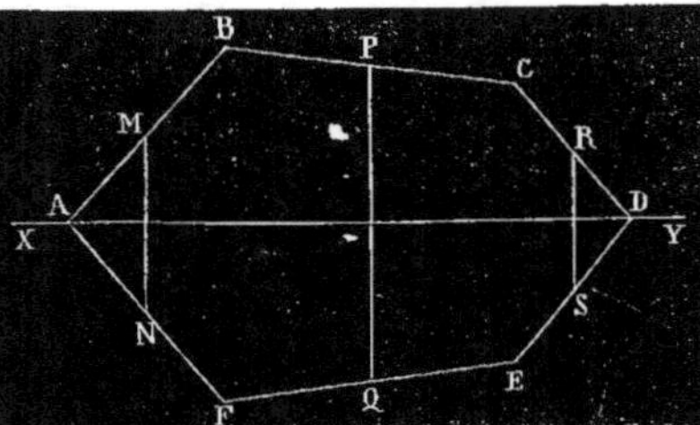

telle qu'elle contient les milieux de toutes les droites MN, PQ, RS.... qui lui sont perpendiculaires et limitées au périmètre de la figure.— Quel nom lui donne-t-on ?

Comment dit-on que sont situés les points M N, P Q, R S,.... par rapport à cette droite? Qu'arriverait-il si l'on pliait les deux portions de figures l'une sur l'autre le long de l'axe de symétrie ?

Tracez un triangle isocèle : joignez le sommet au milieu de la base. Cette ligne de jonction est-elle un axe de symétrie ? Cas du triangle équilatéral.

8ᵉ Sujet. — Tracez un parallélogramme. Tirez la diagonale : elle partage la figure en deux parties égales. En concluez-vous que ce soit un axe de symétrie ?

9ᵉ Sujet. — Tracez un rectangle, un losange, un carré, un trapèze isocèle, et introduisez dans chacune de ces figures leurs axes de symétrie.

10ᵉ Sujet. — Démontrez qu'un polygone d'un nombre pair de côtés a un centre de symétrie lorsque ses côtés opposés sont égaux et parallèles deux à deux, et réciproquement.

11ᵉ Sujet. — Démontrez que, lorsqu'une figure a deux axes de symétrie rectangulaires, leur intersection est un centre.

12ᵉ Sujet. — Démontrez que deux polygones de n côtés sont égaux lorsqu'ils ont $n-1$ côtés respectivement égaux ainsi que les angles compris.

13ᵉ Sujet. — Démontrez que deux polygones de n côtés sont égaux lorsqu'ils ont $n-2$ côtés consécutifs respectivement égaux adjacents à $n-1$ angles respectivement égaux.

14ᵉ Sujet. — Démontrez que dans tout quadrilatère la somme de deux côtés opposés est moindre que la somme des diagonales.

15ᵉ Sujet. — Démontrez que si, dans un quadrilatère, deux côtés adjacents sont égaux entre eux ainsi que les deux autres, une diagonale coupera en deux parties égales deux angles opposés et l'autre diagonale.

16ᵉ Sujet. — Démontrez que si trois droites parallèles sont équidistantes, celle du milieu coupe en deux parties égales toutes les transversales qui aboutissent aux deux autres.

17ᵉ Sujet. — Démontrez que si deux droites sont parallèles à deux autres qui soient parallèles, elles sont aussi parallèles entre elles.

18ᵉ Sujet. — Démontrez que dans un pentagone qui a tous ses angles égaux et ses côtés égaux, chaque sommet est à égale distance des deux extrémités du côté opposé.

19e Sujet. — Démontrez que lorsque deux triangles ont deux côtés respectivement égaux, et que les angles compris sont supplémentaires, en prenant un de ces côtés pour base, les hauteurs sont égales. On définira la hauteur d'un triangle. Quand tombe-t-elle dans l'intérieur du triangle? Quand coïncide-t-elle avec un des côtés? Quand tombe-t-elle au dehors du triangle?

20e Sujet. — Démontrez que les perpendiculaires élevées sur les milieux des côtés d'un triangle concourent en un même point.

21e Sujet. — Démontrez que les hauteurs d'un triangle concourent en un même point. Par une construction, on ramènera ce cas au précédent.

22e Sujet. — Démontrez que les bissectrices des angles d'un triangle concourent en un même point.

23e Sujet. — Démontrez que les médianes d'un triangle se coupent en un même point au tiers à partir de la base ou aux deux tiers à partir du sommet.

LIVRE II

LE CERCLE ET LA MESURE DES ANGLES.

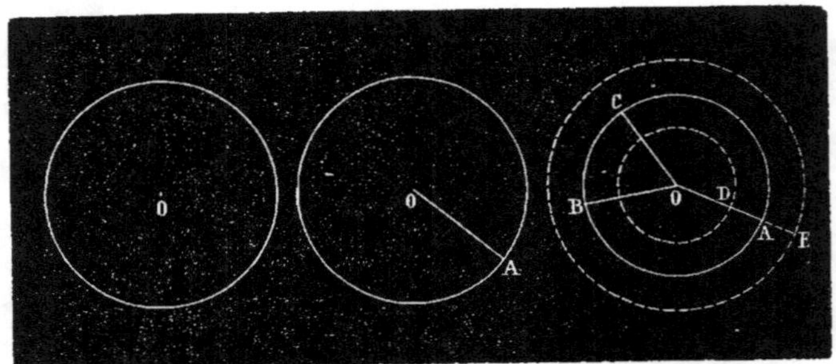

Fig. 115.   Fig. 116.   Fig. 117.

CHAPITRE Ier

DÉPENDANCE MUTUELLE DES ARCS ET DES CORDES.

59. Définitions (*fig.* 115). I. On appelle *circonférence*[1] une ligne courbe dont tous les points, situés sur un même plan, sont à égale distance d'un même point [O] de ce plan. Ce point se nomme *centre*[2].

   II. Le cercle[3] est la portion de plan terminée par cette ligne courbe.

Le cercle peut être regardé comme engendré par le mouvement d'une droite [OA] (*fig.* 116), qui tourne autour de l'une de ses extrémités [O]. Dans ce mouvement, l'extrémité [A] décrit la circonférence.

Les autres points de cette droite, tels que D, E (*fig.* 117), décriraient des circonférences *concentriques*, les unes intérieures et les autres extérieures.

   III. Les rayons d'un cercle sont les droites OA, OB, OC, qui vont du centre à la circonférence.

---

1. Du latin *circum*, autour, et *fero*, porter.
2. Du grec *kentron*, point.
3. Du latin *circulus*.

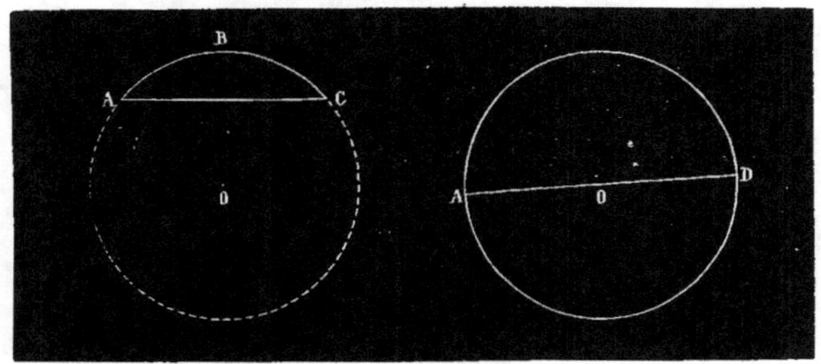

Fig. 118.   Fig. 119.

Remarque I. Tous les rayons d'un même cercle sont égaux, puisqu'ils mesurent tous la distance du centre à la circonférence.

Remarque II. Une circonférence est le *lieu géométrique* des points situés à une distance de son centre égale au rayon : car les points de cette courbe sont les seuls du plan qui remplissent cette condition.

Soit $OA = R$ *fig.* 117, le rayon d'une circonférence ; nous aurons $OA = R$, $OB = R$, $OC = R$, $OD < R$, $OE > R$.

Donc lorsque, dans une construction, nous aurons besoin d'un point situé à une distance donnée d'un point donné, nous saurons où il faudra le chercher.

IV. On appelle *arc*[1] *de cercle* une portion de circonférence telle que [ABC] *fig.* 118.

V. La *corde* ou *sous-tendante* de l'arc est la ligne droite [AC] qui joint ses deux extrémités.

VI. La corde d'un arc peut passer par le centre : dans ce cas, elle prend le nom de *diamètre*[2]. Telle est la corde AD *fig.* 119. Il y a une infinité de diamètres ; ils sont tous égaux, comme doubles du rayon.

---

1. Du latin *arcus*, qui désigne un instrument bien connu.
2. Du grec *dia*, à travers, et *métron*, mesure.

T. *Géométrie plane.*   6

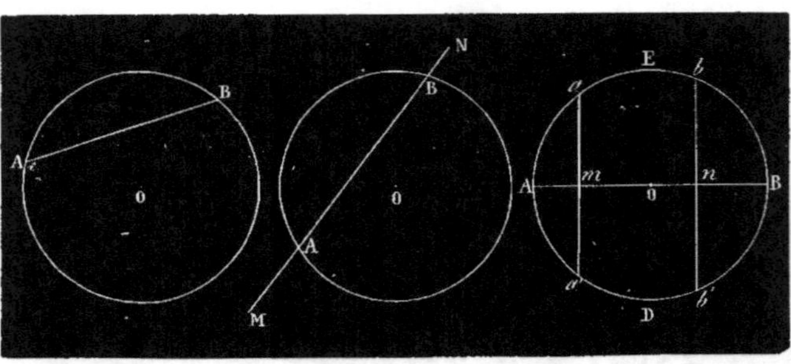

Fig. 120.   Fig. 121.   Fig. 122.

VII. Une droite [AB] (*fig.* 120) est dite inscrite dans un cercle lorsque ses extrémités [A, B] sont sur la circonférence de ce cercle.

60. Théorème. *Une droite* [MN] (*fig.* 121) *ne peut rencontrer une circonférence en plus de deux points* [A, B]. En effet, nous avons vu dans le premier livre que d'un point à une droite il n'y a pas trois droites égales entre elles (n° **27**); ainsi, il ne peut y avoir sur une droite que deux points au plus à égale distance d'un point donné, qui ici est le centre de la circonférence.

61. Théorème. *Tout diamètre* [AOB] (*fig.* 122) *divise le cercle et sa circonférence en deux parties égales.*

Démonstration. J'imagine que la figure soit pliée en deux autour du diamètre pris pour charnière; les points de la portion [AEB] de la courbe se placeront tous, point pour point, sur la portion [ADB], puisque, dans ce mouvement, les points de la circonférence sont toujours restés à la même distance du centre.

Remarque I. Tout diamètre [AOB] (*fig.* 122) est un *axe de symétrie*, car, dans le rabattement, le point a tombe en a', le point b tombe en b', etc.; en sorte que $am = a'm$; $bn = b'n$, etc.; et les angles oma, oma'; onb, onb', etc., sont respectivement égaux.

Remarque II. Une corde [AB] (*fig.* 123), qui ne passe pas par le centre, partage le cercle et la circonférence en deux parties

6.

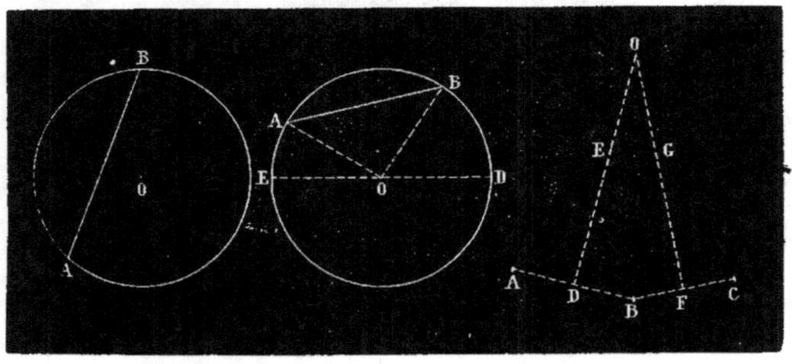

inégales (l'une plus grande, l'autre plus petite que la demi-circonférence).

Pour éviter toute ambiguïté, nous conviendrons, quand il sera question de l'arc sous-tendu par une corde, de n'avoir en vue que le plus petit des deux, à moins que nous n'avertissions du contraire.

62. THÉORÈME. *Toute corde* [AB] *(fig. 124) est plus petite que le diamètre.*

DÉMONSTRATION. Je mène les rayons OA, OB; dans le triangle AOB, j'ai AB $<$ AO + OB, ou AB $<$ EO + OD, ou AB $<$ ED.

C. Q. F. D.

En conséquence, la droite la plus longue qui puisse être inscrite dans un cercle est le double du rayon de ce cercle.

63. THÉORÈME. *Trois points* [A, B, C] *(fig. 125) non situés en ligne droite déterminent une circonférence de cercle.*

Cet énoncé signifie qu'on peut faire passer une circonférence par ces trois points, et qu'on n'en peut faire passer qu'une; en d'autres termes, il y a un point équidistant de A, B, C, et il n'y en a qu'un.

DÉMONSTRATION. *Premièrement*, la perpendiculaire DE, élevée sur le milieu de AB, a tous ses points à égale distance des points A et B; de même, la perpendiculaire FG, élevée sur le milieu de BC, a tous ses points à égale distance de B et de C; or, ces deux perpendiculaires se coupent (n° 38, cor. X); et leur point O d'inter-

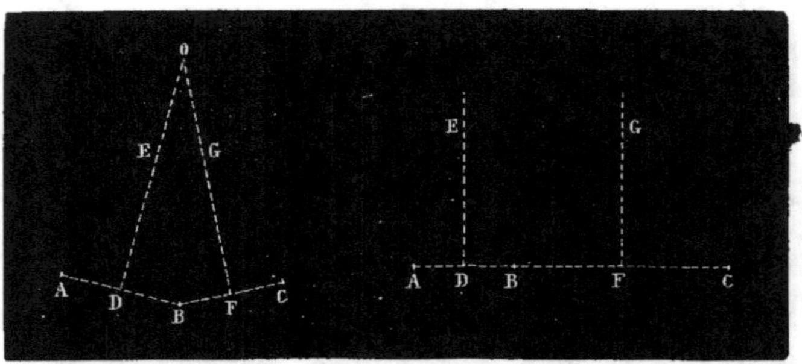

Fig. 125.   Fig. 126.

section est également distant des trois points A, B, C; si donc de
ce point, comme centre, avec OA pour rayon, je décris une circonférence, elle passera par les trois points A, B, C.

Deuxièmement, si une circonférence quelconque passe par
A, B, C (*fig.* 125), son centre, également distant de A et de B, se
trouvera sur DE ; étant aussi également distant de B et de C, il
se trouvera sur la perpendiculaire FG ; il sera donc au point O ;
par suite, OA sera son rayon ; cette circonférence, ayant le même
centre et le même rayon que la première circonférence, se
confondra avec elle, ce qui démontre la seconde partie du
théorème.

Remarque. Si les trois points donnés [A, B, C] (*fig.* 126) étaient
en ligne droite, les perpendiculaires DE, FG seraient perpendiculaires à la même droite [AC] et, par conséquent, parallèles ;
dans ce cas, il n'y aurait pas de circonférence passant par les
trois points donnés[1].

Corollaire. Nous retrouvons ici ce qui a été dit au n° 60,
savoir : qu'*une circonférence ne peut avoir trois points communs
avec une ligne droite*. Nous voyons de plus que *deux circonférences ne peuvent avoir plus de deux points communs sans
coïncider*.

---

1. Quelquefois on dit que le *centre est situé à l'infini*. C'est une autre
manière d'exprimer l'impossibilité dont nous parlons, mais, de plus, cela
exprime implicitement que plus le troisième point se rapprochera de la

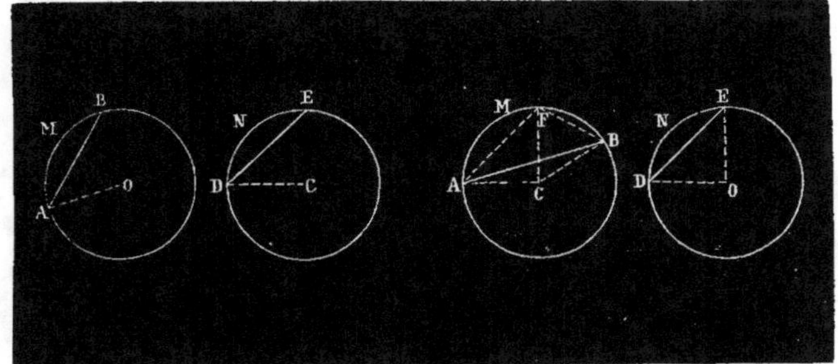

64. Théorème. *Dans le même cercle, ou dans des cercles égaux, les arcs égaux sont sous-tendus par des cordes égales.*

Démonstration. Soient AMB, DNE (*fig.* 127) deux arcs égaux qu'on suppose faire partie de deux circonférences égales ; je dis que les cordes AB, DE sont égales. Pour le démontrer, j'applique le second cercle sur le premier, en mettant d'abord le centre C sur le centre O ; puis je fais tourner ce second cercle autour de son centre, jusqu'à ce que le rayon CD prenne la direction OA ; à cause de l'égalité des rayons, les deux circonférences se confondront ; comme la portion DNE de la seconde est égale à la portion AMB de la première, l'extrémité E de l'une s'arrêtera sur l'extrémité B de l'autre ; par suite, la corde DE se confondra avec la corde AB. puisqu'elle aura les mêmes extrémités : ce qui démontre le principe énoncé [1].

65. Théorème. *Dans le même cercle ou dans des cercles égaux, de deux arcs inégaux le plus grand est sous-tendu par la plus grande corde.*

Soient les deux arcs AMB, DNE (*fig.* 128, que je suppose faire partie de deux circonférences égales ; si on a AMB > DNE. je dis qu'on aura AB > DE.

---

droite qui passe par les deux premiers, plus le centre sera éloigné : plus aussi le rayon sera grand.

1. Dans ce théorème et dans le suivant, il est sous-entendu qu'on place la seconde circonférence sur la première, de manière que les arcs DNE. AMB tombent du même côté du rayon OA.

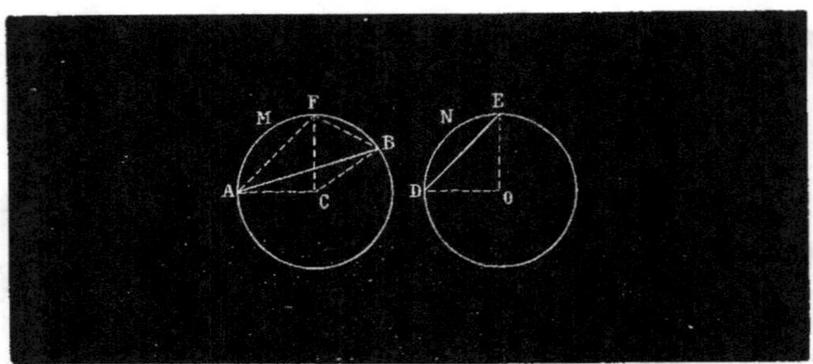

Fig. 128.

Démonstration. Je superpose les deux cercles, de manière que le rayon OD coïncide avec le rayon CA ; puisque, par hypothèse, l'arc AMB est plus grand que l'arc DNE, le point E tombera sur la première circonférence entre A et B, en F par exemple ; alors le rayon OE tombera entre le rayon CA et le rayon CB, de telle sorte que l'angle EOD sera plus petit que l'angle ACB. Je tire AF et CF ; les deux triangles CAB, CAF ont un angle inégal, compris entre deux côtés égaux chacun à chacun ; donc le côté AB, opposé au plus grand angle ACB, est plus grand que le côté AF opposé au plus petit angle ACF (n° 17, lemme) ; mais les cordes AF, DE sont égales comme sous-tendant des arcs égaux ; donc aussi la corde AB est plus grande que la corde DE.   *C. Q. F. D.*

Remarque I. La grandeur de l'arc est étroitement liée avec celle de la corde ; donc, en vertu du n° 26, on peut dire que : *réciproquement, dans le même cercle ou dans des cercles égaux, aux cordes égales correspondent des arcs égaux ; aux cordes iné-gales correspondent des arcs inégaux ; la plus grande corde sous-tend le plus grand arc ; la plus petite corde sous-tend le plus petit arc.*

Remarque II. Dans ce qui précède, on suppose que les deux arcs dont il s'agit sont plus petits chacun que la demi-circon-férence, afin que les angles qui leur correspondent soient de véri-tables angles moindres que deux droits. S'ils étaient plus grands, la proposition aurait lieu en sens inverse : au plus grand arc correspondrait la plus petite corde, et réciproquement.

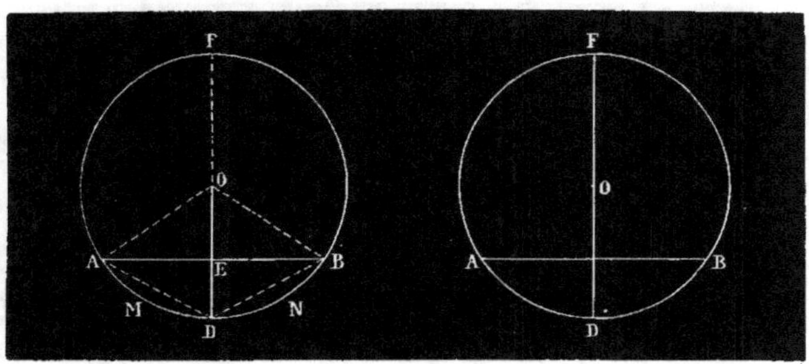

Fig. 129.   Fig. 130.

66. THÉORÈME. *La perpendiculaire* [OE] *fig.* 129, *abaissée du centre d'une circonférence sur une corde* [AB], *divise cette corde et chacun des arcs qu'elle sous-tend en deux parties égales.*

DÉMONSTRATION. 1° Les obliques OA. OB sont égales comme rayons d'un même cercle; donc elles s'écartent également du pied E de la perpendiculaire OE abaissée sur AB; donc AE = EB.

2° Le point D. appartenant à la perpendiculaire menée au milieu de AB, est également distant des extrémités A et B; donc les cordes AD, DB sont égales; par suite, les arcs qu'elles sous-tendent. DMA, DNB, sont égaux, c'est-à-dire que le point D est le milieu de l'arc ADB.

Semblablement, le point F est le milieu de l'arc AFB ; ce qui démontre la seconde partie de la proposition.

REMARQUE. Le diamètre [FD] *fig.* 130) perpendiculaire sur une corde [AB] satisfait à la fois à cinq conditions :

1° Il est perpendiculaire à la corde;
2° Il passe par le centre du cercle :
3° Il passe par le milieu de la corde;
4° Il passe par le milieu de l'arc inférieur;
5° Il passe par le milieu de l'arc supérieur.

Or. deux quelconques de ces conditions suffisent pour déterminer une droite; donc toute droite qui satisfera à deux d'entre elles satisfera aux trois autres.

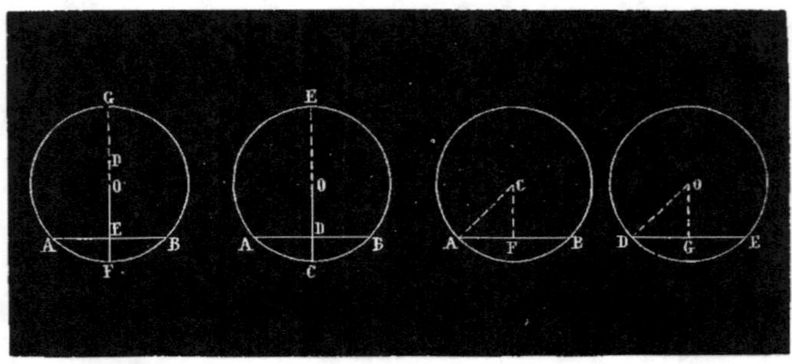

Fig. 131.   Fig. 132.   Fig. 133.

EXEMPLES. I. *La perpendiculaire* [ED] (*fig.* 131) *élevée sur le milieu d'une corde* [AB] *passe par le centre* [O] *et par les milieux* [F, G] *des arcs sous-tendus.*

II. *Le rayon* [OC] (*fig.* 132) *qui aboutit au milieu* [C] *d'un arc* [AB] *tombe perpendiculairement sur le milieu D de la corde* [AB] *et passe par le milieu* [E] *de l'autre arc sous-tendu.*

REMARQUE. Plus tard, nous appliquerons ces principes à la division d'un arc en deux parties égales, ainsi qu'à la détermination du centre de cet arc.

67. THÉORÈME. *Dans le même cercle ou dans des cercles égaux, les cordes égales* [AB, DE] (*fig.* 133) *sont à des distances égales du centre.*

DÉMONSTRATION. La distance du centre C à la corde AB est la perpendiculaire CF abaissée du centre sur cette corde ; celle du centre O à la corde DE est la perpendiculaire OG ; AF est la moitié de AB (n° 66) ; DG est la moitié de DE. Cela posé, je tire les rayons CA, OD ; les deux triangles rectangles ACF, DOG, sont égaux, comme ayant leurs hypoténuses égales et un côté de l'angle droit égal ; par suite, CF = OG.   *C. Q. F. D.*

68. THÉORÈME. *Dans le même cercle ou dans des cercles égaux, de deux cordes inégales* [AB, DE] (*fig.* 134) *la plus grande est la plus voisine du centre.*

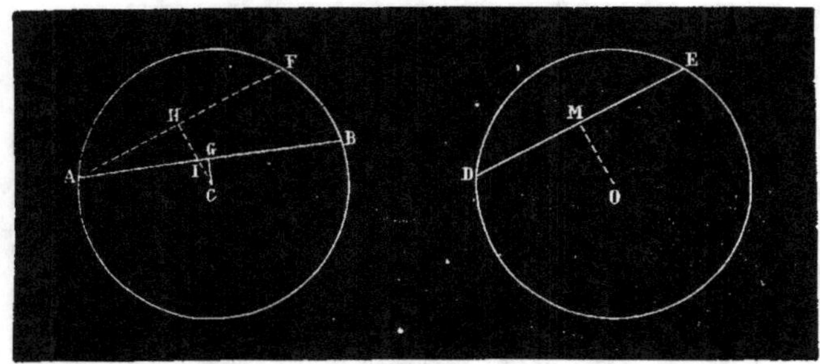

Fig. 131.

Démonstration. On accorde : AB > DE, et il faut prouver
CG < OM.

A cet effet, je prends l'arc AF égal à l'arc DE; la corde AF sera
égale à la corde DE, et leurs distances CH, OM aux centres
respectifs seront égales. La question est ainsi ramenée à prouver
que la perpendiculaire CG est plus courte que la perpendiculaire CH.

Puisque la corde DE est plus petite que la corde AB, l'arc
sous-tendu par DE est plus petit que l'arc sous-tendu par AB;
ainsi le point F est situé entre les points A et B; par suite la
corde AB passe entre le centre et la corde AF, de telle sorte que
la perpendiculaire CH, qui doit aboutir au milieu de AF, traverse la corde AB en un point I; alors la perpendiculaire CG est
plus courte que l'oblique CI, qui n'est qu'une partie de la perpendiculaire CH; donc, à plus forte raison, la distance CG est
plus petite que la distance CH; donc, finalement, CG est plus
petit que OM. *C. Q. F. D.*

Remarque. D'après le principe général des réciproques, on
conclut que :

1° *Dans le même cercle, ou dans des cercles égaux, deux
cordes à égales distances du centre sont égales.*

2° *De deux cordes à inégales distances du centre, celle qui en
est la plus éloignée est la plus petite.*

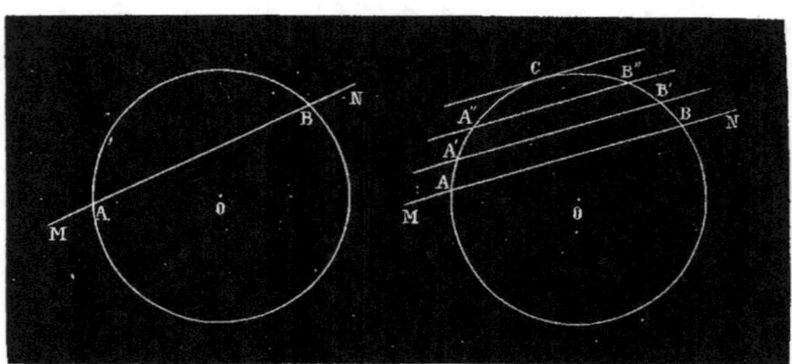

Fig. 135.   Fig. 136.

CHAPITRE II

TANGENTES ET SÉCANTES PARALLÈLES.

69. Définitions. I. On nomme *sécante* d'un cercle une droite indéfinie [MN] (*fig.* 135) qui rencontre en deux points [A, B] la circonférence de ce cercle.

Une sécante n'est autre qu'une corde prolongée dans les deux sens hors de la circonférence.

II. Quand une sécante [MN] (*fig.* 136) s'éloigne de plus en plus du centre, la corde [AB] qui en fait partie devient de plus en plus petite (A′B′ > A″B″), et les deux points d'intersection finissent par se confondre en un seul [C]. On dit alors que la droite est devenue *tangente au cercle.*

En conséquence, la *tangente au cercle* est une droite [AB] (*fig.* 137) qui n'a qu'un point commun [D] avec la circonférence de ce cercle.

Le point commun [D] se nomme le *point de contact.*

70. Théorème. *La perpendiculaire* [AB] (*fig.* 137) *à un rayon* [CD], *menée par son extrémité, est une tangente à la circonférence.*

Démonstration. En effet, toute oblique CE est plus longue que la perpendiculaire CD, qui est un rayon; donc tout point E de la droite AB est situé au dehors de la circonférence.

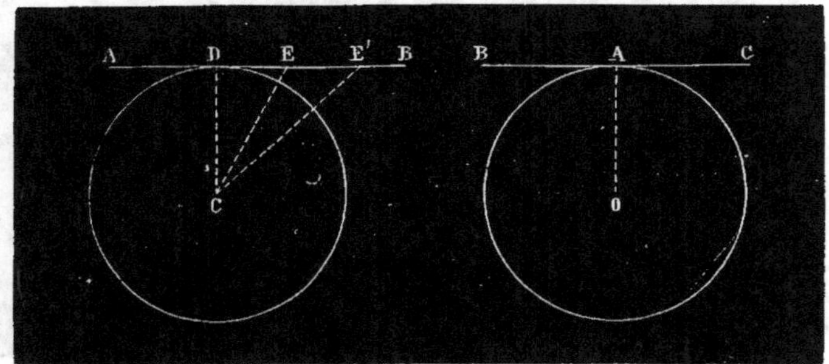

Fig. 157.   Fig. 158.

Ainsi, cette droite n'a que le point D commun avec la circonférence ; donc, par définition, elle lui est tangente.   *C. Q. F. D.*

Réciproquement, *si une droite* [AB] (*fig.* 157) *est tangente à la circonférence, elle est perpendiculaire au rayon* [CD] *qui aboutit au point de contact.*

En effet, la tangente AB, qui, par hypothèse, n'a qu'un point D commun avec la circonférence, ne peut pénétrer dans le cercle, car alors elle en sortirait quelque part et aurait deux points communs avec la circonférence ; en conséquence, tous les points de cette droite, tels que E, E'...., sont situés en dehors de cette circonférence, en sorte que le rayon CD est bien effectivement le plus court chemin du centre à la droite AB ; par suite, il lui est perpendiculaire.   *C. Q. F. D.*

REMARQUE. Puisqu'une tangente est perpendiculaire au rayon, qui aboutit au point de contact ; puisque, en outre, d'un point pris sur une droite on ne peut élever qu'une perpendiculaire sur cette droite, on conclut que :

1° *Par un point* [A] (*fig.* 158) *pris sur une circonférence, on ne peut mener qu'une tangente* [BC] *à cette circonférence ;*

2° *La perpendiculaire abaissée du centre sur une tangente* BC *se confond avec le rayon* [OA] *qui aboutit au point de contact.*

74. THÉORÈME. *Deux droites parallèles, sécantes ou tangentes, interceptent sur la circonférence des arcs égaux.*

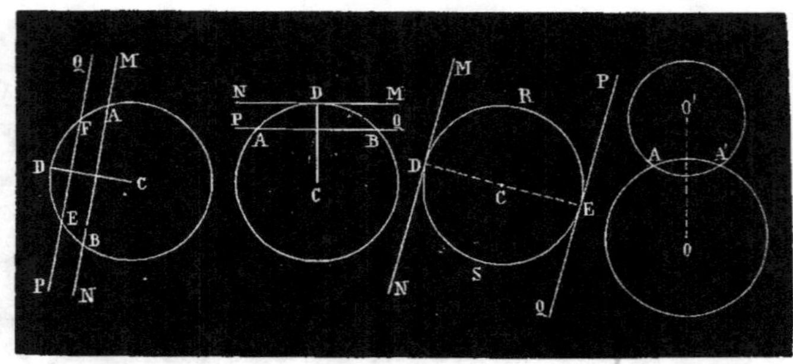

Fig. 139.   Fig. 140.   Fig. 141.   Fig. 142.

1er Cas. Les deux parallèles [NM, PQ] (*fig.* 139) sont sécantes, et il s'agit de prouver que les arcs interceptés AF, BE sont égaux entre eux.

Démonstration. Si je mène le rayon CD perpendiculaire sur NM, il le sera aussi sur la parallèle PQ (37, coroll.); il partagera donc les arcs sous-tendus par les cordes AB, FE chacun en deux parties égales; cela posé, puisque les arcs DF, DA sont respectivement égaux aux deux arcs DE, DB, leurs différences AF, BE sont égales.   *C. Q. F. D.*

2e Cas. *L'une des droites est sécante, et l'autre tangente.*

Démonstration. Le rayon CD (*fig.* 140), mené au point de contact D, est perpendiculaire sur MN et, par suite, sur PQ; donc il divise en D l'arc sous-tendu ADB en deux parties égales.
       C. Q. F. D.

3e Cas. *Les deux parallèles sont tangentes.*

Démonstration. Le rayon CD (*fig.* 141), perpendiculaire sur MN, aboutit au point de contact D; prolongé, il est perpendiculaire sur PQ; donc son prolongement doit se confondre avec le rayon CE, qui, aboutissant au point de contact E, est aussi perpendiculaire sur PQ; donc la ligne DCE est un diamètre, et les deux arcs ERD, ESD sont des demi-circonférences, et par conséquent sont égaux entre eux.   *C. Q. F. D.*

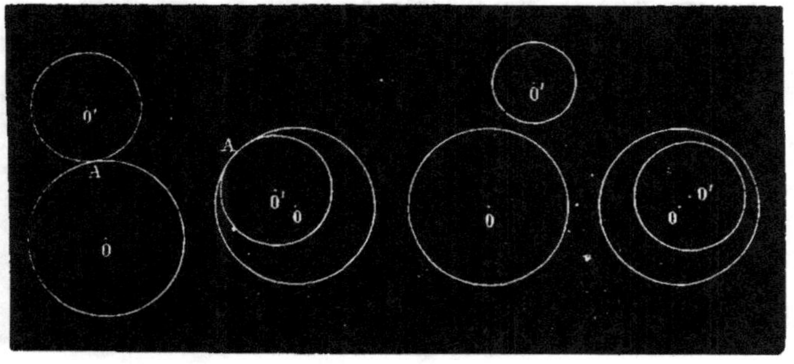

Fig. 143.   Fig. 144.   Fig. 145.   Fig. 146.

CHAPITRE III

CONTACTS ET INTERSECTIONS DES CIRCONFÉRENCES.

72. DÉFINITIONS. I. On dit que deux circonférences [OA, O'A] *(fig.* 142) sont *sécantes* lorsqu'elles ont deux points communs [A. A'].

II et III. Deux circonférences [O. O'] *(fig.* 143 *et* 144) sont *tangentes* lorsqu'elles n'ont qu'un point commun [A]. Ce point commun est leur point de contact. Le contact est *extérieur* *(fig.* 145) ou *intérieur* *(fig.* 144, selon que les circonférences sont l'une à côté de l'autre ou l'une dans l'autre.

IV et V. Si deux circonférences n'ont aucun point commun, elles peuvent être *extérieures l'une à l'autre sans se toucher* *(fig.* 145), ou bien *intérieures l'une à l'autre sans se toucher* *(fig.* 146).

Les *cinq* positions relatives que nous venons d'énumérer et de représenter sont les seules possibles. En effet, on peut concevoir que la plus petite des deux circonférences soit d'abord très éloignée de la plus grande, puis qu'elle s'en approche progressivement jusqu'à la *toucher;* après quoi, en continuant son mouvement, elle la *coupera.* puis la *touchera* en un point, puis enfin pénétrera dans l'intérieur *et cessera de la toucher.*

Dans ces cinq positions, quelles relations y a-t-il entre la dis-

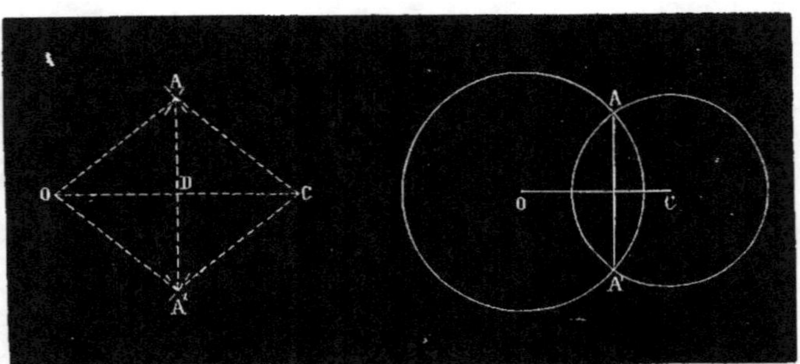

Fig. 147.   Fig. 148.

tance des centres [D] et les rayons [R, R'] de ces deux circonférences? C'est ce que nous allons examiner. Mais, préalablement,
démontrons plusieurs principes.

73. Théorème. *Lorsque deux circonférences ont un point
commun* [A] *(fig.* 147) *hors de la droite* [OC] *qui joint leurs
centres, elles en ont un second* [A'], *symétrique du premier, et ces
circonférences sont sécantes.*

Démonstration. Rappelons d'abord que deux points sont dits
symétriquement placés par rapport à une droite lorsqu'ils en
sont à égale distance et sur la même perpendiculaire à cette
droite.

Cela posé, si j'abaisse du point A sur OC la perpendiculaire AD,
et que je la prolonge d'une longueur DA' égale à AD, les obliques
OA, OA' seront égales; or, par hypothèse, OA est un rayon du
premier cercle, donc OA' est un rayon du même cercle; d'où il
suit que le point A' est situé sur la première circonférence. Pour
une raison semblable, il est situé sur la seconde; donc les deux
circonférences ont deux points communs A. A'.   *C. Q. F. D.*

74. Théorème. *Lorsque deux circonférences sont sécantes, la
ligne* [OC] *(fig.* 148) *qui joint les centres est perpendiculaire sur
la corde commune* [AA'] *et la coupe en deux parties égales.*

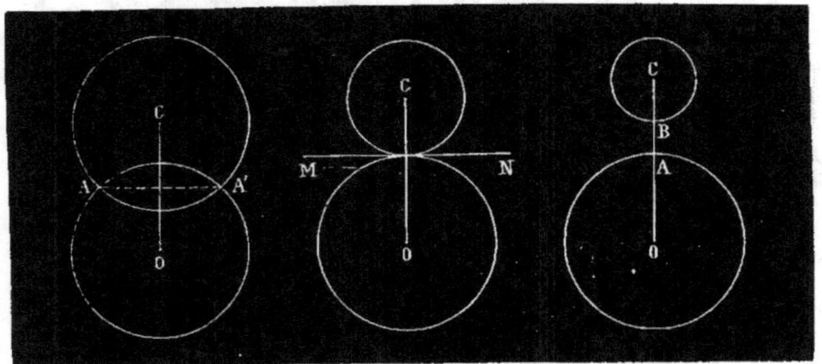

Fig. 149.   Fig. 150.   Fig. 151.

DÉMONSTRATION. En effet, cette droite OC a deux de ses points [O, C] également distants chacun des extrémités de la droite AA' (n° 28, rem.).

CAS PARTICULIER. Si les deux circonférences étaient égales (*fig.* 149), les lignes OC et AA' seraient perpendiculaires l'une à l'autre, et *chacune* couperait l'autre en deux parties égales.

REMARQUE. Pour qu'il n'y ait qu'un seul point commun à deux circonférences *fig.* 150), il faut que les deux points d'intersection se trouvent réunis sur la ligne des centres; en même temps, la corde commune (*prolongée*) devient une tangente commune [MN], et la distance des centres est perpendiculaire à cette tangente au point de contact.

Relations entre la distance [D] des centres et les rayons [R, R'] de deux circonférences.

73. THÉORÈME. *Lorsque deux circonférences* [O, C] (*fig.* 151 *sont extérieures l'une à l'autre sans se toucher, la distance* [OC] *des centres est plus grande que la somme des rayons.*

DÉMONSTRATION. La distance des centres se compose des deux rayons OA, CB et de la droite AB, comprise entre ces deux rayons; elle surpasse donc de cet intervalle la somme des rayons. On peut donc poser

$$D > R + R'.$$ C. Q. F. D.

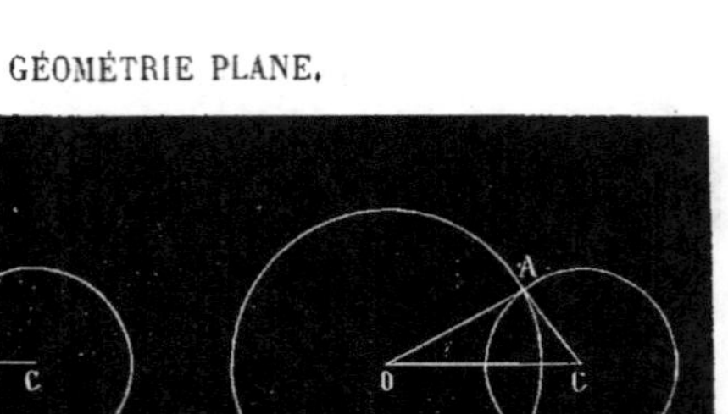

Fig. 152.   Fig. 153.

76. THÉORÈME. *Lorsque deux circonférences* [O, C] *(fig. 152) sont tangentes extérieurement, la distance* [OC] *des centres est égale à la somme des rayons.*

DÉMONSTRATION. Les trois points O, A, C sont en ligne droite (n° 74, rem.) ; donc la distance OC se compose des deux rayons OA, AC ; en conséquence,

$$D = R + R'.$$ *C. Q. F. D.*

77. THÉORÈME. *Lorsque deux circonférences* [O, C] *(fig. 153) se coupent, la distance des centres* [OC] *est plus petite que la somme des rayons et plus grande que leur différence.*

DÉMONSTRATION. Le point A est hors de la ligne des centres, en sorte que cette ligne des centres et les deux rayons OA, CA forment un triangle OAC ; or, dans un triangle quelconque, chaque côté est plus petit que la somme des deux autres et plus grand que leur différence. On peut donc poser

$$D < R + R', \qquad D > R - R'.$$ *C. Q. F. D.*

78. THÉORÈME. *Lorsque deux circonférences* [O, C] *(fig. 154) sont tangentes intérieurement, la distance des centres est égale à la différence des rayons.*

DÉMONSTRATION. Les trois points O, C, A sont en ligne droite ; or, si de OA on retranche CA, il reste OC ; en conséquence,

$$D = R - R'.$$ *C. Q. F.D.*

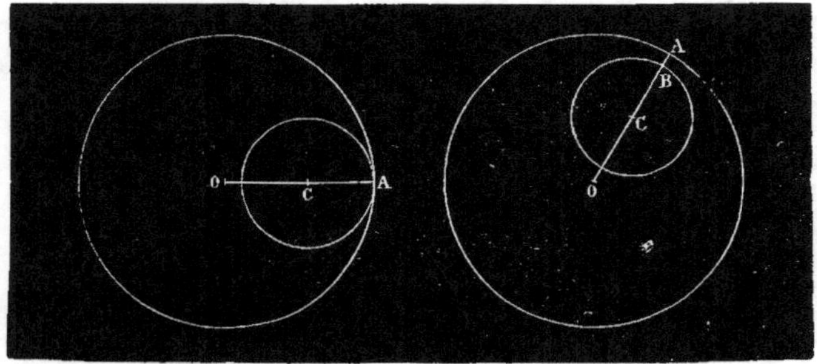

Fig. 154.   Fig. 155.

79. Théorème. *Lorsque deux circonférences* [O, C] *(fig. 155) sont intérieures l'une à l'autre sans se toucher, la distance des centres est plus petite que la différence des rayons.*

Démonstration. Dans la grande circonférence, tirons le rayon OA, qui passe par le centre de la petite ; de ce rayon retranchons le petit rayon CB, que restera-t-il ? La distance des centres OC, et en outre la ligne AB. On peut donc poser

$$D < R - R'. \qquad\qquad C.\ Q.\ F.\ D.$$

Remarque. Puisque toutes les *hypothèses* possibles ont été faites sur la position relative des deux cercles, et que les *conséquences* sont incompatibles, les cinq réciproques sont vraies.

Tableau résumé.

1° $D > R + R'$ . . . Les cercles sont extérieurs sans se toucher.

2° $D = R + R'$ . . . Les cercles sont tangents extérieurement.

3° $\begin{cases} D < R + R' \\ D > R - R' \end{cases}$ . . . Les cercles se coupent.

4° $D = R - R'$ . . . Les cercles sont tangents intérieurement.

5° $D < R - R'$ . . . Les cercles sont l'un dans l'autre sans se toucher.

Remarque. Les deux inégalités simultanées du 3° exigent une attention particulière. Prises indépendamment l'une de l'autre,

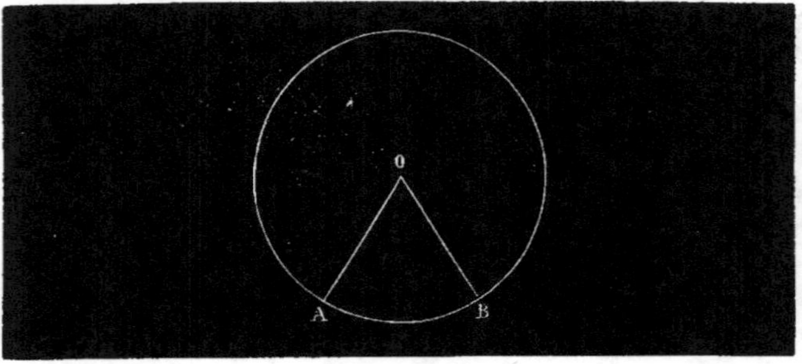

Fig. 156.

elles ne suffisent pas pour permettre d'affirmer que deux circonférences se coupent, lorsqu'elles sont décrites des points O et C
comme centres, avec des rayons respectivement égaux à deux
droites M et N; il faut que ces deux lignes satisfassent à l'une et
à l'autre des deux conditions énoncées. En effet, *si la distance
des centres était seulement plus petite que la somme des rayons*, les
circonférences pourraient être sécantes, tangentes intérieurement
ou intérieures l'une à l'autre sans avoir de point commun. Si,
au contraire, *la distance des centres était seulement plus grande
que la différence des rayons*, les circonférences pourraient être
sécantes, tangentes extérieurement ou extérieures l'une à l'autre
sans se rencontrer. Mais toute ambiguïté disparaît lorsque l'on
satisfait à la fois aux deux conditions

$$D < R + R', \qquad D > R - R'.$$

En effet, ce n'est que dans le cas des circonférences sécantes
qu'elles ont lieu simultanément.

Cette intersection des circonférences, ou seulement d'un arc
de l'une avec un arc de l'autre, sera utilisée lorsque, dans une
construction graphique, nous chercherons un *point dont les distances à deux points connus soient respectivement égales à deux
lignes données*.

———o———

7.

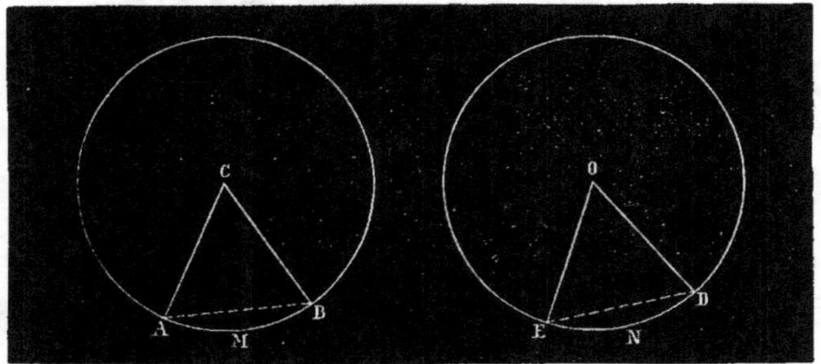

Fig. 157.

CHAPITRE IV

MESURE DES ANGLES[1].

80. Définition. On appelle *angle au centre* un angle dont le sommet est placé au centre de la circonférence. Tel est l'angle AOB *fig. 156*.

81. Théorème. *Dans un même cercle ou dans des cercles égaux, les angles au centre qui comprennent entre leurs côtés des arcs égaux* AB, EOD *fig. 157, sont égaux.*

Hypothèse. Arc AMB = arc END.   *Conclusion.* ACB = EOD.

Démonstration. Je mène les cordes AB, ED; elles sont égales, puisqu'elles sous-tendent des arcs égaux : les deux triangles ACB, EOD ont les trois côtés égaux chacun à chacun et sont par conséquent équiangles entre eux; par suite, l'angle ACB est égal à l'angle EOD.   C. Q. F. D

Réciproquement, *dans le même cercle ou dans des cercles égaux, les arcs* AMB, END *fig. 157 sont égaux, lorsque les angles au centre* [ACB, EOD] *sont égaux.*

En effet, les deux triangles [ACB, EOD] ont un angle égal compris entre côtés égaux chacun à chacun; donc les cordes AB, DE sont égales; par suite, les arcs sous-tendus [AMB, END] sont égaux.   C. Q. F. D.

1. Cette mesure est une des parties les plus importantes de la géométrie.

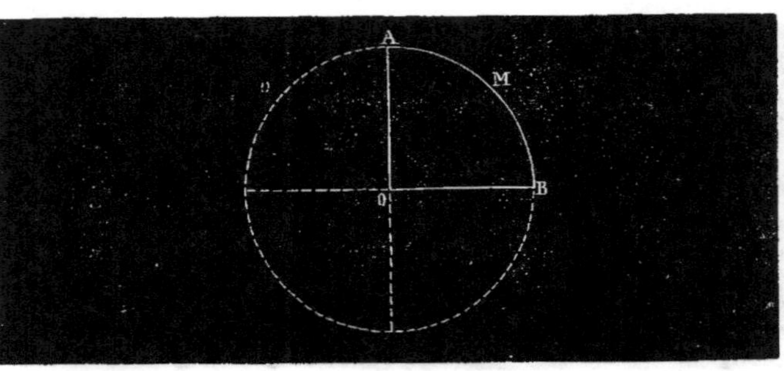

Fig. 158.

Corollaire. L'arc AMB (*fig.* 158), compris entre les côtés d'un angle droit dont le sommet est au centre, est égal au quart de la circonférence, c'est-à-dire au *quadrant.*

En effet, si nous décrivons la circonférence entière, et que nous prolongions les côtés de l'angle droit, les quatre angles formés par ces rayons et leurs prolongements seront égaux comme droits, par conséquent les arcs compris entre leurs côtés seront égaux; chacun d'eux est donc un quart de circonférence.

82. Théorème. *Dans le même cercle ou dans des cercles égaux, deux angles au centre* [ACB, DOE] (*fig.* 159) *sont proportionnels aux arcs* [AB, DE] *compris entre leurs côtés.*

Démonstration. Je suppose, pour fixer les idées, que l'arc AB soit les $\frac{4}{3}$ de l'arc DE :

$$\frac{AB}{DE} = \frac{4}{3};$$

je dis que

$$\frac{\overset{\frown}{ACB}}{\overset{\frown}{DOE}} = \frac{4}{3}.$$

Pour le démontrer, je partage l'arc DE en trois parties égales; l'arc AB contiendra quatre fois l'une de ces parties, et pourra par conséquent se diviser en quatre parties égales à DI; je joins tous les points de division aux centres respectifs, et j'ai autant d'angles partiels qu'il y a d'arcs partiels. Or, tous ces arcs sont égaux entre eux; il en est donc de même des angles au centre qui leur corres-

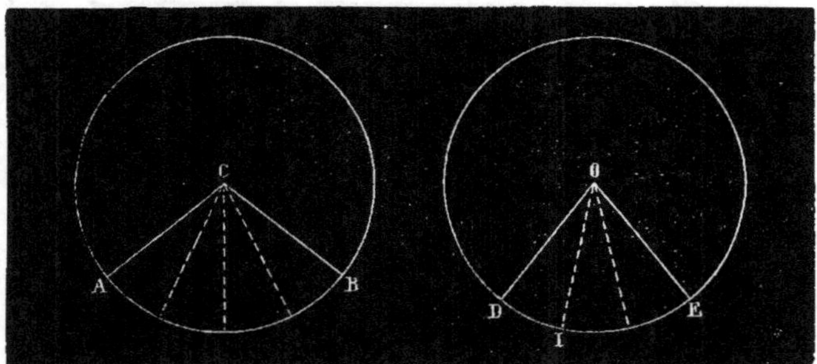

Fig. 160.

pondent : l'angle DOE en contient trois; l'angle ACB en contient quatre : donc l'angle partiel DOI est le tiers de DOE, et l'angle ACB vaut quatre fois le tiers de l'angle DOE, en sorte que ACB $= \frac{4}{3}$ de DOE. ce que l'on peut écrire :

$$\frac{ACB}{DOE} = \frac{4}{3}$$

donc, finalement.

$$\frac{ACB}{DOE} = \frac{arc\ AB}{arc\ DE}.$$

C. Q. F. D

REMARQUE. J'ai supposé une *commune mesure* DI entre les arcs, et il est résulté du raisonnement qui précède qu'il y a aussi dans ce cas une commune mesure DOI entre les angles. Mais le contraire pourrait arriver : on dit alors que ces arcs sont *incommensurables*.

Dans ce cas, il n'est pas possible d'évaluer leur rapport en nombres; il n'y a pas à proprement parler de rapport entre eux. et on se contente d'évaluer leur *rapport approché*.

On nomme *rapport approché de deux quantités* le nombre entier ou fractionnaire qui exprime combien de fois la première contient une partie aliquote déterminée de la seconde. avec un reste plus petit que l'une des parties.

Dire que le rapport de l'arc AB *fig.* 160, à l'arc DE est $\frac{17}{4}$ à $\frac{1}{4}$ près. cela signifie que AB contient 17 fois $\frac{1}{4}$ de DE avec un reste moindre que $\frac{1}{4}$ de DE.

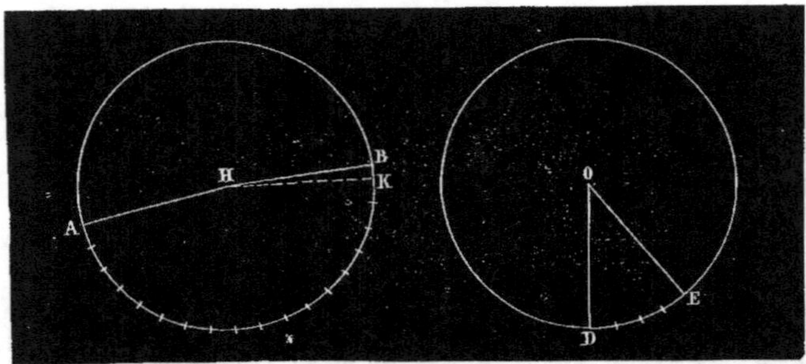

Fig. 166.

Je dis que dans ce cas la même fraction exprimera avec la même approximation le rapport approché des angles au centre correspondants.

En effet, si je partage DE en quatre parties égales, et que je porte ces parties sur AB, il y en aura 17 avec un reste KB moindre que l'une des parties. Si ensuite je joins tous les points de division aux centres, il en résultera des angles tous égaux entre eux, excepté KHB, qui sera plus petit, puisqu'on pourra le placer dans l'un des autres angles, en plaçant l'arc KB dans l'un des arcs partiels.

Cela fait, chaque angle partiel sera $\frac{1}{4}$ de DOE, et l'angle AHB en contiendra 17 avec un reste moindre que $\frac{1}{4}$ de DOE; par conséquent

$$AHB = \frac{17}{4} \text{ DOE à } \frac{1}{4} \text{ près, et j'ai supposé}$$

$$AB = \frac{17}{4} \text{ DE à } \frac{1}{4} \text{ près.}$$

La même fraction exprime donc avec la même approximation les deux rapports $\dfrac{AHB}{DOE}$ et $\dfrac{AB}{DE}$. Or, cette fraction qui exprime l'approximation pourra être rendue aussi petite qu'on voudra. On peut donc dire, par extension d'idée, que, à la *limite*, le rapport des angles est égal au rapport des arcs. Donc, finalement, les angles au centre doivent être, dans tous les cas, considérés comme proportionnels aux arcs compris entre leurs côtés.

Remarque. Comme le cas qui vient d'être examiné revient fréquemment en géométrie et dans les autres parties des mathématiques, nous allons démontrer un principe général auquel il suffira de renvoyer pour éviter des redites fastidieuses.

Théorèmes sur les limites.

83. Définitions. I. On dit que *deux quantités variables sont proportionnelles entre elles, lorsque le rapport entre deux valeurs quelconques de l'une est égal au rapport entre les deux valeurs correspondantes de l'autre.*

Cette définition a un sens clair et déterminé lorsque les quantités que l'on compare entre elles sont *commensurables*, car alors le nombre qui exprime le premier rapport est le même que celui qui exprime le second.

Mais lorsqu'il s'agit de comparer des quantités qui sont *incommensurables* entre elles, comme il n'existe plus de nombre qui puisse représenter leur rapport, une nouvelle définition de la proportionnalité devient nécessaire.

II. On dit que *le rapport de deux quantités incommensurables entre elles est égal au rapport de deux autres, lorsque les valeurs approchées de ces rapports sont égales, quel que soit le degré d'approximation.*

Remarquons que cette définition n'a pas été prise arbitrairement. Si deux rapports sont susceptibles d'être exprimés en nombres, mais qu'on ne puisse pas le faire parce qu'on s'impose une forme sous laquelle ils ne peuvent pas être mis; que, par exemple, on veuille les exprimer en décimales, et que cela ne soit pas possible; si on trouve pour l'un et pour l'autre les mêmes chiffres décimaux indéfiniment, on sera en droit d'en conclure que ces deux rapports sont égaux : car deux fractions décimales composées indéfiniment des mêmes chiffres ont des *limites* ou des *fractions génératrices* égales.

Dès lors, il est naturel de continuer d'appeler égaux des rapports dont les valeurs approchées sont les mêmes, dans le cas où ces rapports ne sont pas susceptibles d'être exprimés en nombre, sous quelque forme que ce soit.

84. Théorème. *Lorsque deux quantités variables dépendent l'une de l'autre de telle sorte que 1°, dans tous les cas, l'augmentation de l'une entraîne l'augmentation de l'autre; et que 2°, dans le cas où l'on considère des valeurs commensurables entre elles, la première soit proportionnelle à la seconde, elles seront encore proportionnelles lorsqu'on considérera des valeurs incommensurables entre elles.*

Démonstration. Soient a, b deux valeurs de la première quantité, incommensurables entre elles, et m, n les valeurs correspondantes de l'autre.

Pour déterminer le rapport de a à b, à $\frac{1}{150}$ près, par exemple, je partage b en 150 parties égales, et je cherche combien a contient de ces parties. Je suppose qu'elle en contienne 213 avec un reste moindre que l'une de ces parties, j'aurai

$$(1)\qquad \frac{213}{150}\ \text{de}\ b < a < \frac{214}{150}\ \text{de}\ b.$$

Les valeurs de la seconde quantité, correspondantes à $\frac{213}{150}$ de b et $\frac{214}{150}$ de b, seront, d'après la seconde hypothèse, $\frac{213}{150}$ de n et de n, en sorte que, d'après la première hypothèse, j'aurai

$$(2)\qquad \frac{213}{150}\ \text{de}\ n < m < \frac{214}{150}\ \text{de}\ n.$$

Le rapport de m à n est donc $\frac{213}{150}$ à $\frac{1}{150}$ près, c'est-à-dire le même que celui de a à b, avec la même approximation :

$$(3)\qquad \frac{m}{n} = \frac{a}{b}.$$

Comme il est évident que je peux répéter le même raisonnement avec d'autres nombres, quels que soient ces nombres, j'en conclus que le rapport approché de a à b, quelle que soit l'approximation, représente celui de m à n avec la même approximation. Donc, finalement,

$$(4)\qquad \frac{a}{b} = \frac{m}{n}.$$

                 C. Q. F. D.

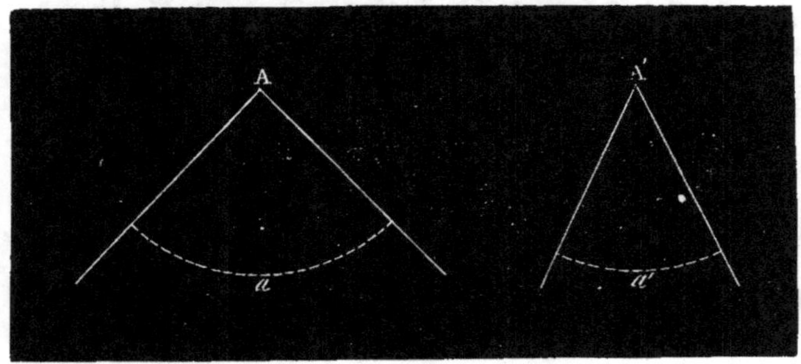

Fig. 161.

85. Mesure d'un angle. *Un angle* [A] *(fig.* 161) *a pour mesure l'arc* [a] *compris entre ses côtés et décrit de son sommet comme centre.*

Démonstration. Mesurer l'angle A, c'est chercher son rapport à l'unité d'angle; soit A′ cette unité : des points A, A′ comme centres, avec le même rayon, je décris deux arcs de cercle a, a′, et j'ai l'égalité de rapports

$$1 \qquad\qquad \frac{A}{A'} = \frac{a}{a'} .$$

Cela posé, si je prends pour *unité d'arc* l'arc a′ correspondant à l'unité d'angle, j'obtiens

$$2 \qquad\qquad \frac{A}{1} = \frac{a}{1} ,$$

égalité qui signifie que la mesure de l'arc est en même temps la mesure de l'angle, ou simplement (en nombres)

$$3 \qquad\qquad A = a. \qquad\qquad C. \ Q. \ F. \ D.$$

Remarque. Il importe de remarquer qu'il ne suffit pas que deux grandeurs soient proportionnelles pour que la mesure de l'une soit aussi la mesure de l'autre; il faut encore choisir pour unité de l'une la valeur qui correspond à l'unité de l'autre. Aussi

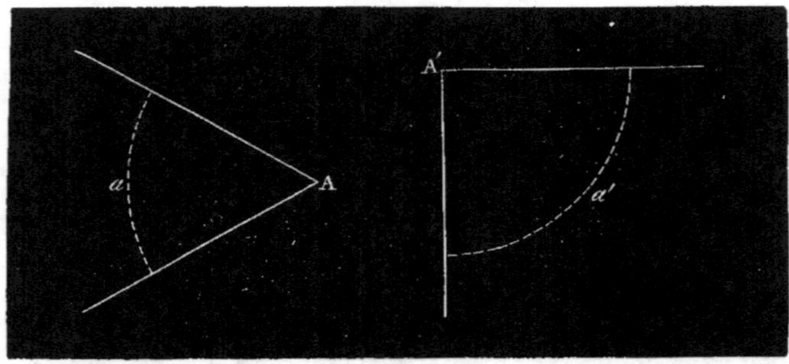

Fig. 162.

avons-nous eu soin de prendre pour *unité d'arc l'arc correspondant à l'unité d'angle*.

Comme l'*angle droit* est la principale unité des angles, il faudra choisir pour unité des arcs l'arc qui est compris entre les côtés de l'angle droit ayant son sommet au centre, c'est-à-dire le quart de circonférence ou le *quadrant* (*fig.* 162).

86. *Graduation des angles.* On a coutume de partager l'angle droit en 90 parties égales, qu'on nomme *degrés*; le degré en 60 parties égales, qu'on nomme *minutes*, et la minute en 60 parties égales, qu'on appelle *secondes*.

Par conséquent, on a dû partager le quart de circonférence ou le quadrant en 90 parties égales (par suite, la circonférence en 360 parties), puis subdiviser chacune de ces parties en 60, et chacune de celles-ci encore en 60 parties égales.

On a donné à ces parties les mêmes noms (*degrés, minutes, secondes*) qu'aux parties correspondantes de l'angle droit.

Ces parties de l'angle droit et du quadrant sont représentées par les signes °, ', " ; ainsi l'expression 48° 50' 11" (*latitude géographique de Paris*) se lira 48 degrés 50 minutes 11 secondes.

Il faut bien se garder de confondre les minutes dont nous parlons ici avec les minutes *horaires;* quoique désignées par le même nom, elles n'ont rien de commun entre elles[1].

---

1. Il est convenable, pour éviter toute confusion. de représenter les minutes et secondes de temps par les signes ᵐ. ˢ, au lieu d'employer,

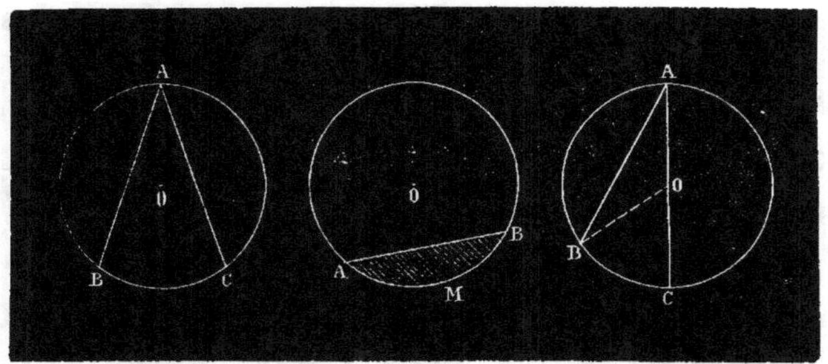

Fig. 163.   Fig. 164.   Fig. 165.

Mentionnons que chacun des deux angles égaux du triangle *rectangle isocèle* est égal à 45 degrés, et que chacun des angles du
triangle *équilatéral* est égal à 60 degrés.

Mesure de l'angle inscrit. — Conséquences.

87. Définitions. I. On dit d'un angle qu'il est *inscrit* dans une
circonférence, lorsque ses côtés sont des cordes de cette circonférence. Tel est l'angle BAC (*fig.* 165).

II. On appelle *segment de cercle* la portion de cercle comprise
entre un arc et sa corde. Tel est le segment AMB (*fig.* 164).

88. Théorème. *Un angle inscrit dans une circonférence a pour
mesure la moitié de l'arc compris entre ses côtés.*

1er Cas. L'un des côtés AC (*fig.* 165) passe par le centre.

Démonstration. Je tire le rayon OB. L'angle BOC, extérieur au
triangle AOB, vaut les deux angles non adjacents OAB, ABO ; or,
les deux angles sont égaux ; donc l'angle BOC est le *double* de
l'angle BAC ; par suite, l'angle inscrit a pour mesure la *moitié*
de l'arc BC, compris entre ses côtés.   C. Q. F. D.

---

comme on le fait quelquefois, les mêmes signes que pour les minutes et
secondes de degré.

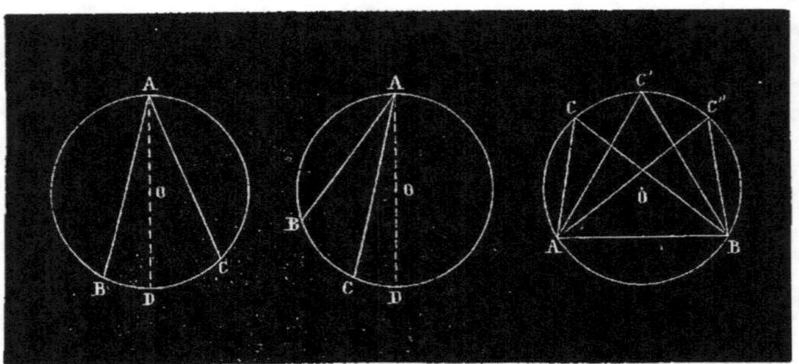

Fig. 166.   Fig. 167.   Fig. 168.

2ᵉ Cas. Le centre est compris entre les côtés de l'angle (*fig*. 166).

DÉMONSTRATION. Pour ramener ce cas au précédent, je mène le diamètre AD ; l'angle BAC est la *somme* des angles BAD, DAC ; or, le premier a pour mesure la moitié de l'arc BD ; le second a pour mesure la moitié de l'arc DC ; donc l'angle à mesurer a pour mesure la moitié de l'arc BD plus la moitié de l'arc DC, ou la moitié de l'arc BC, c'est-à-dire la moitié de l'arc compris entre ses côtés.   **C. Q. F. D.**

3ᵉ Cas. Le centre est en dehors des côtés de l'angle (*fig*. 167).

DÉMONSTRATION. Pour ramener encore ce dernier cas au premier, je mène le diamètre AD ; l'angle BAC à mesurer est la *diffé-rence* entre l'angle BAD et l'angle CAD ; or,

$$\widehat{BAD} = \tfrac{1}{2}\,BC + \tfrac{1}{2}\,CD.$$

$$\widehat{CAD} = \tfrac{1}{2}\,CD ;$$

or, $\widehat{CAD}$ a cet arc pour mesure ; par conséquent, pour l'angle inscrit, qui en est la moitié, on a, en effectuant la différence,

$$\widehat{BAC} = \tfrac{1}{2}\,BC + \tfrac{1}{2}\,CD - \tfrac{1}{2}\,CD = \tfrac{1}{2}\,BC.$$

                    C. Q. F. D.

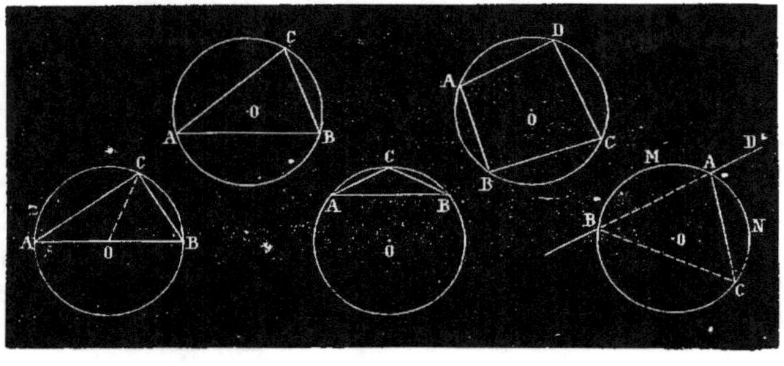

Fig. 169.   Fig. 170.   Fig. 171.   Fig. 172.   Fig. 173.

COROLLAIRE I. *Les angles [ACB, AC'B, AC"B,...] (fig. 168, inscrits dans le même segment sont égaux entre eux,* car ils ont tous la même mesure.

COROLLAIRE II. *Tout angle [ACB] (fig. 169) inscrit dans un demi-cercle est un angle droit,* car il a pour mesure la moitié de la demi-circonférence, ou un quadrant.

On peut encore dire qu'il est droit, parce que la droite CO, qui va du sommet C au milieu O du côté opposé, est égale à la *moitié* de ce côté.

COROLLAIRE III. *Tout angle [ACB] (fig. 170) inscrit dans un segment plus grand qu'un demi-cercle est aigu,* puisqu'il a pour mesure moins qu'un quadrant.

COROLLAIRE IV. *Tout angle [ACB] (fig. 171) inscrit dans un segment plus petit qu'un demi-cercle est obtus,* puisqu'il a pour mesure plus qu'un quadrant.

COROLLAIRE V. *Les angles opposés [A, C] (fig. 172) d'un quadrilatère inscrit [ABCD] sont supplémentaires,* car, à eux deux, ils ont pour mesure la demi-circonférence ou 180 degrés.

COROLLAIRE VI. *L'angle ex-inscrit [CAD] (fig. 173) formé par une corde [AC] et par le prolongement [AD] d'une autre corde AB a pour mesure la demi-somme des arcs [AMB, ANC] sous-tendus par ces cordes,* car, d'après la propriété de l'angle extérieur,

$$CAD = ABC + ACB.$$

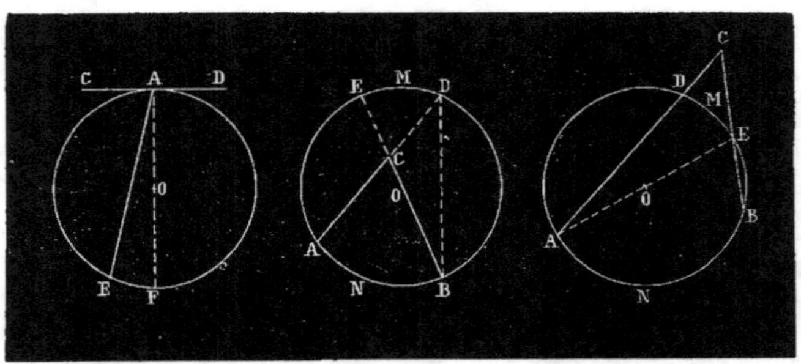

Fig. 174.   Fig. 175.   Fig. 176.

Corollaire VII. *L'angle* [EAD] (*fig.* 174) *formé par une tangente* [AD] *et par une corde* [AE] *a pour mesure la moitié de l'arc compris entre ses côtés.*

En effet, en menant le diamètre AOF, on voit que l'angle à mesurer est la somme de l'angle inscrit EAF et de l'angle droit FAD.

S'il s'agissait de l'autre angle CAE, il serait la différence entre l'angle droit CAF et l'angle inscrit EAF.

89. Théorème. *L'angle* [ACB] (*fig.* 175) *formé par deux cordes* [AD, BE], *et dont le sommet est intérieur à la circonférence, a pour mesure la demi-somme des deux arcs compris l'un entre ses côtés, l'autre entre leurs prolongements.*

Démonstration. Je mène DB; l'angle ACB, extérieur au triangle BCD, est égal à la somme des angles intérieurs CDB, CBD, qui ont pour mesure: le premier, la moitié de l'arc ANB; le second, la moitié de l'arc EMD.

90. Théorème. *L'angle* [ACB] (*fig.* 176) *formé par deux sécantes* [CA, CB], *et dont le sommet est hors du cercle, a pour mesure la demi-différence des arcs compris entre ses côtés.*

Démonstration. Je mène AE; l'angle AEB vaut la somme des deux angles ACE, CAE; donc l'angle ACE est la différence des deux angles inscrits AEB, CAE; il a donc pour mesure la moitié de l'arc inférieur ANB, moins la moitié de l'arc supérieur EMD, c'est-à-dire la demi-différence des arcs compris entre ses côtés.

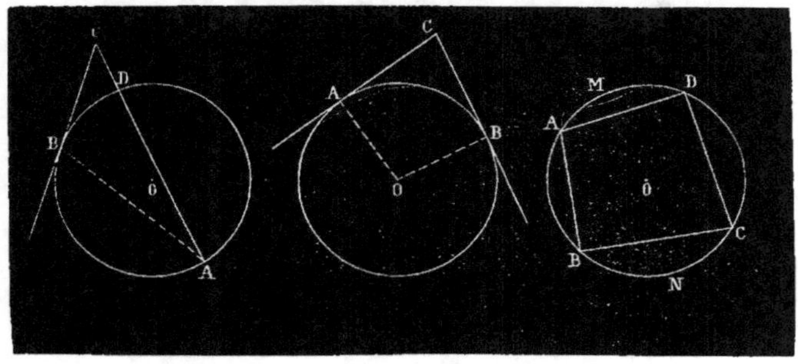

REMARQUE I. La proposition subsiste encore lorsque l'une des sécantes devient tangente, et même lorsque les sécantes deviennent toutes deux tangentes (*fig.* 177, 178).

En résumé, on voit qu'un angle a pour mesure : 1° la moitié de l'arc *concave* intercepté entre ses côtés, ou 2° plus de la moitié, ou 3° moins de la moitié, selon qu'il a son sommet placé : 1° *sur* la circonférence, 2° *dans* la circonférence, 3° *hors* de la circonférence; donc, quand il aura pour mesure la moitié de l'arc concave compris entre ses côtés, c'est que son sommet sera placé sur la circonférence, c'est-à-dire qu'il sera inscrit.

REMARQUE II. Nous avons vu que les angles opposés d'un quadrilatère inscrit sont supplémentaires. La réciproque est vraie : *un quadrilatère ABCD (fig.* 179), *dont les angles opposés sont supplémentaires, est inscriptible au cercle :* car si l'on fait passer une circonférence par les trois sommets A, B, C, l'angle ABC aura pour mesure la moitié de l'arc AMDC; alors son supplément ADC devra avoir pour mesure la moitié du reste de la circonférence, c'est-à-dire de l'arc ANC; donc, en vertu de la remarque précédente, le sommet D sera aussi sur la circonférence.   *C. Q. F. D.*

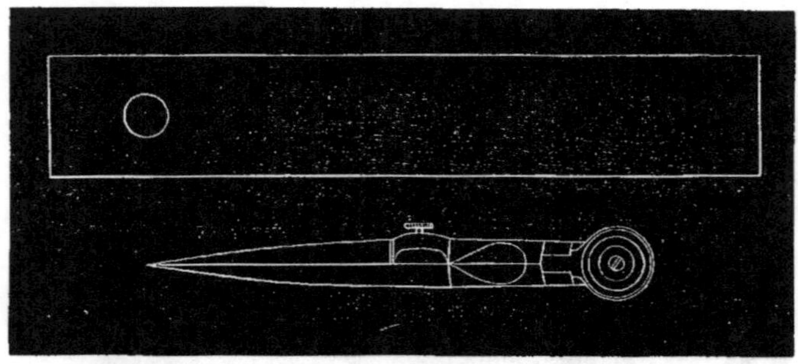

Fig. 180 et 181.

CHAPITRE V

PROBLÈMES FONDAMENTAUX SUR LES LIVRES I ET II.

94. Jusqu'à présent, pour démontrer les théorèmes de la géométrie rationnelle, nous avons eu recours à des constructions hypothétiques telles que :

Faire un angle égal à un angle donné ;
Élever une perpendiculaire ;
Abaisser une perpendiculaire ;
Mener une parallèle ;
Partager une droite en deux parties égales ;
Partager un angle, un arc, en deux parties égales, etc.

Ces hypothèses, faciles à concevoir, n'ont laissé aucun doute dans l'esprit en ce qui touche la rigueur des démonstrations.

Néanmoins, il peut être utile d'exécuter ces constructions, qui ne feront que mieux comprendre les propriétés déjà démontrées de la *ligne droite* et du *cercle*.

Pour cela, deux instruments suffisent :

La *règle* (*fig.* 180),

Le *compas* (*fig.* 181),

auxquels on joint quelquefois l'*équerre* et le *rapporteur,* dont nous parlerons plus tard[1].

---

1. Voir au besoin notre *Petit Traité de Géométrie pratique* pour les développements que comportent la règle et le compas. (Librairie Delalain.)

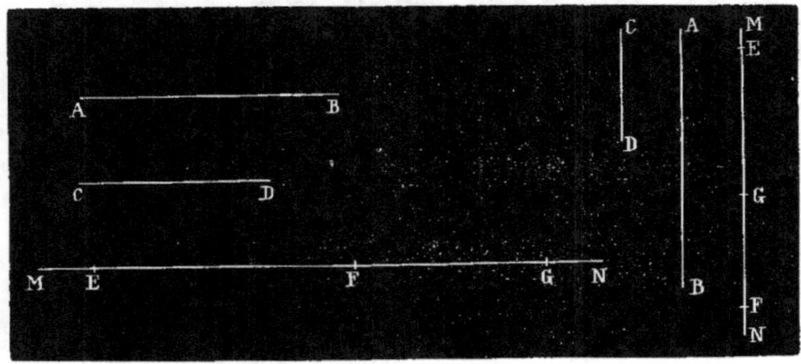

Fig. 182.   Fig. 183.

92. Problème I. *Tracer une ligne égale à la somme de deux lignes données* [AB, CD] (*fig.* 182).

Solution. Muni d'une règle et d'un crayon (ou d'un tire-ligne), je tire une droite indéfinie MN : d'un point E comme centre, avec un rayon égal à AB, je décris avec le compas un arc de cercle qui coupe MN en un point F ; de ce point F comme centre, avec un rayon égal à CD, je décris un autre arc [qui coupe FN en un point G, et la droite EG est la somme demandée, puisque EG = EF + FG = AB + CD.

Remarque. Par ce procédé, on fera la somme d'autant de lignes qu'on voudra ; on doublera, triplera, *etc.*, une ligne donnée.

93. Problème II. *Tracer une ligne égale à la différence de deux lignes données* [AB, CD] (*fig.* 183).

Solution. Je tire une ligne indéfinie MN ; d'un point E comme centre, avec un rayon égal à AB, je décris un arc qui coupe EN en un point F : puis, du point F comme centre, avec un rayon égal à CD, je décris un autre arc qui coupe FE en un point G, et la droite EG est la différence demandée, puisque EG = EF — FG = AB — CD.

Remarque. Il est facile de construire tout à la fois la somme et la différence de deux droites : car, après avoir porté la plus

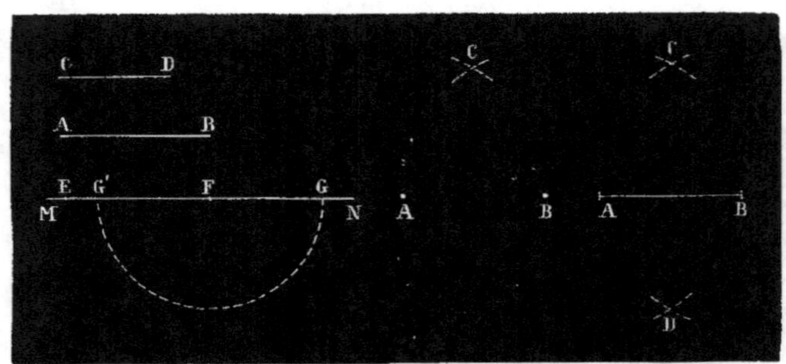

Fig. 184.   Fig. 185.   Fig. 186.

petite FG à la suite de la plus grande EF (*fig.* 184), il suffit de rabattre le point G en G' par un arc de cercle pour avoir EG', différence des deux lignes données.

94. PROBLÈME III. *Trouver un point équidistant de deux points donnés* [A et B] (*fig.* 185).

SOLUTION. Des deux points A et B comme centres, avec un rayon plus grand que la moitié de AB, je décris deux arcs de cercle qui se coupent; leur point d'intersection C est le point cherché.

REMARQUE. Les deux arcs de cercle se coupent d'après ce qui a été dit au n° 77.

95. PROBLÈME IV. *Trouver deux points équidistants chacun de deux points donnés* [A et B] (*fig.* 186).

SOLUTION. Je fais la même construction qu'au numéro précédent, puis je prolonge au-dessous de AB les deux arcs qui, par leur rencontre, ont donné le point C; le point D, ainsi obtenu, est le second point cherché.

REMARQUE. Si les deux arcs prolongés allaient se rencontrer hors de la feuille de dessin, on déterminerait directement un second point comme on l'a fait pour le point C.

8.

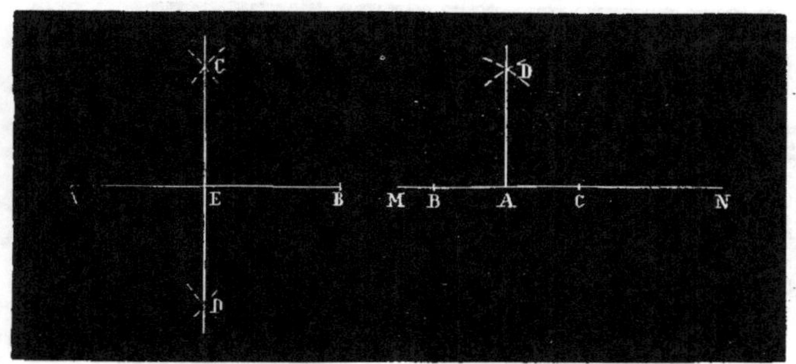

Fig. 187.   Fig. 188.

96. Problème V. *Partager une droite [AB] (fig. 187, en deux parties égales au moyen d'une perpendiculaire à cette droite.*

Solution. Dirigé par le théorème n° **28**, je détermine comme précédemment deux points C. D, équidistants chacun de A et de B; je les joins, et la droite CD est perpendiculaire sur le *milieu* E de AB : donc AE = EB.

Remarque I. Par ce moyen, on peut partager la droite en 4, 8. 16..... parties égales.

Remarque II. La même construction donne la solution du problème suivant : *Mener une perpendiculaire à une droite par son milieu sans connaître ce milieu.*

97. Problème VI. *Par un point donné [A] fig. 188) sur une droite [MN]. élever une perpendiculaire à cette ligne.*

Solution. Je continue à me servir du même *lieu géométrique* que ci-dessus. Je prends sur la droite donnée deux points B et C à égale distance de A ; je détermine un second point D équidistant des points B et C: je tire DA : c'est la perpendiculaire demandée.

Remarque. Le même problème peut être résolu au moyen de l'équerre.

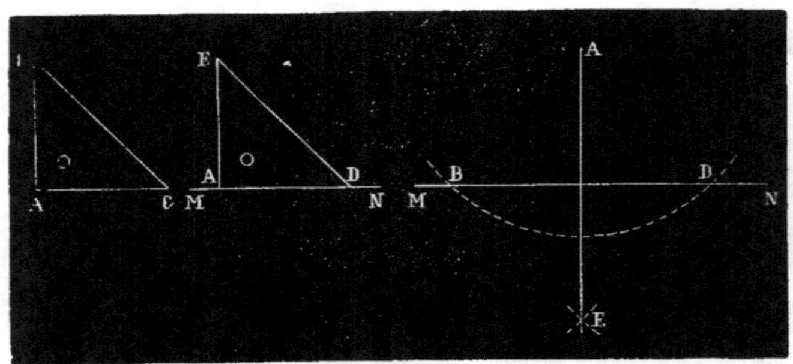

Fig. 189. Fig. 190. Fig. 191

L'équerre (*fig.* 189) est un instrument en bois qui a la forme d'un triangle rectangle ABC[1].

Pour résoudre le problème (*fig.* 190), je place l'équerre de manière que le sommet de l'angle droit soit au point donné A, et que l'un des côtés AD prenne la direction AN de la ligne donnée; la droite tracée suivant le côté AE de l'équerre est, à très peu près, perpendiculaire sur MN au point A.

98. Problème VII. *D'un point* [A] (*fig.* 191) *donné hors d'une droite* [MN], *abaisser une perpendiculaire sur cette droite.*

Solution. Du point A comme centre, et d'un rayon suffisamment grand, je décris un arc de cercle qui coupe MN en deux points; ces points, B et D, seront équidistants du point A; je détermine un second point E également distant de B et de D, je mène AE, et le problème est résolu.

Pour resoudre le même problème au moyen de l'équerre, je place une règle sur MN (*fig.* 192); sur cette règle j'applique un des côtés de l'angle droit de l'instrument, puis je le fais glisser le long de la règle jusqu'à ce que le second côté de l'angle droit passe par le point A; la droite tracée avec un crayon, suivant ce second côté, sera perpendiculaire sur MN.

---

1. Voir au besoin notre *Petite Géométrie pratique.*

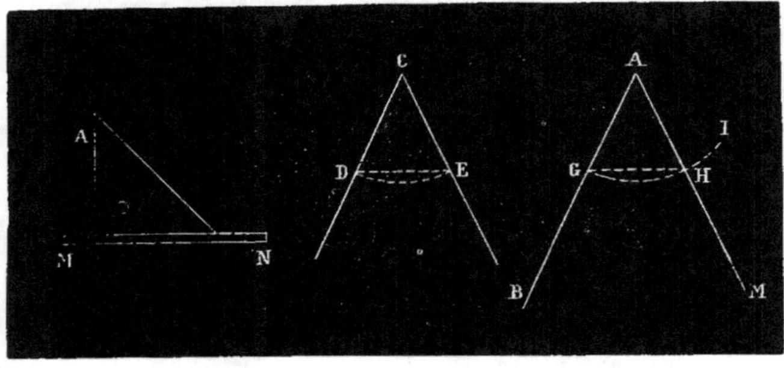

Fig. 192.   Fig. 193.

99. PROBLÈME VIII. *Par un point* [A] (*fig.* **193**) *pris sur une droite* [AB] *mener une seconde droite qui fasse avec la première un angle égal à un angle donné* [C].

SOLUTION. Guidé par le théorème n° 81, je dis : Pour que l'angle cherché soit égal à l'angle donné, il suffit que ces angles interceptent des arcs égaux dans des circonférences décrites de leurs sommets comme centres avec un même rayon.

Cela posé, du sommet C de l'angle donné comme centre, avec un rayon pris à volonté, je décris l'arc DE, que je termine aux deux côtés de l'angle; du point A comme centre, avec le même rayon, je décris un arc indéfini GI; pour avoir sur cet arc un arc égal au précédent DE, il suffit, d'après le théorème n° 64, de prendre avec le compas la longueur de la corde DE et d'inscrire dans l'arc GI une corde égale à la précédente; à cet effet, du point G comme centre, avec une ouverture de compas égale à cette corde, je décris un arc de cercle qui coupe l'arc GI; soit H le point de rencontre, les cordes GH et DE seront égales; par suite, les arcs GH, DE, seront égaux; si donc je joins le point A au point H par une droite indéfinie AHM, ce sera la ligne cherchée, car l'angle BAM sera égal à l'angle donné DCE.

REMARQUE. On peut prendre une ouverture de compas égale à DE sans mener la corde. De même, après avoir trouvé l'intersection H des arcs de cercle, il n'est pas nécessaire de mener la corde GH, qui n'intervient que pour le raisonnement.

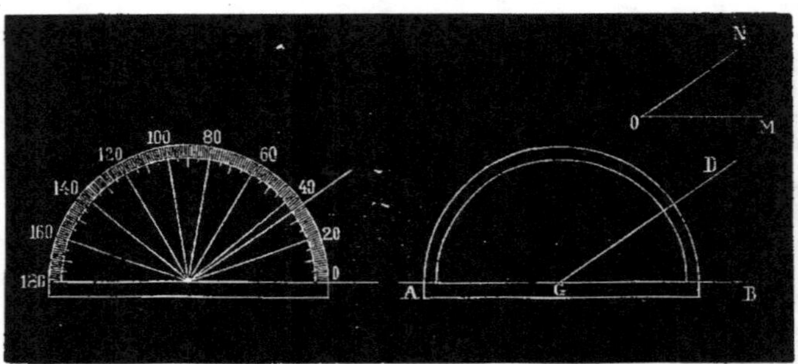

Fig. 194.   Fig. 195.

EMPLOI DU RAPPORTEUR. Le rapporteur (*fig.* 194) est le plus simple des instruments gradués destinés à *mesurer les angles.* C'est un demi-cercle en corne (ou en cuivre jaune), sur le contour duquel on a marqué les degrés 0, 1, 2, 3, 4,... 180. Si l'instrument est en cuivre, il y a une partie qui est à jour, et le centre est indiqué par une petite entaille. Le rapporteur en corne a l'avantage, par sa transparence, de laisser voir le dessin à travers son épaisseur[1].

Soit maintenant proposé de *mener par le point* G *de* AB (*fig.* 195) *une droite qui fasse avec* GB *un angle égal à l'angle* MON.

SOLUTION. 1º Mesurez l'angle donné MON. Vous le trouverez, je suppose, de 35 degrés; placez l'instrument de façon que son centre soit en G, et que le rayon marqué zéro se trouve sur la droite GB; marquez l'extrémité de l'arc de 35 degrés; faites passer par le point marqué une droite GD partant du point G : l'angle BGD sera l'angle cherché, c'est-à-dire qu'il ne sera autre que l'angle MON transporté ou *rapporté* sur la ligne GB avec son sommet au point G.

100. PROBLÈME IX. *Par un point donné, pris hors d'une droite, mener une parallèle à cette droite.*

SOLUTION. Ici, la construction varie avec le théorème que l'on fait intervenir dans le raisonnement. Si je veux m'appuyer sur

---

1. Au besoin, voir notre *Petit Traité de Géométrie* pour la vérification de l'instrument.

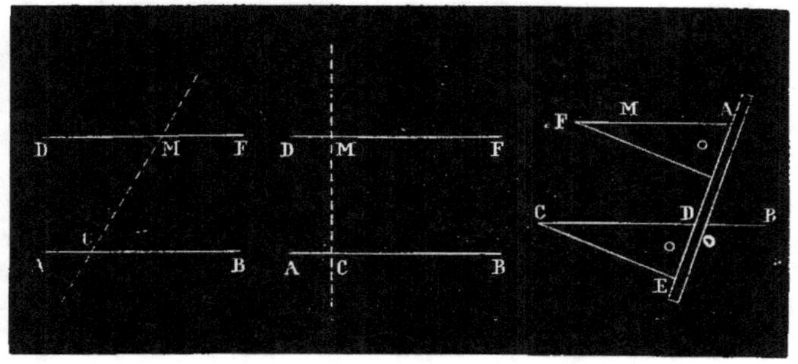

Fig. 196. Fig. 197. Fig. 198.

la propriété des *angles alternes-internes*, j'opérerai comme il
suit :

Je joins le point donné M (*fig.* 196) avec un point quelconque
C de AB ; au point M, je fais l'angle CMD égal à l'angle MCB, et la
ligne MD est la parallèle demandée.

Je peux aussi m'appuyer sur le parallélisme de deux droites
quand elles ont une perpendiculaire commune. A cet effet
(*fig.* 197), j'abaisse du point M la perpendiculaire MC sur AB ; au
point M j'élève sur MC la perpendiculaire MF : ce sera la parallèle
demandée.

Emploi de la règle et de l'équerre (*fig.* 198). Placez un côté
de l'équerre le long de la droite CB ; appliquez une règle DE
contre le second côté de l'équerre ; faites glisser cet instrument
contre la règle jusqu'à ce que le premier côté de l'équerre soit à
proximité du point M : le crayon (ou le tire-ligne) que vous ferez
glisser contre ce côté tracera une droite passant par le point M ;
elle sera la parallèle demandée, puisque CD et MA feront avec une
sécante des *angles correspondants* CDE, MAE, égaux entre eux.

Remarque. Dans le problème précédent, j'ai dit : J'élève au
point M une perpendiculaire sur MC ; ce problème exige une
attention particulière.

104. Problème X. *Élever une perpendiculaire à une droite
par l'extrémité de cette droite.*

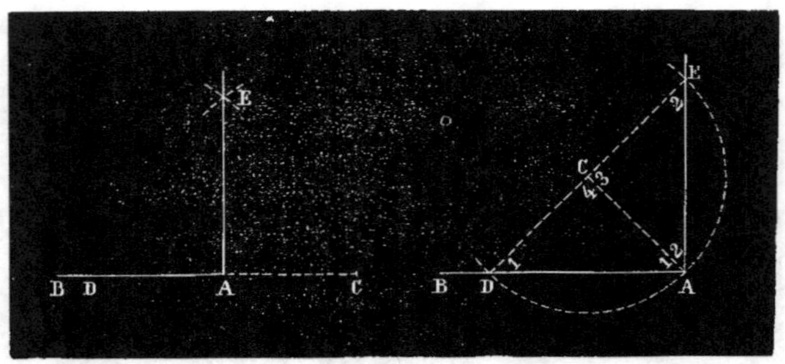

Fig. 199.   Fig. 200.

Deux cas sont à considérer, selon que l'on peut ou que l'on ne peut pas *prolonger* cette droite.

1er Cas. Solution. Je prolonge BA (*fig.* 199) d'une longueur AC convenablement choisie; je prends AD égal à AC; le point A est équidistant des points D et C; j'en cherche un second E; je tire EA : c'est la perpendiculaire demandée.

2e Cas. Solution (*fig.* 200). Je me reporte à l'angle inscrit, et je m'appuie sur ce que l'angle inscrit qui repose sur un diamètre est un angle droit ou de 90 degrés (n° 88, cor. II).

Cela posé, soit C un point convenablement choisi au-dessus de AB; je tire CA; du point C comme centre, avec CA pour rayon, je décris une circonférence que coupe en D la droite AB supposée indéfinie dans le sens AB; je tire DCE, puis EA, et le problème est résolu, puisque l'angle EAD est inscrit dans un demi-cercle.

Remarque. Nous retrouvons ici ce théorème : *L'angle* [DAE] *d'un triangle est droit lorsque la médiane* [AC] *est égale à la moitié du côté opposé.* D'après la propriété de l'angle extérieur combinée avec celle du triangle isocèle, on peut dire : (3) est double de (1); (4) est double de (2); donc (3) + (4) est double de

(1) + (2); or, (3) + (4) = 2^d : donc (1) + (2) ou $\widehat{DAE} = 1^d$.

C. Q. F. D.[1]

---

1. Cette question : Prouvez sur la figure, et sans la mesure des angles, que l'angle A est droit, se présente tout naturellement dans un examen.

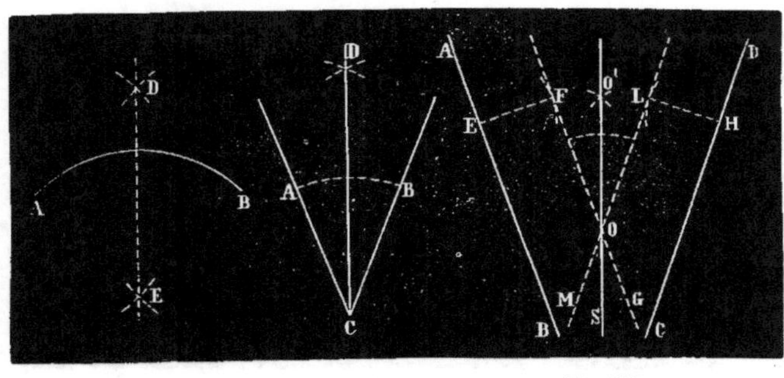

Fig. 201   Fig. 202.   Fig. 203.

102. PROBLÈME XI. *Diviser un arc ou un angle donné en deux parties égales.*

SOLUTION. Soit 1° l'arc AB *(fig.* 201) dont on demande la division en deux parties égales ou la bissection. Ici, nous revenons au lieu géométrique des points équidistants de deux points donnés.

Je détermine deux points D, E, également distants des extrémités A, B de l'arc donné; je tire DE, et le problème est résolu.

Soit 2° l'angle ACB *(fig.* 202) dont on demande la bissectrice. Du point C comme centre, avec un rayon arbitraire, je décris l'arc AB; je divise cet arc en deux parties égales, comme précédemment, et la droite CD divise tout à la fois l'arc AB et l'angle ACB en deux parties égales.

REMARQUE. Par des bissections successives, on pourra partager l'angle ou l'arc en 4, 8, 16..... parties égales.

103. PROBLÈME XII. *Deux droites (AB, CD) (fig.* 203) *se rencontrent au delà des limites du dessin; construire la ligne qui irait passer par le sommet de l'angle de ces deux droites, et qui partagerait cet angle en deux parties égales.*

SOLUTION. Rappelons-nous que la bissectrice d'un angle est le lieu géométrique des points équidistants des côtés de cet angle. Cela posé, menons une perpendiculaire quelconque EF sur AB, et par l'extrémité F une parallèle FG à cette droite; opérons de même sur CD, en ayant soin de prendre HL égale à EF, et par le point L menons LM parallèlement à CD: le point de concours O appartient à la ligne cherchée; divisons l'angle FOL en deux parties égales, sa bissectrice SOO' sera la droite demandée.

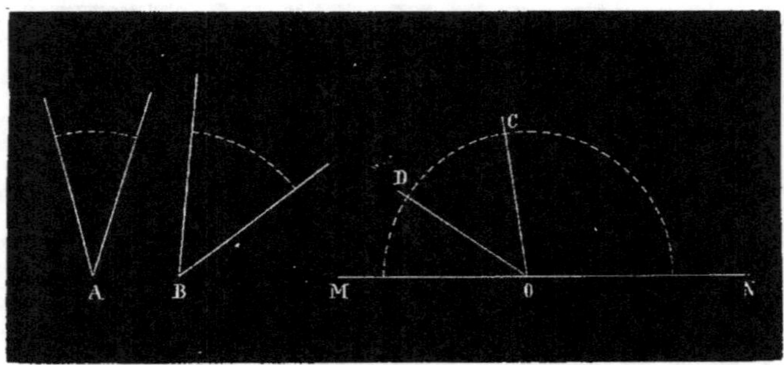

Fig. 204.

Problèmes sur les triangles.

104. PROBLÈME XIII. *Deux angles* [A et B] *(fig.* 204) *d'un triangle étant donnés, trouver le troisième.*

SOLUTION. Comme les trois angles d'un triangle valent deux droits, l'angle cherché doit être le supplément de la somme des deux angles donnés. Cela posé, je trace une droite indéfinie MN; en un point O, pris à volonté sur cette ligne, je fais un angle MOD égal à l'angle A; de même, par le point O je mène une droite OC qui fasse avec OD un angle DOC égal à l'angle B; le troisième CON, supplément de la somme MOC des deux angles donnés, est le troisième angle cherché.

REMARQUE I. Si l'on donnait seulement la somme des deux angles, on ferait l'angle MOC égal à cette somme, ce qui serait plus simple.

REMARQUE II. Si les deux angles étaient donnés par leur graduation, ce serait un calcul de nombres complexes : on additionnerait les valeurs numériques des deux angles, et l'on retrancherait leur somme de 180 degrés.

105. PROBLÈME XIV. *Construire un triangle avec deux côtés donnés* [b et c] *(fig.* 205) *et l'angle* [A] *qu'ils doivent faire entre eux.*

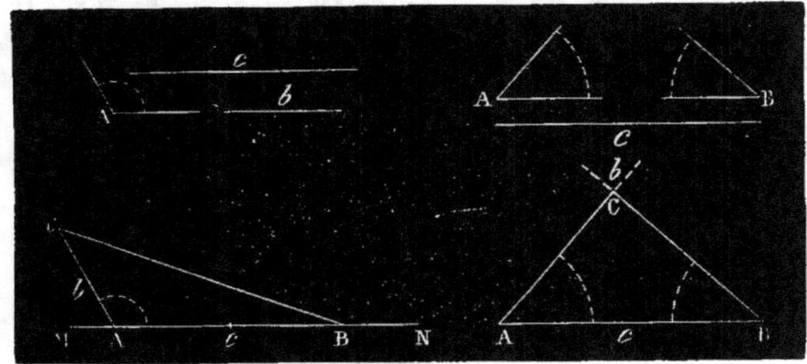

Fig. 205.   Fig. 206.

Solution. Je trace une droite indéfinie MN; en un point quelconque A de cette ligne, je mène une droite AC faisant avec AN un angle CAN égal à l'angle donné A ; à partir du point A, je prends deux longueurs AC, AB respectivement égales aux lignes données b, c, et je tire BC ; ABC est le triangle demandé.

Remarque. Tous les triangles que l'on construirait avec les mêmes données seraient égaux entre eux (n° 15), en sorte que le triangle CAB est déterminé de *grandeur*, mais non de *position*, puisqu'il peut être construit où l'on voudra sur le plan. Ajoutons que le problème est toujours possible, car il n'y a aucune restriction à apporter à l'égard des constructions précédentes.

106. Problème XV. *Construire un triangle avec deux angles donnés* [A, B] *(fig.* 206*) et un côté* [c] *donné.*

Solution. Les deux angles donnés sont, ou tous deux adjacents à la droite donnée, ou l'un adjacent et l'autre opposé ; dans ce dernier cas, je commencerais par chercher le troisième n° 104 pour avoir ainsi les deux angles adjacents.

Cela posé, je tire une droite AB égale à c; au point A je fais un angle CAB égal à l'angle A, et au point B un angle ABC égal à l'angle B; soit C le point où les deux lignes AC, BC se coupent; le triangle ABC satisfait aux trois conditions du problème.

Remarque. Cette question diffère de la précédente en ce qu'elle est susceptible d'une *discussion*.

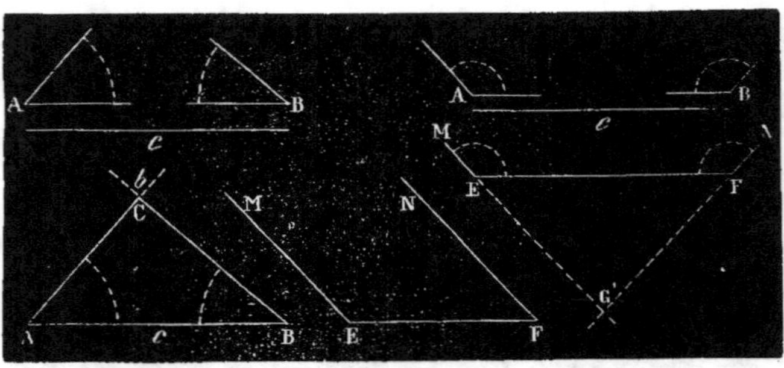

Fig. 206.　　　　　　Fig. 207.　　　　　Fig. 208.

1° Si les deux angles donnés valent moins que deux angles droits, les lignes AC, BC (*fig.* 206) feront avec une troisième AB deux angles intérieurs dont la somme sera moindre que deux droits; par conséquent, elles se rencontreront (n° 37), et alors le triangle est possible.

2° Si la somme des angles donnés (*fig.* 207) était égale à deux droits, les deux lignes EM, FN seraient parallèles, et il n'y aurait pas de triangle.

3° Enfin, si cette somme (*fig.* 208) était plus grande que deux droits, les deux droites EM, FN ne se rencontreraient pas; elles seraient divergentes. Il est vrai que leurs prolongements se rencontreraient de l'autre côté de EF, mais le triangle obtenu EFG' ne répondrait pas à l'énoncé de la question, puisqu'il aurait deux angles égaux, non aux angles A et B, mais à leurs suppléments.

Résumé.

$A + B < 180°$, un triangle (*fig.* 206).

$A + B = 180°$, un assemblage de trois droites dont deux sont parallèles (*fig.* 207).

$A + B > 180°$, un assemblage de trois droites dont deux sont divergentes (*fig.* 208).

107. PROBLÈME XVI. *Construire un triangle avec trois côtés donnés.*

SOLUTION. Soient AB, CD, EF (*fig.* 209) les trois côtés donnés. Je trace une ligne indéfinie MN; sur cette ligne, je prends une

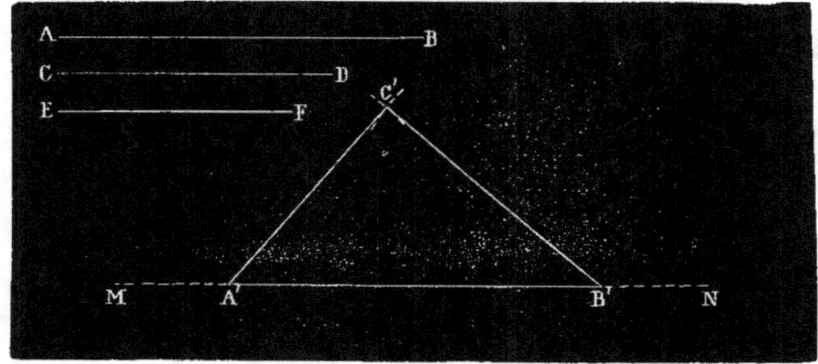

Fig. 209.

longueur A'B' égale à AB. Comme le troisième sommet du triangle
cherché doit être à une distance du point B' d'une longueur
donnée, dans le cas actuel égale à CD. il doit se trouver sur l'arc
de cercle décrit du point B' comme centre avec un rayon égal
à CD ; de même, il doit se trouver sur l'arc de cercle décrit du
point A' comme centre avec un rayon égal à EF ; je n'ai donc
qu'à décrire ces deux arcs pour avoir le sommet C' du triangle
demandé A'B'C' : et il ne restera plus qu'à joindre ce sommet aux
points A' et B' pour achever le triangle.

Discussion. Les deux arcs qui se coupent en C' peuvent être
prolongés au-dessous de A'B', mais le triangle ainsi obtenu est
égal au précédent : c'est donc la même solution.

L'existence du triangle cherché dépend évidemment de la
rencontre des deux arcs ; or n° 77 , pour que deux circonférences se coupent, il faut et il suffit que la distance des centres
soit plus petite que la somme des rayons et plus grande que
leur différence ; donc *on ne pourra construire un triangle
avec trois droites données qu'autant que chacune d'elles sera plus
petite que la somme des deux autres et plus grande que leur différence (ou que la plus grande sera moindre que la somme des
deux autres).*

Remarque. A ces trois problèmes. qui correspondent aux trois
cas d'égalité des triangles obliquangles, nous allons en joindre un
autre qui nous fera connaître un quatrième cas d'égalité.

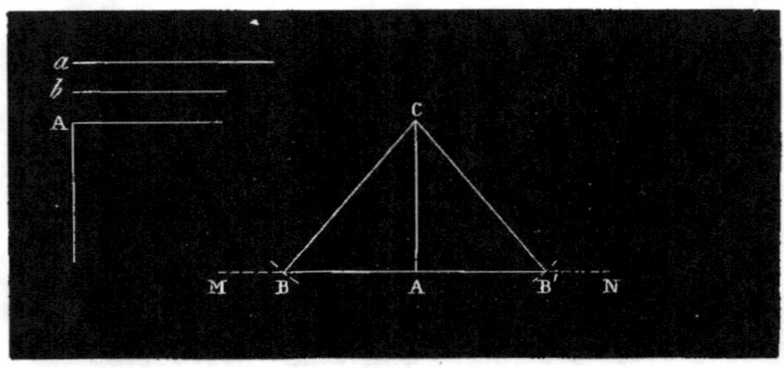

Fig. 210.

108. Problème XVII. *Construire un triangle, connaissant deux côtés et l'angle opposé à l'un d'eux.*

Solution. L'angle donné est *droit, aigu* ou *obtus*.

Il est bon de rappeler les propositions suivantes :

Dans un triangle, au plus grand angle est opposé le plus grand côté;

L'oblique est plus longue que la perpendiculaire;

Les obliques égales s'écartent également du pied de la perpendiculaire;

Les obliques inégales s'écartent d'autant plus du pied de la perpendiculaire qu'elles sont plus longues.

Je représente par A l'angle donné; par a le côté donné qui doit être opposé à l'angle A, et par b celui qui doit lui être adjacent.

1er Cas. L'angle A est *droit*.

$$\left.\begin{array}{l} A = 90° \\ a < b \end{array}\right\} \text{impossible.}$$

$$\left.\begin{array}{l} A = 90° \\ a = b \end{array}\right\} \text{impossible.}$$

$$\left.\begin{array}{l} A = 90° \\ a > b \end{array}\right\} \text{une solution.}$$

Pour avoir cette solution, je fais l'angle A (*fig.* 210) égal à l'angle donné; je prends $AC = b$; du point C comme centre, avec

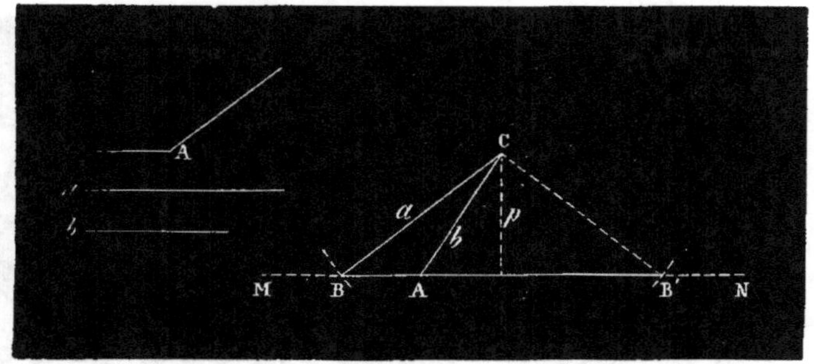

Fig. 211.

un rayon égal à *a*, je décris un arc de cercle; cet arc coupe MN
en deux points B, B', équidistants du point A; les deux triangles
ABC, AB'C, répondent à la question; mais comme ils sont égaux,
il n'y a qu'une solution.

2ᵉ Cas. L'angle A est *obtus*.

$$\left.\begin{array}{l} A > 90° \\ a < b \end{array}\right\} \text{ impossible.}$$

$$\left.\begin{array}{l} A > 90° \\ a = b \end{array}\right\} \text{ impossible.}$$

$$\left.\begin{array}{l} A > 90° \\ a > b \end{array}\right\} \text{ deux triangles, mais une seule solution.}$$

Je fais l'angle MAC *fig*. 211, égal à l'angle donné; je prends
AC = *b*; pour faciliter le raisonnement, j'introduis dans la figure
la *distance* du point C à la droite MN: soit *p* cette perpendiculaire; comme j'ai *b* > *p* et *a* > *b*, j'en conclus *a fortiori* *a* > *p*;
en conséquence, l'arc de cercle décrit du point C comme centre,
avec *a* pour rayon, coupe MN en deux points B et B'; je tire CB,
CB', et j'obtiens deux triangles CAB, CAB'; mais le second est en
défaut pour l'angle opposé à *a*.

3ᵉ Cas. L'angle A est *aigu*.
Pas de difficultés pour les quatre hypothèses qui suivent: il
suffit de continuer à opérer comme précédemment.

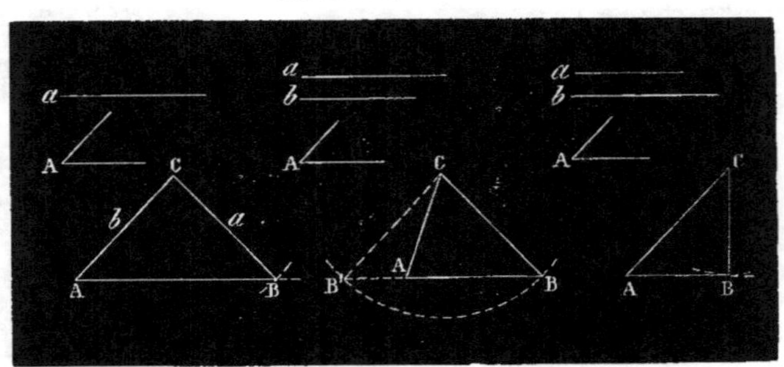

Fig. 212.   Fig. 213.   Fig. 214.

$$\left.\begin{array}{l} A < 90° \\ a < b \\ a < p \end{array}\right\} \text{impossible.}$$

$$\left.\begin{array}{l} A < 90° \\ a = b \end{array}\right\} \text{une solution : le triangle est isocèle } (\textit{fig. } 212).$$

$$\left.\begin{array}{l} A < 90° \\ a > b \end{array}\right\} \text{deux triangles, mais une seule solution } (\textit{fig. } 213).$$

$$\left.\begin{array}{l} A < 90° \\ a < b \\ a = p \end{array}\right\} \text{une seule solution : triangle rectangle } (\textit{fig. } 214).$$

Une dernière hypothèse reste à examiner :

$$\left.\begin{array}{l} A < 90° \\ a < b \\ a > p \end{array}\right\} \text{deux solutions } (\textit{fig. } 215).$$

elle exige une attention particulière.

Je fais l'angle A (*fig.* 215) égal à l'angle donné; je prends
AC = *b*; ici, *l'arc de cercle décrit du point C comme centre, avec
a pour rayon, coupe AB en deux points* B, B' *équidistants du pied
de la perpendiculaire, et tous deux situés du même côté par rapport à* A; je tire CB, et le triangle ACB satisfait à la question;
je tire CB', et le triangle ACB', différent du précédent, satisfait
aussi à la question, en sorte qu'il y a *deux* solutions; c'est ce que
cette disscusion offre de plus remarquable.

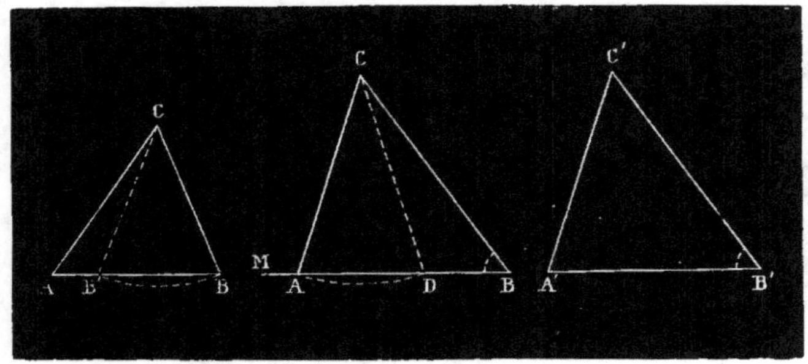

Fig. 215.   Fig. 216.

REMARQUE. Nous pouvons maintenant justifier ce que nous avons dit, à savoir que deux triangles peuvent être inégaux quoique ayant deux côtés respectivement égaux, et un angle égal, mais non *compris* entre les côtés égaux.

Observons d'abord que dans les triangles CAB, CAB' (*fig.* 215) il y a une relation remarquable entre les deux angles ABC, AB'C opposés au plus grand côté donné *b*; ces deux angles sont *supplémentaires*: en effet, l'angle AB'C est le supplément de son adjacent CB'B, lequel est égal à CBA, puisque le triangle CBB' est isocèle; en sorte que ces deux angles sont d'*espèce différente* : l'un obtus et l'autre aigu.

109. THÉORÈME. *Deux triangles sont égaux lorsqu'ils ont un angle égal ainsi que le côté opposé à cet angle; un autre côté égal, avec l'angle opposé à celui-ci de même espèce dans les deux triangles.*

DÉMONSTRATION. Soient les deux triangles ABC, A'B'C' (*fig.* 216) dans lesquels

$$B = B',$$
$$AC = A'C',$$
$$CB = C'B',$$

A et A' sont de même espèce.

Pour prouver que ces triangles sont égaux, je transporte le second A'B'C' sur le premier ABC, et je le place de manière que l'angle B' coïncide avec l'angle B, et que B'C' se confonde avec BC, ce qui est possible en vertu de ce qu'on accorde; B'A' prendra la direction BA, et le point A' tombera sur BAM; et, par suite, C'A'

T. *Géométrie plane.*   9

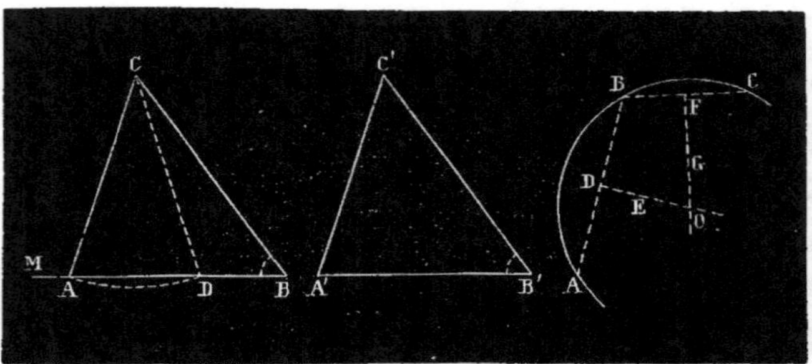

Fig. 216.   Fig. 217.

devra tomber sur une ligne allant de C à BM (*fig.* 216) et égale à
CA ; mais la seule autre ligne CD, allant de C à BM, qui soit égale
à CA, fait avec BM, du côté de B, un angle supplément de A, qui,
par conséquent, n'est pas de son espèce; C'A', ne pouvant donc
tomber sur CD, tombera sur CA, et les deux triangles coïncideront.

REMARQUE I. Si l'angle égal était droit ou obtus, tous les autres
angles seraient aigus, et il serait alors inutile de dire qu'il y en
a deux de même espèce.

REMARQUE II. Souvent on énonce ainsi la proposition : *Deux
triangles sont égaux lorsqu'ils ont deux côtés respectivement
égaux, ainsi qu'un angle opposé à l'un d'eux, et que l'angle
opposé à l'autre est de même espèce dans l'un et l'autre triangle.*
Cet énoncé est défectueux, car il peut s'appliquer non seulement
aux hypothèses ci-dessus, mais aussi aux suivantes : AC = A'C';
CB = C'B'; B = A'; A et B' de même espèce, qui non seulement
n'assureraient pas l'égalité des triangles, mais s'y opposeraient.
si les triangles n'étaient pas isocèles.

Problèmes divers.

110. PROBLÈME XVIII. *Trouver le centre d'un cercle ou d'un arc
donné.*

SOLUTION. Je prends trois points à volonté A, B, C sur l'arc
de cercle ou sur la circonférence (*fig.* 217); je mène les cordes

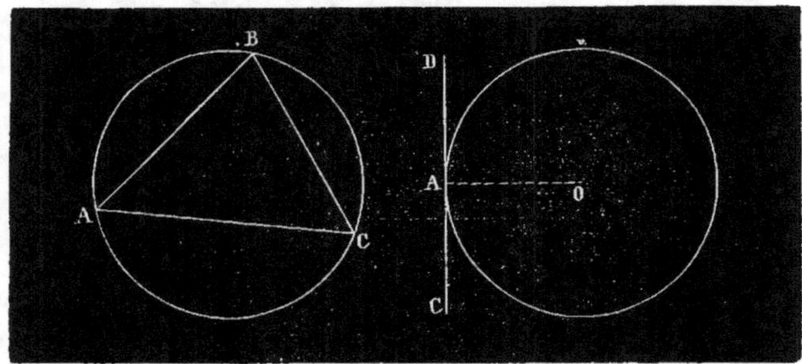

Fig. 218.   Fig. 219.

AB, BC : je les divise en deux parties égales par les perpendiculaires DE, FG : le point O, où elles se coupent, est le centre
cherché.

REMARQUE I. Nous retrouvons ici la construction donnée au
n° 65 pour faire passer une circonférence par trois points donnés.

REMARQUE II. Comme les trois sommets d'un triangle ABC ne
sont pas en ligne droite (*fig. 218*), on peut faire passer par ces
trois points une circonférence dans laquelle le triangle sera *inscrit*. En conséquence, tout triangle est *inscriptible*.

REMARQUE III. Comme les côtés de ce triangle sont des cordes,
et que les perpendiculaires en leurs milieux passent par le centre
du cercle, on retrouve cette propriété : *Les perpendiculaires
élevées sur les milieux des côtés d'un triangle concourent au
même point* (Exercices, 20ᵉ sujet, p. 78). Nous pouvons ajouter
que ce point est le centre du cercle *circonscrit* au triangle.

111. PROBLÈME XIX. *Par un point donné* [A] *fig.* 219, *sur une
circonférence, mener une tangente à cette circonférence.*

SOLUTION. Puisque la perpendiculaire à un rayon menée par
l'extrémité de ce rayon n'a que ce point de commun avec la circonférence, la solution est immédiate : je tire OA ; au point A,
j'élève à ce rayon la perpendiculaire CD : c'est la tangente demandée.

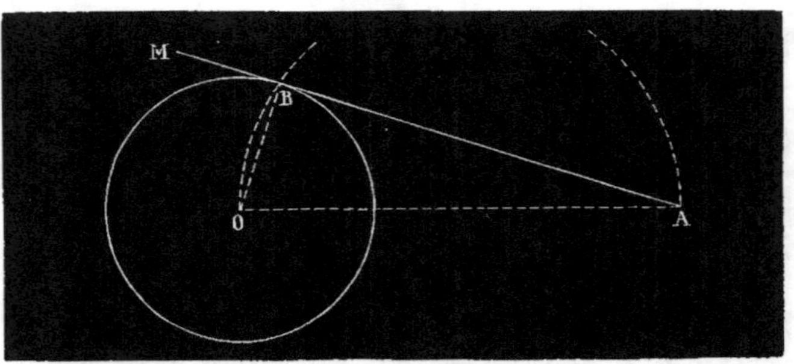

Fig. 220.

112. Problème XX. *Par un point* [A] *(fig.* 220) *donné hors
d'un cercle, mener une tangente à ce cercle.*

Jusqu'à présent, les problèmes ont été tels que les théorèmes
servant à les résoudre se sont offerts pour ainsi dire spontané-
ment à notre esprit. Ici, il n'en est pas tout à fait de même. Un
plus grand effort de recherche est nécessaire.

Pour trouver la solution du problème, *je le suppose résolu*, et
je trace à *vue* la tangente demandée AM, ainsi que le rayon OB
aboutissant au point de contact, et je tire la ligne OA. Toute
tangente est perpendiculaire au rayon qui aboutit au point de
contact; par conséquent, l'angle OBA doit être droit; de plus,
ses côtés BO, BA aboutissent aux extrémités de OA qui sont connues; donc le sommet de cet angle appartient à la demi-circonférence décrite sur OA comme diamètre, et, comme déjà il appartient à la circonférence donnée, il est à leur intersection. De là,
la construction suivante :

1° Tirez OA (*fig.* 220), c'est-à-dire joignez le point donné au
centre du cercle ;

2° Sur cette droite, comme diamètre, décrivez une demi-
circonférence ;

3° Marquez le point B où cette demi-circonférence coupe la
circonférence donnée ;

4° Tirez AB : c'est la tangente demandée.

Démonstration. L'angle OBA est droit, car il a pour mesure
un quadrant; AB est donc perpendiculaire sur OB; par suite,
AB est tangente au cercle au point B.   *C. Q. F. D.*

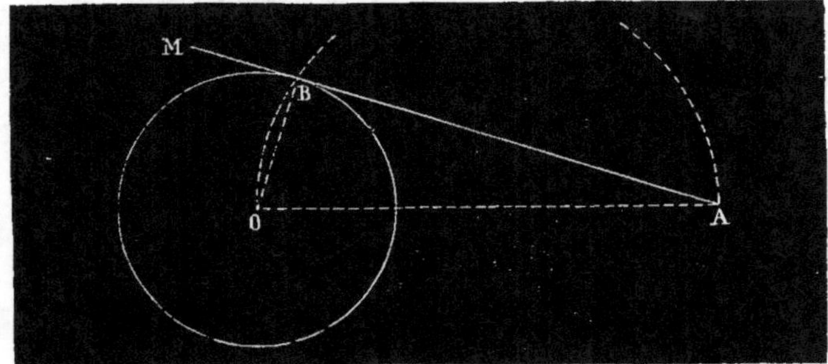

Fig. 220.

Nota. Pour décrire une demi-circonférence sur une droite donnée comme diamètre, cherchez le milieu de cette droite; de ce point comme centre, avec un rayon égal à la moitié de la droite, décrivez un arc de cercle aboutissant aux deux extrémités de la droite.

REMARQUE I. *Supposer le problème résolu*, c'est tracer à vue la figure dans laquelle on suppose remplies toutes les conditions de la question, de manière à mettre en évidence les *données*, les *inconnues* et les *relations* qu'il peut y avoir entre elles. De cette façon, on peut étudier les propriétés de cette figure, et parvenir, plus ou moins rapidement, selon le degré d'habitude et de sagacité, à découvrir parmi ces relations celles qui conduisent à la résolution du problème proposé.

Mais on a pu voir, dans la solution très simple que nous venons de donner, l'utilité et même la nécessité de tirer certaines lignes OA, OB *(fig. 220)*, pour mettre en relation les uns avec les autres les points de la figure, et pouvoir ainsi tenir compte de toutes les *conditions exprimées dans l'énoncé du problème*, sans faire d'abord aucune distinction entre les données et les inconnues.

On peut déjà voir que le problème sera résolu lorsqu'on aura deux *lieux géométriques* pour chaque point cherché.

Dans la géométrie *élémentaire*, les seuls lieux géométriques dont on fasse usage sont des *lignes droites* et des *circonférences de cercle*.

REMARQUE II. Revenons au problème. Achevons le tracé de la circonférence auxiliaire; comme elle coupe la circonférence

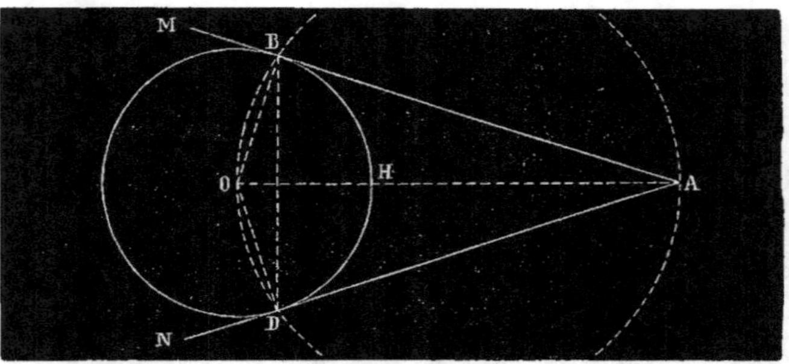

Fig. 221.

donnée en un second point D (*fig.* 221), cela donne une seconde
tangente AD; ainsi, le problème proposé admet deux solutions.

REMARQUE III. Ces deux tangentes, terminées chacune au point
de contact, sont *égales*, car les triangles rectangles OAB, OAD
sont égaux, comme ayant même hypoténuse et un côté égal.

On le voit encore autrement : je mène la *ligne* BD *des contacts*,
et j'observe que dans le triangle ABD les angles ABD, ADB, formés chacun par une tangente et par une corde, sont égaux comme
ayant la même mesure, à savoir la moitié de l'arc BHD; par suite,
AB = AD.

REMARQUE IV. L'angle BAD des deux tangentes est divisé en
deux parties égales par la droite AO, et, comme *la bissectrice
d'un angle est le lieu des points équidistants des côtés de cet
angle*, on voit que la circonférence donnée n'est pas la seule qui
soit tangente aux deux droites AM, AN.

Si donc l'on proposait de décrire un cercle tangent à deux
droites données, le problème admettrait une infinité de solutions.
On dit alors qu'il est *indéterminé*[1].

Mais la question deviendrait déterminée si on y ajoutait une
troisième condition, celle qui, par exemple, exigerait que la circonférence fût décrite avec un rayon donné.

---

1. Problèmes indéterminés : faire passer une ligne droite par un point
donné ; faire passer une circonférence par deux points donnés, *etc.*

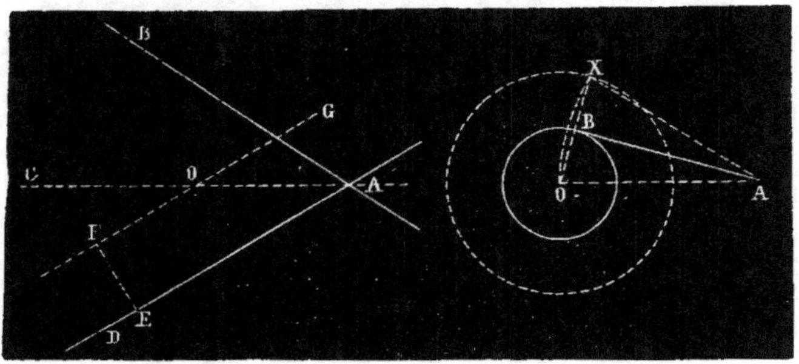

Fig. 222.   Fig. 223.

Pour résoudre ce problème, je mènerais la bissectrice AC
(fig. 222) de l'angle donné BAD ; en un point E de l'un des côtés
de l'angle, j'élèverais à ce côté une perpendiculaire EF égale au
rayon donné R ; et pour avoir le lieu des points distants de AD
de la longueur donnée R, je mènerais FG parallèlement à AD ;
le point O, situé sur les deux lieux géométriques FG, AC, serait
le centre du cercle ayant le rayon donné et tangent aux droites
AB, AD.

Si l'on prolongeait indéfiniment les côtés BA, DA, il y aurait
pour l'angle opposé au sommet ainsi que pour les angles adjacents le même problème à résoudre que pour le précédent, ce qui
donnerait quatre circonférences tangentes à deux droites données et ayant un rayon donné.

112 bis. *Autre solution du problème de la tangente au cercle
par un point extérieur* [A] *(fig. 223).*

Je suppose le problème résolu. Soit AB la tangente demandée :
je mène OB, je prolonge cette ligne d'une longueur BX = OB ; les
trois points O, B, X sont en ligne droite. Si le point X était connu,
en le joignant au point O on aurait le point de contact cherché.

Ainsi, on peut faire dépendre B de X ; autrement dit, on peut
prendre X pour inconnue auxiliaire.

Cela posé, ce point X appartient à la circonférence concentrique ayant pour rayon le diamètre de la circonférence donnée.
Je tire AX : il est facile de voir que cette ligne est égale à AO ; le
point X se trouve donc aussi sur la circonférence décrite du
point A comme centre avec AO pour rayon. De là, une con-

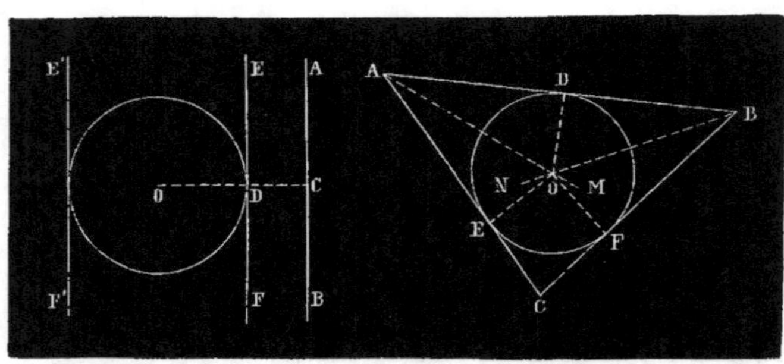

Fig. 224.   Fig. 225.

struction facile à justifier *a posteriori*, et qui a l'avantage de ne pas exiger la détermination du milieu d'une ligne comme au n° 112.

Remarque. La seconde tangente est donnée par le second point d'intersection des deux circonférences.

113. Problème XXI. *Mener une tangente à un cercle parallèlement à une ligne donnée* [AB] (*fig.* **224**).

Ici la solution s'aperçoit immédiatement. Du centre O abaissez la perpendiculaire OC ; par le point D menez sur OC la perpendiculaire EF, ce sera la tangente demandée. Le problème a deux solutions EF, E'F'.

114. Problème XXII. *Inscrire un cercle dans un triangle donné* [ABC] (*fig.* **225**).

Solution. Je mène les bissectrices AM, BN des angles A et B ; ces droites se coupent en un point O, qui est également distant des trois côtés AB, AC, BC ; si donc de ce point j'abaisse les perpendiculaires OD, OE, OF sur les côtés de ce triangle, elles seront égales, et la circonférence décrite du point O comme centre, avec OD comme rayon, sera tangente aux trois côtés.

Remarque I. On dit du triangle qu'il est circonscrit, en sorte que tout triangle est *inscriptible* et *circonscriptible* au cercle.

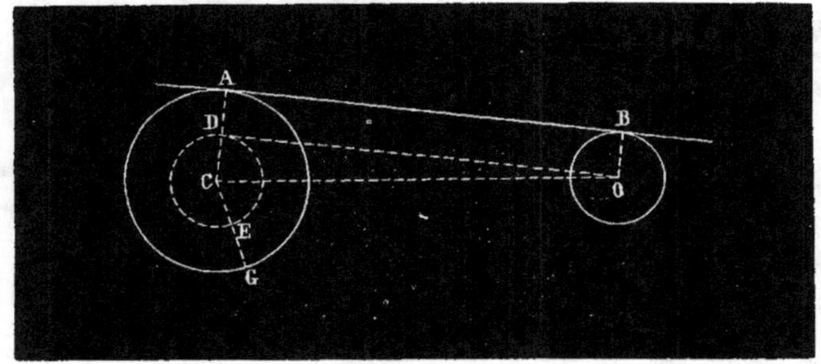

Fig. 226.

Remarque II. Nous retrouvons ainsi la propriété d'après laquelle *les trois bissectrices des angles d'un triangle concourent en un même point.* (Exercices.)

115. Problème XXIII. *Mener une tangente commune à deux circonférences données* [1].

Solution. Soient C et O (*fig.* 226) les centres des deux circonférences données.

Je suppose le problème résolu; soit AB la tangente commune cherchée.

Je tire les rayons CA, OB; je sais qu'ils seront perpendiculaires à la tangente commune, et par suite parallèles. Par le point O je mène la droite OD parallèle à AB ; la figure ABOD sera un rectangle; OB et AD seront égaux comme parallèles comprises entre parallèles ; la ligne CD doit donc être la *différence* des rayons CA et OB, qui sont connus; CD est donc aussi connu de longueur, et de plus perpendiculaire sur OD ; par conséquent, si du point C, comme centre, avec CD pour rayon, je décris une circonférence, OD sera tangente à cette circonférence ; comme le rayon CD est connu, je peux décrire cette circonférence, sans connaître encore la tangente commune AB, et retomber ainsi sur

---

1. Ce problème nous sert de type pour la résolution des problèmes par une méthode autre que la *synthèse.*

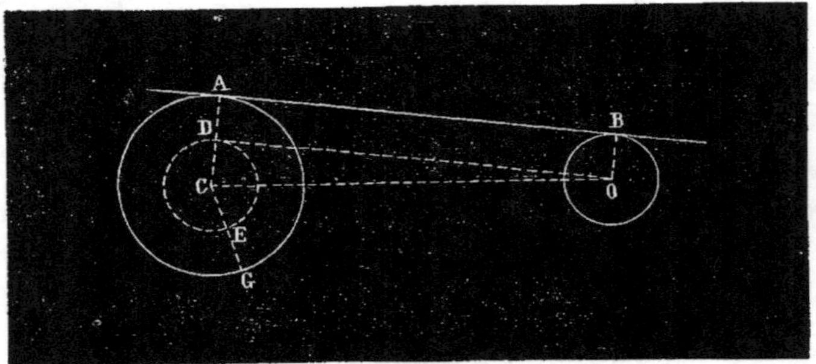

Fig. 226.

le problème de la tangente à un cercle, par un point pris hors de
ce cercle.

Une fois le point D connu, le rayon CD prolongé me fera connaître le point A ; après quoi, menant une perpendiculaire à CA
par le point A, j'obtiendrai la ligne AB, c'est-à-dire la ligne
cherchée.

CONSTRUCTION (*fig.* 226). 1° Tirez un rayon quelconque CG
de la première circonférence ;

2° Du point G, comme centre, avec une ouverture de compas
égale au rayon de la deuxième circonférence, décrivez un arc de
cercle qui marque un point E sur CG ;

3° Du point C comme centre, avec CE pour rayon, décrivez
une circonférence ;

4° Sur CO comme diamètre, décrivez une demi-circonférence ;
soit D le point où elle rencontre la circonférence CE ;

5° Tirez CD, et prolongez cette ligne jusqu'en A ;

6° Par le point A menez sur CA une perpendiculaire que vous
prolongerez jusqu'à sa rencontre en B avec la seconde circonférence ; le problème est résolu : AB est la tangente commune
demandée.

VÉRIFICATION (synthèse). Je tire DO ; le triangle CDO est rectangle en D ; la perpendiculaire AB est parallèle à DO ; du point O
j'abaisse une perpendiculaire sur AB ; cette perpendiculaire est
égale à AD, et par conséquent à GE, qui vaut le rayon de la petite

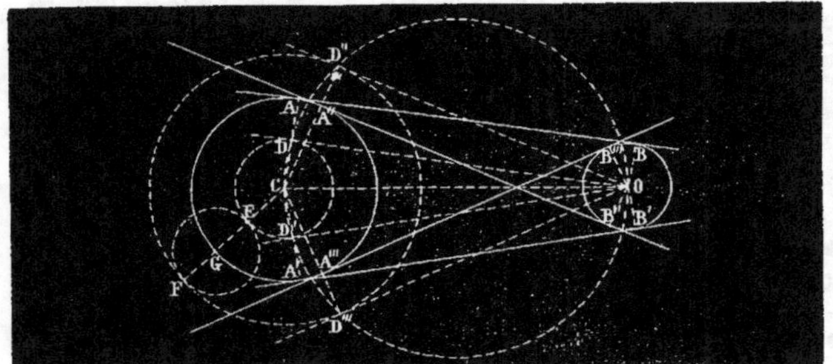

Fig. 227.

circonférence ; donc le pied B de cette perpendiculaire se trouve
sur la seconde circonférence ; donc AB est en même temps tangente à cette circonférence ; elle est donc la tangente commune
demandée.   *C. Q. F. D.*

Discussion. *Discuter un problème*, c'est examiner les diverses
circonstances que peut présenter la solution. Le problème a-t-il
plusieurs solutions ? est-il toujours possible ? *etc.*

1° Les deux circonférences qui, par leur intersection, ont déterminé le point D *fig.* 227) se rencontreront en un second
point D′ qui donnera un autre point A′, et une autre tangente A′B′ ;

2° Quand j'ai marqué le point E par un arc de cercle, j'aurais
pu décrire toute la circonférence et trouver un second point F
de rencontre de cette circonférence avec le rayon CG prolongé ;
en décrivant du point C, comme centre, avec CF pour rayon,
une circonférence, et en menant des tangentes OD″, OD‴ à cette
circonférence, les rayons CD″, CD‴ auraient donné d'autres
points A″, A‴, et en menant les perpendiculaires A″B″, A‴B‴
j'aurais trouvé d'autres tangentes communes ; du moins, l'analyse
porte à le penser.

On peut en effet s'en assurer par le même moyen de démonstration : A″D″, par exemple, qui est égal à GF, vaut le rayon de
la deuxième circonférence, et, si du centre O j'abaisse la perpendiculaire OB″, elle sera égale au rayon de cette circonférence ;
par conséquent, le point B″ sera sur la circonférence, et A″B″

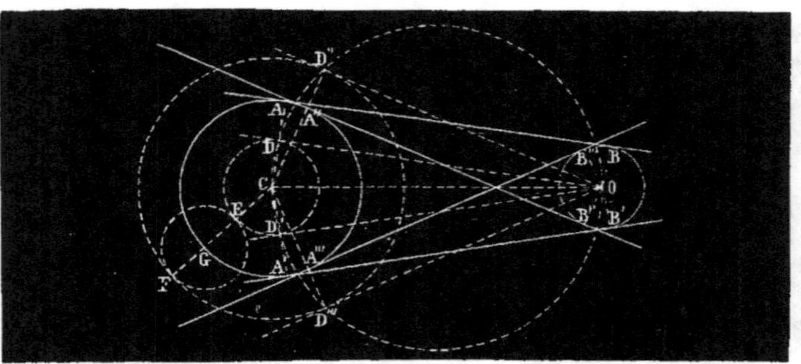

Fig. 227.

sera une tangente commune. On prouverait de même que A'''B'''
est une tangente commune.

De cette discussion il résulte que le problème a en tout *quatre*
solutions ; deux tangentes *extérieures* et deux tangentes *intérieures*.

REMARQUE. Il est facile de voir que le succès de la construction
dépend de la possibilité de mener par le point O des tangentes
aux circonférences CE, CF. Supposons, pour fixer les idées, que
la circonférence O ait le plus petit rayon.

Si le point O est hors de la circonférence CF, comme cela arrive
dans la figure **227**, je pourrai par ce point mener deux tangentes
au cercle dont CF est le rayon.

Le point O, étant extérieur à la circonférence dont le rayon est
CF, sera, à plus forte raison, extérieur à la circonférence dont le
rayon est CE, et je pourrai mener aussi deux tangentes à cette
dernière, en sorte que les quatre solutions seront possibles.

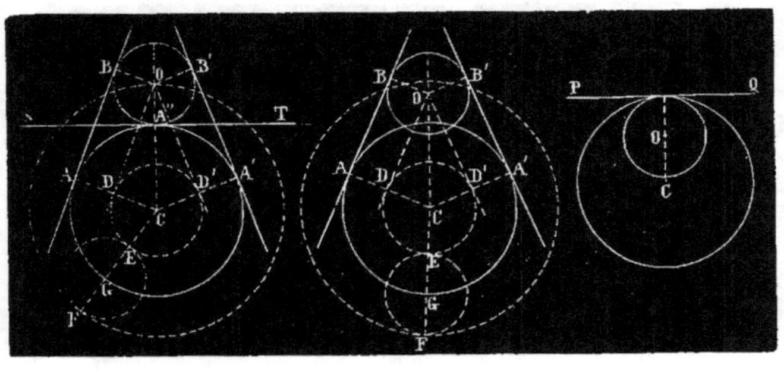

Fig. 228.   Fig. 229.   Fig. 230.

Les quatre autres positions relatives des deux cercles.

116. Si le point O se rapproche du centre C (*fig.* 228), et se trouve sur la circonférence CF, je ne pourrai mener qu'une seule tangente à cette circonférence, et elle sera perpendiculaire à CO ; les deux tangentes qui partaient de O se confondront en une seule, et les points de contact D″ et D‴ se réuniront au point O ; par suite, les droites qui joignaient ces points au point C se confondront avec OC ; les points A″ et A‴ se réuniront en un seul A″, et les perpendiculaires menées à CA″ et CA‴, qui étaient les tangentes communes intérieures, se confondront en une seule ST perpendiculaire à CA″ ; en même temps, les deux circonférences données, qui auront ST pour tangente commune, auront entre elles un *contact extérieur*. C'est le cas des *trois* solutions : *une* tangente intérieure, *deux* tangentes extérieures.

Si le point O s'approche davantage du centre C et passe dans l'intérieur de la circonférence CF, en restant au dehors de la circonférence CE en O (*fig.* 229), les deux tangentes menées de ce point à la circonférence CF ne seront plus possibles, et, par suite, il n'y aura plus de tangentes communes intérieures, mais je pourrai encore mener les deux tangentes OD, OD′, et je n'aurai plus que *deux* solutions, AB, A′B′.

Si le point O vient sur la circonférence CE (*fig.* 230), les deux tangentes extérieures n'en font plus qu'une PQ, qui est perpendiculaire à la ligne des centres, et, en même temps, les deux

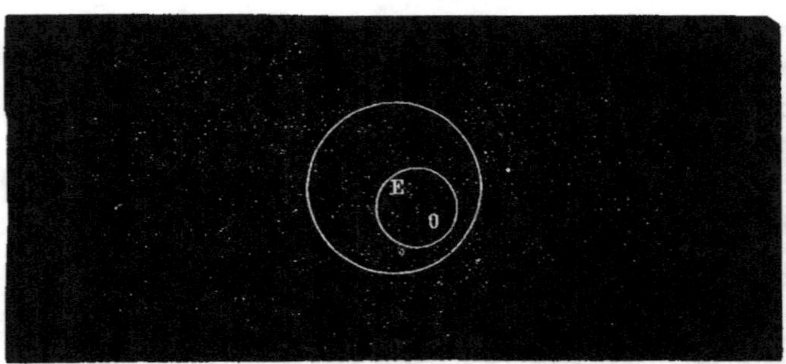

Fig. 231.

circonférences données ont un contact *intérieur*, puisque la distance des centres est égale à la *différence* des rayons, en sorte qu'il n'y a qu'*une solution*.

Enfin, si le point O devient intérieur à la circonférence CE (*fig.* 251), et par conséquent aussi à la circonférence CF, je ne pourrai mener par le point O aucune tangente à ces circonférences, et il n'y aura *pas de solution;* ce qui d'ailleurs est évident, car une tangente à la grande circonférence ne peut pénétrer dans cette circonférence pour aller toucher la petite, qui est entièrement renfermée dans la précédente.

Résumé.

1° Circonférences extérieures, sans se toucher.. *quatre* solutions ;

2° Circonférences tangentes extérieurement. . . *trois* solutions ;

3° Circonférences sécantes. . . . . *deux* solutions;

4° Circonférences tangentes intérieurement. . . *une* solution ;

5° Circonférences intérieures l'une à l'autre sans se toucher.. . . . . aucune solution.

Ce problème *type* est en outre remarquable par ses nombreuses applications en mathématiques pures et appliquées.

Remarque. Pour accentuer davantage l'idée qu'on doit se faire du *problème supposé résolu,* consistant à découvrir l'inconnu par le connu hypothétique, faisons plusieurs observations d'une application générale

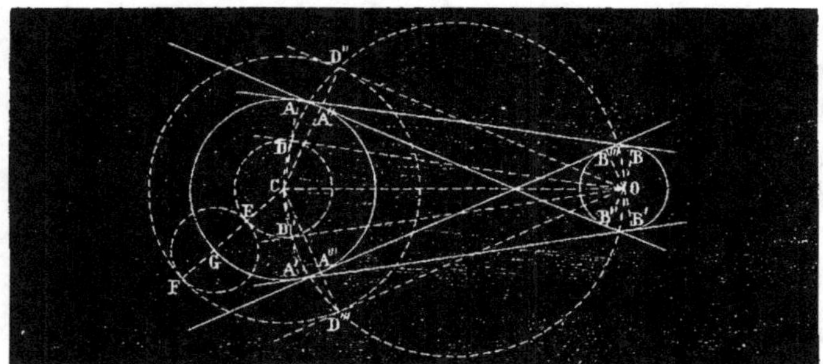

Fig. 227*.

1° Les lignes de la figure ont été insuffisantes : il a fallu mener des *lignes auxiliaires*, ce qui a exigé un peu plus de sagacité, d'invention, que lorsqu'il s'est agi de la tangente au cercle ;

2° Il a été utile de considérer dans toute leur étendue les lieux géométriques des points cherchés, puisque, sans cela, on n'eût pas tiré tout le parti possible de la question : on aurait laissé échapper les tangentes intérieures.

3° Cette considération, comme on vient de le voir, peut mettre sur la voie pour découvrir des solutions que l'on n'aurait pas prévues lorsqu'on a fait la figure qui a servi de *croquis* dans l'étude des propriétés diverses résultant de toutes les conditions du problème.

4° Enfin, nous remarquerons en passant que c'est la même circonférence GE (*dans la fig.* **227***) qui a mis en évidence la *somme* et la *différence* des rayons. En général, la somme et la différence de deux lignes se trouvent liées par une même construction 95. Rem., de telle sorte que la considération de l'une entraîne presque toujours la connaissance de l'autre.

Remarque générale.

117. Si les conditions d'un problème sont *nécessaires* et *suffisantes*, on ne peut en trouver la solution qu'en tenant compte de toutes les conditions. Ces conditions se traduisent successivement par des propriétés déduites les unes des autres. On ne réussit en général qu'autant qu'elles ont été exprimées sans exten-

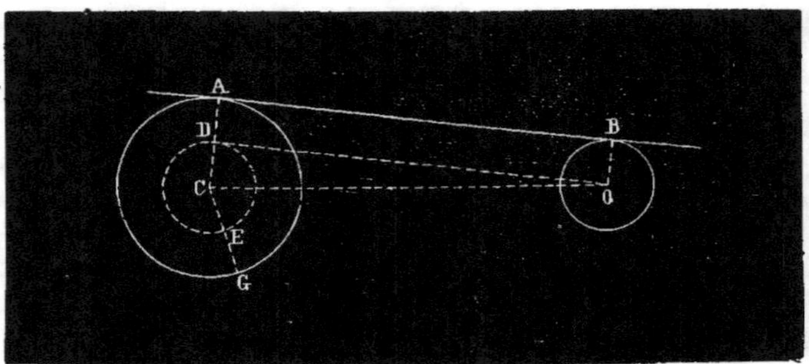

Fig. 226 *.

sion ni restriction. Il est donc utile, quand un problème présente
beaucoup de difficulté, d'examiner la valeur des propriétés dont
on fait usage, et de considérer surtout s'il y a réciprocité dans le
passage d'une ou de plusieurs propriétés à une ou plusieurs
autres propriétés.

Si nous examinons, dans cet esprit, la solution de la tangente
commune, nous voyons (*dans la fig*. 226*) qu'en menant la ligne
auxiliaire OD parallèlement à la tangente supposée AB nous rap-
prochons les deux rayons OB, CA sur une même droite CA, en
sorte que, si la ligne OD était connue, la ligne AB s'en déduirait
immédiatement à cause du parallélisme ; en disant que l'angle D
est droit, nous tenons compte de ce que le parallélogramme ADOB
est un rectangle, et par conséquent aussi de ce que les angles en
A et en B sont droits ; et comme nous avons fait entrer en considération toutes les conditions de la question, nous reconnaissons
que le triangle CDO est déterminé ; d'ailleurs, nous avons tout ce
qu'il faut pour le construire, et finalement nous arrivons au *tracé
de la ligne demandée*.

Les problèmes de géométrie sont tellement variés qu'il n'est
pas possible de donner des prescriptions plus étroites que les
précédentes. C'est par la méditation que l'élève s'inspirera des
conditions du problème ; c'est par de nombreux exercices qu'il
s'ingéniera à les exprimer.

Ainsi nous donnons, non pas une *règle*, mais une *méthode* :
c'est là le but de la discussion précédente, dont les esprits
sérieux feront leur profit.

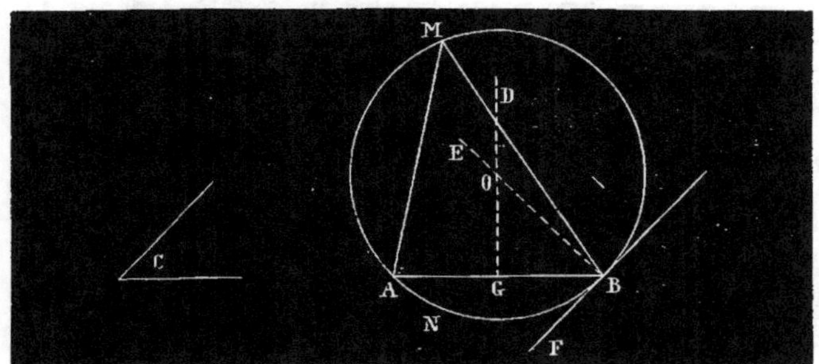

Fig. 232

118. Problème XXIV. *Décrire sur une droite* [AB] *(fig. 232) un segment capable d'un angle donné* [C].

Définition. Décrire sur une droite donnée un *segment capable d'un angle donné*, c'est faire passer par les extrémités de cette droite une circonférence telle que les angles inscrits dans l'un des deux segments soient tous égaux à un angle donné.

Solution. Je suppose le problème résolu ; soit AMB le segment demandé. Puisque la circonférence demandée passe par les points A et B, son centre doit se trouver sur la perpendiculaire à AB menée par son milieu G ; je connais donc un premier lieu géométrique du centre cherché.

Un angle AMB inscrit dans le segment AMB a pour mesure la moitié de l'arc ANB compris entre ses côtés ; cette propriété subsiste encore lorsque le point M se rapproche indéfiniment du point B. de telle sorte que la corde MB se réduise à zéro ; elle devient tangente au point B. et l'angle ABF, formé par une tangente et par une corde, a encore pour mesure la moitié de l'arc ANB : il est donc égal à l'angle AMB, et par conséquent aussi à l'angle donné C. Cette condition suffit pour déterminer la direction de BF : comme d'ailleurs la perpendiculaire à la tangente. au point de contact B, doit passer par le centre n° 70 . elle sera un second lieu géométrique du point cherché.

De là résulte la construction suivante :

1° Divisez la droite AB (*fig.* 232) en deux parties égales par une perpendiculaire GD ;

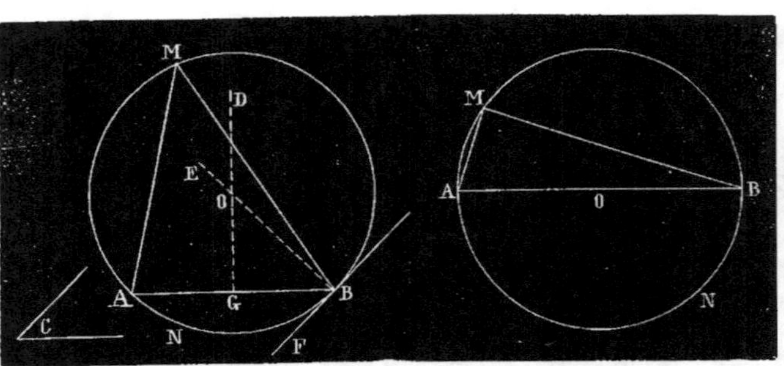

Fig. 232. Fig. 233.

2° Faites l'angle ABF égal à l'angle donné C;

3° Menez BE perpendiculaire sur BF;

4° Du point de rencontre O comme centre, avec OB pour rayon, décrivez une circonférence de cercle BMANB; le segment AMB sera le segment demandé.

En effet, les angles inscrits dans ce segment sont tous égaux entre eux; l'un d'eux est égal à l'angle ABF, comme ayant la même mesure, qui est la moitié de l'arc ANB compris entre leurs côtés; mais ABF est égal à C; donc le problème est résolu.

REMARQUE I. La construction appliquée au cas où l'angle donné est *droit* (*fig.* 233) fait retrouver celle qui consiste à décrire une demi-circonférence sur une droite donnée comme diamètre.

REMARQUE II. Menons les cordes AN, NB (*fig.* 234); nous aurons un quadrilatère AMBN, dans lequel les angles opposés M, N seront *supplémentaires* (n° 88, cor. V); donc le segment inférieur est capable d'un angle *obtus*, lequel est le supplément de l'angle donné que je suppose aigu. Il y a donc deux manières de construire un *segment capable d'un angle obtus:* 1° en appliquant la construction précédente; 2° en construisant le segment capable de l'angle aigu supplémentaire, et en prenant le segment inférieur, qui est moindre que le demi-cercle.

REMARQUE III. L'arc AMB (*fig.* 232) est le *lieu géométrique* des sommets des angles égaux à un angle donné, et dont les côtés MA, MB sont assujettis à passer par deux points donnés A, B.

10.

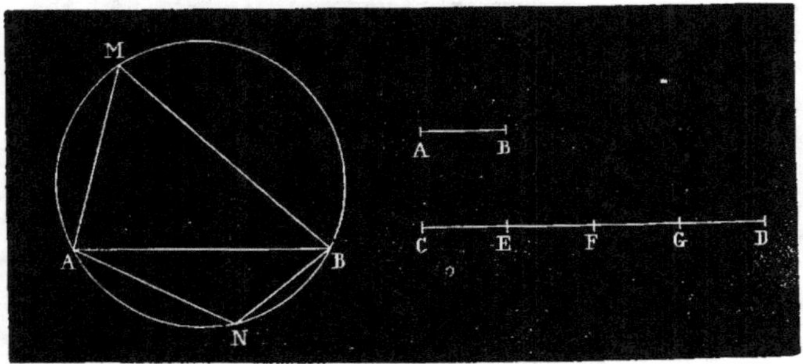

Fig. 234.   Fig. 235.

REMARQUE IV. Les problèmes sur la construction d'un triangle satisfaisant à des conditions données sont très nombreux, et souvent proposés dans les concours et les examens. Supposons que parmi ces conditions figurent un côté et l'angle opposé à ce côté ; on saura, tout d'abord, qu'en décrivant sur le côté donné un segment capable de l'angle donné l'arc de ce segment sera un lieu géométrique du sommet cherché ; et il ne restera plus qu'à en faire intervenir un second pour achever la solution du problème.

119. PROBLÈME XXV. *Trouver le rapport de deux lignes droites données* [AB, CD] *(fig. 235).*

SOLUTION. La relation la plus simple qui puisse exister entre deux lignes est celle de leur *égalité*, car alors l'une peut être prise pour l'autre[1].

Dans le cas où la première AB est la plus petite, il peut arriver qu'après l'avoir portée de C en E on puisse encore la porter de E en F, de F en G, et enfin de G en D ; dans ce cas, la seconde droite CD vaut quatre fois la première AB : elle en est le *quadruple*. Ce genre de rapport est encore simple et permet de former facilement la plus grande à l'aide de la plus petite. Réciproquement, la droite AB est le quart de CD.

---

1. Les praticiens jugent, presque à coup sûr, si deux lignes sont égales ou inégales. Il y a plus, ils les mesurent à la vue simple : *car l'œil est un compas donné par la nature.*

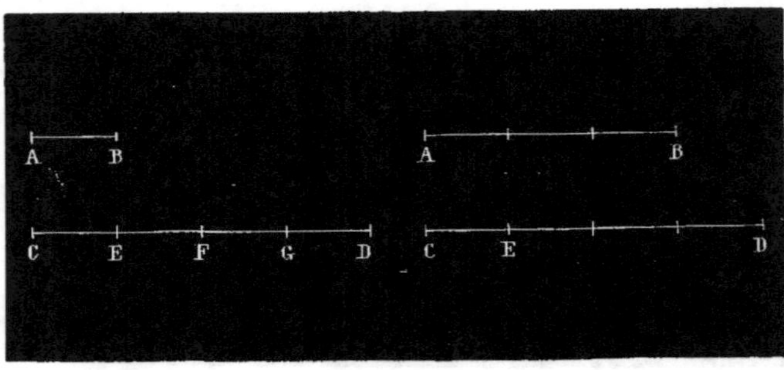

Fig. 236.

Ainsi, quand une ligne est le double, le triple, le quadruple, *etc.* d'une autre, celle-ci à son tour est la moitié, le tiers, le quart,... une *partie aliquote* de la première. On se fait encore une idée très nette de cette seconde relation ; elle n'est que le résultat du renversement de la première.

Mais la relation qui lie une droite à une autre n'est pas toujours aussi simple. Il peut arriver que ce ne soit pas l'une des droites, mais seulement une de ses parties aliquotes, qui se trouve exactement contenue dans l'autre.

Que ce soit, par exemple (*fig.* 236), CE, quart de CD, qui soit contenu trois fois dans AB ; alors AB vaudra trois fois le quart de CD, ou les $\frac{3}{4}$ de CD. Le *rapport* entre les deux lignes est alors exprimé par la fraction $\frac{3}{4}$, en sorte que pour passer de l'une à l'autre on partagera CD en quatre parties égales, et on prendra trois de ces parties.

Le rapport de deux lignes ou de deux quantités quelconques est la fraction ou le nombre fractionnaire qui exprime comment l'une se forme avec l'autre, ou, plus explicitement, la fraction ou le nombre fractionnaire qui exprime combien de fois la première contient une partie aliquote déterminée de la seconde.

On voit que dans ce cas une certaine longueur CE (*fig.* 236) est contenue exactement dans AB et dans CD. C'est là ce qu'on appelle une *commune mesure* entre les deux lignes. Ainsi, *une commune mesure entre deux lignes est une ligne contenue un nombre exact de fois dans l'une et dans l'autre.*

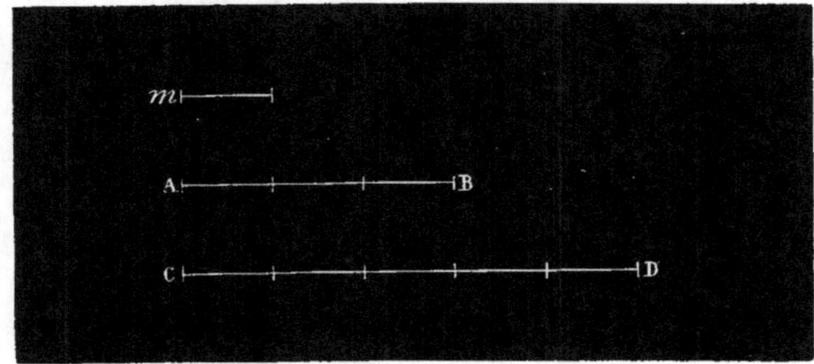

Fig. 237.

Réciproquement, s'il y a une commune mesure m entre deux lignes AB, CD (*fig.* **237**), on pourra représenter leur rapport par une fraction ou par un nombre fractionnaire. Que la ligne m, par exemple, soit contenue trois fois dans AB et cinq fois dans CD, le rapport de la plus petite à la plus grande sera $\frac{3}{5}$, et le rapport de la plus grande à la plus petite sera $\frac{5}{3}$.

Quand deux lignes ont une commune mesure, on peut les représenter par des nombres entiers en prenant cette commune mesure pour *unité*. Ainsi, dans l'exemple précédent, la ligne AB sera représentée par 3, et la ligne CD par 5.

L'idée de *rapport* est donc étroitement liée avec l'idée de commune mesure.

C'est ici qu'intervient naturellement une question fort délicate :

Deux droites ont-elles toujours une commune mesure ?

En d'autres termes, deux lignes sont-elles toujours *commensurables*, ou bien y a-t-il des lignes *incommensurables ?* On verra plus tard qu'il y a des lignes incommensurables [1].

Dans ce cas, on concevra que l'une d'elles est divisée en un certain nombre de parties égales, et l'on cherchera combien l'une de ces parties aliquotes est contenue de fois dans l'autre droite.

---

1. La diagonale d'un carré et le côté de ce carré.

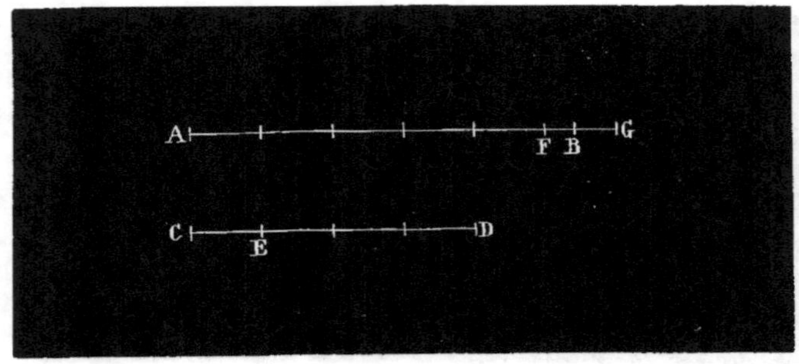

Fig. 238.

Soient AB, CD (*fig.* 238) deux lignes incommensurables. On voit que CE, quart de CD, est contenu cinq fois dans AB de A en F ; si l'on portait une partie de plus, on formerait une droite AG plus grande que AB ; le rapport de AB à CD est considéré comme à peu près égal à $\frac{5}{4}$; mais ce rapport répond à une droite AF plus petite que AB ; le rapport $\frac{6}{4}$ répondrait à une droite plus grande AG ; la différence FB, ou GB, est moindre que le quart de CD ; par conséquent, l'erreur commise sur AB, en prenant le rapport $\frac{5}{4}$, est plus petite que le quart de CD. Si l'on eût partagé CD en 100 parties égales, l'erreur commise sur AB eût été moindre que le centième de CD. On peut donc ainsi, pour évaluer le rapport, substituer à la droite AB une autre droite qui en diffère de moins en moins, et qui soit commensurable avec CD. C'est là ce qu'on entend par un *rapport approché.*

Dans la réalité, ce n'est pas le rapport qui est approché ; c'est la ligne que l'on substitue à la première ligne donnée, et qui peut en différer d'une si petite quantité, que dans la pratique les erreurs soient tout à fait négligeables.

A proprement parler, il n'y a pas de rapport saisissable entre la ligne AB et la ligne CD, car on ne peut se faire une idée nette et précise du rapport quand il n'y a pas de commune mesure. C'est pour cela que l'on dit, par extension d'idée, que *le rapport est incommensurable,* c'est-à-dire qu'il ne peut être évalué. Pour lever la difficulté, on y substitue des rapports commensurables, que l'on regarde aussi, par extension d'idée, comme les valeurs

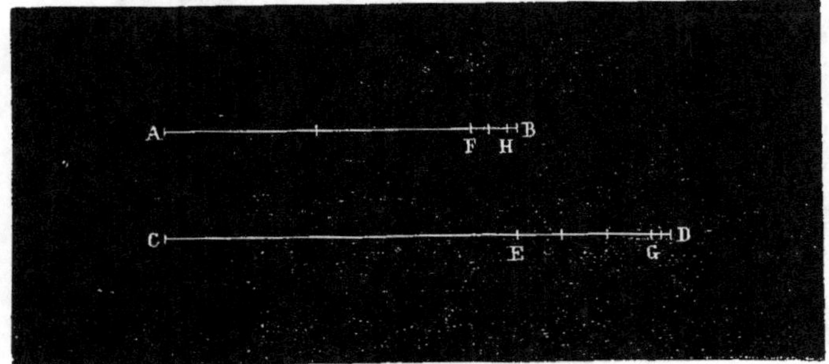

Fig. 239.

approchées du rapport incommensurable; mais, nous le répétons, dans la réalité, c'est la grandeur de la première quantité qui est prise par approximation. Cette extension d'idée est sans inconvénient dans les applications pratiques, puisque ces prétendus rapports approchés serviront à retrouver ou à reproduire des quantités véritablement approchées.

On peut même appliquer cette *méthode d'approximation* à des rapports commensurables. C'est surtout ce que l'on fait quand on compare toutes les lignes à une même unité, le *mètre* par exemple. On cherche combien chacune d'elles contient de mètres, de centimètres, de millimètres, de là on déduit un rapport approché de chacune d'elles au mètre, ce qui donne un nombre pour mesure.

Si, pour fixer les idées, une ligne contient 2 mètres, 3 décimètres, 5 centimètres, 4 millimètres, elle vaudra, *à moins d'un millimètre près*, 2354 millimètres. Son rapport approché avec l'unité sera $\frac{2354}{1000}$ ou 2,354; en sorte que sa mesure approchée a pour expression 2354 millièmes, ou 2,354.

REMARQUE. La division d'une ligne par une autre se fait avec une extrême facilité à l'aide du compas, puisqu'il suffit de porter l'une sur l'autre autant de fois que possible; et si l'une n'est pas une partie aliquote de l'autre, on cherchera *la plus grande commune mesure* entre ces deux lignes pour obtenir leur rapport (*fig.* 239). A cet effet, on imitera ce qui se fait en arithmétique pour trouver le plus grand commun diviseur entre deux nombres.

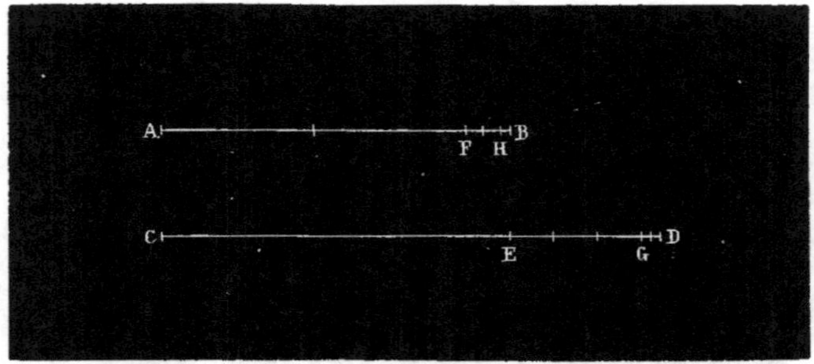

Fig. 239.

Soient, par exemple (*fig.* 239) :

$$CD = AB + ED,$$
$$AB = 2\,ED + FB,$$
$$ED = 3\,FB + GD,$$
$$FB = 2\,GD + HB,$$
$$GD = 2\,HB.$$

En substituant la valeur de GD dans celle de FB,
Puis la valeur de FB dans celle de FD,
Puis la valeur de ED dans celle de AB,
Et enfin la valeur de AB dans celle de CD, j'obtiens

$$FB = 5\,HB,$$
$$ED = 17\,HB,$$
$$AB = 39\,HB,$$
$$CD = 56\,HB ;$$

de là les conclusions :

1° HB est *commune mesure* entre AB et CD ;

2° HB est $\dfrac{1}{56}$ de CD ;

3° AB contient $\dfrac{39}{56}$ de CD ;

Et enfin le rapport de AB à CD est $\dfrac{39}{56}$.

Remarque. Dans la pratique, l'opération graphique se termi-
nera toujours, lors même qu'il n'y aurait pas de commune mesure, et cela à cause de la petitesse des lignes, qui vont en décrois-
sant et qui finissent par être invisibles. En arithmétique, au
contraire, il y a toujours commune mesure ou commun diviseur,
parce qu'il s'agit de nombres et non de quantités concrètes.

EXERCICES SUR LES LIVRES I ET II.

EXAMENS ORAUX.

I. Définissez la circonférence. Est-il besoin de dire que le point dont les points de la courbe sont équidistants est situé dans l'*intérieur* de cette courbe ?

La circonférence est-elle un lieu géométrique? de quels points?

Que sont les circonférences décrites avec des rayons égaux ? Tracez deux circonférences concentriques.

Démontrez que le triangle est inscriptible et circonscriptible.

Un angle au centre a pour mesure l'arc compris entre ses côtés : on demande si la réciproque est vraie. Pensez au segment capable.

Comment menez-vous une tangente à un cercle, parallèlement à une ligne donnée ? Combien de solutions ?

II. Quelle est la plus grande corde que l'on puisse tracer dans un cercle ?

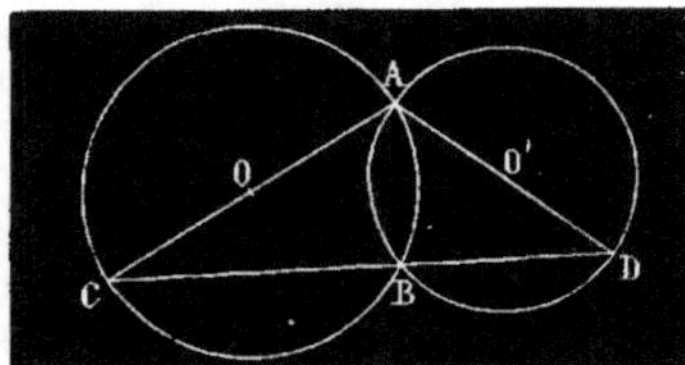

Tracez deux circonférences O, O', qui se coupent aux points A et B; tirez AO jusqu'en C; tirez AO' jusqu'en D ; prouvez : 1° que les trois points C, B, D sont en ligne droite; 2° que la ligne CBD est double de la ligne OO'.

Exposez la théorie des positions relatives de deux cercles.

III. Exposez la théorie relative à la mesure des angles.

Énoncez et démontrez le principe que nous avons démontré, une fois pour toutes, pour l'égalité des rapports incommensurables.

Quel est le sens précis de cet énoncé : un angle a pour mesure l'arc compris entre ses côtés ?

IV. Prouvez que les parallèles interceptent sur la circonférence des arcs égaux : condition pour que la réciproque soit vraie.

Démontrez que trois points, non en ligne droite, déterminent une circonférence de cercle. Discutez le problème.

Quelle est la mesure d'un angle formé par deux sécantes? Vous vous êtes appuyé sur la propriété de l'angle extérieur ; prouvez le même principe au moyen des *parallèles*.

V. Rappelez les solutions des trois premiers problèmes sur la construction des triangles.

Quelle est la condition nécessaire et suffisante pour que deux arcs se coupent quand ils sont décrits de deux points comme centres avec le même rayon ?

VI. Par un point pris sur une circonférence, menez une tangente à cette circonférence. Comment de la définition de la sécante déduisez-vous celle de la tangente ?

Montrez que l'on peut décrire quatre cercles tangents à trois droites qui se rencontrent deux à deux.

Énoncez et démontrez la mesure de l'angle inscrit, de l'angle ex-inscrit, de l'angle formé par deux tangentes, de l'angle formé par une tangente et par une corde.

VII. Mettez en parallèle l'*analyse* et la *synthèse*, et servez-vous pour cela de la tangente au cercle menée par un point pris hors de ce cercle.

VIII. Rappelez la seconde manière de mener une tangente à un cercle par un point pris hors de ce cercle. Menez une tangente parallèlement à une droite donnée.

Prouvez que les trois médianes d'un triangle se coupent en un même point.

IX. Tracez deux circonférences extérieures l'une à l'autre. Prouvez que la ligne des centres prolongée en C, D est un *maximum*, et que la ligne AB est un *minimum*.

Décrire un cercle tangent à deux droites données, et qui ait un rayon d'une longueur donnée (nombre des solutions ; cas où le problème est *indéterminé*).

X. Décrire une circonférence qui intercepte sur deux droites des cordes de longueurs données.

Énumérez les lieux géométriques qui nous sont déjà connus, tant dans le premier que dans le second livre.

Divisez un angle en deux parties égales.

Partagez un angle *droit* en *trois* parties égales.

XI. Prouvez que les angles opposés d'un quadrilatère inscrit sont supplémentaires, et réciproquement.

Quand dit-on d'un problème qu'il est *déterminé, indéterminé, plus que déterminé*? Donnez des exemples à l'appui.

XII. Construire un triangle, connaissant deux côtés et l'angle opposé à l'un d'eux. Quelles suppositions faut-il faire pour que le problème admette deux solutions?

Énoncez et démontrez le quatrième cas d'égalité des triangles obliquangles.

XIII. Prouvez que, lorsque deux cercles sont tangents intérieurement ou extérieurement, les deux centres et le point de contact sont
en ligne droite.

Décrire un cercle passant par trois points donnés. Discussion.

Inscrire un cercle dans un triangle. Conséquences.

XIV. Y a-t-il une *règle* pour résoudre un problème de géométrie ?
A défaut de règle, y a-t-il une *méthode*? Quel est le problème que
nous avons pris pour type de l'exposé de cette méthode? Discutez
complètement le problème de la tangente commune à deux cercles.

XV. Prouvez que les angles au centre sont proportionnels aux arcs
compris entre leurs côtés. Comment avons-nous procédé dans le cas
des arcs incommensurables ?

Supposons que deux grandeurs ne varient pas proportionnellement :
est-il possible que l'une soit la mesure de l'autre?

Deux grandeurs varient proportionnellement ; cela suffit-il pour que
l'une serve de mesure à l'autre ?

Quelles sont les deux conditions nécessaires et suffisantes pour
que la mesure d'une grandeur A soit en même temps la mesure d'une
autre grandeur B ?

XVI. Comment trouve-t-on le rapport numérique de deux droites?
Exposez complètement ce que nous avons dit de ce rapport[1].

Faites connaître l'usage de la règle, du compas, de l'équerre et du
rapporteur.

XVII. Démontrez qu'une droite ne peut couper une circonférence
en plus de deux points.

Démontrez qu'une droite coupe une circonférence ou lui est extérieure, selon que sa distance au centre est plus petite ou plus grande
que le rayon.

Démontrez qu'il n'existe qu'une seule tangente en chaque point
d'une circonférence.

Tracez un cercle ; circonscrivez un quadrilatère quelconque à ce
cercle, et prouvez que la somme de deux côtés opposés est égale à la
somme des deux autres côtés, et réciproquement.

XVIII. Démontrez que les tangentes aux extrémités d'un même
diamètre sont parallèles.

---

1. L'expression consacrée de *commune mesure* n'est-elle pas sujette à
objection ? Sens grammatical ?

Faire passer par un point donné une circonférenc tangente à une droite donnée, le point de contact étant connu.

Que serait le problème si l'on ne donnait pas le point de contact?

Rappelez la classification des problèmes.

Quel est le caractère des problèmes *déterminés, indéterminés, plus que déterminés?*

Rappelez la *corrélation* des obliques et de leurs distances au pied de la perpendiculaire; celle des arcs et de leurs cordes dans la même circonférence ou dans des circonférences égales; celle des cordes et de leurs distances aux centres; celle qu'il y a entre la distance des centres et les rayons de deux cercles. suivant leur position relative.

XIX. Parlez de la *règle* et du *compas*. Le compas exige-t-il une vérification? Quelle est la condition nécessaire et suffisante pour qu'un compas à *pointes sèches* soit bien établi? La *règle* est-elle susceptible d'une vérification géométrique? Laquelle?

Comment trouvez-vous le quotient de la division de deux lignes données?

Comment trouvez-vous la *plus grande mesure commune* à deux lignes données? En arithmétique, on atteint toujours un diviseur exact; en est-il de même en géométrie rationnelle? Quelle idée vous faites-vous de l'*incommensurabilité des lignes?* Rappelez le principe que nous avons démontré sur les rapports incommensurables.

XX. Faites la description du *rapporteur*. A quoi sert-il?

Tracez un angle ex-inscrit, et faites-en connaître la mesure.

Tracez un angle formé par une tangente et par une corde, puis faites-en connaître la mesure.

Parmi toutes les droites limitées à deux circonférences extérieures ou intérieures l'une à l'autre, quelle est la plus grande? Quelle est la plus petite?

QUESTIONS A TRAITER PAR ÉCRIT.

XXI. On donne trois points, et on en demande un quatrième tel que les lignes menées de ce point aux trois premiers. fassent entre elles des angles donnés. Cas d'indétermination.

XXII. La plus petite corde qu'on puisse mener dans une circonférence par un point intérieur différent du centre est celle qui est perpendiculaire au diamètre passant par le point donné.

XXIII. Dans deux circonférences qui se coupent, la plus grande ligne qu'on puisse mener par un de leurs points communs est perpendiculaire à la corde commune.

XXIV. Dans un triangle isocèle, la somme des distances d'un point quelconque de la base aux deux côtés est constante.

XXV. La somme des droites qui joignent un point pris à l'intérieur d'un triangle aux trois sommets est moindre que le périmètre du triangle, et plus grande que la moitié de ce périmètre.

XXVI. Lorsque deux parallèles sont coupées par une sécante, les bissectrices des deux angles internes ou externes d'un même côté de la sécante sont perpendiculaires l'une à l'autre, et leur point de rencontre est équidistant des deux parallèles.

XXVII. Dans un quadrilatère quelconque la somme des diagonales est plus petite que le périmètre.

XXVIII. Tracez un triangle ABC; menez la bissectrice de l'angle intérieur A et celle de l'angle extérieur B; démontrez que l'angle ADB de ces bissectrices est la moitié du troisième angle C de ce triangle.

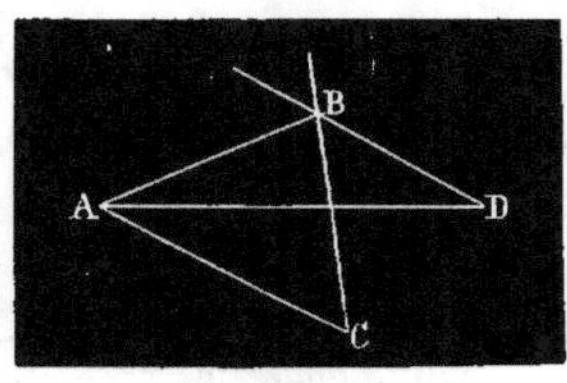

XXIX. Tracez un triangle isocèle dont l'angle au sommet soit de 55 degrés; divisez les trois angles de ce triangle en deux parties égales par des lignes prolongées jusqu'à la rencontre des côtés opposés; calculez les valeurs des six angles que ces droites font entre elles, en degrés, minutes et secondes.

XXX. Mettez en parallèle l'*analyse* et la *synthèse* dans la résolution d'un problème. Prenez pour exemple la tangente au cercle par un point extérieur; ayez recours à la méthode qui consiste à décrire une circonférence concentrique d'un rayon double de celui de la circonférence donnée.

XXXI. Passez en revue les différents moyens de mener une perpendiculaire à une droite donnée par un point donné. — Passez également en revue les différents moyens de mener une parallèle à une droite donnée, par un point donné. — Usage de l'équerre.

XXXII. Tracez un angle A et une droite CD qui coupe en C et D les côtés de l'angle; démontrez que les bissectrices des angles extérieurs C et D du triangle ACD font un angle constant, quelle que soit la direction de la sécante.

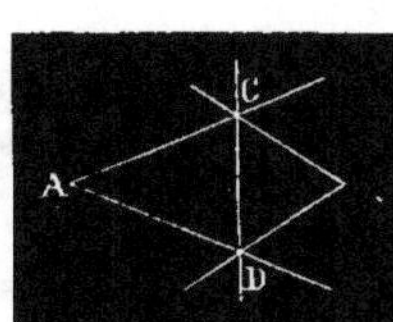

XXXIII. Tracez un trapèze dont les angles à la base inférieure soient respectivement de 32 et de 42 degrés; divisez les angles à la base supérieure en deux parties égales; puis calculez la valeur de l'angle que les bissectrices font entre elles ; calculez aussi ceux qu'elles forment avec la base inférieure. Ces calculs étant effectués, voyez si les nombres trouvés s'accordent avec ceux que donne le rapporteur.

XXXIV. Tracez une circonférence ; par un point donné, menez des cordes ou des sécantes, et prouvez que les milieux de toutes ces cordes ou de toutes les parties interceptées de ces sécantes sont situés sur une autre circonférence.

XXXV. Tracez un parallélogramme dont un angle aigu soit de 36° 17′ ; divisez l'un des angles obtus en trois parties égales (par tâtonnement) ; calculez les angles que les deux lignes de division font avec les quatre côtés du parallélogramme.

XXXVI. Les trois angles d'un triangle ABC forment une proportion continue dont la raison est $\frac{1}{4}$. Quelles sont les valeurs de ces angles?

XXXVII. Tracez une circonférence ; marquez un point hors de cette circonférence, et menez une sécante telle que la partie interceptée soit égale à une ligne donnée.

XXXVIII. Par le point de contact de deux cercles tangents, menez deux sécantes, et démontrez que les cordes qui joignent les seconds points d'intersection de ces sécantes avec les circonférences sont parallèles.

XXXIX. Dans un pentagone dont quatre angles sont respectivement de 93°, 55°, 123°, 101°, si on coupe les deux côtés du cinquième angle par une droite parallèle au côté opposé, quels angles fera-t-elle avec les côtés de ce cinquième angle?

XL. Démontrez que les bissectrices des angles d'un quadrilatère déterminent par leur intersection mutuelle un quadrilatère inscriptible.

XLI. Rédigez complètement le problème qui consiste à construire un triangle, connaissant deux côtés et l'angle opposé à l'un d'eux.

XLII. Démontrez que dans tout quadrilatère inscrit les bissectrices des angles formés par les côtés opposés sont parallèles aux bissectrices des angles formés par les diagonales et perpendiculaires entre elles.

XLIII. Quand on veut faire passer un cercle par trois points donnés d'après la construction que nous avons enseignée (n° 110), il peut arriver que les deux perpendiculaires ne se rencontrent pas dans les limites de la feuille de papier. Que faire dans ce cas pour avoir autant de points qu'on voudra de la courbe demandée ?

XLIV. Démontrer que, dans tout quadrilatère inscrit dont deux angles opposés sont droits, les bissectrices des deux autres angles sont parallèles.

XLV. Tracez un triangle dont les angles à la base soient de 53 et de 17 degrés ; joignez le sommet au centre du cercle circonscrit, et calculez les angles que cette droite fait avec les côtés du triangle.

XLVI. Dans le même triangle inscrivez un cercle et calculez le nombre de degrés et de minutes contenus dans chacun des arcs déterminés par les points de contact.

XLVII. Tracez deux cercles égaux qui se coupent en A et B ; par le point A menez une droite CAD, et prouvez que BC = BD.

XLVIII. Construisez un triangle isocèle, connaissant la hauteur et le rayon du cercle inscrit.

XLIX. Décrire un cercle tangent à un cercle donné et à une droite AB en un point donné sur cette droite.

L. Décrire un cercle tangent à une droite et à un cercle en un point donné sur la circonférence de ce cercle.

LI. Construire un triangle rectangle, un côté étant donné, et l'autre étant la moitié de l'hypoténuse.

LII. Décrire une circonférence passant par un point donné et tangent à une droite donnée ; on connaît en outre le rayon du cercle demandé.

LIII. Construire un triangle, connaissant le rayon du cercle circonscrit, l'angle au sommet et la hauteur

LIV. Décrire une circonférence passant par un point et tangente à un cercle donné ; on connaît en outre le rayon du cercle cherché.

LV. Inscrire dans un cercle un triangle, connaissant sa base et la distance du sommet au milieu de la base.

LVI. Décrire un cercle tangent à deux cercles donnés, connaissant le rayon du cercle cherché. (Discussion.)

LVII. Construire un triangle, connaissant l'angle au sommet, la hauteur et l'un des côtés autre que la base. (Discussion.)

LVIII. Décrire une circonférence tangente à une droite et à un cercle, connaissant le rayon de la circonférence cherchée. (Nombre des solutions suivant la grandeur du rayon donné.)

LIX. Construire un triangle, connaissant la hauteur, l'angle au sommet et la bissectrice.

LX. Construire un triangle, connaissant la base et les distances du milieu de cette base aux deux autres côtés.

LXI. Construire un triangle, connaissant la base, la hauteur et l'un des côtés.

LXII. Inscrire dans un cercle donné un triangle isocèle dont l'angle au sommet soit les $\frac{2}{5}$ de l'angle à la base.

LXIII. Construire une circonférence telle que la distance du milieu d'un quadrant au milieu de sa corde soit égale à une ligne donnée.

LXIV. Construire un triangle, connaissant la base, la hauteur et l'un des côtés.

LXV. Construire un triangle rectangle, connaissant les droites qui partagent l'angle droit en trois parties égales et se terminent à l'hypoténuse.

LXVI. Décrire une circonférence telle que le tiers soit sous-tendu par une ligne donnée. — Décrire une autre circonférence telle que les $\frac{5}{12}$ soient sous-tendus par une ligne donnée.

LXVII. Construire un triangle isocèle tel que la base soit la moitié du côté, et que la hauteur soit égale à une ligne donnée.

LXVIII. Tracez trois droites parallèles, marquez un point sur l'une d'elles, et construisez un triangle équilatéral ayant un sommet à ce point et deux respectivement sur les deux autres parallèles.

LIVRE III

LIGNES PROPORTIONNELLES. — SIMILITUDE.

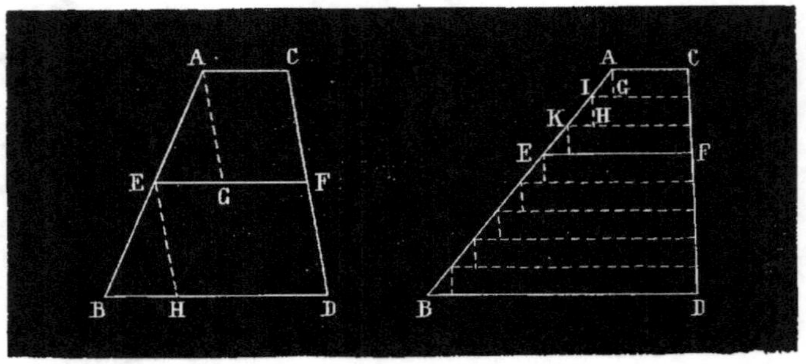

Fig. 240.   Fig. 241.

CHAPITRE Ier

PROPORTIONNALITÉS.

120. Définition. On dit que deux lignes sont proportionnelles à deux autres lignes, lorsque le rapport des deux premières est égal au rapport des deux dernières.

121. Théorème. *Lorsque deux droites* [AB, CD] (*fig.* 240) *sont coupées par trois parallèles* [AC, EF, BD], *leurs parties correspondantes sont proportionnelles entre elles.*

Démonstration. 1° Si les parties AE, EB sont égales, l'égalité des triangles AEG, EBH prouve que $AG = EH$; d'où $CF = FD$,

et par conséquent $$\frac{AE}{EB} = \frac{CF}{FD}.$$

2° Si le rapport de AE à EB (*fig.* 241) est commensurable, $\frac{3}{5}$ par exemple, je partage EB en cinq parties égales: AE en contiendra trois; puis, si par chaque point de division je mène une parallèle à EF, l'égalité des triangles AIG, IKII, *etc.*, prouvera que les parties de CF et de FD seront toutes égales entre elles; CF contiendra donc trois parties, égales chacune à $\frac{1}{5}$ de FD; le rapport de CF à FD est donc $\frac{3}{5}$, le même que celui de AE à EB.

11.

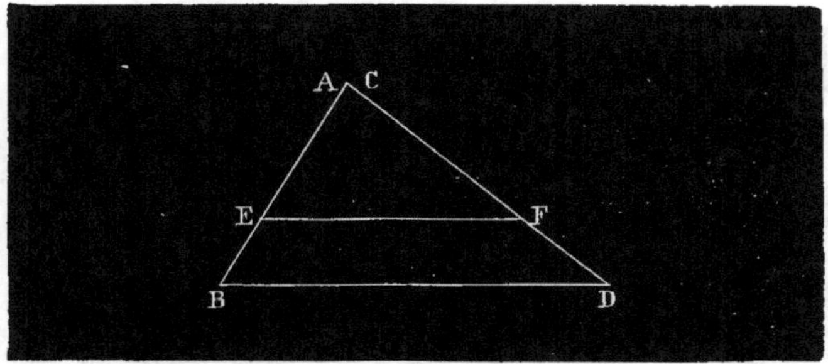

Fig. 242.

5° Si AE et EB sont deux lignes incommensurables entre elles, les hypothèses du théorème général (n° 84) étant satisfaites, il en résulte que le rapport de CF à FD sera encore le même que celui de AE à EB.

Donc finalement on a, dans tous les cas, la proportion :

$$(1)\qquad \frac{AE}{EB} = \frac{CF}{FD}.$$

C. Q. F. D.

Corollaire. Supposons que la parallèle AC s'éloigne de plus en plus des deux autres, et que les points A, C viennent à se confondre, ce qui réduira la figure à un triangle ABD (*fig.* 242), alors le théorème s'énoncera :

La parallèle à la base d'un triangle divise les deux autres côtés en parties proportionnelles.

Réciproquement, *toute ligne* EF *qui divise* deux côtés [AB, AD] d'un *triangle* [ABD] *en parties proportionnelles,* de façon que l'on ait

$$(2)\qquad \frac{AE}{EB} = \frac{AF}{FD}.$$

est parallèle au troisième côté.

Car la parallèle menée par le point E et la droite EF doivent passer en outre par le même point F, pour lequel exclusivement le rapport de AF à FD est le même que celui de AE à EB.

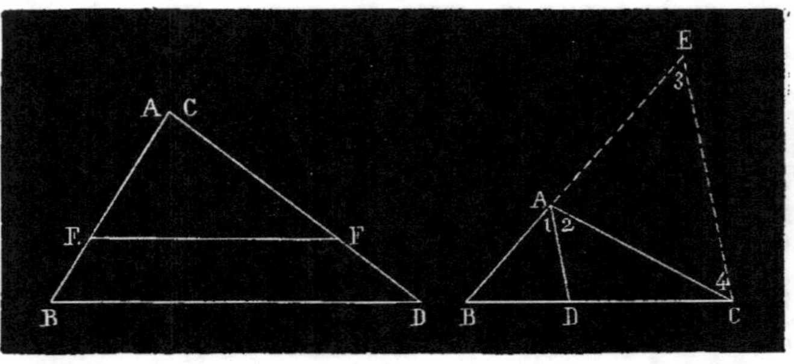

Fig. 242.   Fig. 243.

REMARQUE. D'après les propriétés des proportions géométriques, on déduit de l'égalité (2) les égalités suivantes (*fig.* 242) :

$$(3) \qquad \frac{AB}{AD} = \frac{AE}{AF} = \frac{EB}{FD}.$$

122. THÉORÈME. *La bissectrice* [AD] (*fig.* 243) *de l'angle* [A]
d'un triangle [ABC] *divise le côté opposé* [BC] *en parties proportionnelles aux côtés adjacents.*

DÉMONSTRATION. Par le point C je mène CE parallèle à la bissectrice AD jusqu'à la rencontre en E de BA prolongé. Dans le
triangle BCE, la ligne AD est parallèle à la base CE; donc (n° **121**,
coroll.).

$$\frac{AB}{AE} = \frac{BD}{DC},$$

proportion qui ne diffère de celle qu'il faut prouver,

$$\frac{AB}{AC} = \frac{BD}{DC},$$

qu'en ce que j'ai AE au lieu d'avoir AC. Tout se réduit donc à
comparer ces deux lignes; pour qu'elles soient égales, il est nécessaire et suffisant que (3) = (4); or, d'après les propriétés des
angles formés par des parallèles, (1) = (3), (2) = (4); donc je
n'aurai (3) = (4) qu'autant que (1) sera égal à (2).

Si donc la ligne AD est bissectrice, la proportion a lieu; dans
le cas contraire, elle n'a pas lieu, en sorte que nous démontrons,
tout à la fois, la proposition *directe* et sa *réciproque.*

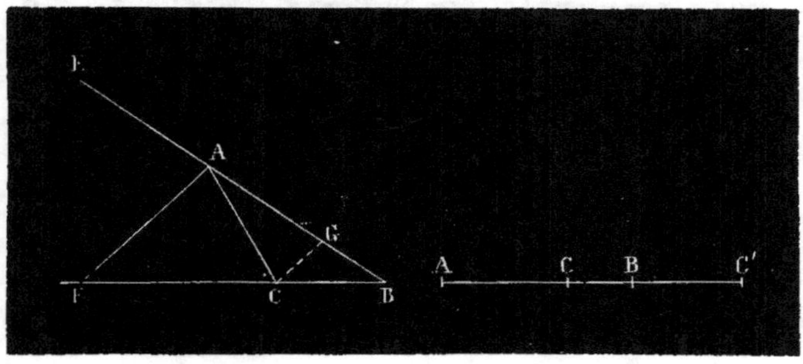

Fig. 244.   Fig. 245.

123. Théorème. *La bissectrice* [AF] *fig.* 244 *de l'angle extérieur* [CAE] *adjacent à un angle* [A] *d'un triangle* [ABC] *rencontre
le prolongement du côté opposé en un point* [F] *tel que ses distances aux extrémités* [B, C] *de ce côté sont* **proportionnelles aux
côtés adjacents** [AB, AC].

$$\left[\frac{FB}{FC} = \frac{AB}{AC}\right].$$

Démonstration. La parallèle CG à la bissectrice AF donne

$$\frac{FB}{FC} = \frac{AB}{AG},$$

proportion qui, comparée à celle qu'il faut démontrer, nous conduit, comme dans le théorème précédent, à comparer AG et AC,
et par suite à la conclusion demandée.

Définition. On appelle *segments* d'une droite AB *fig.* 245 les
distances d'un point de cette droite à ses deux extrémités A, B.
  Ainsi CA, CB sont deux segments de AB ; ils sont dits *additifs*,
parce que leur *somme* est égale à AB.
  C'A, C'B sont encore deux segments de AB ; mais ces segments
sont dits *soustractifs*, parce que c'est leur *différence* qui est
égale à AB.

Remarque. On peut avoir besoin de déterminer sur une droite
donnée des segments additifs ou soustractifs proportionnels à
deux lignes données m et n.

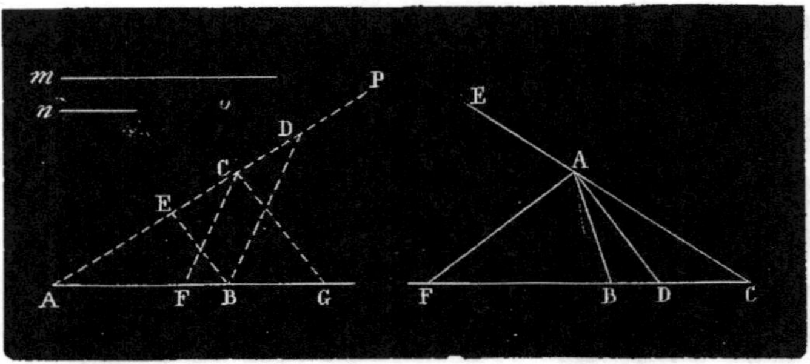

<table>
<tr><td>Fig. 246.</td><td>Fig. 247.</td></tr>
</table>

La construction est des plus simples : par l'extrémité A (*fig.* 246)
de la droite donnée, je mène une droite indéfinie AP ; je mets bout
à bout deux lignes AC, CD, égales l'une à *m* et l'autre à *n ;* de la
plus grande CA ou *m* je retranche la plus petite CE ou *n*, et AE
est leur *différence ;* je tire DB ; par le point C je mène CF parallèle à cette ligne ; le point F est le point cherché entre A et B ;
je tire EB, et par le point C je mène CG parallèle à EB ; le point G
est le point cherché sur le prolongement de AB ; en sorte que

$$\frac{FA}{FB} = \frac{GA}{GB} = \frac{m}{n}.$$

Revenons à la propriété de la bissectrice de l'angle d'un
triangle, propriété que nous énoncerons comme il suit :

La bissectrice de l'angle au sommet d'un triangle ABC *(fig.* 247)
et celle de l'angle extérieur adjacent BAE *déterminent sur la base*
BC *deux segments additifs* BD, DC, *et deux segments soustractifs*
FB, FC, *proportionnels deux à deux aux deux autres côtés de ce*
triangle, et réciproquement.

Remarque. Les deux bissectrices AD, AF se coupent à angle
droit ; donc le sommet A se trouve sur la demi-circonférence décrite sur DF comme diamètre.

124. Application immédiate. Problème. *Trouver le lieu géo-*
métrique des points dont les distances à deux points donnés soient
dans un rapport donné $\frac{m}{n}$.

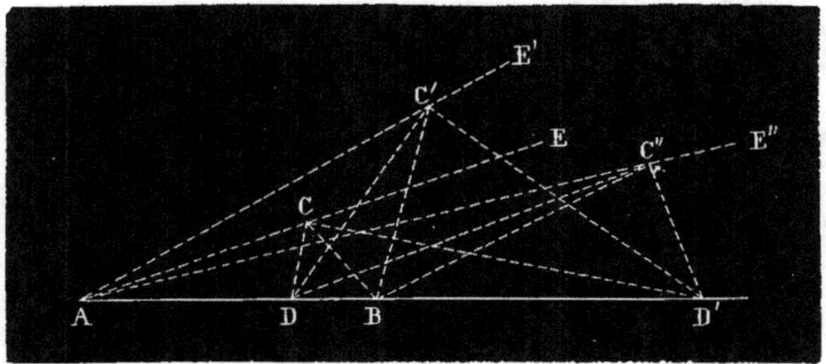

Fig. 248.

Analyse. Soient A et B (*fig.* 248, les deux points donnés. Je les joins par une droite AB. Soit C un point quelconque du lieu demandé, en sorte que

$$(1) \qquad \frac{CA}{CB} = \frac{m}{n}.$$

Si je mène la bissectrice CD de l'angle ACB, cette bissectrice coupera AB en un point D, tel que, d'après le théorème n° **122**, j'aurai

$$(2) \qquad \frac{CA}{CB} = \frac{DA}{DB};$$

par suite.

$$(3) \qquad \frac{DA}{DB} = \frac{m}{n}.$$

Ainsi, le point D partage AB en deux segments additifs proportionnels aux deux lignes données m et n.

D'autres points C', C",... du lieu géométrique demandé, joints aux points A, B, donneront aussi

$$\frac{C'A}{C'B} = \frac{m}{n},$$

$$\frac{C''A}{C''B} = \frac{m}{n}.$$

et les bissectrices C'D, C"D,... des angles AC'B, AC"B,... viendront toutes passer par le point D, parce que c'est le seul de la

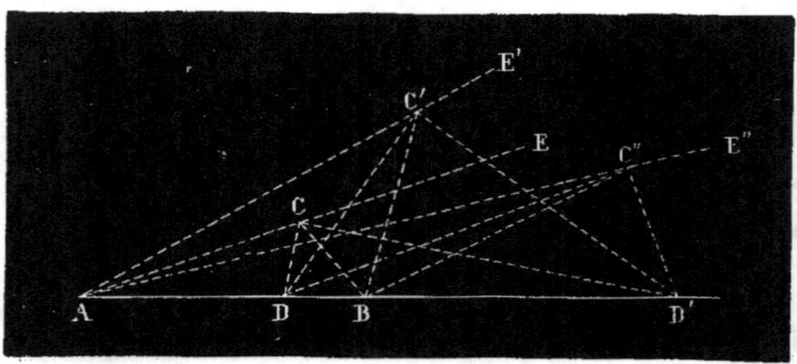

Fig. 248.

droite AB qui détermine sur cette ligne deux segments additifs qui soient dans le rapport $\frac{m}{n}$.

Guidé par la propriété de la bissectrice de l'angle *intérieur*, j'ai trouvé le point D (*fig.* 248); la propriété corrélative de la bissectrice de l'angle *extérieur* fera trouver, sur le prolongement de AB, le point qui détermine sur cette droite deux segments soustractifs qui soient dans le rapport $\frac{m}{n}$. A cet effet, je prolonge AC et je divise l'angle BCE en deux parties égales; la bissectrice CD' donne le point D'; c'est par ce point qu'iraient passer les bissectrices des autres angles extérieurs E'C'B, E''C''B, *etc.*

Cela posé, chaque bissectrice de l'angle extérieur est perpendiculaire sur la bissectrice correspondante de l'angle intérieur, en sorte que les angles DCD', DC'D', DC''D',... sont des angles droits; de là résulte que les points C, C', C'',... du lieu demandé sont tous situés sur la circonférence décrite sur DD' comme diamètre.

Pour construire cette circonférence (*fig.* 249), je cherche son diamètre DD' comme cela a été expliqué au n° 112, et je conclus que tout point dont les distances aux points A, B sont dans le rapport $\frac{m}{n}$ appartient à cette circonférence. Mais la réciproque est-elle vraie? c'est-à-dire, tout point de cette circonférence est-il à des distances de A et de B dans le rapport $\frac{m}{n}$? C'est ce qui reste à examiner.

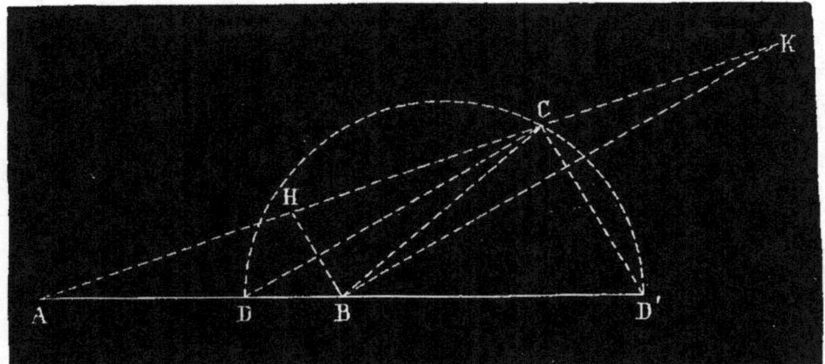

Fig. 249.

Soit donc C un point quelconque pris sur cette circonférence ;
par construction, j'ai

$$(1) \qquad \frac{DA}{DB} = \frac{m}{n},$$

$$(2) \qquad \frac{D'A}{D'B} = \frac{m}{n}.$$

Si CD est bissectrice de l'angle ACB, c'est que

$$\frac{CA}{CB} = \frac{DA}{DB},$$

et, par suite,

$$\frac{CA}{CB} = \frac{m}{n}.$$

De même, si CD' est bissectrice de l'angle extérieur, c'est que

$$\frac{CA}{CB} = \frac{D'A}{D'B},$$

et, par suite encore,

$$\frac{CA}{CB} = \frac{m}{n}.$$

Pour prouver qu'en effet CD est bissectrice de l'angle ACB, je
mène par le point B une parallèle BK à CD et une parallèle BH à CD'.
Dans le triangle ABK, CD est parallèle à BK ; donc

$$(3) \qquad \frac{AC}{CK} = \frac{AD}{DB} = \frac{m}{n}.$$

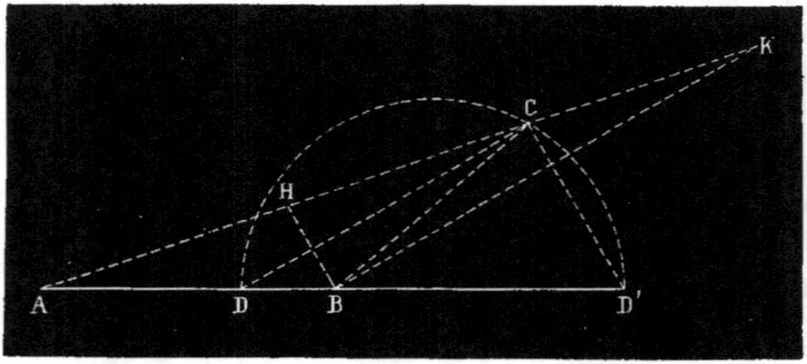

Fig. 249.

Semblablement, dans le triangle CAD' (*fig.* **249**), HB est parallèle à CD' ; donc

$$(4) \qquad \frac{AC}{HC} = \frac{AD'}{BD'} = \frac{m}{n},$$

proposition qui ne diffère de

$$\frac{AC}{CK} = \frac{m}{n},$$

qu'en ce que j'ai HC au lieu de CK ; donc ces deux lignes [HC, CK] sont égales.

Or, les angles HBK, DCD' sont égaux comme ayant leurs côtés respectivement parallèles ; mais l'angle DCD' est droit, donc son égal HBK est aussi droit ; si donc, sur HK comme diamètre, je décrivais une circonférence, elle passerait par le point B, d'où résulte CK = CB = CH ; le triangle HCB est donc isocèle ; or la ligne CD est perpendiculaire sur HB, puisqu'elle est perpendiculaire sur CD', qui est parallèle à HB ; donc, dans le triangle HCB, la ligne CD est bissectrice de l'angle HCB ou ACB ; de là la proportion

$$\frac{AC}{BC} = \frac{AD}{BD} = \frac{m}{n}.$$

Je démontrerais de même que tout autre point que le point C, situé sur la circonférence DCD', jouit de la même propriété. Dès lors :

1° Tout point dont les distances aux points A et B sont dans

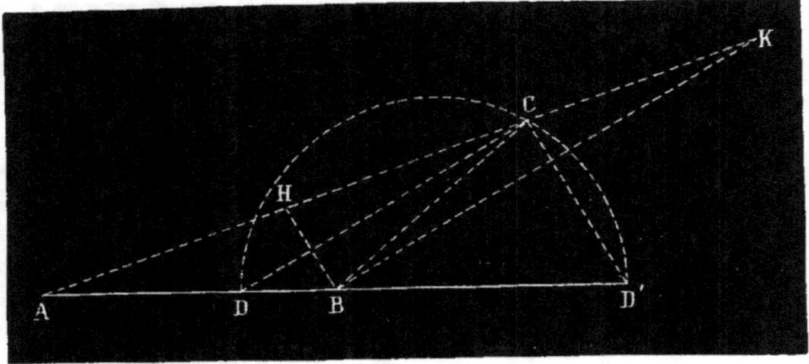

Fig. 229.

le rapport $\frac{m}{n}$ est situé sur la circonférence décrite sur DD′ comme diamètre.

2° Réciproquement, tout point de cette circonférence est à des distances des points A et B dont le rapport est $\frac{m}{n}$.

En conséquence :

Le lieu géométrique des points contenus dans un plan, et dont les distances à deux points fixes situés dans ce plan sont entre elles dans un rapport donné, est la circonférence ayant pour diamètre la distance des deux points qui déterminent, sur la droite qui joint les deux points donnés, l'un, deux segments additifs dont le rapport soit le rapport donné, et l'autre deux segments soustractifs remplissant la même condition[1].

REMARQUE. Ce lieu géométrique a de *nombreuses applications*.

Qu'il s'agisse, par exemple, de construire un triangle, connaissant la *base*, l'*angle au sommet* et le *rapport des côtés* qui le comprennent, on voit immédiatement que le troisième sommet du triangle est à l'intersection de l'arc d'un segment capable et de la circonférence dont nous venons de parler.

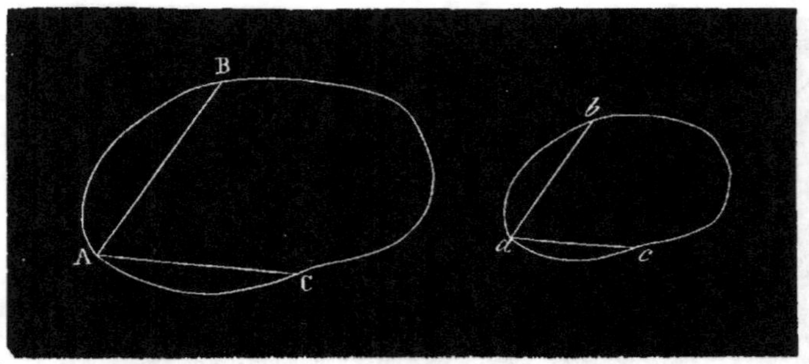

Fig. 250.]

CHAPITRE II

SIMILITUDE DES POLYGONES.

Préliminaires.

125. L'idée de ressemblance ou de *similitude* nous est aussi naturelle que celle de l'*égalité*. Deux figures sont égales lorsqu'elles peuvent être prises exactement l'une pour l'autre. Deux figures sont semblables lorsque, vulgairement parlant, *l'une est en petit ce que l'autre est en grand.*

Les figures semblables sont terminées par des surfaces semblables, et, si quelques-unes des parties de ces surfaces sont planes, elles seront des figures planes semblables.

Or, pour que l'une de ces figures soit en quelque sorte la miniature de l'autre, il faut que chaque point de l'une ait son correspondant dans l'autre.

---

rapport $\dfrac{m}{n}$ est la surface de la sphère qui a pour diamètre la distance des deux points qui déterminent chacun, sur la droite joignant les deux points donnés, des segments qui sont dans le rapport $\dfrac{m}{n}$.

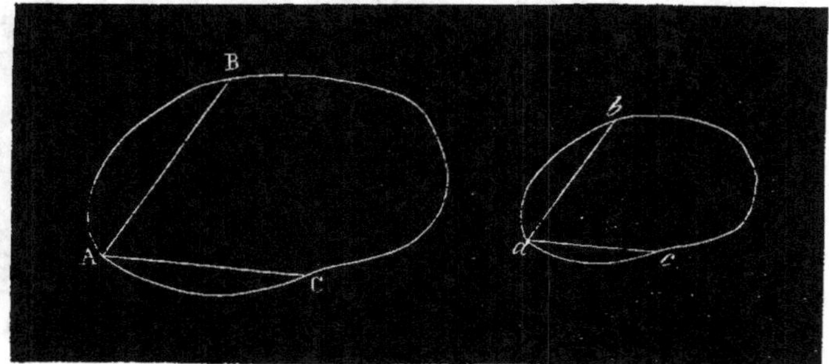

Fig. 250.

Si, parmi ces points, quelques-uns appellent notre attention par certaines circonstances, et si l'on compare les *distances* des points correspondants dans l'une et l'autre figure, on trouve qu'elles sont *proportionnelles* entre elles. Si, par exemple, la distance de deux points de la première est le *double* de la distance des deux points correspondants de la seconde, la même condition se trouve remplie pour toutes les autres distances qui se correspondent dans l'une et dans l'autre.

Il y a plus: les distances correspondantes ont les mêmes *inclinaisons* respectives. Si l'on considère, par exemple, trois points A, B, C (*fig.* 250) d'une figure, et les trois points *a*, *b*, *c* correspondants d'une figure semblable à la première, on reconnaît que les *angles* BAC, *bac*, dont les côtés réunissent de part et d'autre les points correspondants, sont égaux entre eux.

Ce sont ces deux caractères: *proportionnalité des distances, angles égaux*, qui ont servi de point de départ aux géomètres pour introduire la *similitude* dans l'étude de la géométrie.

126. Définitions. On appelle *polygones semblables* les polygones qui ont les angles égaux chacun à chacun, et les côtés homologues[1] proportionnels.

---

1. Du grec *homologos*.

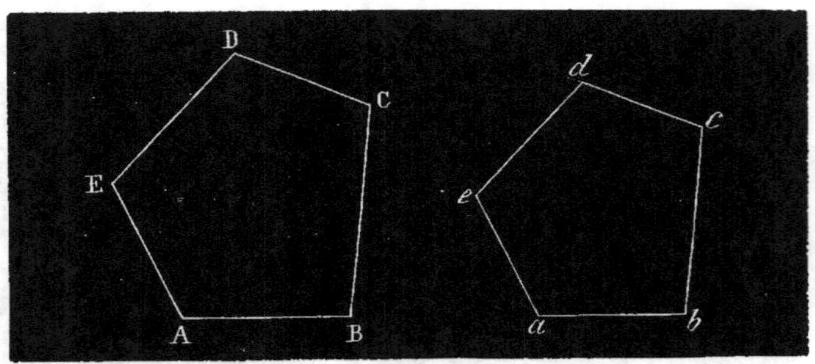

Fig. 251.

Tels sont les pentagones ABCDE (*fig.* 251), *abcde*, si on a tout
à la fois

$$A = a,$$
$$B = b,$$
$$C = c,$$
$$D = d,$$
$$E = e,$$

$$\frac{AB}{ab} = \frac{BC}{bc} = \frac{CD}{cd} = \frac{DE}{de} = \frac{AE}{ae}.$$

REMARQUE I. Les *sommets homologues* A, *a;* B, *b*, etc., sont
ceux des angles égaux chacun à chacun.

Les *côtés homologues* sont ceux dont les extrémités sont des
sommets homologues.

Les *diagonales homologues* sont celles qui joignent des sommets
homologues.

REMARQUE II. Dans les polygones, l'*égalité des angles* n'entraîne pas nécessairement la *proportionnalité des côtés :* exemple,
les *rectangles.*

La *proportionnalité des côtés* n'entraine pas non plus l'égalité
des angles : exemple, les *losanges.*

REMARQUE III. Avant de définir les *triangles semblables,* nous
démontrerons que, *par exception,* dans ces polygones, la proportionnalité des côtés est la conséquence de l'égalité des angles,
et *vice versa.*

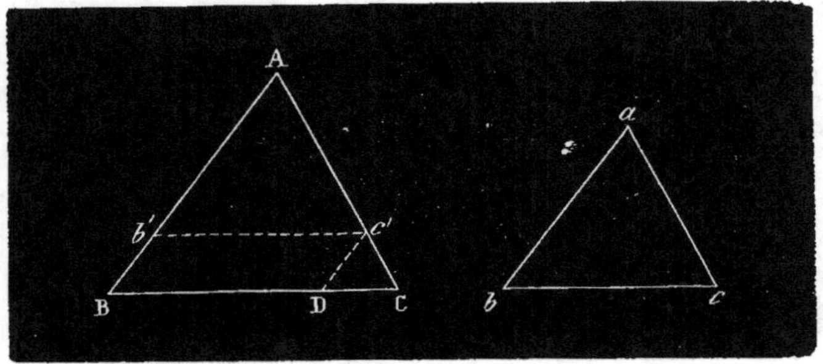

Fig. 252.

127. THÉORÈME. *Dans deux triangles* [ABC, abc] *(fig. 252), la proportionnalité des côtés entraîne l'égalité des angles.*

Hypohéses :
$$\frac{AB}{ab} = \frac{AC}{ac} = \frac{BC}{bc}.$$

Conclusions : $A = a.$ $B = b.$ $C = c.$

DÉMONSTRATION. Soit AB ⟩ ab. Je prends $Ab' = ab$, et par le point b' je mène $b'c'$ parallèle à BC. Le triangle $Ab'c'$ a les mêmes angles que le triangle ABC ; tout se réduit donc à prouver que

Triangle $Ab'c' =$ Triangle $abc.$

Pour cela, je remarque que, d'après le n° **121**, coroll.,

$$\frac{AB}{Ab'} = \frac{AC}{Ac'};$$

or $Ab' = ab$; donc

(1)
$$\frac{AB}{ab} = \frac{AC}{Ac'};$$

mais, par hypothèse,

(2)
$$\frac{AB}{ab} = \frac{AC}{ac},$$

d'où, par la comparaison des égalités (1) (2),

$$Ac' = ac.$$

La parallèle $c'D$ à AB donne (d'après le même numéro que ci-dessus)

$$\frac{BC}{BD} = \frac{AC}{Ac'};$$

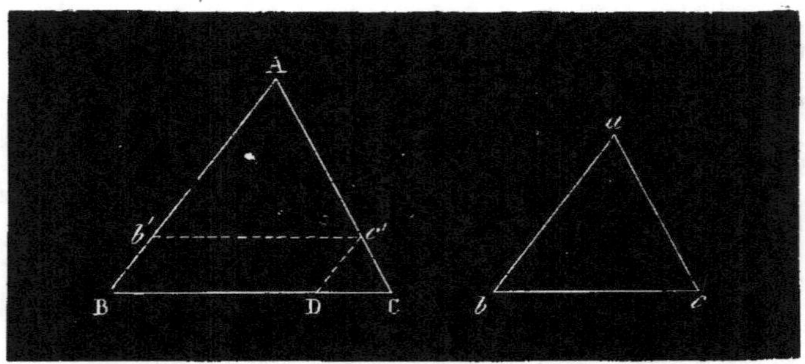

Fig. 252.

or $BD = b'c'$ et $Ac' = ac$; donc

(3) $$\frac{BC}{b'c'} = \frac{AC}{ac} ;$$

mais, par hypothèse,

(4) $$\frac{BC}{bc} = \frac{AC}{ac} ,$$

d'où, par la comparaison des égalités (3) (4), $b'c' = bc$.

En résumé, les deux triangles $Ab'c'$, abc sont égaux comme ayant les côtés égaux chacun à chacun ; mais le premier a les mêmes angles que le triangle ABC, le second abc a donc aussi les mêmes angles que ABC, et finalement les deux triangles ABC, abc sont équiangles entre eux.   *C. Q. F. D.*

REMARQUE. Deux triangles qui ont leurs côtés égaux chacun à chacun ont évidemment leurs côtés proportionnels, puisque le rapport, dans cette suite de rapports égaux, est l'*unité;* on voit par là que c'est à l'aide du cas particulier de la *similitude* qu'on établit le cas général de l'*égalité ;* en sorte que deux triangles qui ont les côtés proportionnels sont semblables ou égaux.

128. THÉORÈME. *Dans deux triangles* [ABC, abc] (*fig.* 252), *l'égalité des angles entraîne la proportionnalité des côtés.*

Hypothèses : $A = a,\quad B = b,\quad C = c,$

Conclusions : $$\frac{AB}{ab} = \frac{AC}{ac} = \frac{BC}{bc}.$$

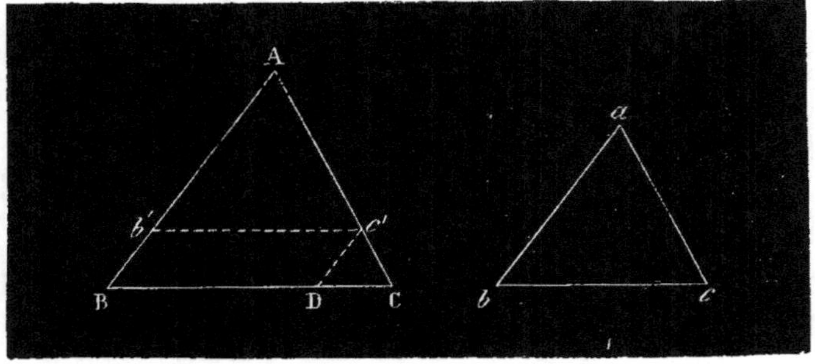

Fig. 252.

DÉMONSTRATION. Je fais la même construction que dans le cas précédent.

Les trois côtés du triangle $Ab'c'$ sont proportionnels aux trois côtés du triangle ABC. En effet, par la parallèle $b'c'$,

$$\frac{AB}{Ab'} = \frac{AC}{Ac'};$$

par la parallèle $c'D$,

$$\frac{AC}{Ac'} = \frac{BC}{BD} \quad \text{ou} \quad \frac{AC}{Ac} = \frac{BC}{b'c'};$$

donc, en effet,

$$\frac{AB}{Ab'} = \frac{AC}{Ac'} = \frac{BC}{b'c'}.$$

Il reste à prouver que

$$\text{Triangle } Ab'c' = \text{Triangle } abc.$$

Or,

$$Ab' = ab \text{ (par construction)},$$

$$A = a \text{ (par hypothèse)},$$

$$B = b', \text{ mais } B = b,$$

donc

$$b' = b.$$

en sorte que les deux triangles $Ab'c'$, abc sont égaux comme ayant un côté égal adjacent à deux angles égaux chacun à chacun. Donc, finalement, *deux triangles qui ont les angles égaux chacun à chacun ont leurs côtés proportionnels.* C. Q. F. D.

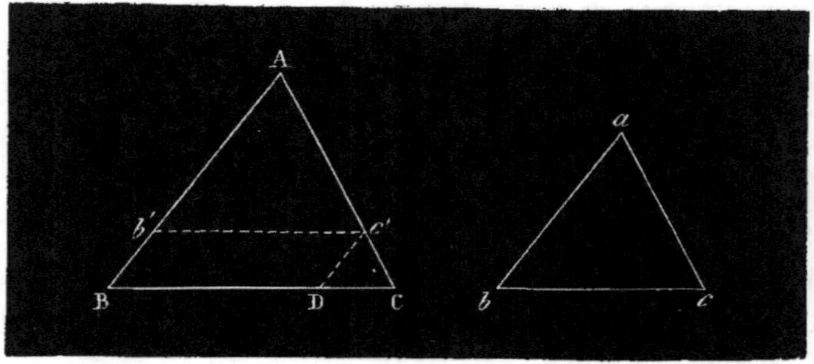

Fig. 252.

Remarque 1. Dans la démonstration précédente on ne s'est pas appuyé sur la troisième hypothèse $C = c$; cette hypothèse était surabondante, car elle est la conséquence des deux autres, en sorte qu'on aurait pu dire : L'égalité de *deux* angles d'un triangle à deux angles d'un autre entraîne la proportionnalité des côtés de ces triangles.

Remarque II. Nous ne définirons pas les triangles semblables de la même manière que les polygones semblables, parce qu'on objecterait, avec raison, que la définition renferme trop de conditions.

Comme, dans l'explication préliminaire, la proportionnalité des lignes homologues s'est présentée tout d'abord, nous adopterons la définition suivante :

Définition. *Deux triangles sont semblables lorsqu'ils ont leurs côtés homologues proportionnels.*

En conséquence :

1° *Deux triangles semblables, c'est-à-dire qui ont leurs côtés proportionnels, ont leurs angles égaux chacun à chacun.*

2° *Deux triangles qui ont leurs angles égaux chacun à chacun ont leurs côtés proportionnels, et par conséquent sont semblables.*

Remarque. Deux triangles seront semblables lorsqu'on aura prouvé que deux angles de l'un sont respectivement égaux à deux angles de l'autre : car l'égalité respective de deux angles entraîne celle du troisième.

12.

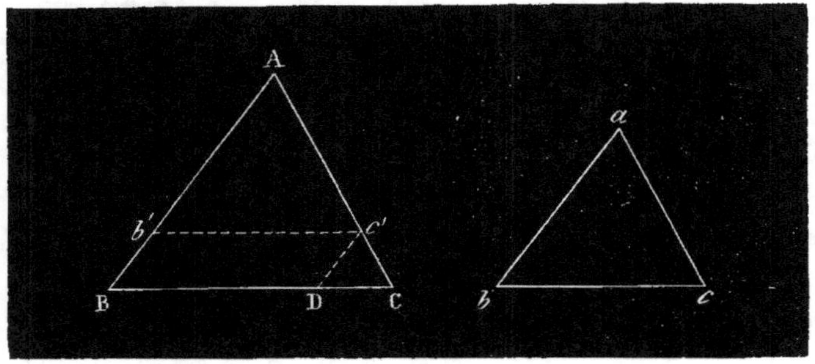

Fig. 252.

129. Théorème. *Deux triangles* [ABC, abc] *(fig. 252) qui ont un angle égal compris entre côtés proportionnels sont semblables.*

Hypothèses : $\qquad\qquad A = a; \quad \dfrac{AB}{ab} = \dfrac{AC}{ac}.$

Conclusion : $\qquad\qquad$ abc est semblable à ABC.

Démonstration. Je fais la même construction que dans les deux numéros précédents, et j'ai immédiatement

(1) $\qquad\qquad\qquad \dfrac{AB}{Ab'} = \dfrac{AC}{Ac'};$

mais, par hypothèse,

(2) $\qquad\qquad\qquad \dfrac{AB}{ab} = \dfrac{AC}{ac}.$

d'où $Ac' = ac$. Les deux triangles $Ab'c'$, abc ont donc un angle égal $[A = a]$ compris entre deux côtés égaux chacun à chacun, et par conséquent sont égaux ; or le premier est semblable à ABC, il en est donc de même du second. *C. Q. F. D.*

Remarque. Dans le cas de $\dfrac{AB}{ab} = \dfrac{AC}{ac} = 1$, les deux triangles sont égaux ; donc on a encore passé de la *similitude* a *l'égalité.*

Reportons-nous à la page **171**, note **1**, où il est dit que l'on peut démontrer brièvement que

$$\frac{CA}{CB} = \frac{a}{b};$$

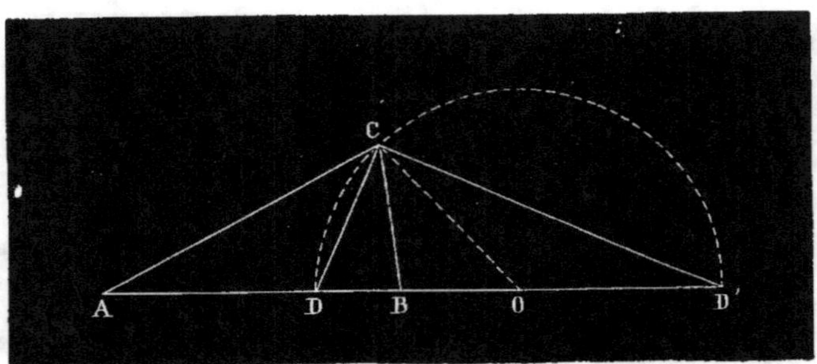

Fig. 235.

on admet que la demi-circonférence a été décrite sur **DD′** (*fig.* 253) comme diamètre, de façon que

$$\frac{DA}{DB} = \frac{m}{n}; \quad \frac{D'A}{D'B} = \frac{m}{n}.$$

Raisonnement :

$$\frac{m}{n} = \frac{D'A}{D'B} = \frac{DA}{DB} = \frac{D'A + DA}{D'B + DB} = \frac{D'A - DA}{D'B - DB}$$

$$= \frac{2OA}{2OC} = \frac{2OC}{2OB} = \frac{OA}{OC} = \frac{OC}{OB};$$

puisque

$$\frac{OA}{OC} = \frac{OC}{OB},$$

c'est que les deux triangles OAC, OBC sont semblables comme ayant un angle égal compris entre côtés proportionnels ; par suite,

$$\frac{CA}{CB} = \frac{m}{n}.$$

C. Q. F. D.

130. THÉORÈME. *Deux triangles qui ont les côtés parallèles ou perpendiculaires chacun à chacun sont semblables.*

DÉMONSTRATION. Nous savons que deux angles qui ont leurs côtés parallèles ou perpendiculaires sont égaux ou supplémentaires ; dès lors, les seules hypothèses qu'on puisse faire sont les suivantes :

1ʳᵉ hypothèse.	$A + A' = 2^d$;	$B + B' = 2^d$;	$C + C' = 2^d$.
2ᵉ hypothèse.	$A + A' = 2^d$;	$B + B' = 2^d$;	$C = C'$.
3ᵉ hypothèse.	$A + A' = 2^d$;	$B = B'$;	$C = C'$.
4ᵉ hypothèse.	$A = A'$;	$B = B'$;	$C = C'$.

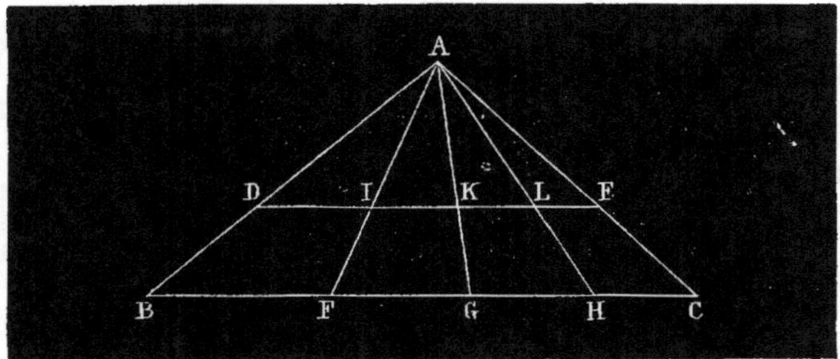

Fig. 254.

La première est inadmissible, puisque la somme des angles des deux triangles serait égale à six angles droits.

La seconde est dans le même cas, puisque cette somme serait supérieure à quatre angles droits.

La troisième ne serait admissible qu'autant que les angles A et A′ seraient égaux et droits; mais alors les triangles satisferaient à la quatrième condition, qui, par conséquent, est toujours satisfaite; les triangles, étant équiangles, sont semblables.

C. Q. F. D.

131. THÉORÈME. *Les lignes menées comme on voudra par le sommet d'un triangle* [ABC] *(fig. 254) divisent proportionnellement la base* [BC] *et la parallèle* [DE] *à cette base, en sorte que*

$$\frac{DI}{BF} = \frac{IK}{FG} = \frac{KL}{GH}, \text{ etc.}$$

DÉMONSTRATION. Puisque DI est parallèle à BF, le triangle ADI est semblable au triangle ABF, et l'on a la proportion

$$\frac{DI}{BF} = \frac{AI}{AF};$$

de même, dans les triangles semblables AIK, AFG,

$$\frac{AI}{AF} = \frac{IK}{FG} = \frac{AK}{AG};$$

semblablement,

$$\frac{AK}{AG} = \frac{KL}{GH} = \frac{AL}{AH};$$

$$\frac{AL}{AH} = \frac{LE}{HC}.$$

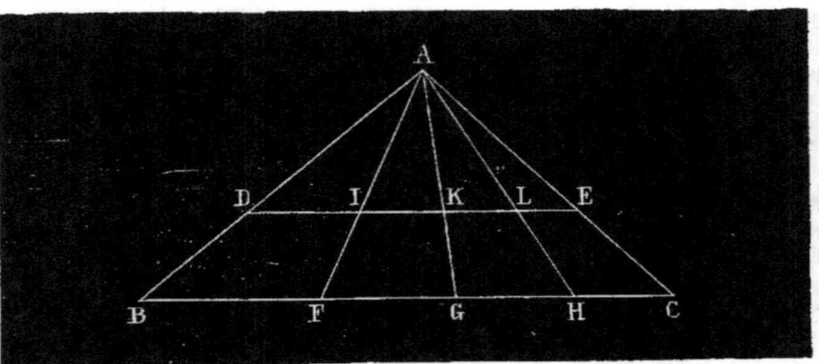

Fig. 254.

Négligeant les rapports qui n'entrent pas dans la suite des rapports demandés, on a (*fig.* **254**)

$$\frac{DI}{BF} = \frac{IK}{FG} = \frac{KL}{GH} = \frac{LE}{HC}.$$

C. Q. F. D.

Remarque. Si la ligne BC était divisée en parties *égales* aux points F, G, H, la parallèle DE serait de même divisée en parties égales aux points I, K, L. De là un moyen très simple pour partager une droite donnée en parties égales.

Similitude des polygones.

132. Théorème. *Deux polygones semblables sont décomposables en un même nombre de triangles semblables chacun à chacun et semblablement placés.*

Démonstration. Soient les deux polygones semblables ABCDE, *abcde* (*fig.* 255). Par un sommet quelconque A je mène des diagonales AC, AD à tous ceux qui ne sont pas adjacents aux côtés de l'angle BAE ; par le sommet homologue *a* je mène les diagonales homologues *ac*, *ad*.

Puisque les polygones sont semblables, l'angle B est égal à son homologue *b* ; par la même raison,

$$\frac{AB}{ab} = \frac{BC}{bc} ;$$

donc les deux triangles ABC, *abc* sont semblables (n° **129**).

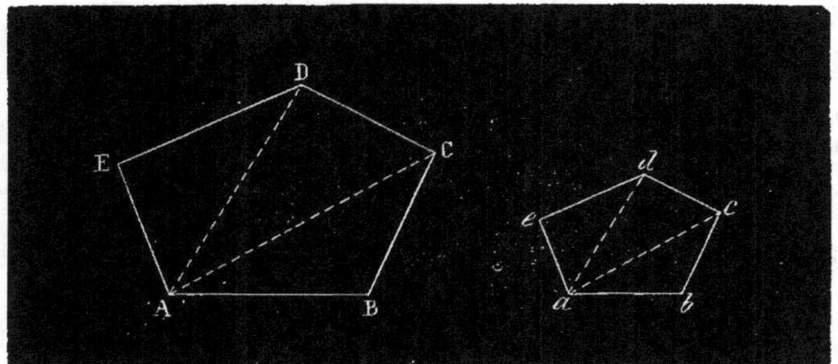

Fig. 255.

Par un raisonnement analogue, les deux triangles AED, *aed*, qui renferment les angles égaux E, *e* des polygones, sont semblables. Tout se réduit donc à établir la similitude de deux triangles tels que ACD, *acd*, qui ne comprennent pas entre leurs côtés un angle total du polygone.

S'il ne s'agissait que des *pentagones*, on verrait immédiatement que ces deux triangles ACD, *acd* sont tels que l'angle ACD (différence des angles BCD, BCA) est égal à l'angle *acd*; et que l'angle CDA (différence des angles CDE, ADE) est égal à l'angle *cda*; en sorte que les deux triangles seraient semblables comme équiangles; mais ce raisonnement ne s'appliquerait pas à des hexagones, à des heptagones, *etc.* Aussi continue-t-on à s'appuyer sur le cas de similitude d'après lequel deux triangles sont semblables lorsqu'ils ont un *angle égal compris entre côtés proportionnels.*

Or. $\overset{'}{\text{ACD}} = \overset{'}{acd};$

en outre,

(1) $\dfrac{BC}{bc} = \dfrac{AC}{ac}$ (par démonstration),

(2) $\dfrac{BC}{bc} = \dfrac{CD}{cd}$ (par supposition) :

donc $\dfrac{AC}{ac} = \dfrac{CD}{cd}$ (par conclusion).

Le principe énoncé est donc démontré.

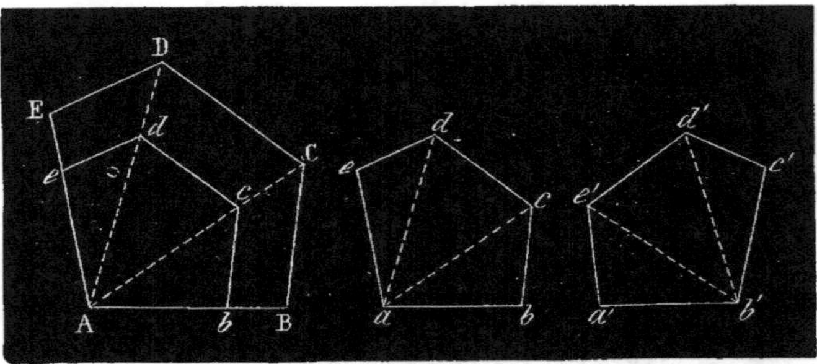

Fig. 256.   Fig. 257.

Remarque. On dit que les triangles sont *semblablement placés*, parce que deux triangles semblables quelconques sont toujours placés entre des triangles semblables qui se correspondent chacun à chacun et se touchent par des côtés homologues, en sorte que, si l'on considère les triangles d'un polygone dans un certain ordre, on pourra trouver les triangles homologues de l'autre polygone dans le même ordre (en le *retournant* au besoin sur le plan). On concevra encore mieux cette correspondance (*fig.* 256) en faisant coïncider l'angle *bae* du second avec l'angle égal BAE du premier, de manière que les côtés *ab*, *ae* prennent respectivement les directions de leurs homologues AB, AE; à cause des angles égaux en *a* et en A, les diagonales *ac*, *ad* prendront les directions des diagonales AC, AD, en sorte que le second polygone prendra la position A*bcde*; à cause de la proportionnalité des lignes homologues, les côtés *bc*, *cd*, *de* seront parallèles aux côtés BC, CD, DE; dans cette position, il ne peut rester aucun doute sur l'analogie de distribution des triangles.

Mais, si la figure *abcde* (*fig.* 256) était retournée dans la position *a'b'c'd'e'* (*fig.* 257), on serait obligé de la retourner sens dessus dessous sur le plan, avant de la faire glisser sur ce plan, de manière à lui faire prendre la position A*bcde* (*fig.* 256); les triangles homologues seraient encore, avant le retournement, semblablement placés les uns par rapport aux autres, mais dans un *ordre inverse*

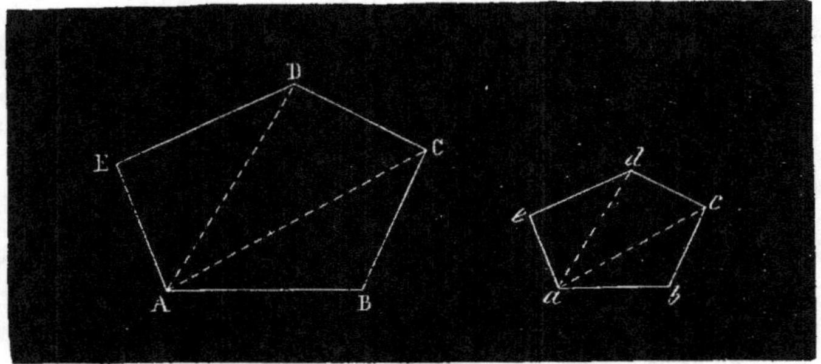

Fig. 258.

133. Théorème. *Deux polygones sont semblables lorsqu'ils sont composés d'un même nombre de triangles semblables chacun à chacun, et semblablement placés.*

Démonstration (*fig.* 258). Soient les deux polygones ABCDE, *abcde*, composés des triangles ABC, *abc* ; ACD, *acd* ; ADE, *ade*, semblables chacun à chacun.

1° Les angles homologues de tous ces triangles sont égaux chacun à chacun. Or l'angle B est lui-même un angle du polygone ; les deux angles BCA, ACD, forment l'angle BCD ; les deux angles CDA, ADE, forment l'angle CDE ; l'angle E est un angle du polygone, et les angles BAC, CAD, DAE forment l'angle BAE ; comme d'ailleurs les angles homologues se groupent de la même manière dans le second polygone, il en résulte que les polygones sont équiangles entre eux.

2° Les similitudes des triangles donnent :

$$\frac{AB}{ab} = \frac{BC}{bc} = \frac{AC}{ac},$$

$$\frac{AC}{ac} = \frac{CD}{cd} = \frac{AD}{ad}.$$

$$\frac{AD}{ad} = \frac{DE}{de} = \frac{AE}{ae} :$$

négligeant les rapports des diagonales qui ne servent qu'à démontrer l'égalité des autres rapports. on a

$$\frac{AB}{ab} = \frac{BC}{bc} = \frac{CD}{cd} = \frac{DE}{de} = \frac{AE}{ae};$$

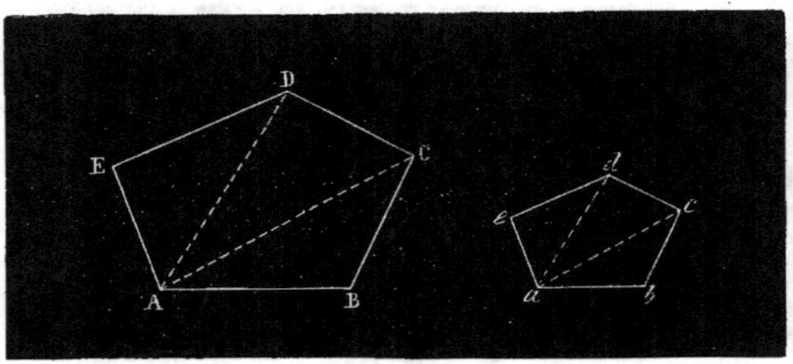

Fig. 258.

les deux conditions de la similitude étant établies, les polygones
sont semblables. *C. Q. F. D.*

134. Théorème. *Les périmètres des polygones semblables sont
proportionnels aux côtés homologues.*

Démonstration (*fig.* 258). La proportionnalité des côtés donne
la suite des rapports égaux :

$$\frac{AB}{ab} = \frac{BC}{bc} = \frac{CD}{cd} = \frac{DE}{de} = \frac{EA}{ea} ;$$

ajoutant toutes ces fractions terme à terme, on obtient une fraction égale à chacune d'elles (Arithmétique) :

$$\frac{AB + BC + CD + DE + EA}{ab + bc + cd + de + ea} = \frac{AB}{ab} ,$$

égalité que l'on peut écrire

$$\frac{P}{p} = \frac{C}{c} ,$$

P, *p* désignant les périmètres, et C, *c* deux côtés homologues de
ces polygones.

Corollaire. Les périmètres de ces polygones sont proportionnels aux diagonales homologues.

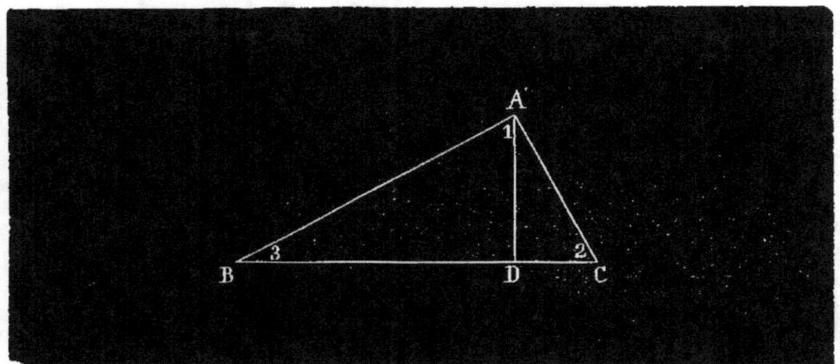

Fig. 259.

CHAPITRE III

THÉORÈMES RÉSULTANT DE LA PROPORTIONNALITÉ.

135. THÉORÈME. Si, du sommet [A] (*fig.* 259) de l'angle droit d'un triangle rectangle [BAC], on abaisse une perpendiculaire [AD] sur l'hypoténuse [BC] :

1° *Chaque côté de l'angle droit est moyen proportionnel entre l'hypoténuse et le segment adjacent.*

2° *La perpendiculaire est moyenne proportionnelle entre les deux segments de l'hypoténuse.*

DÉMONSTRATION. 1° La hauteur AD tombe dans l'intérieur du triangle et le décompose en deux triangles rectangles, semblables chacun au triangle donné : car le triangle BDA et le triangle BAC ont l'angle commun B, et, de plus, l'angle droit BDA est égal à l'angle BAC ; donc les troisièmes angles sont égaux. Par une raison semblable, les deux triangles ADC et BAC sont équiangles, et par conséquent semblables.

La similitude des deux premiers (en se rappelant que les côtés homologues sont ceux qui sont opposés aux angles égaux) donne la proportion

$$\frac{BD}{BA} = \frac{BA}{BC} .$$

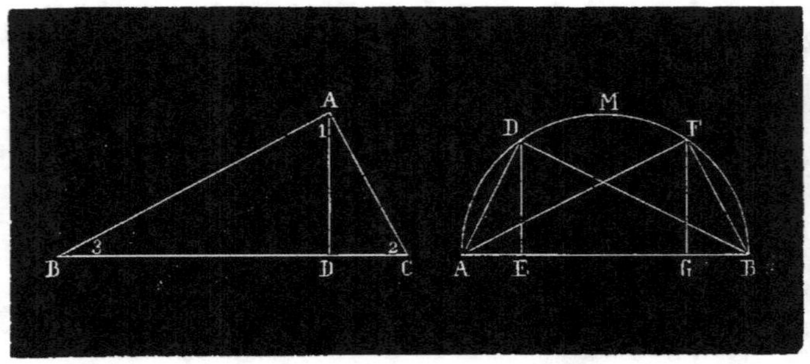

Fig. 259.   Fig. 260.

la similitude des deux autres donne (*fig.* 259)

$$\frac{DC}{AC} = \frac{AC}{BC};$$

donc *chaque côté est moyen proportionnel entre l'hypoténuse et le segment adjacent à ce côté.*   **C. Q. F. D.**

Corollaire I. Soient le demi-cercle AMB (*fig.* 260) et les cordes AD, AF,.....; les triangles ADB, AFB,... sont rectangles ; si donc on projette D, F,... sur AB, on aura

$$\overline{AD}^2 = AB \times AE,$$

$$\overline{AF}^2 = AB \times AG,$$

c'est-à-dire que chaque corde est moyenne proportionnelle entre le diamètre entier et la projection de cette corde sur le diamètre.

2° Les deux triangles partiels ABD, ADC (*fig.* 259) sont semblables, comme semblables à un même triangle ABC ; on le voit d'ailleurs directement : car ils sont rectangles, et en outre l'angle (1) égale l'angle (2) comme complément d'un même angle (3). La proportionnalité de leurs côtés donne

$$\frac{BD}{AD} = \frac{AD}{DC},$$

c'est-à-dire que la perpendiculaire abaissée sur l'hypoténuse est moyenne proportionnelle entre les deux segments de cette hypoténuse.   **C. Q. F. D.**

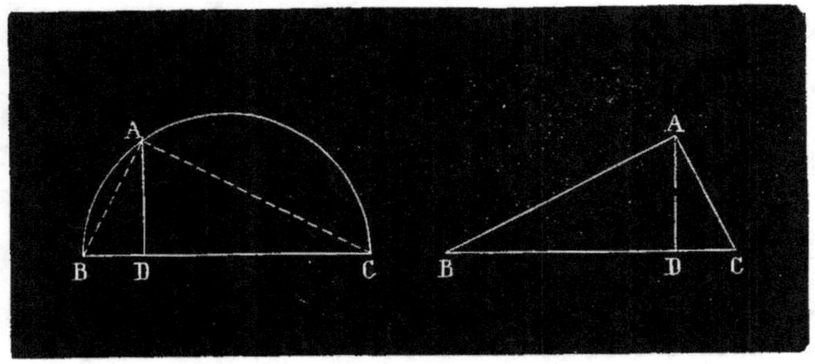

Fig. 261.   Fig. 262.

Corollaire II. Dans une demi-circonférence, *l'ordonnée* [AD] *(fig.* 261) *au diamètre* [BC][1] *est moyenne proportionnelle entre les deux segments* [BD, CD].

En effet, les cordes BA, AC forment avec le diamètre BC un triangle rectangle BAC. Par suite,

$$\frac{BD}{AD} = \frac{AD}{DC};$$

d'où $$\overline{AD}^2 = BD \times DC. \qquad\qquad C.\ Q.\ F.\ D.$$

C'est à ce théorème que, plus tard, nous aurons recours pour construire une moyenne proportionnelle entre deux lignes données.

136. Théorème. *Dans tout triangle rectangle, les carrés des valeurs numériques des côtés de l'angle droit sont proportionnels aux valeurs numériques des segments adjacents de l'hypoténuse.*

Démonstration *(fig.* 262). Les proportions

$$\frac{BD}{BA} = \frac{BA}{BC},$$

$$\frac{DC}{AC} = \frac{AC}{BC}$$

donnent

1) $$\overline{AB}^2 = BC \times BD,$$

2) $$\overline{AC}^2 = BC \times DC.$$

---

1. On appelle *ordonnée* au diamètre toute perpendiculaire abaissée d'un point de la demi-circonférence sur ce diamètre.

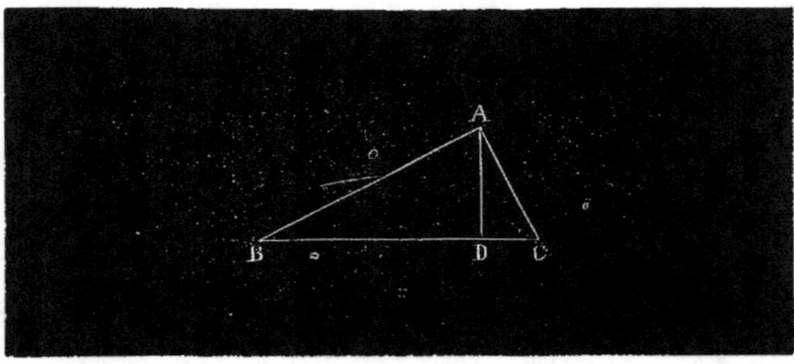

Fig. 262.

Divisant ces deux égalités membre à membre, et supprimant le facteur commun, on obtient

$$\frac{\overline{AB}^2}{\overline{AC}^2} = \frac{BD}{DC}.$$ C. Q. F. D.

C'est à ce théorème que nous aurons recours pour construire deux carrés proportionnels à deux droites données.

REMARQUE. Un triangle est-il rectangle lorsque l'on a

$$\frac{\overline{AB}^2}{\overline{AC}^2} = \frac{BD}{DC}?$$

Cela donne lieu à une *question d'examen* sur laquelle nous appelons l'attention des élèves (examens oraux, n° LI).

137. THÉORÈME. *Dans tout triangle rectangle* [BAC] (*fig.* 262) *le carré de la valeur numérique de l'hypoténuse* [BC] *est égal à la somme des carrés des valeurs numériques des deux autres côtés.*

DÉMONSTRATION. Je me reporte aux deux égalités qui, précédemment, ont été divisées l'une par l'autre :

(1) $\overline{AB}^2 = BC \times BD.$

(2) $\overline{AC}^2 = BC \times DC.$

Je les ajout membre à membre, et j'obtiens

$$\overline{AB}^2 + \overline{AC}^2 = BC . BD + BC . DC.$$

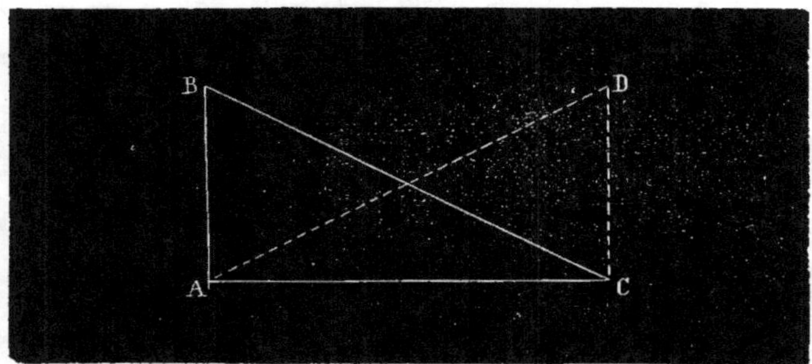

Fig. 265.

Or ces relations ont lieu entre les nombres qui représentent les lignes, car l'expression *produit de deux lignes* n'a pas un sens déterminé. Je peux donc mettre BC en facteur commun, et il vient

$$\overline{AB}^2 + \overline{AC}^2 = BC \times (BD + DC) = \overline{BC}^2.$$

Ainsi, $$\overline{BC}^2 = \overline{AB}^2 + \overline{AC}^2.$$ *C. Q. F. D.*

La réciproque est vraie : soit le triangle BAC (*fig.* **265**), dans lequel je suppose $\overline{BC}^2 = \overline{AB}^2 + \overline{AC}^2$; je dis que le triangle est rectangle.

DÉMONSTRATION. Au point C, j'élève une perpendiculaire sur AC ; je la prends égale à AB, puis je tire DA.

D'après la proposition directe,

$$\overline{AD}^2 = \overline{AC}^2 + \overline{CD}^2,$$

mais, par hypothèse,

$$\overline{BC}^2 = \overline{AC}^2 + \overline{AB}^2.$$

En outre, $\overline{AB}^2 = \overline{CD}^2$, puisque AB = CD ; donc $\overline{AD}^2 = \overline{BC}^2$; par suite, AD = BC ; les deux triangles ABC, ADC, ayant les trois côtés respectivement égaux, sont égaux ; mais l'un est rectangle par construction, donc l'autre l'est aussi.   *C. Q. F. D.*

APPLICATION NUMÉRIQUE. Le triangle dont les côtés sont exprimés

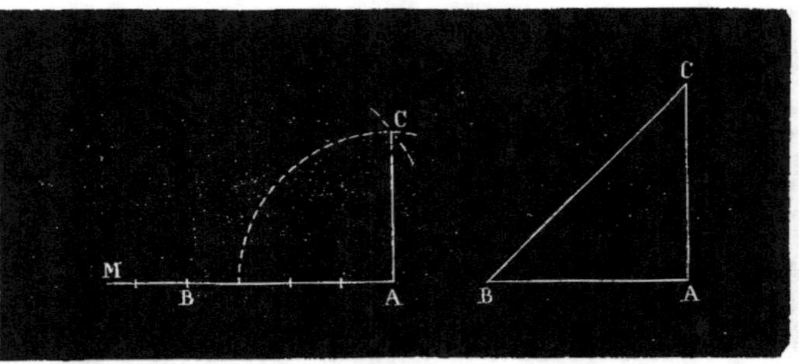

Fig. 264.   Fig. 265.

par les nombres 3, 4, 5 est rectangle, puisque $(5)^2 = (3)^2 + (4)^2$, c'est-à-dire que $25 = 9 + 16$ [1].

Si donc (*fig.* 264) on voulait *élever une perpendiculaire a une droite* AM *par son extrémité* A, *sans la prolonger au delà de* A, il suffirait de prendre sur AM quatre parties égales de A en B, et de décrire deux arcs de circonférence, l'un de B comme centre avec 5 de ces parties pour rayon, l'autre de A comme centre avec 3 de ces mêmes parties pour rayon, puis de tirer AC. C'est une autre solution du problème qui a été résolu au n° 101 [2].

COROLLAIRE (*fig.* 265). Dans un triangle rectangle et isocèle on a

$$\overline{BC}^2 = \overline{AB}^2 + \overline{AC}^2 = 2\overline{AB}^2 \, ;$$

donc le carré de la valeur numérique de l'hypoténuse est *double* du carré de la valeur numérique d'un côté de l'angle droit, en sorte que

$$\frac{\overline{BC}^2}{\overline{AB}^2} = 2.$$

Extrayant la racine carrée de part et d'autre, il vient

$$\frac{BC}{AB} = \sqrt{2}.$$

---

1. Quel est le plus petit carré tel que, si l'on en ôte un carré, on obtient un carré? Réponse : 25. En effet, $25 - 9 = 16$ ou $25 - 16 = 9$.

2. Les arpenteurs tirent parti du triangle 3, 4, 5 pour faire ce qu'ils appellent une *équerre de corde* et élever une perpendiculaire à une

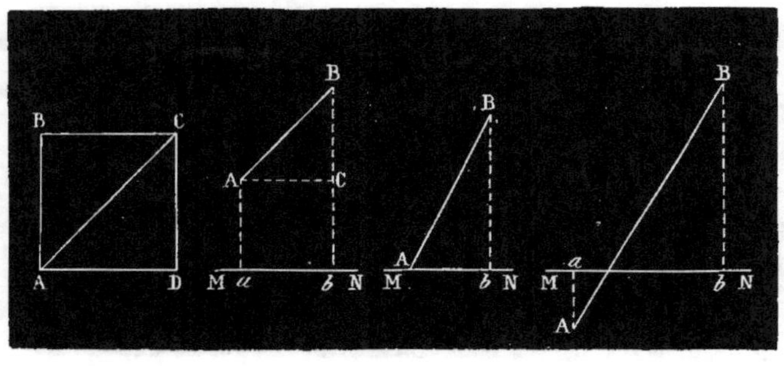

Fig. 266.   Fig. 267.   Fig. 268.   Fig. 269.

Or, on ne peut pas extraire exactement la racine carrée de 2 ; par conséquent l'application de la dernière équation à un carré (*fig.* 266) conduit à cette conclusion que :

La diagonale d'un carré est dans un rapport incommensurable avec son côté.

Le calcul arithmétique de la racine carrée approchée de 2 donnera, au même degré d'approximation, le rapport de la diagonale d'un carré à son côté.

Suite des relations numériques.

138. Définition (*fig.* 267). On appelle *projection* d'une droite finie AB sur une droite indéfinie [MN] la portion [*ab*] de cette dernière comprise entre les pieds des perpendiculaires abaissées des extrémités [A, B] de la première.

D'après cela, la droite AB est projetée en *ab* sur la droite MN. Dans cette figure, la parallèle AC menée à MN par le point A montre que la droite AB est plus grande que sa projection *ab*. Il y aurait égalité dans le cas du parallélisme.

L'une des perpendiculaires A*a* serait nulle dans la figure 268. Enfin, dans la figure suivante (269), la projection serait *ab*.

---

droite en un point de cette droite ; mais cette construction pratique n'est pas susceptible d'un grand degré de précision, à cause de l'extensibilité des cordes.

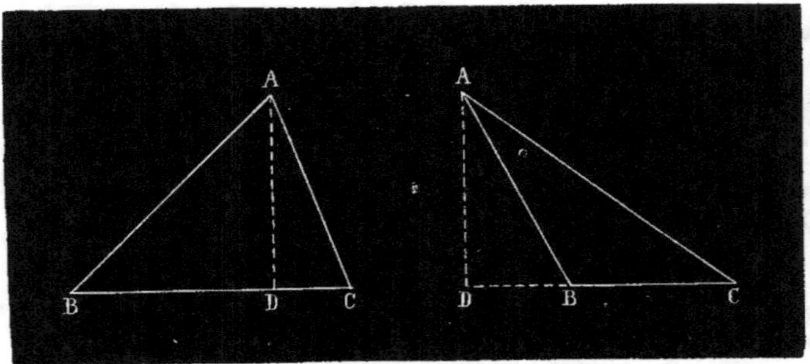

Fig. 270.   Fig. 271.

139. THÉORÈME[1]. *Dans tout triangle* [ABC] (*fig.* **270, 271**), *le carré d'un côté opposé à un angle aigu* [C] *est égal à la somme des carrés des deux autres, moins deux fois le produit de l'un de ces côtés par la projection du second sur le premier,* c'est-à-dire que

$$\overline{AB}^2 = \overline{AC}^2 + \overline{BC}^2 - 2BC \times CD.$$

DÉMONSTRATION. Ier CAS (*fig.* **270**). La perpendiculaire AD tombe au dedans du triangle : dans cette hypothèse BD $=$ BC $-$ CD, or, ces trois lignes, supposées rapportées à une unité commune, deviennent des *nombres*, et comme on sait par l'arithmétique, ou par l'algèbre, que $(a - b)^2 = a^2 - 2ab + b^2$, on a

$$\overline{BD}^2 = \overline{BC}^2 + \overline{CD}^2 - 2BC.CD.$$

Ajoutant de part et d'autre $\overline{AD}^2$, il viendra

$$\overline{BD}^2 + \overline{AD}^2 = \overline{AD}^2 + \overline{BC}^2 + \overline{CD}^2 - 2BC.CD.$$

Mais, d'après la propriété du triangle rectangle,

$$\overline{BD}^2 + \overline{AD}^2 = \overline{AB}^2,$$
$$\overline{AD}^2 + \overline{CD}^2 = \overline{AC}^2;$$

donc, en faisant les substitutions,

$$\overline{AB}^2 = \overline{AC}^2 + \overline{BC}^2 - 2BC.CD. \qquad \text{C. Q. F. D.}$$

---

1. N'oublions pas que lorsqu'on parle du carré d'une ligne, ou du pro-
13.

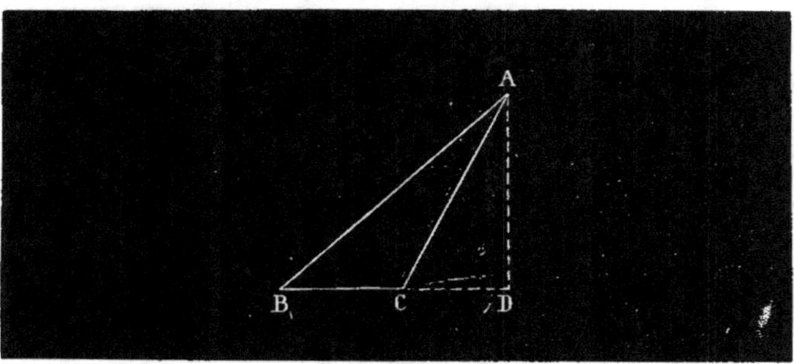

Fig. 272.

2ᵉ Cas (*fig.* 271). La perpendiculaire AD tombe hors du triangle. Le *calcul* est aussi simple.

$$BD = CD - BC,$$

$$\overline{BD}^2 = \overline{CD}^2 + \overline{BC}^2 - 2BC.CD.$$

Ajoutant de part et d'autre $\overline{AD}^2$, et faisant comme ci-dessus les substitutions, on obtient :

$$(1) \qquad \overline{AB}^2 = \overline{AC}^2 + \overline{BC}^2 - 2BC.CD. \qquad\qquad C.\ Q.\ F.\ D.$$

140. Théorème. *Dans tout triangle obtusangle* [ABC] (*fig.* 272), *le carré du côté opposé à l'angle obtus est égal à la somme des carrés des deux autres, plus deux fois le produit de l'un de ces côtés par la projection du second sur le premier,* c'est-à-dire que

$$\overline{AB}^2 = \overline{AC}^2 + \overline{BC}^2 + 2BC.CD.$$

Ici, il n'y a pas deux cas à considérer, parce que la perpendiculaire AD ne peut pas tomber au dedans du triangle. Cela posé, $BD = BC + CD$. Mais on sait que

$$(a + b)^2 = a^2 + 2ab + b^2,$$

donc $\qquad\qquad \overline{BD}^2 = \overline{BC}^2 + \overline{CD}^2 + 2BC.CD.$

-----

duit de deux ou plusieurs lignes, il s'agit toujours des valeurs numériques de ces lignes ; car on peut bien faire la somme ou la différence de deux lignes, multiplier une ligne par un nombre, c'est-à-dire en déterminer un multiple, ou encore déterminer le rapport de deux lignes, mais l'expression *faire le produit* de deux lignes ne présente pas un sens déterminé.

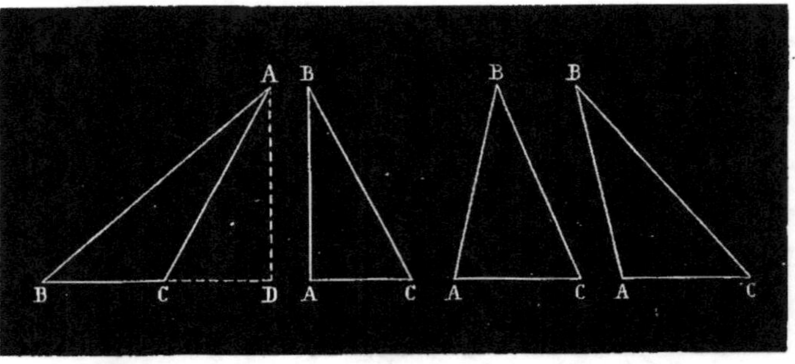

Fig. 272.   Fig. 273.   Fig. 274.   Fig. 275.

Ajoutant de part et d'autre AD² et réduisant, **il vient**

(2) $$\overline{AB}^2 = \overline{BC}^2 + \overline{AC}^2 + 2BC.CD.$$ *C. Q. F. D*

REMARQUE. Les deux égalités (1) (2) peuvent être réunies en une seule :

$$\overline{AB}^2 = \overline{BC}^2 + \overline{AC}^2 \pm 2BC.CD.$$

Résumé.

Si $A = 90°$, $a^2 = b^2 + c^2$ (*fig.* 273).

Si $A < 90°$, $a^2 < b^2 + c^2$ (*fig.* 274).

Si $A > 90°$, $a^2 > b^2 + c^2$ (*fig.* 275).

Donc, d'après le principe général (n° **26**), les réciproques sont vraies :

$$a^2 = b^2 + c^2 \quad \text{donne} \quad A = 90°\,^{[1]}.$$
$$a^2 < b^2 + c^2 \quad \text{donne} \quad A < 90°,$$
$$a^2 > b^2 + c^2 \quad \text{donne} \quad A > 90°.$$

141. THÉORÈME. *Dans un triangle quelconque* [ABC] (*fig.* **276**), *la somme des carrés de deux côtés est égale à deux fois le carré de la médiane menée au milieu du troisième côté, plus deux fois le carré de l'un des segments,* c'est-à-dire que

$$\overline{AB}^2 + \overline{AC}^2 = 2\overline{AE}^2 + 2\overline{EB}^2.$$

---

1. Ce qui prouve de nouveau qu'un triangle n'est rectangle que lorsque le carré d'un des côtés est égal à la somme des carrés des deux autres.

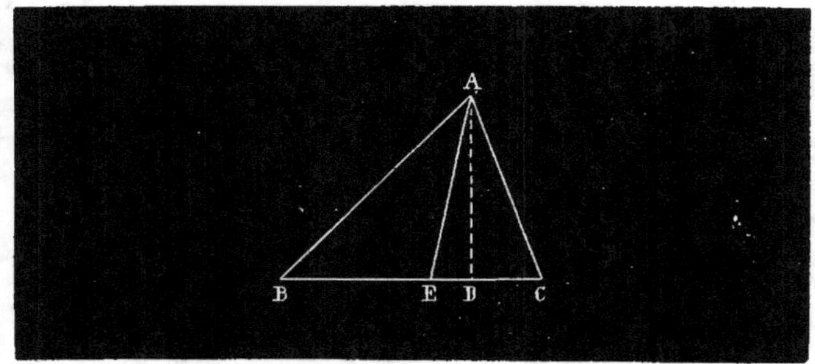

Fig. 276.

Démonstration. Du sommet A j'abaisse la perpendiculaire AD sur la base BC; d'après le théorème (nᵒ 139), le triangle AEC donne

$$(1) \qquad \overline{AC}^2 = \overline{AE}^2 + \overline{EC}^2 - 2EC.ED.$$

D'après le théorème qui suit le précédent, le triangle ABE donne

$$(2) \qquad \overline{AB}^2 = \overline{AE}^2 + \overline{EB}^2 + 2EB.ED.$$

J'ajoute membre à membre les égalités (1) et (2), et, comme EB = EC, tout se réduit à

$$\overline{AB}^2 + \overline{AC}^2 = 2\overline{AE}^2 + 2\overline{EB}^2. \qquad C. \ Q. \ F. \ D.$$

Remarque. Ce théorème nous servira plus tard à *trouver le lieu géométrique des points tels que la somme des carrés des distances à deux points donnés soit constante et égale à un carré donné.*

142. Théorème. *Dans tout triangle* [ABC] *(fig. 276), la différence des carrés de deux côtés est égale au double du troisième côté multiplié par la projection de la médiane sur ce même côté.* c'est-à-dire que

$$\overline{AB}^2 - \overline{AC}^2 = 2BC \times ED.$$

Démonstration. Les angles supplémentaires AEB, AEC étant l'un obtus et l'autre aigu, les triangles AEB, AEC donnent

$$(1) \qquad \overline{AB}^2 = \overline{AE}^2 + \overline{BE}^2 + 2BE.ED,$$

$$(2) \qquad \overline{AC}^2 = \overline{AE}^2 + \overline{EC}^2 - 2EC.ED.$$

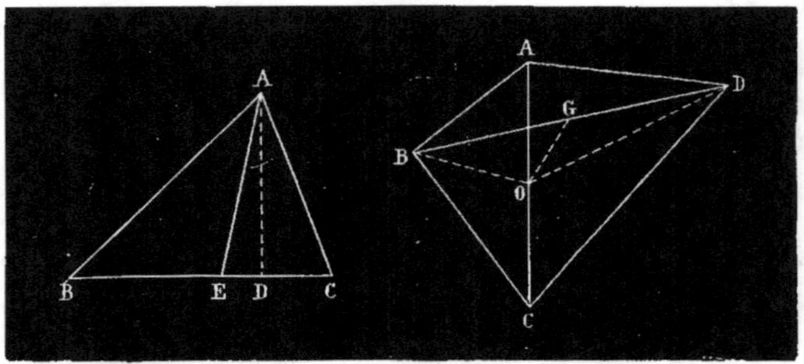

Fig. 276.   Fig. 277.

Retranchant membre à membre ces deux égalités et observant
que BE = EC, il vient

$$\overline{AB}^2 - \overline{AC}^2 = 4BE \times ED\ ;$$

or 4BE, quadruple de la moitié de BC, n'est autre que le double
de cette ligne ; donc

$$\overline{AB}^2 - \overline{AC}^2 = 2BC \times ED. \qquad\qquad C.\ Q.\ F.\ D.$$

Remarque. Ce théorème nous servira plus tard à *trouver le lieu
géométrique des points tels que la différence des carrés des distances de ces points à deux points fixes* A, C *soit constante et
égale à un carré donné.*

143. Théorème. *Dans tout quadrilatère* [ABCD] (*fig.* 277), *la
somme des carrés des quatre côtés est égale à la somme des carrés
des diagonales, plus quatre fois le carré de la ligne qui joint les
milieux des diagonales,* c'est-à-dire que

$$\overline{AB}^2 + \overline{BC}^2 + \overline{AD}^2 + \overline{DC}^2 = \overline{BD}^2 + \overline{AC}^2 + 4\overline{OG}^2.$$

Démonstration. Je mène les droites OB, OD.
Dans le triangle ABC,

$$\overline{AB}^2 + \overline{BC}^2 = 2\overline{BO}^2 + 2\overline{AO}^2.$$

Dans le triangle ADC,

$$\overline{AD}^2 + \overline{DC}^2 = 2\overline{DO}^2 + 2\overline{AO}^2.$$

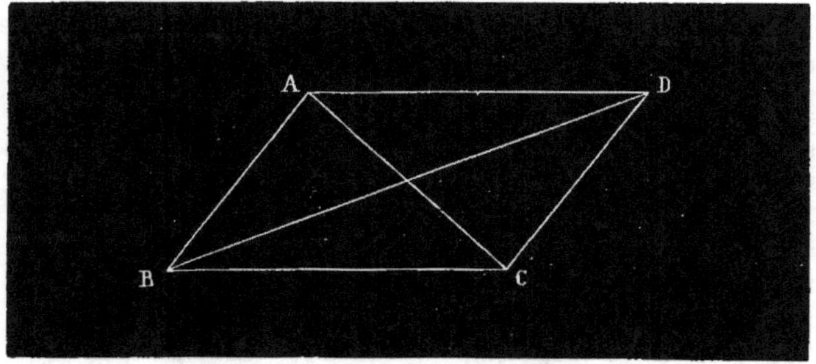

Fig. 278.

J'ajoute membre à membre, et j'obtiens

$$(1)\qquad \overline{AB}^2 + \overline{BC}^2 + \overline{AD}^2 + \overline{DC}^2 = 2(\overline{BO}^2 + \overline{DO}^2) + 4\overline{AO}^2,$$

or, le triangle BOD donne

$$\overline{BO}^2 + \overline{DO}^2 = 2\overline{BG}^2 + 2\overline{OG}^2,$$

d'où

$$2(\overline{BO}^2 + \overline{DO}^2) = 4\overline{BG}^2 + 4\overline{OG}^2;$$

donc, par substitution dans (1),

$$\overline{AB}^2 + \overline{BC}^2 + \overline{AD}^2 + \overline{DC}^2 = 4\overline{BG}^2 + 4\overline{OG}^2 + 4\overline{AO}^2.$$

Mais
$$\overline{AC}^2 = 4\overline{AO}^2,$$
$$\overline{BD}^2 = 4\overline{BG}^2;$$

donc, finalement,

$$\overline{AB}^2 + \overline{BC}^2 + \overline{AD}^2 + \overline{DC}^2 = \overline{BD}^2 + \overline{AC}^2 + 4\overline{OG}^2. \qquad \textit{C. Q. F. D.}$$

CAS PARTICULIER. Il pourrait arriver que la ligne de jonction OG fût nulle ; dans ce cas, les diagonales du quadrilatère se couperaient mutuellement en deux parties égales ; c'est ce qui a lieu dans le parallélogramme et ses variétés. En conséquence, *dans tout parallélogramme (fig. 278), la somme des carrés des quatre côtés est égale à la somme des carrés des diagonales (et réciproquement)*.

Si les quatre côtés sont égaux, la somme des carrés des côtés est le quadruple du carré de l'un deux. Donc, *dans tout losange, la somme des carrés des diagonales est le quadruple du carré d'un côté.*

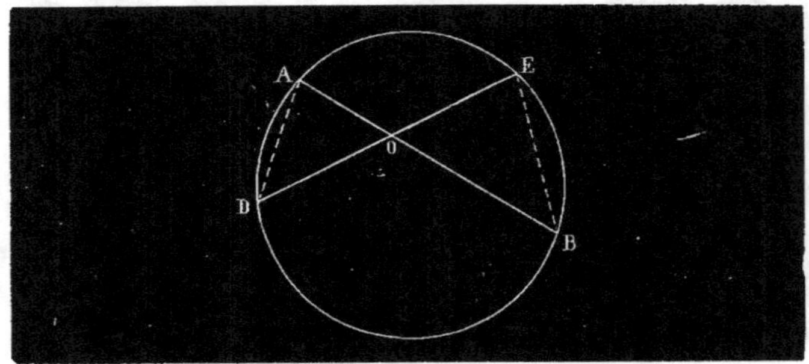

Fig. 279.

Remarque I. On doit voir combien il serait difficile de démontrer tous les théorèmes sur les relations numériques, en construisant les figures que comportent les énoncés de ces théorèmes. Voilà pourquoi il n'est pas possible d'affranchir la géométrie du calcul algébrique ; toutefois, les démonstrations purement géométriques ont l'avantage de parler aux yeux et plus facilement à l'esprit.

Remarque II. Les quadrilatères jouissent encore d'autres propriétés, parmi lesquelles entre l'expression : 1° du *produit;* 2° du *rapport* des diagonales. Mais comme, d'après la marche que nous avons adoptée, les *mesures des surfaces* ne sont exposées qu'au *quatrième livre,* nous sommes obligés d'ajourner les deux questions que nous venons de mentionner.

144. Théorème. *Si, par un point* [O] *(fig.* **279**) *pris dans le plan d'un cercle, on mène une corde quelconque* [AB], *le produit* [AO × OB] *des distances de ce point aux points d'intersection* [A] [B] *avec la circonférence est constant, quelle que soit la direction de la corde.*

Démonstration. Je compare la corde AB avec toute autre DE, et je dis que
$$AO \times OB = DO \times OE.$$

Pour le prouver, je tire les cordes AD, BE ; les triangles AOD, BOE ont les angles en O égaux comme opposés par le sommet ;

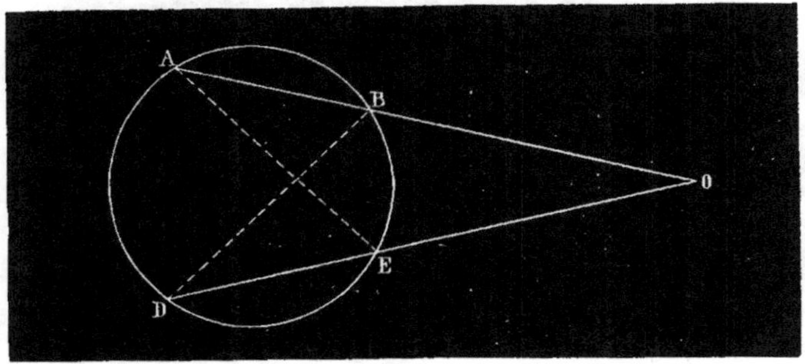

Fig. 280.

les angles A et E égaux comme ayant la même mesure; les deux autres angles ADO, OBE, sont donc égaux, ce que d'ailleurs on voit directement par leurs mesures.

Ces triangles semblables donnent la proportion

$$\frac{AO}{OE} = \frac{DO}{OB}.$$

d'où
$$AO \times OB = DO \times OE.$$

REMARQUE. Puisque le produit des deux parties d'une corde est constant, il y a *raison inverse* entre ces deux parties.

COROLLAIRE I. Si, dans la figure précédente, les cordes AB, ED deviennent sécantes *fig.* 280), le même raisonnement s'y applique, et l'on obtient la proportion

$$\frac{OA}{OE} = \frac{OD}{OB}.$$

d'où
$$OA \times OB = OE \times OD.$$

Ici, la raison inverse a lieu entre la sécante entière et sa partie extérieure.

COROLLAIRE II. La sécante peut changer de direction de telle sorte que les deux points A et B, se rapprochant l'un de l'autre indéfiniment, en viennent à se confondre, auquel cas la sécante devient tangente, et en même temps les deux distances OB, OA n'en

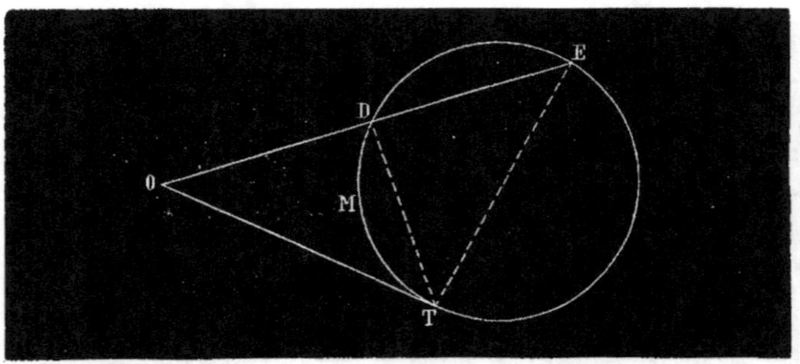

Fig. 281.

font plus qu'une OT (*fig.* 281), et l'égalité précédente se transforme en :

$$\overline{OT}^2 = OE \times OD,$$

c'est-à-dire que, si une sécante et une tangente se rencontrent en
un point [O], la distance de ce point au point de contact est
moyenne proportionnelle entre ses distances aux points d'intersection de la sécante.

On dit aussi, pour abréger :

*La tangente est moyenne proportionnelle entre la sécante entière
et sa partie extérieure.*

DÉMONSTRATION DIRECTE. Soient (*fig.* 281) la tangente OT et la
sécante ODE ; je tire les cordes TD, TE ; les deux triangles OTD,
OTE ont l'angle O commun ; l'angle OTD, formé par une tangente
et par une corde, a pour mesure la moitié de l'arc TMD ; il est donc
égal à l'angle inscrit TEO ; par suite, le troisième OTE est égal à
l'angle ex-inscrit TDO (ce que l'on voit d'ailleurs par leurs
mesures). La similitude de ces deux triangles donne directement :

$$\frac{OE}{OT} = \frac{OT}{OD},$$

d'où
$$\overline{OT}^2 = OD \times OE. \qquad\qquad C.\ Q.\ F.\ D.$$

145. *Dans tout triangle* [ABC] (*fig.* 282), *dont on divise un
angle* [A] *en deux parties égales, le produit des deux côtés de cet
angle est égal au produit des deux segments du troisième côté,
augmenté du carré de la bissectrice,* c'est-à-dire que

$$AB \times AC = BD \times DC + \overline{AD}^2.$$

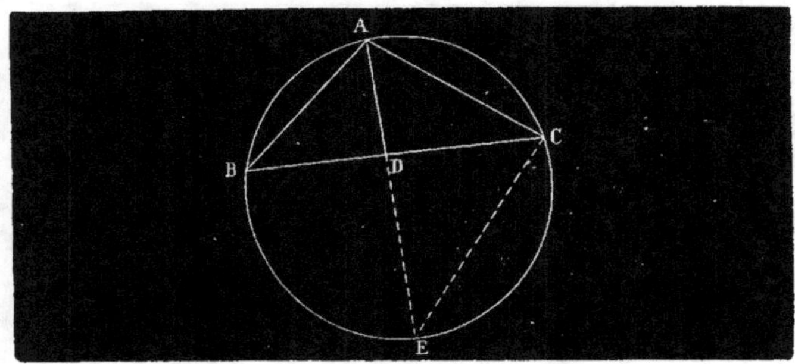

Fig. 282.

DÉMONSTRATION. Je fais passer une circonférence par les points A, B, C; je prolonge AD jusqu'à la circonférence et je tire CE.

Les triangles ABD, AEC sont *équiangles* et par conséquent semblables ; par suite,

$$\frac{AB}{AE} = \frac{AD}{AC},$$

d'où $\qquad AB \times AC = (AD + DE) \times AD = \overline{AD}^2 + AD \times DE.$

Mais, d'après la propriété des cordes qui se coupent dans un cercle (n° 144), $AD \times DE = BD \times DC$;

donc $\qquad\qquad AB \times AC = BD \times DC + \overline{AD}^2 \qquad\qquad C.\ Q.\ F.\ D.$

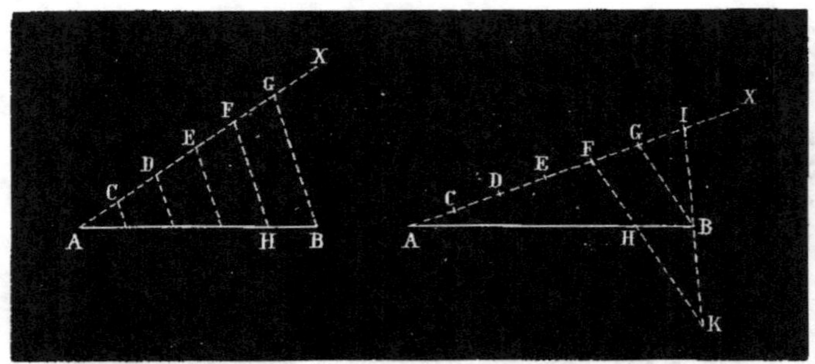

Fig. 283.   Fig. 284.

CHAPITRE IV

PROBLÈMES RELATIFS AU LIVRE III.

146. Problème I. *Diviser une droite donnée en un nombre quel-conque de parties égales.*

Solution. Soit la droite AB (*fig.* 283) à partager en cinq parties égales.

Au point A, je mène sous un angle quelconque une droite in-définie AX, et je prends sur cette ligne, à partir du point A, cinq longueurs égales : AC, CD, DE, EF, FG, en sorte que FG est le *cinquième* de AG ; je tire BG et par le point F je mène FH paral-lèle à BG.

D'après un théorème connu (121), BH sera contenu dans AB autant de fois que FG est contenu dans AG, c'est-à-dire cinq fois ; en portant BH quatre fois sur HA, j'aurai les autres points de division cherchés, et je devrai arriver juste au point A, ce qui donnera lieu à une *vérification*.

Remarque. Il y a un moyen très simple[1] d'obtenir la parallèle FH. Ce moyen consiste à porter sur AX une partie de plus, c'est-à-dire $m + 1$ parties s'il s'agit de diviser la droite en m parties

---

1. Et praticable sur le terrain.

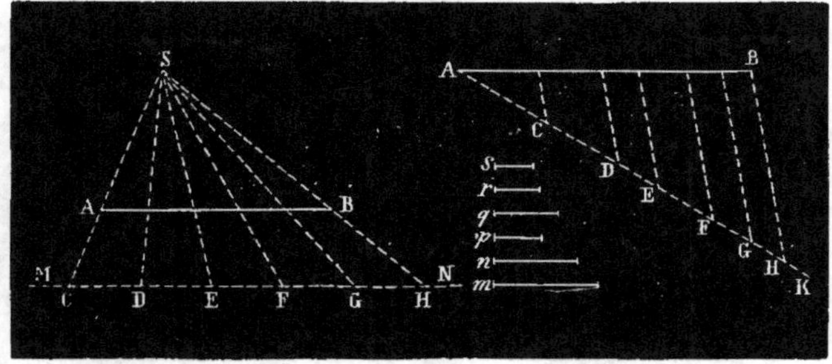

Fig. 285.   Fig. 286.

égales. Soit la droite AB (*fig.* 284) à diviser comme ci-dessus. Je
porte *six* longueurs égales de A en 1 ; je tire IB, que je prolonge
d'une longueur égale BK ; je tire KF : c'est la parallèle à BG
121) ; d'après cela, BH est le cinquième de AB, et la construction
est facile à achever.

AUTRE CONSTRUCTION. Reportons-nous au théorème 131 ; il
n'est pas difficile de voir qu'il peut servir à résoudre le problème
actuel.

    1° AB ligne à partager (*fig.* 285).
    2° MN une parallèle quelconque à AB.
    3° Cinq longueurs égales de C en H.
    4° Tirez les droites CA, HB, et prolongez-les jusqu'en S.
    5° Menez SD, SE, SF, SG.

Comme les lignes CH et AB sont divisées en parties proportionnelles, et que la première est partagée en cinq parties égales, il
en est de même de la seconde.

147. PROBLÈME II. *Partager une droite* [AB] (*fig.* 286) *en parties proportionnelles à des droites données* (*m*, *n*, *p*, *q*, *r*, *s*).

    1° AB droite à diviser.
    2° AK droite quelconque.
    3° Portez bout à bout de A en H les lignes données.
    4° Tirez HB.
    5° Menez à cette droite des parallèles par les points G, F,
       E, D, C.

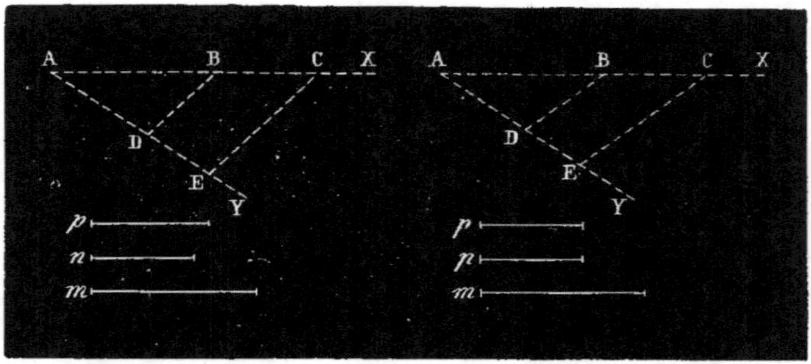

Fig. 287.   Fig. 288.

148. Problème III. *Construire une quatrième proportionnelle
à trois lignes données m, n, p.*

Définition. On appelle *quatrième proportionnelle à trois lignes
données (m, n, p)* une quatrième ligne (x) telle que le rapport de
la première à la seconde soit égal au rapport de la troisième à la
quatrième :

(1) $$\frac{m}{n} = \frac{p}{x}.$$

Solution. Par un point A (*fig.* 287) je tire sous un angle quelconque deux droites indéfinies AX, AY; à partir du point A, je
porte sur la droite AX la ligne AB égale à la longueur donnée m,
et à la suite la ligne BC égale à n; sur l'autre droite AY je porte la
ligne AD égale à p; puis je tire BD et je mène CE parallèle à BD.

Le problème est résolu : DE est la longueur demandée, car on a

$$\frac{AB}{BC} = \frac{AD}{DE},$$

ou

(2) $$\frac{m}{n} = \frac{p}{DE}.$$

Comparant (1) et (2) on voit qu'en effet DE est la quatrième
proportionnelle demandée.

Remarque. Comme cas particulier, on peut avoir $p = n$ (*fig.* 288);
dans cette hypothèse, il n'y a que trois termes différents dans la
proportion; c'est pour cela que dans ce cas DE se nomme une
troisième proportionnelle aux lignes m, p; mais, en réalité, elle
est toujours une quatrième proportionnelle, puisque la seconde
ligne n doit être employée deux fois.

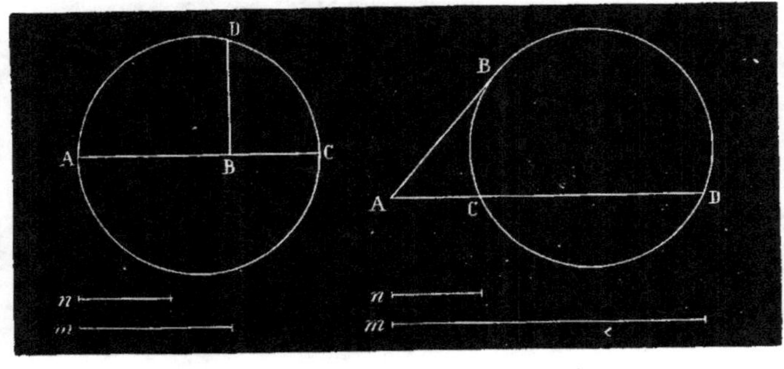

Fig. 289.   Fig. 290.

149. Problème IV. *Construire une moyenne proportionnelle entre deux droites données (m et n).*

Définition. La moyenne proportionnelle entre deux lignes données est une ligne qui est égale à chacun des deux moyens d'une proportion dont les lignes données sont les extrêmes :

$$\frac{m}{x} = \frac{x}{n} \; ; \text{ d'où } x^2 = m \times n \text{ ; par suite, } x = \sqrt{m \times n}.$$

Solution. Reportons-nous à ce qui a été dit au n° 135, cor. II : l'ordonnée au diamètre est moyenne proportionnelle entre les deux segments de ce diamètre ; si donc ces deux segments AB, BC (*fig.* 289) étaient respectivement égaux aux deux lignes données m et n, la perpendiculaire BD sur le diamètre AC serait la moyenne proportionnelle demandée ; et comme il est facile de réaliser la figure, la solution est une application immédiate de la proposition qui vient d'être rappelée.

Remarque I. La tangente AB (*fig.* 290) étant moyenne proportionnelle entre la sécante entière AD et sa partie extérieure AC, cette figure résoudrait le problème, si l'on avait AD égale à la plus grande et AC égale à la plus petite des deux longueurs données. Or, rien n'est plus facile à réaliser : après avoir pris AD $= m$, AC $= n$, on fera passer une circonférence par les points C et D, et la tangente partant du point A sera la moyenne proportionnelle demandée.

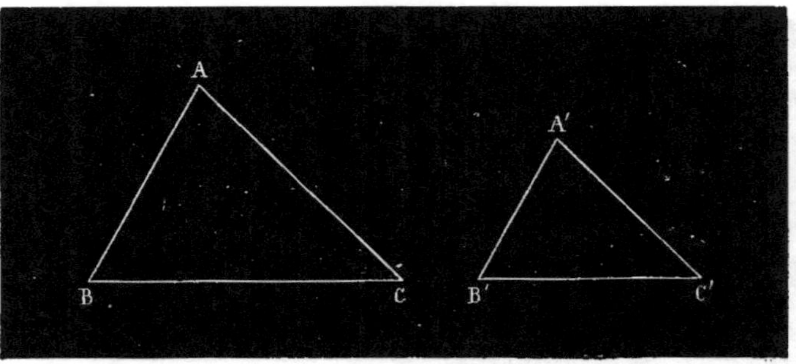

Fig. 291.

Le lieu géométrique des centres des circonférences passant par ces deux points est la perpendiculaire élevée sur le milieu de CD, en sorte qu'on peut obtenir une infinité de moyennes proportionnelles, mais toutes égales entre elles.

Remarque II. On peut aussi baser une construction sur la propriété démontrée au n° 155, 1°[1].

En général, comme nous l'avons déjà fait observer, les solutions des problèmes sont subordonnées aux théorèmes auxquels on a recours pour les résoudre.

150. Problème V. *Construire un triangle semblable à un triangle donné* [ABC] (*fig.* 291), *sur une droite* [B′C′] *prise pour côté homologue de l'un des côtés* [BC] *du triangle donné.*

Solution. Le moyen qui se présente tout d'abord est de construire un triangle A′B′C′ tel que l'angle B′ soit fait égal à l'angle B, et que l'angle C′ soit fait égal à l'angle C.

On peut aussi baser une construction sur ce que *deux triangles sont semblables lorsque leurs côtés homologues sont proportionnels.* Soit A′B′C′ le triangle demandé :

$$1° \quad \frac{BC}{B'C'} = \frac{AB}{A'B'} ;$$

$$2° \quad \frac{BC}{B'C'} = \frac{AC}{A'C'}.$$

---

1. Dans un triangle rectangle, un des côtés de l'angle droit est moyen proportionnel entre l'hypoténuse et le segment adjacent.

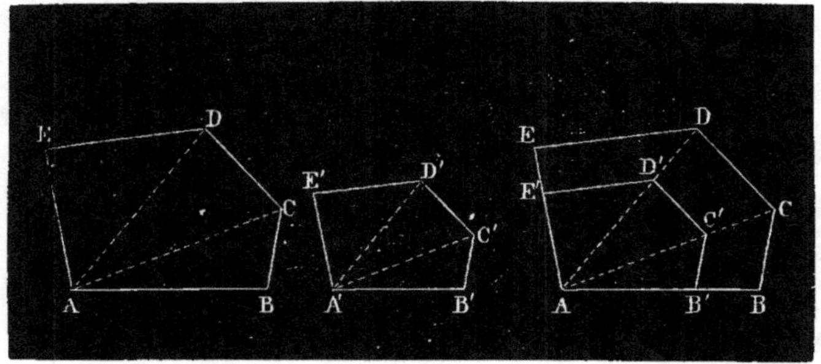

Fig. 292.   Fig. 293.

Les deux quatrièmes proportionnelles A'B', A'C' étant trouvées,
on n'aura plus qu'à construire un triangle dont on connaîtra les
trois côtés.

Enfin, comme *deux triangles sont semblables lorsqu'ils ont un
angle égal compris entre côtés proportionnels*, on peut encore
faire l'angle C' égal à l'angle C, après quoi le côté inconnu C'A'
sera une quatrième proportionnelle à BC, B'C', CA ; puis il ne restera qu'à joindre A'B'.

151. Problème VI. *Construire un polygone semblable à un polygone donné ABCDE] fig. 292 sur une droite [A'B'] prise pour
côté homologue d'un côté [AB] du polygone proposé.*

Solution. La solution de ce problème est une application
immédiate du théorème d'après lequel *deux polygones sont semblables lorsqu'ils sont composés d'un même nombre de triangles
semblables chacun à chacun et semblablement disposés.*

Cela posé, je décompose le polygone donné en trois triangles
ABC, CAD, DAE, et je construis les triangles A'B'C', C'A'D', D'A'E',
qui leur soient respectivement semblables.

Je puis aussi *fig.* 293 prendre, sur AB, AB' égal à l'homologue
donné de AB, puis mener une série de parallèles, et obtenir ainsi
le polygone demandé AB'C'D'E'.

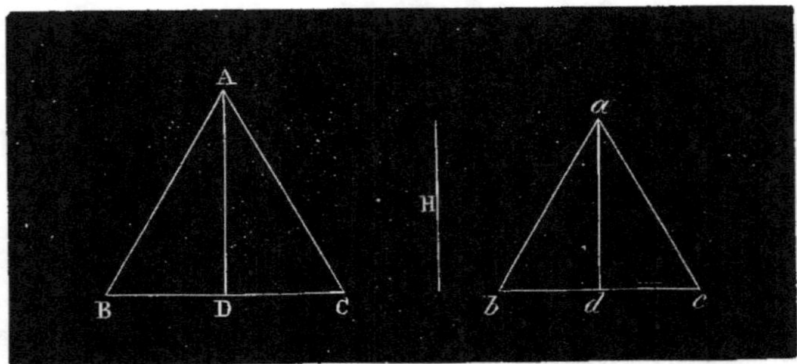

Fig. 294.

Problème général.

152. *Construire une figure semblable à une figure connue, et dans laquelle une ligne désignée soit égale à une ligne donnée.*

Le problème actuel est au fond le même que le problème VI; la seule différence à mentionner, c'est que la figure à laquelle il faut faire une figure semblable n'est pas un simple polygone, mais un assemblage quelconque de lignes, et que cette figure n'est pas donnée graphiquement, mais seulement connue par la désignation que renferme l'énoncé. Ainsi, dans l'exemple premier, la figure à laquelle il faut construire une figure semblable se compose d'un triangle équilatéral et de sa hauteur, et, quoique cette figure ne soit pas actuellement donnée, elle est suffisamment indiquée par l'énoncé pour qu'on puisse construire la pareille.

Les solutions des problèmes de ce genre peuvent aussi être considérées comme des applications de la règle connue en arithmétique sous le nom de *règle de fausse position*, c'est-à-dire de *fausse supposition*, une fausse hypothèse servant de point de départ dans le raisonnement.

Ainsi, dans l'exemple premier, on suppose d'abord que le côté du triangle équilatéral demandé est AB, tandis qu'il est égal à *ab* et ne serait égal à AB que par hasard, et par suite très rarement.

153. Exemple Iᵉʳ. *Construire un triangle équilatéral dont la hauteur soit égale à une droite donnée* H (*fig.* 294).

14.

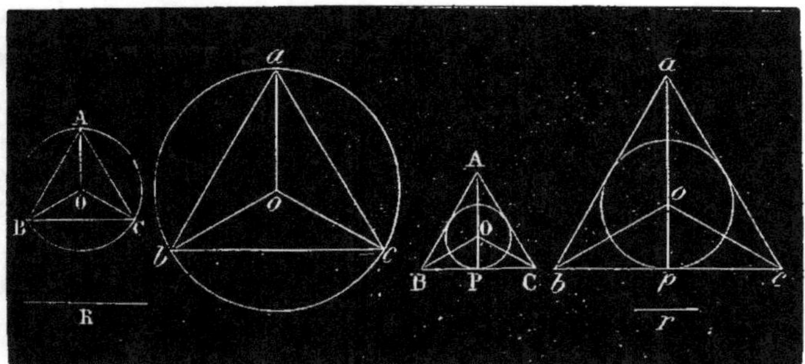

Fig. 295.   Fig. 296.

Solution. Je construis un triangle équilatéral quelconque ABC et sa hauteur AD ; puis, sur *ad* égale à H et considérée comme homologue de AD, je construis une figure composée de deux triangles semblables à ADB et ADC.

154. Exemple II. *Construire un triangle équilatéral, connaissant le rayon* R *(fig. 295) du cercle circonscrit.*

Solution. Je construis un triangle équilatéral quelconque ABC, je lui circonscris une circonférence ; puis, sur $ao = R$ considéré comme homologue de AO, je construis une figure semblable en la composant de trois triangles *aob*, *aoc*, *boc*, respectivement semblables à AOB, AOC, BOC.

Autre solution. Dans cet exemple, j'aurais pu me dispenser de construire la figure préparatoire ABC : il suffisait de décrire une circonférence du point *o* comme centre, et avec $oa = R$ pour rayon, puis de partager cette circonférence en trois parties égales, et de joindre les points de division.

Mais, pour exécuter cette seconde solution, il faut savoir partager une circonférence en trois parties égales ; ce qui ne sera enseigné que dans le livre IV.

155. Exemple III. *Construire un triangle équilatéral, connaissant le rayon* r *(fig. 296) du cercle inscrit.*

Solution. Je construis un triangle équilatéral quelconque ABC ; je lui inscris une circonférence ; puis, sur $op = r$ considéré

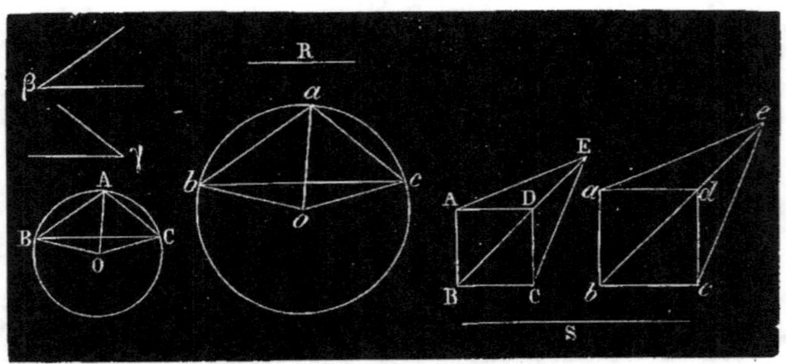

Fig. 297.   Fig. 298.

comme homologue de OP, je construis une figure semblable en
la composant de triangles respectivement semblables à OPC,
OCA, OAB, OBP.

156. EXEMPLE IV. *Construire un triangle, étant donnés deux
angles* β, γ (*fig.* **297**), *et le rayon* R *du cercle circonscrit.*

Aux extrémités d'une ligne quelconque BC, je construis deux
angles respectivement égaux aux angles donnés ; au triangle ainsi
obtenu je circonscris une circonférence.

Sur la droite $ob =$ R considérée comme homologue de OB, je
construis une figure semblable, en la composant de triangles respectivement semblables aux triangles OAB, OAC ; et enfin je
joins le point b au point c.

On construirait de même un triangle, connaissant deux angles
et le rayon du cercle inscrit.

157. EXEMPLE V. *Construire un carré, connaissant la somme* S
(*fig.* **298**) *de la diagonale et du côté.*

SOLUTION. Je construis un carré quelconque ABCD ; je prolonge la diagonale BD d'une quantité DE $=$ DA, et il s'agit de
construire une figure semblable à la figure ADCBE, dans laquelle
la ligne homologue de BE soit égale à S.

A cet effet, ayant tiré $be =$ S, je construis les triangles semblables, savoir : *ebc* à EBC, *edc* à EDC, *eda* à EDA, *eab* à EAB.

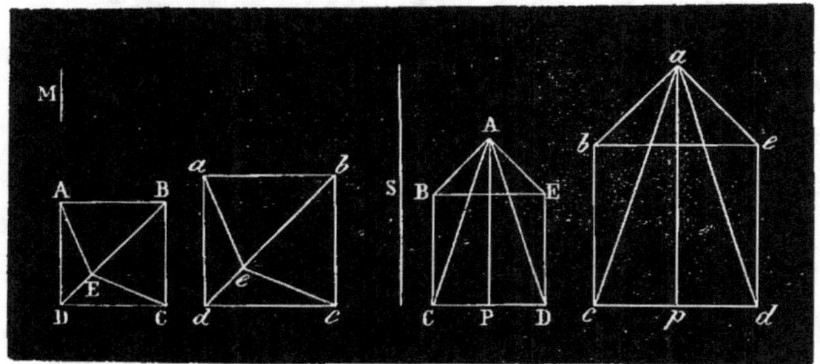

Fig. 299.   Fig. 300.

158. Exemple VI. *Construire un carré, connaissant l'excès* **M**
(fig. 299) de la diagonale sur le côté.

Solution. Je construis un carré quelconque ABCD; de la diagonale BD je retranche une ligne BE = BC, et il s'agit de construire une figure semblable à la figure ABCDE, dans laquelle la ligne homologue de DE soit égale à M.

A cet effet, ayant tiré *de* = M, je construis les triangles semblables, savoir : *dec* à DEC, *dbc* à DBC, *dea* à DEA, *dba* à DBA.

159. Exemple VII. *Construire une figure composée d'un carré, surmonté d'un triangle rectangle isocèle, ayant le côté du carré pour hypoténuse, et telle que la hauteur totale de la figure soit égale à une ligne donnée* S *(fig. 300).*

Solution. Je construis un carré quelconque BCDE; sur BE comme hypoténuse je construis un triangle rectangle isocèle BAE; j'abaisse la perpendiculaire AP, et il ne reste plus qu'à construire une figure semblable à la figure BCDEAP, dans laquelle la ligne homologue de AP soit égale à S.

A cet effet, je tire *ap* égale à S, et je construis les triangles semblables, savoir : *apd* à APD, *ade* à ADE, *apc* à APC, *acb* à ACB ; et enfin je joins le point *b* au point *e*.

160. Problème VIII. *Diviser une droite en deux parties inégales, telles que la plus grande soit moyenne proportionnelle entre la plus petite et la ligne entière.*

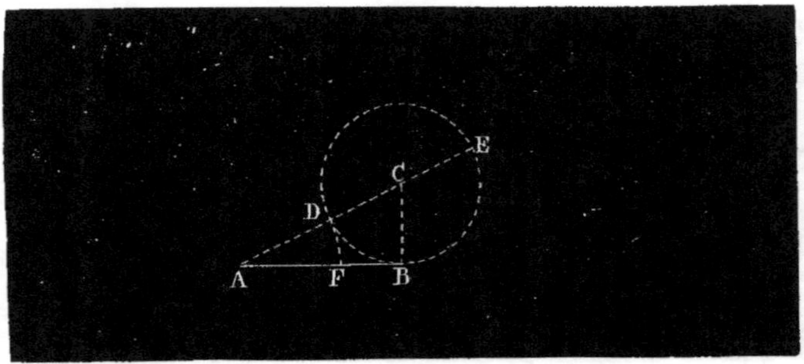

Fig. 301.

SOLUTION. A l'extrémité B (*fig*. 501) de la droite donnée AB, j'élève la perpendiculaire BC égale à la moitié de AB ; du point C comme centre, avec CB pour rayon, je décris une circonférence ; je mène AC ; je prends AF égale à AD, et le problème est résolu.

Pour le démontrer, je prolonge AC jusqu'au point E, où elle rencontre la circonférence. AB est une tangente à la circonférence, et la sécante AE à cette circonférence lui est menée, par le point A, de façon que la partie interceptée DE soit égale à AB. Cela posé,

$$(1) \qquad \frac{AE}{AB} = \frac{AB}{AD},$$

d'où

$$(2) \qquad \frac{AB}{AE - AB} = \frac{AD}{AB - AD}.$$

Remplaçant les lignes par celles qui leur sont égales, on obtient

$$\frac{AB}{AF} = \frac{AF}{FB}. \qquad C. \ Q. \ F. \ T \,[1].$$

---

1. On énonce ordinairement ce problème de la manière suivante : *Partager une droite en moyenne et extrême raison*.

Cet énoncé est impropre, car les moyens et l'extrême de la proportion ne sont pas des *raisons*, mais les deux *parties* de la droite donnée.

Les anciens nommaient ce partage *section divine*.

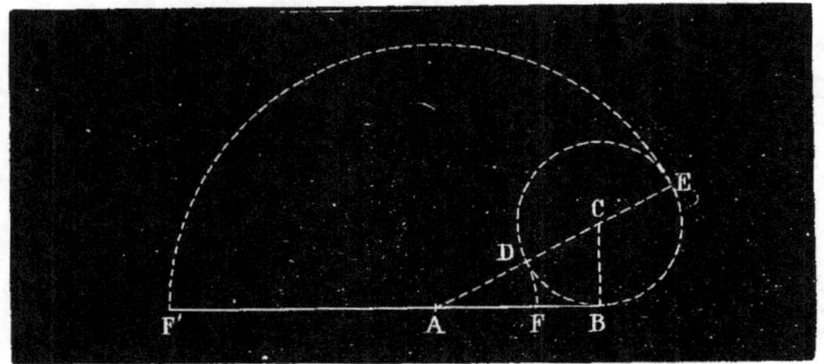

Fig. 302.

164. Énoncé plus général. *Trouver sur la droite indéfinie qui joint deux points A et B (fig. 302) un point tel que sa distance au point A soit moyenne proportionnelle entre sa distance au point B et la longueur AB.*

Solution. Le point F obtenu par la construction précédente est une première solution du problème. On obtient immédiatement la seconde en prenant à gauche du point A une longueur AF′ égale à AE. En effet, la proportion (1) donne

$$\frac{AE+AB}{AE} = \frac{AB+AD}{AB}.$$

Or,

$$AE = AF\;;\; AE+AB=F′B\;;\; AB+AD=DE+AD=AE=AF′\;;$$

par suite.

$$\frac{F′B}{AF′} = \frac{AF′}{AB}.$$

Remarque. Parmi les questions d'examen qui se rattachent à ce problème, nous citerons les suivantes :

1° Trouver une ligne telle que, en la divisant en moyenne et extrême raison, *le plus grand segment* soit égal à une ligne donnée.

2° Même problème pour *le plus petit segment*.

3° Soit a la valeur d'une droite en fonction de laquelle on propose d'exprimer la valeur de AF et celle de AF′.

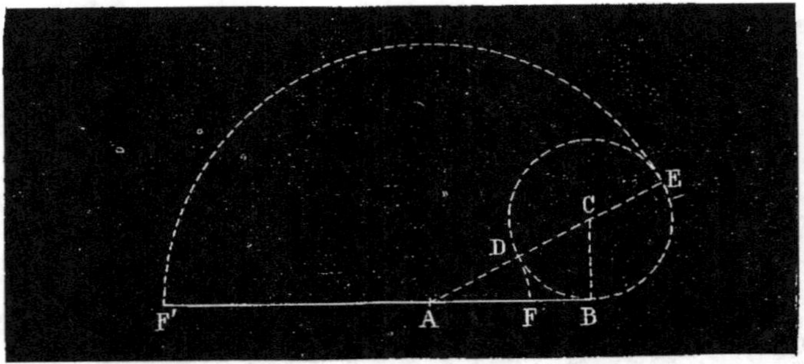

Fig. 302.

$$1^\circ \; AF = \frac{a}{2}(\sqrt{5} - 1);$$

$$2^\circ \; AF' = \frac{a}{2}(\sqrt{5} + 1) \qquad\qquad\qquad C. \, Q. \, F. \, T^1.$$

---

1. La résolution de la question par l'algèbre conduit aux mêmes résultats :

Soit x la distance du point cherché au point A ; $a - x$ sera celle du point cherché (supposé sur la droite $AB = a$) au point B ; on aura

$$x^2 = a\,(a - x) = a^2 - ax,$$
$$x^2 + ax - a^2 = 0,$$

d'où

$$x' = \frac{a}{2}(\sqrt{5} - 1),$$

$$x'' = -\frac{a}{2}(\sqrt{5} + 1).$$

Or, il est facile de voir que ces valeurs de x' et de x'' ne sont autres que les valeurs de AF et de AF'. Le signe — qui affecte x'' indique que la quantité $\frac{a}{2}(\sqrt{5} + 1)$ doit être portée en sens inverse de celui qui doit être pris pour $\frac{a}{2}(\sqrt{5} - 1)$.

EXERCICES SUR LE LIVRE III

ET SUR CE QUI PRÉCÈDE.

EXAMENS ORAUX.

I. Quel est l'objet du troisième livre de la *Géométrie plane*?
Démontrez par la similitude des triangles que le carré de l'hypoténuse est égal à la somme des carrés des deux autres côtés.

Dans un quadrilatère : 1° les milieux des quatre côtés sont les sommets d'un parallélogramme ; 2° dans quel cas ce parallélogramme devient-il un rectangle? un losange? un carré? 3° Cherchez le rapport de la surface de ce parallélogramme à celle du quadrilatère.

II. Comment avons-nous défini les triangles semblables? Quels sont les deux principes que nous avons d'abord démontrés? En quoi diffèrent les définitions des triangles semblables et des polygones semblables? Sous combien de conditions les triangles sont-ils semblables?
— Exposez complètement la théorie des triangles semblables.

III. Comment avons-nous défini les polygones semblables? Combien de conditions?
Sens précis de l'expression : *semblablement disposés.*
Exposez complètement la théorie des polygones semblables.
Démontrez que la somme des carrés des distances d'un point intérieur aux quatre côtés d'un rectangle est la moitié de la somme des carrés des distances du même point aux quatre sommets.

IV. Démontrez que la parallèle à la base d'un triangle divise les deux côtés en parties proportionnelles. A cette occasion, rappelez la démonstration relative à l'égalité des rapports incommensurables.
Construire un triangle rectangle, connaissant un angle aigu et la somme des deux côtés de l'angle droit.

V. Démontrez que deux droites sont coupées par des parallèles en parties proportionnelles.
Rappelez les divers moyens que nous avons donnés de partager une droite en *m* parties égales. Quel est l'avantage de porter une partie de plus?

Construire un triangle, connaissant la base, l'angle au sommet, et la somme ou la différence des côtés qui le comprennent.

VI. Démontrez la propriété de la bissectrice d'un angle d'un triangle, et de celle de l'angle extérieur adjacent.

Concluez-en la détermination du lieu géométrique des points tels que les distances de chacun à deux points donnés soient proportionnelles à deux lignes données.

Construire un triangle, connaissant la base, l'angle au sommet et le rapport des côtés qui le comprennent.

VII. Prouvez que deux triangles sont semblables lorsque leurs côtés sont parallèles chacun à chacun.

Comment démontrez-vous qu'un angle inscrit dans une demi-circonférence est droit, et cela sans vous appuyer sur la mesure des angles ?

Construire un triangle équilatéral tel que, en joignant le sommet au point qui partage la base en deux parties, l'une double de l'autre, la ligne de jonction soit égale à une ligne donnée.

VIII. Démontrez que deux triangles qui ont les côtés perpendiculaires chacun à chacun sont semblables.

Démontrez que les périmètres de deux triangles semblables sont entre eux comme les côtés homologues.

IX. Démontrez que deux polygones semblables sont décomposables en un même nombre de triangles semblables chacun à chacun et semblablement placés. — Prouvez que la réciproque est vraie.

Tous les rectangles sont-ils semblables? Même question pour les losanges.

Tracez une circonférence; tracez deux tangentes à cette circonférence, puis fermez le triangle par une troisième tangente égale à une ligne donnée.

X. Démontrez que les périmètres de deux polygones semblables sont proportionnels aux côtés homologues.

Étant donné un polygone, en construire un semblable dont le périmètre soit les $\frac{2}{3}$ de celui du polygone donné.

Un quadrilatère ABCD est-il un parallélogramme si AB = DC, et si l'angle B est égal à l'angle D?

Idem, si deux côtés opposés sont égaux, et les deux autres parallèles.

XI. Démontrez que la perpendiculaire abaissée du sommet d'un triangle rectangle décompose ce triangle en deux triangles semblables entre eux, et au triangle total. Quelles sont les conséquences de la similitude de ces trois triangles ?

Menez une parallèle à la base d'un triangle de façon qu'elle soit les $\frac{3}{4}$ de cette base.

Dans un parallélogramme ABCD menez par le point D :

1º Une transversale DX telle que $DX = BX + BC$;

2º Une transversale DY telle que $DY = BC - BY$;

3º Une transversale DZ telle que $DZ = BZ - BC$.

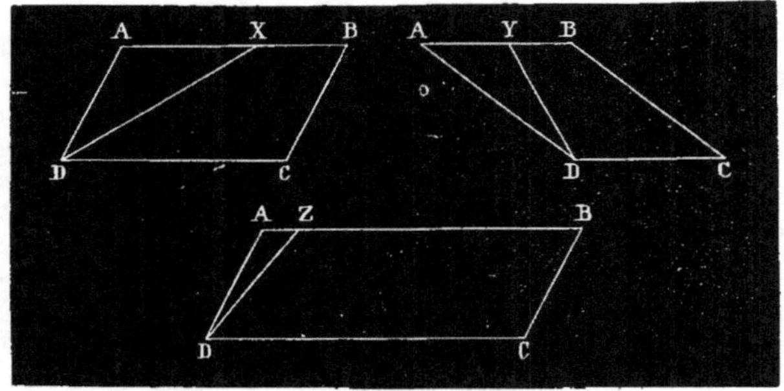

XII. Partagez une droite donnée proportionnellement à des lignes données.

Démontrez que les transversales issues du sommet d'un triangle partagent la base et une parallèle à cette base en parties proportionnelles.

Prouvez que la réciproque est vraie.

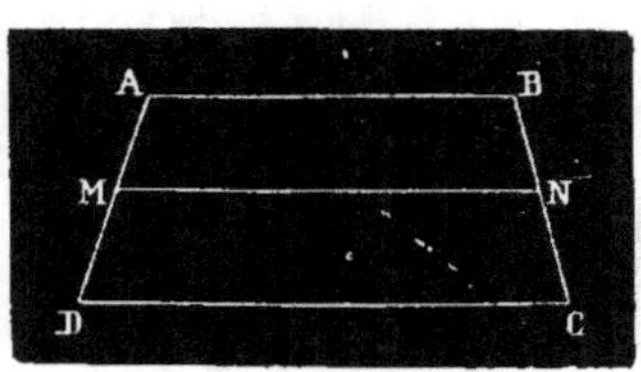

Examinez le cas où la parallèle à la base est extérieure au triangle.

Tracez un trapèze ABCD ; supposez que AD soit partagé, par une parallèle MN aux bases a, b, en deux parties AM, MD, telles que $\frac{AM}{MD} = \frac{m}{n}$; exprimez cette transversale en fonction de a, b, m, n.

XIII. Démontrez que dans tout triangle rectangle chaque côté est moyen proportionnel entre l'hypoténuse entière et le segment adjacent déterminé par la hauteur du triangle. — Comment s'énonce la proposition, si l'on décrit une demi-circonférence sur l'hypoténuse comme diamètre?

Décrivez une circonférence tangente à deux droites données, et passant par un point donné.

XIV. On joint le sommet d'un triangle au milieu du côté opposé; quelle relation y a-t-il entre les côtés adjacents à ce sommet, la médiane et l'un des segments?

Dans un triangle, à quoi est égale la différence des carrés de deux côtés ?

Évaluez en degrés les trois angles d'un triangle isocèle dans lequel l'angle à la base est le tiers de l'angle au sommet.

XV. Démontrez que la diagonale d'un carré est dans un rapport incommensurable avec son côté. — Calculez ce rapport à moins d'un millième.

XVI. Définissez la projection d'un point sur une droite; celle d'une droite sur une droite. Comparez une droite et sa projection.

Démontrez que le carré du côté d'un triangle opposé à un angle $\left\{\begin{array}{l}\text{aigu}\\\text{obtus}\end{array}\right\}$ est $\left\{\begin{array}{l}\text{plus petit}\\\text{plus grand}\end{array}\right\}$ que la somme des carrés des deux autres côtés, et établissez la différence dans les deux cas.

Trouver sur la base d'un triangle un point tel qu'il soit équidistant des deux autres côtés.

Partager une droite en deux parties qui soient entre elles dans le rapport de m à n.

XVII. Les côtés d'un triangle ABC sont $AB = 8$, $AC = 6$, $BC = 7$; calculez 1° la bissectrice de l'angle A ; 2° la médiane qui aboutit de A au milieu de BC.

XVIII. Démontrez que la somme des carrés des quatre côtés d'un quadrilatère est plus grande en général que la somme des carrés des diagonales. Quelle est la différence de ces deux sommes?

Deux circonférences étant données, trouver un point tel que, en menant une tangente à chacune d'elles, ces tangentes soient respectivement égales à deux droites données.

XIX. Démontrez que la somme des carrés des quatre côtés d'un parallélogramme est égale à la somme des carrés des diagonales. La réciproque est-elle vraie?

Construire un triangle, connaissant deux côtés et la bissectrice de l'angle qu'ils font entre eux.

XX. Démontrez que deux cordes se coupent dans une circonférence en deux parties réciproquement proportionnelles.

Tracez par deux points donnés une circonférence tangente à une circonférence donnée.

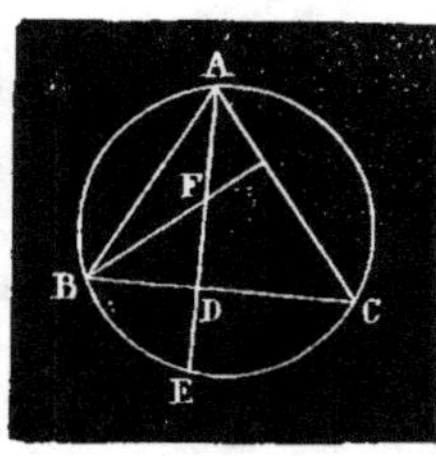

XXI. Démontrez que les sécantes issues d'un point extérieur à une circonférence sont réciproquement proportionnelles à leurs parties extérieures. — Démontrez les principes sur lesquels on s'appuie.

Soit le triangle quelconque ABC inscrit dans une circonférence ; soit AD perpendiculaire sur BC : soit E son intersection avec la circonférence ; soit DF = DE ; tirez BF et prouvez que cette ligne prolongée est perpendiculaire sur AC.

XXII. Démontrez que la tangente est moyenne proportionnelle entre la sécante entière et sa partie extérieure. — Pourquoi ce théorème n'est-il qu'un cas particulier du théorème XXI? — La réciproque est-elle vraie ? — Faites servir la proposition à la construction d'une moyenne proportionnelle entre deux lignes données.

Construire un triangle, connaissant la base, un angle à la base et le rayon du cercle inscrit.

XXIII. Démontrez que, si l'on divise l'angle d'un triangle en deux parties égales, le produit des deux côtés de cet angle est égal au produit des deux segments de la base, augmenté du carré de la bissectrice.

Décrire une circonférence tangente aux côtés d'un angle, en passant par un point pris dans l'intérieur de cet angle[1].

XXIV. Partagez une droite donnée en deux parties telles que l'une soit le quadruple de l'autre; — en deux parties telles que l'une

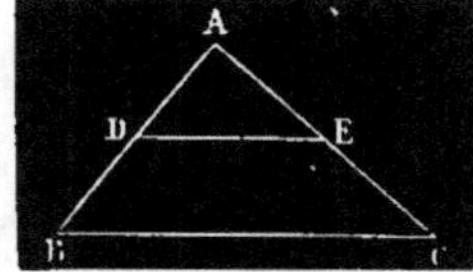

soit les $\frac{3}{4}$ de l'autre.

XXV. Tracez un triangle ABC; menez DE parallèle à BC, et démontrez les proportions $\frac{AB}{BD} = \frac{AC}{EC}$; $\frac{AB}{AC} = \frac{AD}{AE}$.

---

1. C'est avec intention que nous posons plusieurs fois certaines questions.

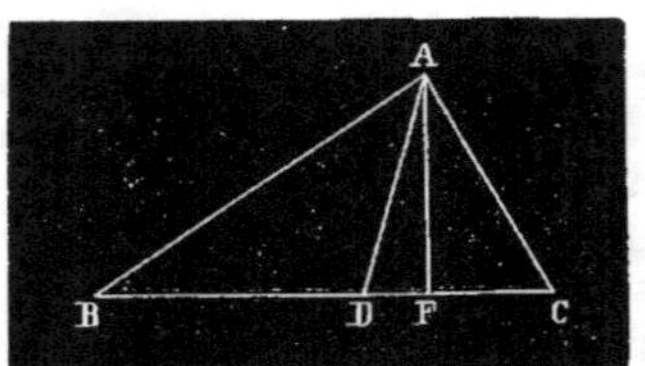

Tracez un triangle ABC ; menez la bissectrice AD et la hauteur AF, puis démontrez que l'angle FAD est égal à la demi-différence des angles B et C.

XXVI. Dans un quadrilatère deux côtés opposés sont égaux, et les deux autres sont parallèles.— Prouvez que ce quadrilatère est un parallélogramme ou un trapèze isocèle.

Construire un triangle, connaissant les milieux des côtés.

XXVII. Soient deux triangles ABC, A'B'C' tels que B = B', AB = A'B', AC = A'C', AC > AB ; prouvez que dans ce cas on peut affirmer que les deux triangles sont égaux.

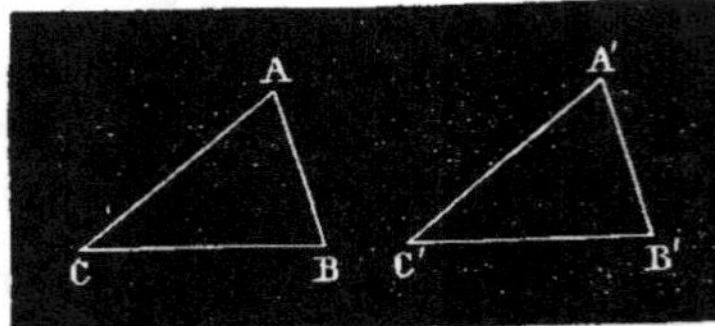

Qu'arriverait-il si l'on omettait la condition AC > AB ?

Construire un triangle, connaissant la base, l'angle au sommet et la distance du sommet à la base. Le problème est-il toujours possible?

XXVIII. Sur une droite donnée construire un triangle semblable à un triangle donné. — Rappelez les trois constructions que nous avons données.

Construire un triangle isocèle, connaissant la base et la hauteur.

Construire un triangle isocèle, connaissant la base et l'angle au sommet.

Inscrire dans un cercle donné un triangle isocèle tel que la base soit la moitié de la hauteur.

XXIX. Partager une droite donnée en parties proportionnelles aux nombres 2, 3, 4 ; et aux fractions $\frac{2}{3}$, $\frac{3}{4}$, $\frac{5}{7}$.

Inscrire dans une circonférence un triangle isocèle tel que la somme de la base et de la hauteur soit égale à une ligne donnée.

XXX. Tracez une circonférence ; par un point donné menez des sécantes ; marquez le milieu de chacune des cordes interceptées, et cherchez le lieu géométrique des points ainsi obtenus (cas où le point est intérieur, cas où il est extérieur).

Les périmètres de deux triangles sont proportionnels aux côtés ; ces triangles sont-ils semblables ? — Même question pour des polygones de plus de trois côtés.

XXXI. Deux triangles sont semblables lorsqu'ils ont un angle égal compris entre côtés proportionnels. — Qu'arriverait-il si l'angle égal n'était pas compris entre les côtés qui sont proportionnels ?

Décrivez une circonférence passant par deux points donnés tangente à une droite donnée. — Que serait le problème si on ajoutait la condition que la circonférence doit toucher la droite en un point donné ? — Rappelez les trois principales classes de problèmes.

XXXII. Tracez une demi-circonférence ; menez un diamètre AB ; 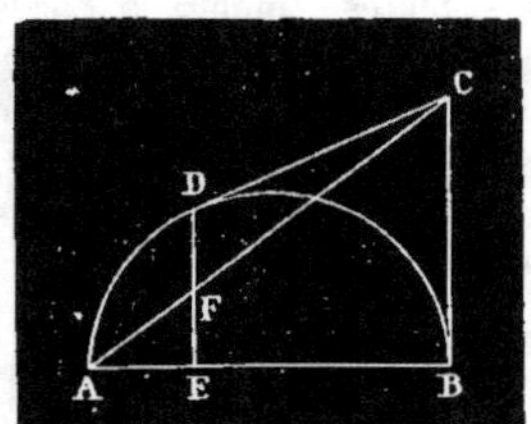 au point B menez une tangente ; d'un point quelconque C pris sur cette droite menez une tangente ; du point D abaissez sur AB la perpendiculaire DE ; tirez AC qui coupe DE en F. — Quelle est la relation de grandeur qui existe entre EF et DF ?

Démontrez que les tangentes à une circonférence issues d'un même point sont égales. — Rappelez les deux démonstrations.

XXXIII. Démontrez qu'une ligne est parallèle à la base d'un triangle lorsqu'elle divise les deux autres côtés en parties proportionnelles.

Dans un triangle menez à un côté une parallèle qui en soit les $\frac{3}{4}$.

Tracez un angle droit et partagez-le en trois parties égales.

XXXIV. On sait qu'un angle au centre a pour mesure l'arc compris entre ses côtés ; prouvez que la réciproque est fausse.

Tracez un carré et faites connaître le moyen d'y inscrire d'autres carrés.

Décrire une circonférence qui touche une circonférence en un point donné, et qui passe par un autre point donné.

XXXV. Démontrez qu'un triangle équilatéral est équiangle et réciproquement.

Tracez un triangle quelconque : 1° faites passer une circonférence par ses trois sommets ; 2° décrivez une circonférence tangente à ses trois côtés.

Inscrire dans une circonférence un triangle isocèle tel que sa base soit le quadruple de sa hauteur.

Décrire une circonférence tangente à une circonférence donnée et à une droite donnée en un point donné.

XXXVI. Tracez un triangle et trouvez dans l'intérieur de ce triangle un point qui soit à égale distance des extrémités de la base, et à égale distance des deux autres côtés.

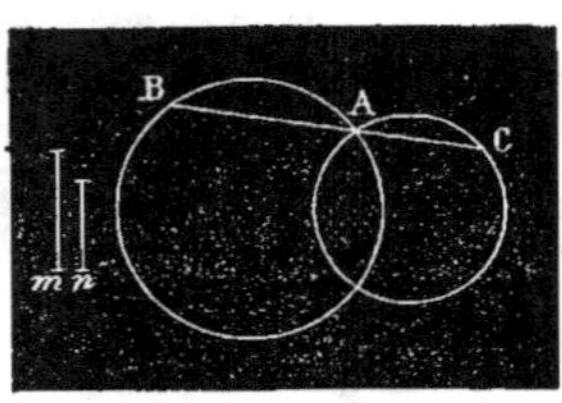

XXXVII. Construire un triangle, connaissant la base, la hauteur et l'angle au sommet. — Construire un triangle, connaissant la hauteur, l'angle au sommet et l'un des côtés.

Soient deux circonférences sécantes : menez par le point commun A une transversale BC telle que $\dfrac{AB}{AC} = \dfrac{m}{n}$.

XXXVIII. Tracez deux circonférences sécantes ; menez la corde commune, et prolongez-la ; 1° d'un point quelconque A de cette ligne menez deux tangentes ; 2° menez AO, AO' ; prouvez : 1° que les tangentes sont égales ; 2° que

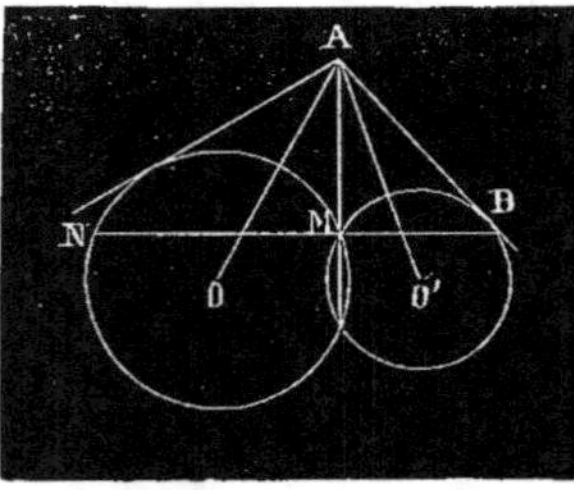

$$\overline{AO}^2 - \overline{AO'}^2 = R^2 - r^2.$$

Par le point commun M, menez une parallèle NB à OO', et prouvez qu'elle est un *maximum* parmi toutes les transversales qui passent par ce point.

XXXIX. Tracez deux droites parallèles **AB**, **CD** et une droite quelconque **MN** ; coupez les deux premières parallèlement à la troisième, de façon qu'en joignant les points M', N' avec un point donné E on ait **EM'** = **EN'**

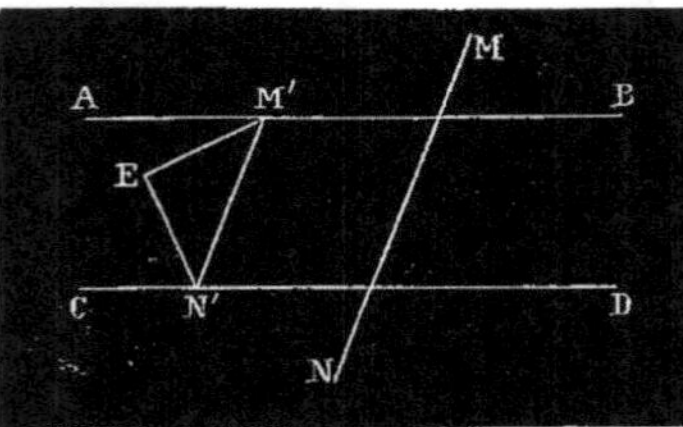

Construire un triangle, connaissant la base, l'angle au sommet et la bissectrice de cet angle.

XL. On donne deux points A et B : on détermine sur AB et son prolongement deux points C, C', tels que les distances de chacun aux points A, B soient dans le rapport de m à n ; sur CC' comme diamètre, on décrit une circonférence ; prouvez que tout point de cette circonférence est à des distances des points A, B dans le rapport $\dfrac{m}{n}$, et cela en vous appuyant sur ce que deux triangles qui ont un angle égal compris entre côtés proportionnels sont semblables.

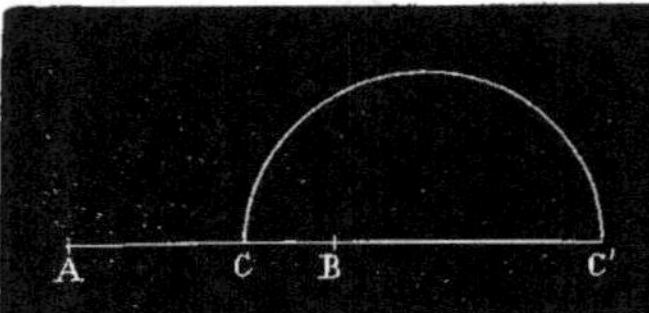

Tracez deux circonférences extérieures l'une à l'autre et deux rayons

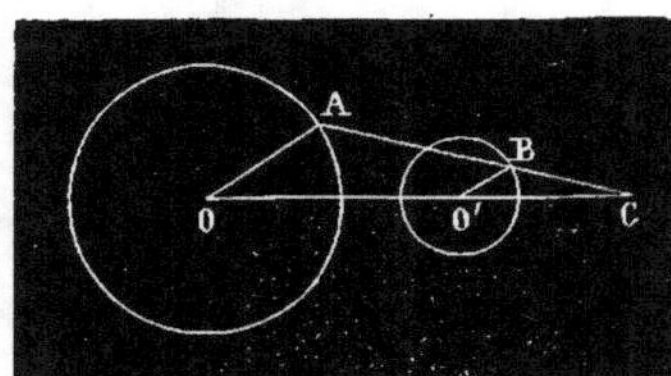

parallèles dans le même sens;
prouvez que les droites telles que
AB qui joignent les extrémités A,
B, de ces rayons vont toutes passer par le même point C situé sur
OO' prolongé.—Examinez le cas
où les rayons seraient parallèles
et dirigés en sens contraire. —
Employez ce théorème pour con-
struire la tangente commune à deux circonférences.

XLI. Décrivez une circonférence tangente à trois droites données.—
Discussion.

En un point d'une droite faire un angle égal à un angle donné.

Par un point donné tirer une droite qui fasse avec une droite donnée
un angle égal à un angle donné.

Menez une tangente à une circonférence de façon qu'elle fasse avec
une droite donnée un angle égal à un angle donné.

XLII. Trouvez un point dont les distances aux points A, B fassent
entre elles un angle a, et dont les distances aux points C, D fassent
entre elles un angle b.

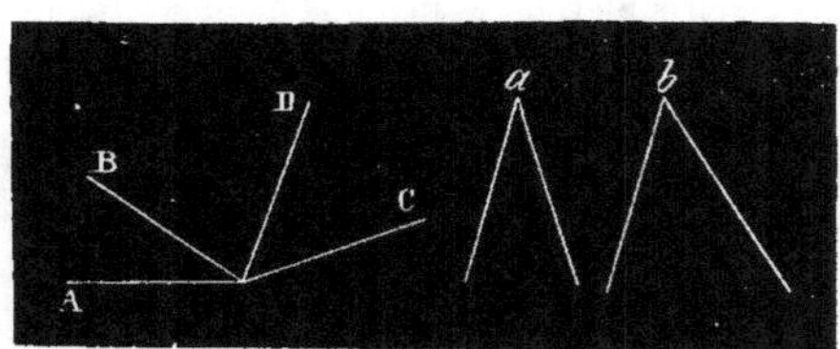

Trouver sur une droite AB le point X, tel que la *somme* des distances
de ce point à deux points C, D, situés d'un même côté de cette droite,
soit un *minimum*.

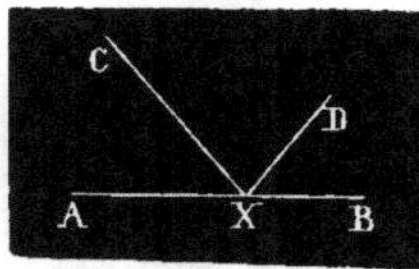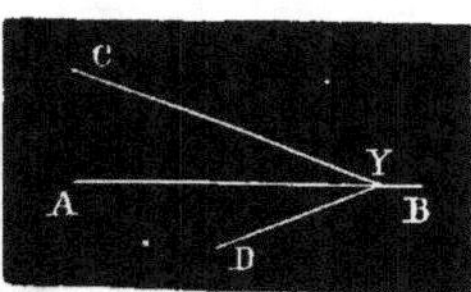

Marquez les points C, D, situés l'un au-dessus de AB, et l'autre au-
dessous, puis cherchez sur AB le point Y tel que la *différence* de ses
distances aux points C, D soit un *maximum*.

XLIII. Trouvez un point tel que la somme des distances de ce point à trois points donnés soit la plus petite possible (*deux cas*).

XLIV. Décrivez une circonférence d'un rayon donné passant par un point donné, tangentiellement à une droite donnée.

Par un point donné menez une droite sur laquelle une circonférence donnée intercepte une ligne égale à une longueur donnée.

XLV. Décrivez une circonférence tangente à deux droites données, sachant que son centre est sur une circonférence donnée (nombre de solutions, cas d'impossibilité).

Une droite d'une longueur constante se meut sur le plan d'un cercle de façon que, à l'une de ses extrémités, elle soit constamment tangente à la circonférence du cercle donné. Quel est le lieu géométrique de l'autre extrémité?

XLVI. Trouvez le lieu géométrique des points tels qu'en menant de ces points des tangentes à une circonférence donnée elles soient toutes égales à une ligne donnée.

Trouvez sur une droite quelconque un point tel qu'en menant de ce point une tangente à une circonférence donnée elle soit égale à une ligne donnée. Par un point donné dans un cercle ou hors d'un cercle menez une droite dont la partie interceptée soit égale à une ligne donnée.

XLVII. Décrivez une circonférence tangente aux côtés d'un angle, et qui passe par un point donné sur la bissectrice de cet angle.

Décrivez une circonférence tangente à une circonférence donnée et à une droite donnée en un point donné.

XLVIII. Souvent on dit qu'*une ligne droite est une circonférence décrite d'un rayon infiniment grand*. — Que faut-il entendre par là?

Décrivez une circonférence qui touche une droite donnée en un point donné, et qui passe par un second point donné.

Décrivez une circonférence qui touche une circonférence en un point donné, et qui passe par un second point donné.

XLIX. Tracez un triangle ABC ; menez les bissectrices des angles intérieurs A et B, puis celles des angles extérieurs adjacents : prouvez que les trois points C, D, E sont en ligne droite.

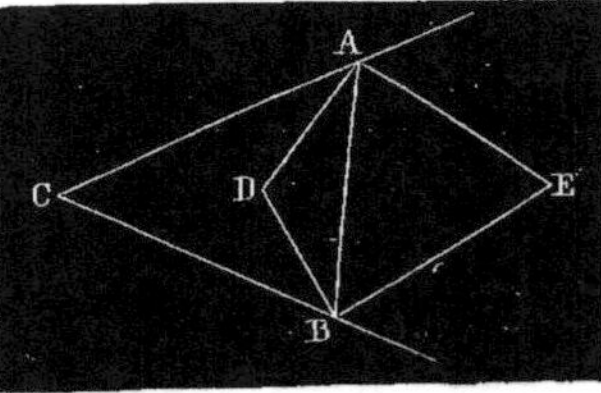

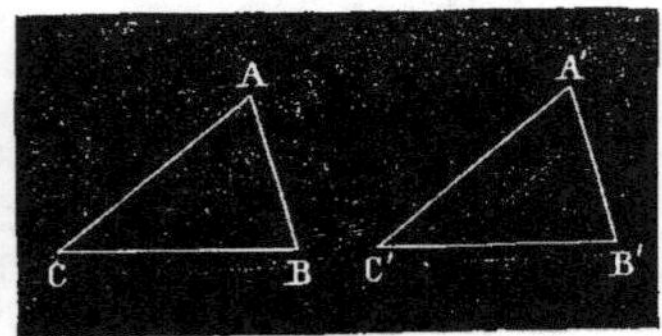

15.

Deux triangles ABC, A'B'C', qui ont un côté et deux angles respectivement égaux, sont-ils toujours égaux?

1er Exemple : BC = B'C', B = B', A = A'.

2e Exemple : AC = A'C', B = B', A = A'.

L. **E** (initiale de *Examinateur*). — L'angle d'un polygone équiangle est de 175 degrés. Combien ce polygone a-t-il de côtés ?

C (initiale de *Candidat*). — La formule de l'angle A d'un polygone équiangle de n côtés est

$$A = \frac{2n - 4}{n};$$

or, A = 175 degrés ; donc

$$175 = \frac{2n - 4}{n},$$

équation du premier degré à une inconnue, que je résous d'après la méthode connue :

$$175n = 2n - 4,$$

$$175n - 2n = -4,$$

$$173n = -4,$$

$$n = \frac{-4}{173}.$$

Cette valeur négative de n prouve que le problème est impossible.

E. — Comme il est possible, il faut en conclure que vous avez mal raisonné. La question est de savoir où vous vous êtes trompé. Vous y réfléchirez.

LI. **E.** — En abaissant une perpendiculaire AD du sommet de l'angle droit d'un triangle rectangle ABC sur l'hypoténuse, on sait que les carrés des côtés de l'angle droit sont entre eux comme les segments adjacents :

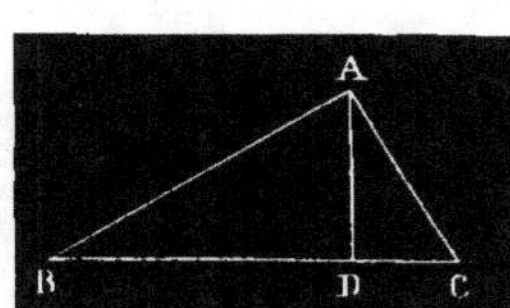

$$\frac{\overline{AB}^2}{\overline{AC}^2} = \frac{BD}{CD}.$$

On demande si la réciproque est vraie.

C. — De la proportion

(1)
$$\frac{\overline{AB}^2}{\overline{AC}^2} = \frac{BD}{CD}$$

je tire. d'après un principe connu,

$$(2) \qquad \frac{\overline{AB}^2 + \overline{AC}^2}{\overline{AB}^2 - \overline{AC}^2} = \frac{BD + CD}{BD - CD};$$

je vois d'abord que la hauteur AD du triangle doit tomber dans l'intérieur du triangle, sans quoi on n'aurait pas $BC = BD + DC$; je supposerai cette condition remplie.

Je multiplie les deux termes du second rapport de la proportion (2) par $BD + DC$, et j'ai

$$(3) \qquad \frac{\overline{AB}^2 + \overline{AC}^2}{\overline{AB}^2 - \overline{CA}^2} = \frac{(BD + CD)^2}{(BD - CD)(BD + CD)} = \frac{BC^2}{BD^2 - CD^2}.$$

or, dans cette proportion, il est facile de voir que le second terme $\overline{AB}^2 - \overline{AC}^2$ égale le quatrième $\overline{BD}^2 - \overline{CD}^2$.

En effet,

$$\overline{AB}^2 = \overline{AD}^2 + \overline{BD}^2,$$

$$\overline{AC}^2 = \overline{AD}^2 + \overline{CD}^2,$$

d'où, en retranchant membre à membre,

$$\overline{AB}^2 - \overline{AC}^2 = \overline{BD}^2 - \overline{CD}^2.$$

Cela posé, je sais que dans une proportion,

$$\frac{a}{b} = \frac{c}{d},$$

$$a = c \text{ lorsque } b = d;$$

donc de la proportion (3) je tire

$$\overline{BC}^2 = \overline{AB}^2 + \overline{AC}^2.$$

Or, quand cette relation a lieu, le triangle est rectangle ; en con-

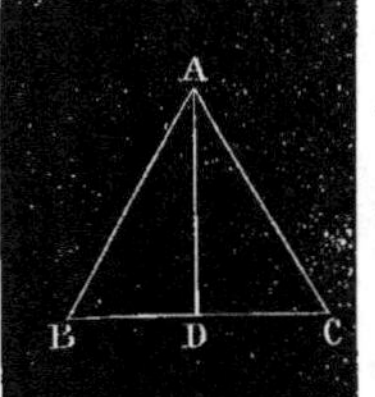

séquence la réciproque est vraie, si toutefois la hauteur AD du triangle tombe dans l'intérieur de ce triangle.   *C. Q. F. D.*

E. — Tracez un triangle isocèle ABC ; du point A abaissez la perpendiculaire AD ; tombe-t-elle dans l'intérieur du triangle ?

C. — Oui, et de plus au milieu de BC.

E. — A-t-on l'égalité de rapports

$$\frac{\overline{AB}^2}{\overline{AC}^2} = \frac{BD}{CD}.$$

C. — Sans doute, puisque ces rapports sont égaux à l'unité.

E. — Il résulterait donc de votre raisonnement que :

1º *Tout triangle isocèle est rectangle :*

2º *Tout triangle équilatéral est trirectangle;*

3º *Il est faux de dire que les trois angles d'un triangle valent deux droits.*

La question est donc celle-ci : Où vous êtes-vous trompé ? car il y a une contradiction manifeste entre les conséquences précédentes et les théorèmes démontrés en géométrie. Vous y réfléchirez.

Remarques. — Il arrive souvent qu'on applique mal à propos des principes vrais en général, sans avoir égard aux exceptions qui ont été enseignées (ou qui ont dû l'être). C'est précisément à l'une de ces exceptions relatives à la théorie générale des proportions qu'est due l'anomalie qui résulte des raisonnements précédents.

Je crois la chose assez importante pour attirer sur elle l'attention des élèves.

Une proportion est une *égalité de rapports,* et, pour qu'il y ait égalité entre des rapports, il faut que ces rapports existent.

Le rapport entre deux quantités est le nombre qui exprime combien de fois la première contient la seconde ou une partie aliquote de la seconde : ainsi, dire que le rapport de a à b est $\frac{5}{8}$ signifie que a contient *cinq* fois le huitième de b. Or, peut-on demander combien de fois -1 contient $\frac{1}{8}$ de $+1$?

Le mot *rapport* n'a donc plus aucun sens conforme à l'idée qu'on doit s'en faire lorsqu'il s'agit de quantités négatives. Les expressions qu'on nomme quantités *négatives,* et celles qu'on nomme quantités *imaginaires,* ne sont pas de vraies quantités susceptibles d'être grandes ou petites; elles sont de purs symboles destinés à généraliser des procédés de calcul suivant des conventions qui ont été faites lorsqu'on a introduit leur emploi dans le calcul. On ne doit donc pas appliquer aux proportions les règles ordinaires de ce calcul, lorsqu'elles renferment des quantités négatives ou imaginaires.

J'en dirai autant des proportions renfermant des termes nuls : on ne peut attacher aucune idée de grandeur au *rapport* d'une quantité à 0 ou de 0 à une quantité, et de la proportion $\frac{a}{b} = \frac{c}{d}$ on ne peut conclure ni $b = d$ lorsque $a = c$, ni $b > d$ lorsqu'on a $a > c$, qu'autant que a et c ne sont ni nuls, ni imaginaires, ni négatifs.

Si on a $\dfrac{a-b}{c} = \dfrac{m-n}{p}$ et que $a - b = m - n$, on n'est en droit d'en conclure $c = p$ qu'autant que $a - b$ et $m - n$ ne sont pas égaux à 0.

Il en est de même des transformations diverses qu'on fait subir aux inégalités; on ne doit pas multiplier ou diviser les deux membres d'une inégalité par un même nombre, si ce n'est par un nombre positif.

Exemple I. Soit

$$(1) \qquad 7a < 5a + 7b - 5b ;$$

si l'on fait passer $7b$ dans le premier membre, et qu'on divise les deux membres par $a - b$, on obtient la relation $7 < 5$, qui est fausse, et cependant, pour $a = 3$, $b = 8$, la relation (1) est exacte.

Cette anomalie résulte de ce que le facteur supprimé $a - b$ est négatif.

Exemple II. Si on extrait les racines carrées des deux membres d'une inégalité, il faut prendre les résultats avec le même signe.

De $a^2 - 2ab + b^2 > 16$ il ne faut pas conclure $a - b > 4$ ou $a > b + 4$, à moins que a ne doive être plus grand que b.

Dans le cas contraire on doit conclure

$$b - a > 4 \quad \text{ou} \quad a < b - 4.$$

QUESTIONS A TRAITER PAR ÉCRIT.

I. Dans un quadrilatère inscrit, les angles opposés sont supplémentaires, et réciproquement.

Dans un quadrilatère circonscrit, la somme de deux côtés opposés est égale à la somme des deux autres, et réciproquement.

Les pieds des perpendiculaires abaissées d'un point quelconque de la circonférence de cercle circonscrite à un triangle, sur les trois côtés de ce triangle, sont situés en ligne droite[1].

II. Démontrez que, lorsque les diagonales d'un quadrilatère sont égales, les droites qui joignent les milieux des côtés opposés sont parallèles aux bissectrices des angles formés par ces diagonales.

III. Décrivez une circonférence qui touche une circonférence donnée et une droite donnée en un point donné.

Tracez une droite qui aille passer par le *sommet* d'un angle situé hors de la feuille de papier, et qui divise cet angle en deux parties égales.

---

1. *Corollaire.* Le lieu géométrique des foyers des paraboles tangentes à trois droites est la circonférence de cercle circonscrite au triangle formé par les trois droites.

IV. Construisez par points une circonférence tangente à trois droites données, sans vous servir du centre de cette circonférence.

Décrivez *par points* une circonférence tangente à deux droites données, l'un des points de tangence étant donné sur l'une de ces droites.

V. On donne une circonférence et deux points A, B ; trouvez sur la circonférence un point X tel que, en tirant AX, BX, la droite CD soit parallèle à AB.

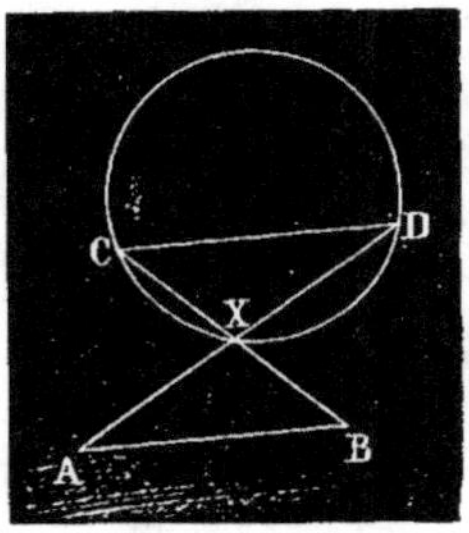

VI. Construisez un triangle, connaissant ses trois hauteurs.

Construisez un triangle, connaissant ses trois médianes.

VII. On donne une circonférence et on propose de décrire trois circonférences égales entre elles tangentes les unes aux autres et à la circonférence donnée.

VIII. On donne trois circonférences concentriques et on propose de construire un triangle équilatéral tel que chaque sommet repose sur l'une des circonférences données.

IX. Par un point donné faites passer une circonférence tangente à une droite et à une circonférence données.

X. On joint deux à deux les pieds des trois hauteurs d'un triangle ; on forme ainsi un nouveau triangle, dans lequel les bissectrices des angles sont les hauteurs du premier triangle.

XI. Construisez un triangle rectangle, connaissant l'hypoténuse et un autre côté. — Construisez un triangle rectangle, connaissant l'hypoténuse et un angle aigu.

XII. Construisez un triangle, connaissant la base, la hauteur et la médiane partant du même sommet. — Construisez un triangle, connaissant deux angles et l'une des hauteurs. — Construisez un triangle, connaissant deux côtés et l'une des hauteurs.

XIII. (*Concours général de* 1853). Décrivez une circonférence également distante :

1° De quatre points donnés ;

2° D'une droite et de trois points situés d'un même côté de cette droite ;

3° De deux droites et de deux points compris dans l'angle de ces droites ;

4° D'un point et de trois droites non parallèles.

XIV. Dans tout triangle, les trois points d'intersection : 1° des hauteurs, 2° des médianes, 3° des perpendiculaires élevées sur les milieux des côtés, sont en ligne droite, et la distance des deux premiers est double de celle du second au troisième.

XV. On demande le lieu géométrique des points de chacun desquels on peut mener des tangentes égales à deux circonférences non concentriques. — Définissez l'*axe radical* de deux circonférences.

XVI. Construisez un triangle dont on connaît un angle, la base et la hauteur. — Construisez un triangle dont on connaît les angles et la somme de deux côtés. — Construisez un triangle dont on connaît les angles et le périmètre.

XVII. Si dans un quadrilatère on joint les milieux des côtés opposés et les milieux des diagonales, ces trois droites se coupent en un même point et en leur milieu.

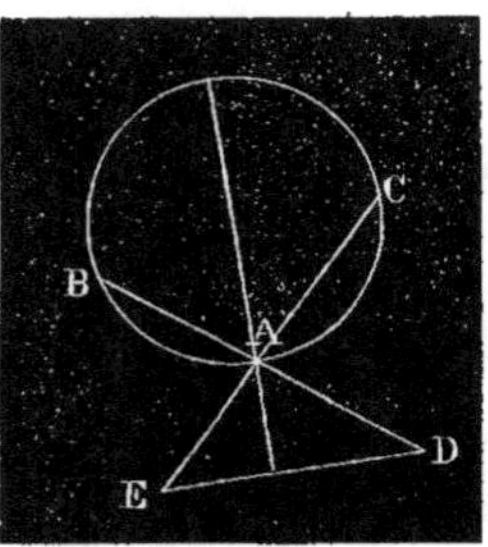

XVIII. Par un point A, pris sur une circonférence, on mène deux cordes quelconques AB, AC; on prolonge BA d'une longueur AD égale à AC, et CA d'une longueur AE égale à AB ; on mène DE. Démontrez que cette droite est perpendiculaire au diamètre qui passe au point A.

XIX. Construisez un triangle, connaissant un angle ainsi que la hauteur et la médiane partant du sommet de cet angle.

XX. Une droite AM est tangente à la circonférence O ; déterminez sur cette droite un point D, tel que la partie DB, comprise entre ce point et la circonférence (sur la droite qui joint le point au centre O), soit la moitié de AD.

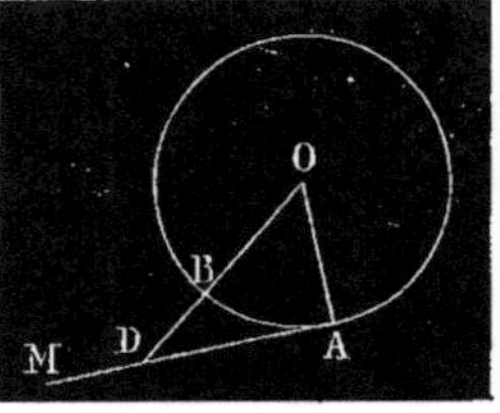

XXI. L'angle aigu d'un triangle rectangle est de 30 degrés ; prouvez que le côté opposé à cet angle est la moitié de l'hypoténuse.

Les bissectrices des angles formés par les côtés opposés d'un quadrilatère inscriptible se coupent à angle droit.

XXII. Décrivez une circonférence qui passe par deux points donnés et soit tangente à une droite donnée. — Décrivez une circonférence qui passe par deux points donnés et soit tangente à une circonférence donnée.

XXIII. Dans un quadrilatère, si on joint les milieux des côtés opposés, la somme des carrés des diagonales de ce quadrilatère est le double de la somme des carrés des deux premières lignes.

XXIV. Deux cordes se coupent à angle droit dans une circonférence ; prouvez que la somme des carrés des quatre segments est égale au carré du diamètre.

XXV. Deux circonférences O, O' sont extérieures l'une à l'autre ; du milieu M de la distance des centres comme centre on décrit une

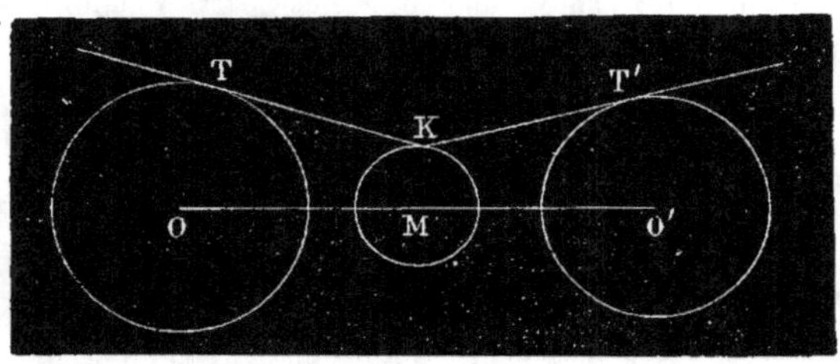

circonférence avec un rayon quelconque ; par un point K pris sur cette dernière circonférence on mène les tangentes KT, KT' ; démontrez que $KT^2 + KT'^2$ est une quantité constante.

XXVI. Démontrez que les tangentes menées aux points de contact de trois circonférences tangentes deux à deux se coupent en un même point.

XXVII. Décrivez une circonférence tangente à deux circonférences données ; on connaît en outre le rayon de la circonférence cherchée.

XXVIII. Trouvez le lieu géométrique des points tels qu'en menant de chacun d'eux des couples de tangentes à une circonférence donnée ces tangentes fassent entre elles un angle égal à un angle donné.

XXIX. Par un point donné faites passer une circonférence tangente à deux droites données.

XXX. Par deux points donnés faites passer une circonférence telle que, en lui menant une tangente par un point donné, elle soit égale à une ligne donnée.

XXXI. Par un point donné menez une droite que coupe une circonférence donnée sous un angle donné.

XXXII. Décrivez une circonférence tangente à une droite et à une circonférence en un point donné sur cette dernière.

XXXIII. Décrivez une circonférence tangente à deux circonférences données, et pour l'une d'elles en un point donné.

XXXIV. Décrivez une circonférence qui passe par deux points donnés et qui soit tangente à une circonférence donnée.

XXXV. Décrivez une circonférence tangente à une circonférence donnée et à une droite donnée, et passant par un point donné.

XXXVI. Menez par l'un des points communs à deux circonférences qui se coupent une sécante telle que les deux parties comprises dans les circonférences soient entre elles dans un rapport donné.

XXXVII. Trois parallèles étant données, construisez un triangle semblable à un triangle donné et ayant un sommet sur chacune de ces parallèles.

XXXVIII. Décrivez une circonférence tangente à deux circonférences données et passant par un point donné.

XXXIX. Avec un rayon donné, décrivez une circonférence qui passe par un point donné et intercepte sur une droite donnée une longueur donnée.

XL. Décrivez une circonférence qui ait son centre en un point donné et qui intercepte une longueur donnée sur une droite donnée.

XLI. Construisez un triangle, connaissant un côté, l'angle opposé et la médiane partant de l'une des extrémités du côté donné.

XLII. Par deux points donnés faites passer une circonférence qui coupe une circonférence donnée en deux parties égales.

XLIII. On donne deux circonférences O, O'; on leur mène deux tan-

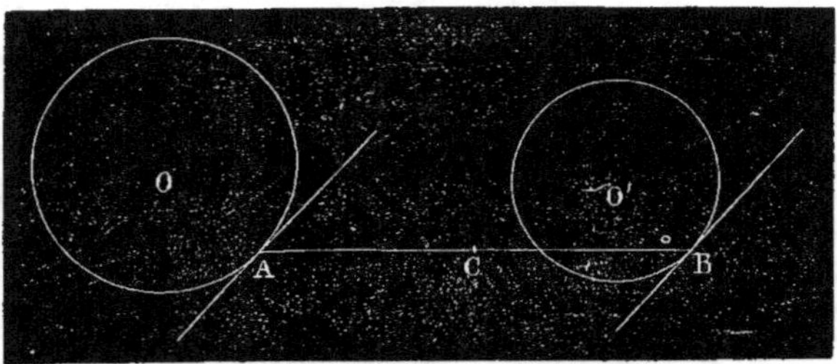

gentes parallèles; on joint les points de contact A et B; trouvez le lieu géométrique du point C, milieu de AB.

XLIV. Des trois sommets d'un triangle comme centres décrivez des circonférences tangentes entre elles deux à deux.

XLV. Trouvez le lieu géométrique des points tels que la somme de leurs distances aux côtés d'un angle donné soit égale à une longueur donnée.

XLVI. Décrivez d'un rayon donné une circonférence tangente à une droite et à une circonférence données.

XLVII. Trouvez le lieu géométrique des milieux des cordes d'une circonférence passant toutes par un point donné.

XLVIII. Décrivez une circonférence tangente à deux droites données et à une circonférence donnée.

XLIX. Par un point A, pris hors d'une circonférence, on mène une

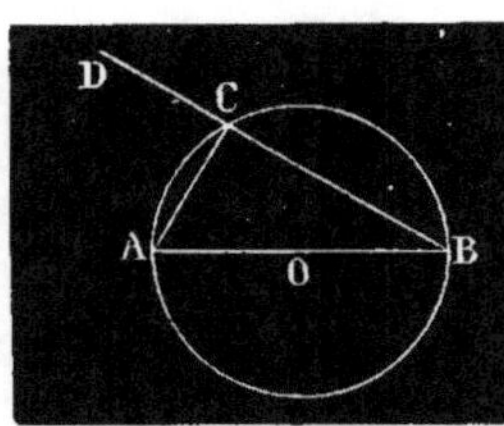

sécante quelconque ABC à cette circonférence ; par le milieu D de BC on élève à cette ligne une perpendiculaire ; on prend DE = DA. Trouvez le lieu géométrique du point E.

L. Trouvez le lieu géométrique des points dont les distances à deux droites données soient dans le rapport $\frac{m}{n}$.

LI. Décrivez une circonférence tangente à trois circonférences données.

LII. Soient un cercle O et l'un de ses diamètres AB ; par le point B on mène une corde quelconque BC, que l'on prolonge d'une longueur CD égale à CA. Trouvez le lieu géométrique du point D.

LIII. Évaluez les angles d'un triangle isocèle dont la base est le plus grand segment d'une droite divisée en moyenne et extrême raison, et le côté cette droite elle-même.

LIV. Trouvez sur une circonférence un point dont les distances à deux points donnés de cette circonférence soient dans le rapport $\frac{m}{n}$.

Partagez une droite donnée en deux parties telles que l'une surpasse la moitié de l'autre d'une longueur donnée.

Partagez une droite donnée en deux parties telles que le tiers de l'une, augmenté du quart de l'autre, soit égal à une longueur donnée.

LV. Deux circonférences étant données, quel est le lieu des centres des circonférences qui les coupent chacune en deux points diamétralement opposés ?

LVI. Deux circonférences étant données, quel est le lieu des centres des circonférences qui les coupent chacune en un point tel que les tangentes à ce point fassent un angle droit?

LVII. Sur la base d'un triangle, trouvez un point tel que la somme de ses distances aux deux autres côtés soit égale à une longueur donnée.

LVIII. Tracez une circonférence telle que les tangentes parallèles aux côtés d'un triangle en soient distantes de trois longueurs données.

LIX. Avec un rayon donné décrivez une circonférence qui intercepte sur deux circonférences données des arcs de longueur donnée.

LX. Dans un trapèze quelconque la somme des carrés des diagonales surpasse celle des carrés des côtés obliques d'une quantité égale au double du produit des bases.

LIVRE IV

POLYGONES RÉGULIERS.

RAPPORT DE LA CIRCONFÉRENCE AU DIAMÈTRE.

ÉVALUATION DES SURFACES.

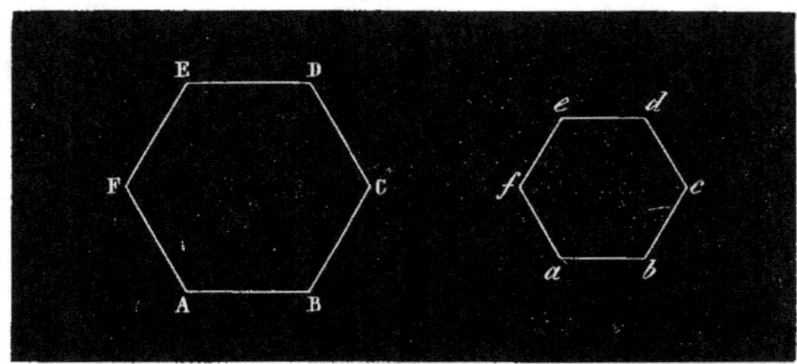

Fig. 303.

CHAPITRE Ier

POLYGONES RÉGULIERS.

162. Définition. On appelle polygone *régulier* un polygone équilatéral et équiangle. Tels sont le triangle équilatéral et le carré.

163. Théorème. *Deux polygones réguliers d'un même nombre de côtés sont deux figures semblables.*

Démonstration. Soient ABC..., abc... (*fig.* 303), deux polygones réguliers de n côtés. Les angles A et a ont chacun pour expression $\dfrac{2n-4}{n}$; donc ils sont égaux; il en est de même des angles B, b; C, c, etc.

De plus, puisque dans ces polygones on a

$$AB = BC = CD = DE...,$$
$$ab = bc = cd = de....,$$

on en conclut que

$$\frac{AB}{ab} = \frac{BC}{bc} = \frac{CD}{cd} = \frac{DE}{de}...$$

Les deux conditions de similitude étant remplies, la proposition énoncée est démontrée.

164. Théorème. *Les périmètres de deux polygones réguliers d'un même nombre de côtés sont entre eux comme leurs côtés.*

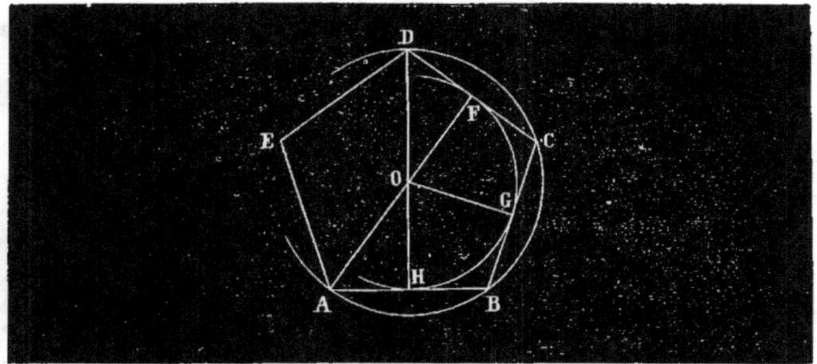

Fig. 304.

C'est une conséquence de leur similitude ; d'ailleurs les deux périmètres sont des équimultiples des côtés.

165. Théorème. *Tout polygone régulier peut être inscrit dans une circonférence et peut lui être circonscrit.*

Démonstration. Soit, pour fixer les idées, le pentagone régulier ABCDE *fig.* 304. Je peux faire passer une circonférence par trois sommets consécutifs quelconques A, B, C ; et tout se réduit à prouver que cette circonférence passera aussi par le quatrième sommet D, ou que OD est égal à OA.

A cet effet, je fais tourner le quadrilatère ODCG autour de OG comme charnière, jusqu'à ce qu'il se rabatte sur le quadrilatère OGBA ; puisque les angles en G sont droits, GC prend la direction GB, et, comme ce sont les deux moitiés de la corde BC, le point C tombe en B ; par la nature même du polygone, l'angle C est égal à l'angle B ; donc le côté CD prend la direction BA ; en outre, le point D tombe en A, puisque CD = BA ; donc finalement OD est égal à OA, et le principe énoncé est démontré.

Le polygone étant *inscriptible*, il en résulte immédiatement qu'il est *circonscriptible*. En effet, les côtés de ce polygone sont des cordes ; ces cordes sont égales ; elles sont donc équidistantes du centre ; donc la circonférence décrite du point O comme centre, avec OF pour rayon, passera par les pieds G, H.... de toutes les perpendiculaires abaissées du centre sur les côtés du polygone, et ces côtés seront tangents à la circonférence, puisque chacun est perpendiculaire à un rayon.

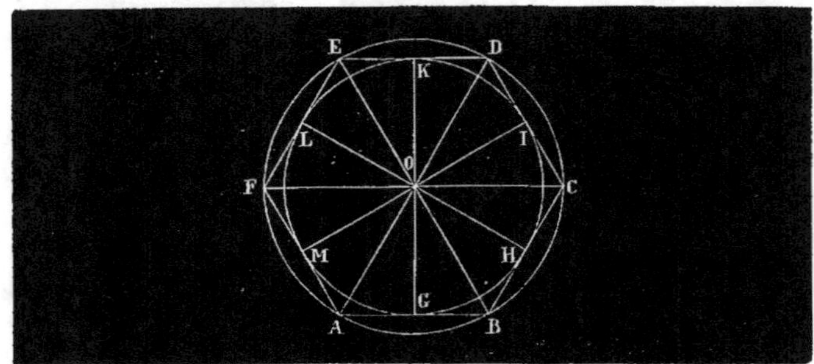

Fig. 305.

Remarque I. Tout cercle est compris entre deux polygones réguliers semblables : il est plus grand que le polygone inscrit et plus petit que le polygone circonscrit.

La circonférence de ce cercle est comprise entre les périmètres de ces mêmes polygones : elle est plus grande que l'un et plus petite que l'autre.

Remarque II. Le *centre commun* du cercle inscrit et du cercle circonscrit est un point qui est tout à la fois équidistant des sommets, et équidistant des côtés (*fig.* 305).

Réciproquement, tout polygone qui a un point à égale distance de ses sommets, et à égale distance de ses côtés, est un *polygone régulier* : car on peut alors tracer une circonférence qui passe par tous les sommets. D'ailleurs, les côtés, équidistants du centre, sont des cordes égales ; les arcs sous-tendus sont des arcs égaux ; par suite le polygone est régulier.

On appelle *centre d'un polygone régulier* le centre commun O du cercle inscrit et du cercle circonscrit.

On appelle *rayon d'un polygone régulier* le rayon OA du cercle qui lui est circonscrit.

On appelle *apothème*[1] *d'un polygone régulier* le rayon OG du cercle inscrit dans ce polygone.

---

1. Du grec *apothèma*, amené de loin.

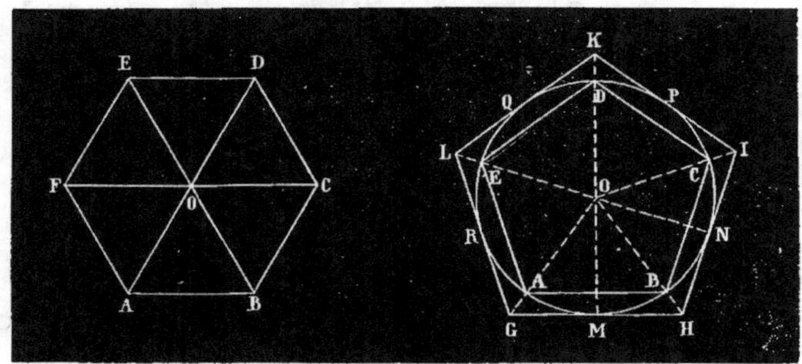

Fig. 306.   Fig. 307.

Remarque III. Chaque rayon du polygone est la bissectrice d'un angle de ce polygone.

Remarque IV. Les rayons et les apothèmes décomposent le polygone en triangles rectangles tous égaux entre eux.

On appelle *angle au centre d'un polygone régulier* l'angle AOB (*fig. 306*) formé par deux rayons consécutifs OA, OB.

166. Théorème. *L'angle au centre d'un polygone régulier de n côtés est égal à la n° partie de quatre angles droits.*

En effet, les angles sont tous égaux entre eux, et, en somme, ils valent quatre droits.

Soit AOB l'un de ces angles, on a

$$AOB = \frac{4^d}{n} = \frac{360°}{n}.$$

$$\text{Soit } n = \infty \; ; \quad AOB = \frac{4^d}{\infty} = 0,$$

ce qui signifie que zéro est la limite de la valeur décroissante de l'angle au centre, à mesure que l'on augmente le nombre des côtés du polygone.

167. Problème. *Étant donné un polygone régulier ABCDE (fig. 307), inscrit dans une circonférence, circonscrire à cette circonférence un polygone régulier semblable.*

Solution. Au point M, milieu de l'arc AB, je mène la tangente GH, laquelle est parallèle à AB ; je fais la même construction aux points N, P, Q...., milieux des autres arcs, et ces tangentes for-

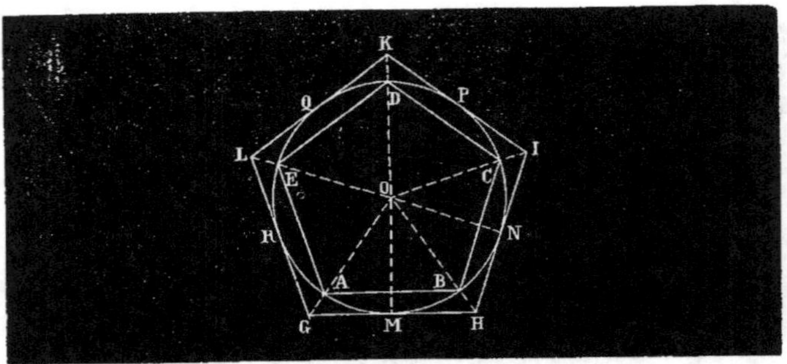

Fig. 307.

ment par leurs intersections le polygone régulier GHIKL (*fig.*307), semblable au polygone inscrit.

En effet, les trois points O, B, H sont en ligne droite, car les triangles rectangles OMH, OHN sont égaux, comme ayant l'hypoténuse commune [OH], et un côté égal [OM $=$ ON] : par suite $\widehat{MOH} = \widehat{HON}$, en sorte que la ligne OH passe par le milieu B de l'arc MN ; on prouverait qu'il en est de même des points O, C, I; O, D, K, *etc.*

Mais, puisque GH est parallèle à AB, et que HI est parallèle à BC, $\widehat{GHI} = \widehat{ABC}$; par la même raison $\widehat{HIK} = \widehat{BCD}$, *etc.*; donc les angles du polygone circonscrit sont respectivement égaux à ceux du polygone inscrit.

D'ailleurs, à cause de ces mêmes parallèles,

$$\frac{GH}{AB} = \frac{OH}{OB} \quad \text{et} \quad \frac{HI}{BC} = \frac{OH}{OB};$$

donc
$$\frac{GH}{AB} = \frac{HI}{BC};$$

et comme AB $=$ BC, on conclut que GH $=$ HI. On prouverait de même que HI $=$ IK, *etc.*; donc les côtés du polygone circonscrit sont égaux entre eux; donc finalement ce polygone est régulier et semblable au polygone inscrit.

REMARQUE. Au lieu de mener les tangentes par les milieux des arcs, on pourrait les mener par les sommets du polygone inscrit (*fig.* 308).

16.

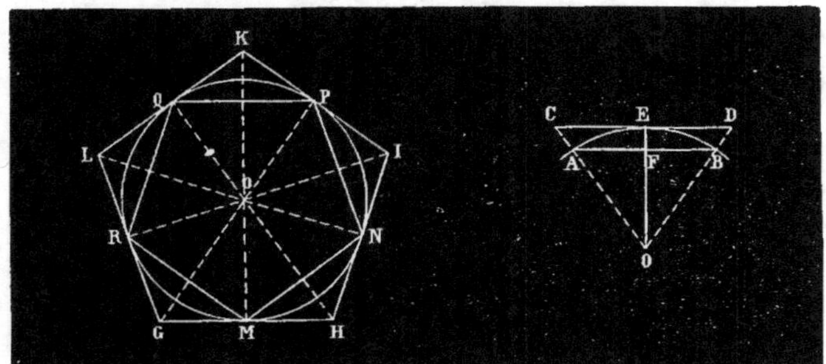

Fig. 308.   Fig. 309.

168. Problème inverse. *Un polygone régulier étant circonscrit à une circonférence, y inscrire un polygone régulier semblable.*

Solution. Les lignes OG, OH, OI, OK, *etc.* (*fig.* 307), donnent les sommets A, B, C, D, *etc.*, du polygone inscrit, et il n'y a plus qu'à joindre chacun d'eux au suivant.

On peut aussi joindre les points de contact (*fig.* 308) par les cordes MN, NP, *etc.*

Conclusion. On peut circonscrire à une circonférence donnée tous les polygones réguliers qu'on saura inscrire dans cette circonférence, et réciproquement.

169. Problème. *Connaissant le côté* [AB = a] (*fig.* 309) *d'un polygone régulier inscrit dans un cercle dont le rayon est R, calculer le côté* [CD = a'] *du polygone régulier semblable circonscrit au même cercle.*

Solution. Les triangles semblables OCD, OAB donnent

$$\frac{CD}{AB} = \frac{OE}{OF}$$

ou

$$(1) \qquad \frac{a'}{a} = \frac{R}{OF};$$

or,

$$OF = \sqrt{\overline{OA}^2 - \overline{AF}^2} = \sqrt{R^2 - \frac{a^2}{4}}.$$

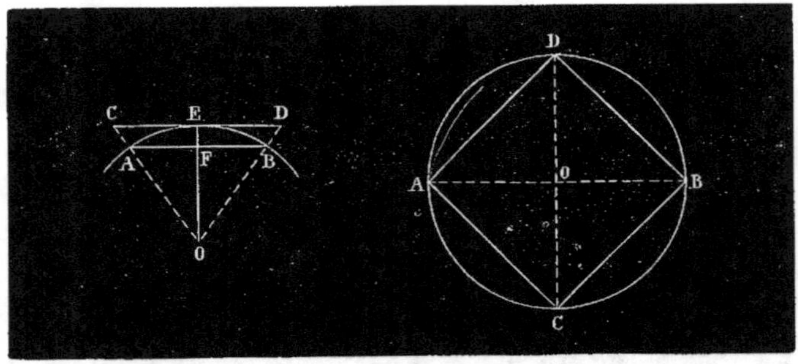

<table>
<tr><td>Fig. 309.</td><td>Fig. 310.</td></tr>
</table>

Substituant cette valeur dans l'égalité (1), il vient

$$\frac{a'}{a} = \frac{R}{\sqrt{R^2 - \dfrac{a^2}{4}}},$$

d'où l'on tire

(2)
$$a' = \frac{aR}{\sqrt{R^2 - \dfrac{a^2}{4}}}.$$

C. Q. F. D.

170. Problème. *Inscrire un carré dans un cercle donné.*

Solution. Je mène deux diamètres AB, CD (*fig.* 310), qui se coupent à angles droits ; je tire les cordes AC, CB, BD, DA, et le problème est résolu.

Corollaire. Le triangle rectangle isocèle BOC donne

$$\overline{BC}^2 = \overline{2BO}^2,$$

ou $\qquad c^2 = 2R^2$ (c désigne le côté du carré),

d'où $\qquad c = R\sqrt{2}.$

Si l'on supposait $R = 1$, on aurait $c = \sqrt{2}$; en conséquence, $\sqrt{2}$ représente le côté du carré inscrit dans le cercle dont le rayon est 1.

Remarque. Après avoir partagé une circonférence en quatre parties égales, en subdivisant chaque partie en 2, 4, 8,..., parties

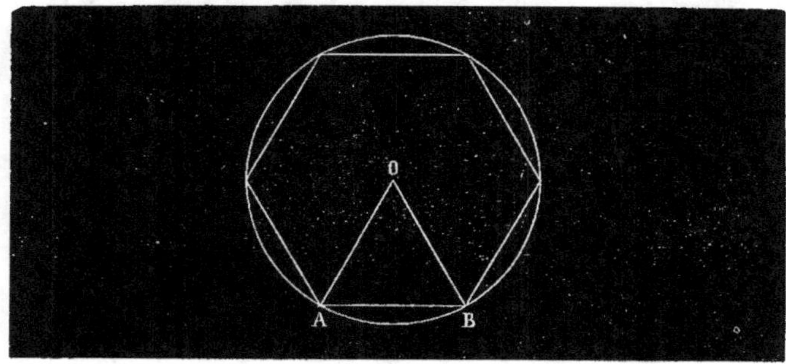

Fig. 311.

égales, et en joignant les points de division, on obtiendra les polygones inscrits de 8, 16, 32,..., 2^n côtés.

171. Problème. *Inscrire un hexagone régulier dans une circonférence donnée.*

Solution. Je suppose le problème résolu. Soit AB (*fig.* 311) l'un des côtés de l'hexagone inscrit ; je mène les rayons OA, OB. L'angle AOB doit être la sixième partie de quatre angles droits, ou les $\frac{2}{3}$ de l'angle droit ; par suite, les angles A et B valent à eux deux $2^d - \frac{2^d}{3}$ ou $\frac{4^d}{3}$, et comme ils sont égaux entre eux, puisque le triangle est isocèle, chacun d'eux est les $\frac{2}{3}$ d'un droit. Cette analyse prouve que le triangle ABO doit être équiangle ; par suite AB = R, c'est-à-dire que *le côté de l'hexagone régulier inscrit est égal au rayon.*

En conséquence, pour inscrire un hexagone régulier dans un cercle, portez le rayon six fois sur la circonférence, ce qui vous ramènera au point de départ.

Remarque. Lorsqu'on a partagé une circonférence en six parties égales, par des bissections successives, on la partagera en 12, 24, 48...., parties, et on obtiendra les polygones réguliers dont le nombre des côtés sera égal à 3.2^n.

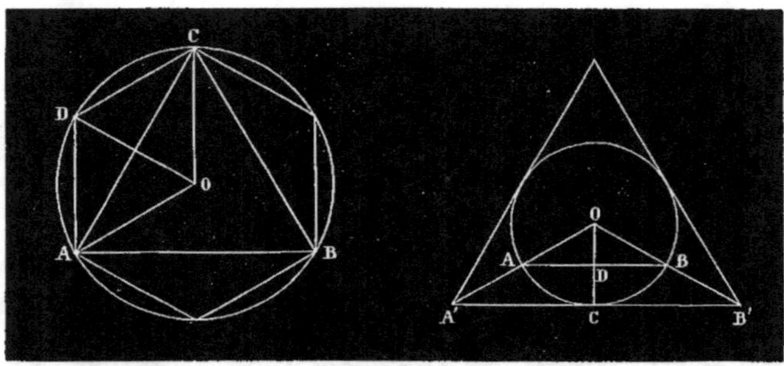

Fig. 312.   Fig. 313.

172. PROBLÈME. *Inscrire un triangle équilatéral dans un cercle donné.*

SOLUTION. Je commence par inscrire un hexagone régulier, et j'en joins les sommets de deux en deux. Le triangle ainsi obtenu ABC (*fig.* 312) a ses côtés égaux, parce que ces côtés sont des cordes égales, comme sous-tendant des arcs égaux ; ses angles ont la même mesure, et par conséquent sont égaux ; donc ce triangle est régulier.

REMARQUE. Le quadrilatère OADC (*fig.* 312) est un *losange ;* par conséquent la somme des carrés de ses diagonales est quadruple du carré de l'un des côtés :

$$\overline{AC}^2 + \overline{OD}^2 = \overline{4AO}^2 = \overline{4OD}^2 ;$$

d'où
$$\overline{AC}^2 = \overline{3OD}^2,$$

ou
$$c^2 = 3R^2 ;$$

par suite,
$$c = R\sqrt{3}.$$

Si $R = 1$, $c = \sqrt{3}$; en sorte que $\sqrt{3}$ représente le côté du triangle équilatéral inscrit dans le cercle dont le rayon est 1.

173. PROBLÈME. *Trouver le rapport entre le côté* [A'B'] *du triangle équilatéral circonscrit et le côté* [AB] *du triangle équilatéral inscrit.*

SOLUTION. Les triangles OAB, OA'B' (*fig.* 313) sont semblables ; par suite,

$$\frac{A'B'}{AB} = \frac{OC}{OD} ;$$

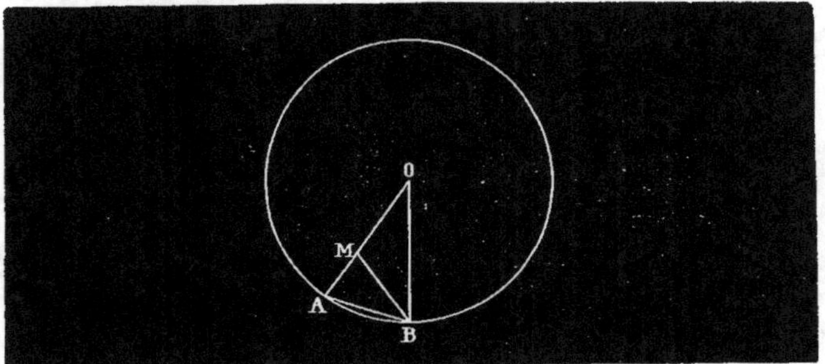

Fig. 314.

or, $\qquad CC = 2OD$;

donc $\qquad A'B' = 2AB$.

Le rapport demandé est donc celui de **2** à **1**, en sorte que l'un est le *double* de l'autre. $\qquad$ *C. Q. F. T.*

CorollAIRE. Comme $AB = R\sqrt{3}$, j'en conclus que $A'B' = 2R\sqrt{3}$.

174. Problème. *Inscrire un décagone régulier dans un cercle.*

Solution. Je suppose le problème résolu. Soit AB (*fig.* 314) l'un des côtés du décagone inscrit. Je mène les rayons OA, OB, et j'évalue les angles du triangle AOB. L'angle au centre AOB est $\frac{1}{10}$ de 4^d, ou les $\frac{4}{10}$ d'un droit, ou $\frac{2^d}{5}$; les deux autres valent donc en somme $2^d - \frac{2^d}{5}$ ou $\frac{8^d}{5}$, et, comme ils sont égaux, chacun d'eux vaut $\frac{4^d}{5}$.

Je mène la bissectrice BM de l'angle OBA ; les angles OBM, MBA vaudront chacun $\frac{2^d}{5}$, et d'autre part j'aurai (n° 122)

$$\frac{OB}{BA} = \frac{OM}{MA},$$

ou

$$(1) \qquad \frac{OA}{BA} = \frac{OM}{MA}.$$

Mais $BA = BM$, parce que, dans le triangle ABM, les deux angles BAM, AMB valent chacun $\frac{4^d}{5}$. BM (*fig.* 314), à son tour, est égal

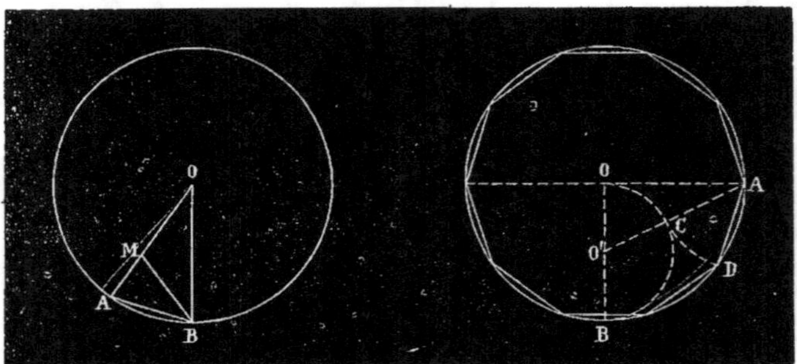

Fig. 314.   Fig. 315.

à OM, parce que, dans le triangle OMB, les, angles MOB, OBM valent chacun $\frac{2^d}{5}$; par suite l'égalité (1) devient

$$\frac{OA}{OM} = \frac{OM}{MA}.$$

Conclusion. Le rayon AO est divisé au point M en moyenne et extrême raison, et le plus grand segment OM est égal au côté du décagone régulier inscrit.   *C. Q. F. T.*

Construction. Dans le cercle donné, je mène deux rayons OA, OB (*fig*. 315), perpendiculaires entre eux ; sur l'un de ces rayons OB comme diamètre, je décris une circonférence ; je mène AO′, qui coupe en C cette circonférence ; AC est le côté du décagone. Je porte AD = AC dix fois consécutivement sur la circonférence donnée, ce qui me ramène au point A.

En joignant chaque point de division au suivant, on obtiendra le décagone demandé.

Remarque. Après avoir obtenu le décagone régulier inscrit, par des bissections successives, on obtiendra, en joignant les points de division, les polygones réguliers de 20, 40,…,5.2^n côtés.

Corollaire. Pour calculer la valeur du côté AD du décagone, j'ai successivement

$$AD \text{ ou } AC = AO' - \frac{R}{2},$$

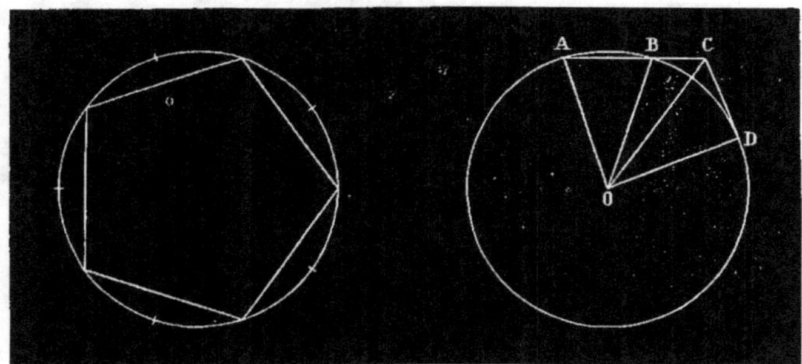

Fig. 316.   Fig. 317.

$$AO' = \sqrt{R^2 + \frac{R^2}{4}} = \sqrt{\frac{5R^2}{4}} = \frac{R\sqrt{5}}{2},$$

$$AC = \frac{R\sqrt{5}}{2} - \frac{R}{2} = \frac{R}{2}(\sqrt{5} - 1).$$

C. Q. F. T.

175. PROBLÈME. *Inscrire un pentagone régulier dans un cercle.*

SOLUTION (*fig.* 316). Je commence par diviser la circonférence en dix parties égales, et je joins les points de division de deux en deux.

176. THÉORÈME. *Le côté du pentagone régulier inscrit dans un cercle est l'hypoténuse d'un triangle rectangle, dans lequel les côtés de l'angle droit sont le rayon du cercle et le côté du décagone régulier inscrit.*

DÉMONSTRATION. Soit AB (*fig.* 317) le côté du décagone régulier inscrit; je prolonge AB jusqu'en C, de sorte que AC égale AO, et par le point C je mène la tangente CD à la circonférence.

Cette tangente donne

(1) $$\overline{CD}^2 = CA \times CB.$$

Mais AB est le plus grand segment du rayon divisé en moyenne et extrême raison, c'est-à-dire que

(2) $$\overline{AB}^2 = CA \times CB;$$

donc CD = AB.

D'autre part, comme AO = AC par construction, le cercle décrit

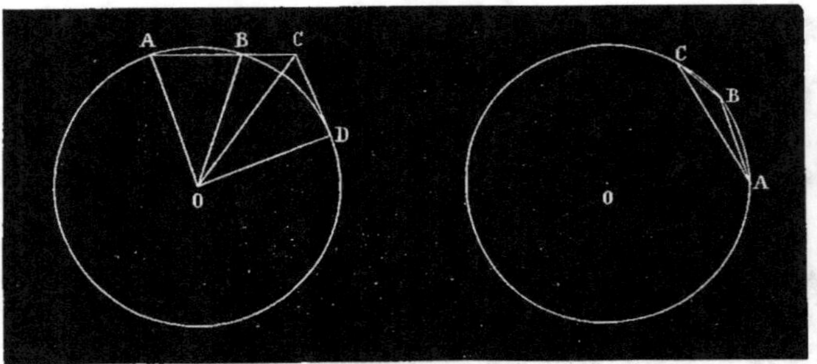

Fig. 317.   Fig. 318.

du point A comme centre, avec AO (*fig*. 517) pour rayon, passe par le point C, et il est égal au cercle donné, et comme, dans ce second cercle, l'angle OAC est égal à $\frac{4^d}{5}$, OC est le côté du pentagone régulier inscrit. Si donc on mène OD, on voit que OC est l'hypoténuse d'un triangle rectangle ayant pour côtés de l'angle droit le rayon du cercle et le côté du décagone régulier.   **C. Q. F. D.**

Corollaire.

$$\overline{OC}^2 = \overline{OD}^2 + \overline{DC}^2 = R^2 + \frac{R^2}{4}(\sqrt{5}-1)^2 = \frac{R^2}{4}(10 - 2\sqrt{5});$$

d'où, c désignant le côté du pentagone,

$$c = \frac{R}{2}\sqrt{10 - 2\sqrt{5}}.$$

177. Problème. *Inscrire un pentédécagone régulier dans un cercle*.

Solution. Soit AB (*fig*. 318) le côté du décagone régulier ; soit AC le côté de l'hexagone ; l'arc BC sera, par rapport à la circonférence,

$$\frac{1}{6} - \frac{1}{10} \quad \text{ou} \quad \frac{1}{15};$$

donc la corde de l'arc BC sera le côté du polygone demandé.

Remarque I. Si l'on faisait la différence entre deux arcs autres que $\frac{1}{10}$ et $\frac{1}{6}$, on retomberait soit sur des arcs déjà connus, soit sur

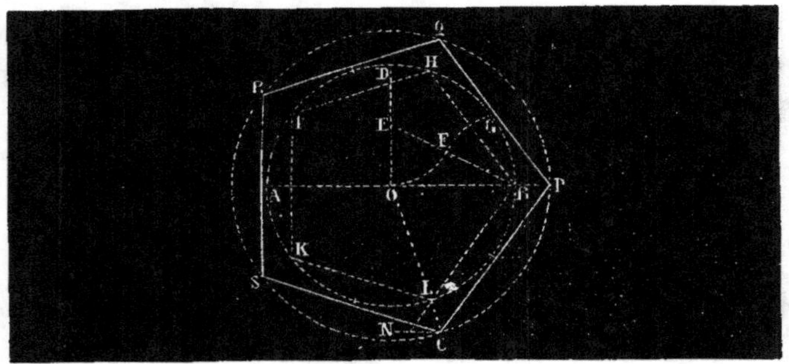

des arcs qui ne seraient pas une partie aliquote de la circonférence.

Exemples :

$$\frac{1}{3} - \frac{1}{4} = \frac{4}{12} - \frac{3}{12} = \frac{1}{12} \text{ (dodécagone)}.$$

$$\frac{1}{5} - \frac{1}{6} = \frac{6}{30} - \frac{5}{30} = \frac{1}{30} \text{ (moitié de l'arc, un quinzième)}.$$

$$\frac{1}{4} - \frac{1}{5} = \frac{5}{20} - \frac{4}{20} = \frac{1}{20} \text{ (arc connu)}.$$

$$\frac{1}{3} - \frac{1}{15} = \frac{15}{45} - \frac{3}{45} = \frac{12}{45} = \frac{4}{15} \text{ (arc non partie aliquote de la cir-conférence, } etc., etc.\text{)}.$$

REMARQUE II. Lorsqu'on aura, comme nous venons de le dire,
partagé une circonférence en 15 parties égales, des bissections
successives serviront à la partager en 30, 60,...,15.2^n parties
égales.

178. PROBLÈME. *Construire un polygone régulier d'un nombre
de côtés donné, et dont le côté soit égal à une droite donnée* m.

SOLUTION. Pour résoudre ce problème, je trace d'abord une
circonférence quelconque, et j'y inscris un polygone régulier
ayant le nombre de côtés donné, puis, sur la ligne donnée comme
côté, je construis un polygone semblable au polygone obtenu.

La figure 319 représente la construction que nous venons d'indiquer appliquée au pentagone.

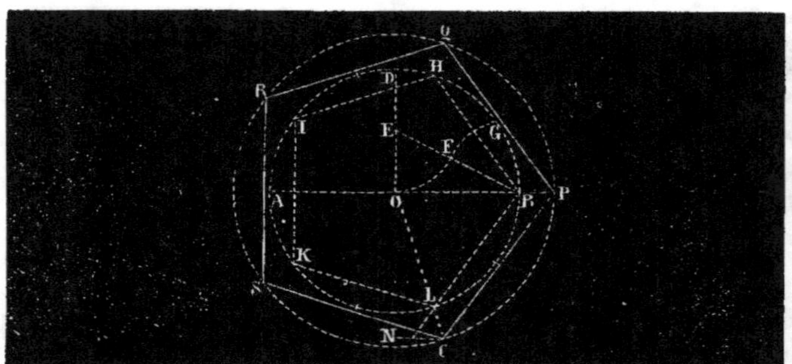

Fig. 319.

Après avoir inscrit dans un cercle quelconque, par le moyen
indiqué dans le problème n° 175, le pentagone régulier BHIKL
(*fig.* 319), je prends sur BL, prolongé si cela est nécessaire, une
longueur BN égale à la ligne donnée *m*; par le point N je mène
NC parallèle au rayon OB jusqu'à la rencontre du rayon OL;
par le point de rencontre C je mène CP, parallèle à LB, jusqu'à
la rencontre de OB ; du point O comme centre, avec OC = OP
pour rayon, je décris une circonférence, et j'inscris dans cette
circonférence un pentagone régulier : c'est le polygone demandé.

En effet, les arcs LB, CP sont semblables; or, LB est un cinquième de circonférence ; par conséquent l'arc CP est aussi un
cinquième de circonférence ; par suite, CP est le côté du pentagone
régulier inscrit ; d'autre part, CP et BN sont égaux comme côtés
opposés d'un parallélogramme ; le côté CP du pentagone construit
étant égal à BN, qui est égal à la ligne donnée, le problème est
résolu.

REMARQUE. Dans les problèmes qui précèdent, nous avons vu
les moyens de construire des polygones réguliers où le nombre
des côtés est égal à 3, 4, 5, 15, ou à l'un de ces nombres multiplié par une puissance de 2.

On a cru longtemps que ces polygones étaient les seuls qui
pussent être construits par les procédés de la géométrie élémentaire, c'est-à-dire au moyen des seuls instruments *règle* et *compas*, ou, ce qui revient au même, par la résolution des équations

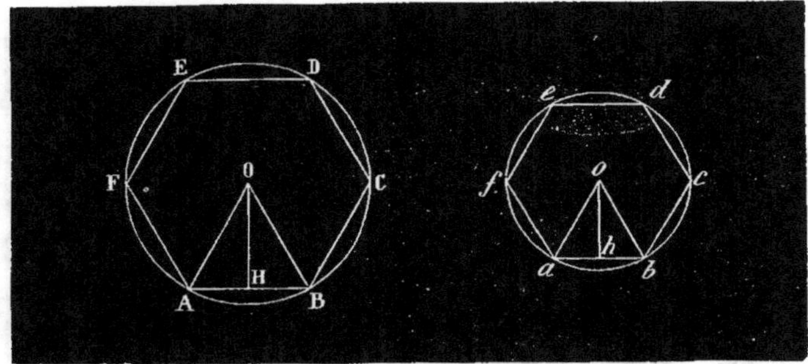

Fig. 320.

du premier et du second degré; mais M. Gauss[1] a prouvé, dans son ouvrage intitulé *Disquisitiones arithmeticæ* (*Lipsiæ*, 1801), qu'on peut construire par de semblables moyens le polygone de dix-sept côtés, et tous ceux de $2^n + 1$ côtés, pourvu que $2^n + 1$ soit un nombre premier.

Mais les solutions de ces problèmes sont trop compliquées pour trouver place dans un livre élémentaire.

179. THÉORÈME. *Les périmètres de deux polygones réguliers d'un même nombre de côtés sont proportionnels à leurs rayons et à leurs apothèmes.*

DÉMONSTRATION. Soient les deux polygones ABCDEF, *abcdef* (*fig.* 320). Comme les deux polygones sont semblables, en désignant les périmètres par P et p on aura

$$(1) \qquad \frac{P}{p} = \frac{AB}{ab} ;$$

or, par suite de la similitude des triangles AOB, *aob*; AOH, *aoh*,

$$(2) \qquad \frac{AB}{ab} = \frac{AO}{ao} = \frac{OH}{oh} :$$

---

1. Gauss (Charles-Frédéric), célèbre mathématicien allemand, professeur d'astronomie à Gœttingue, correspondant de l'Institut de France (1777-1855).

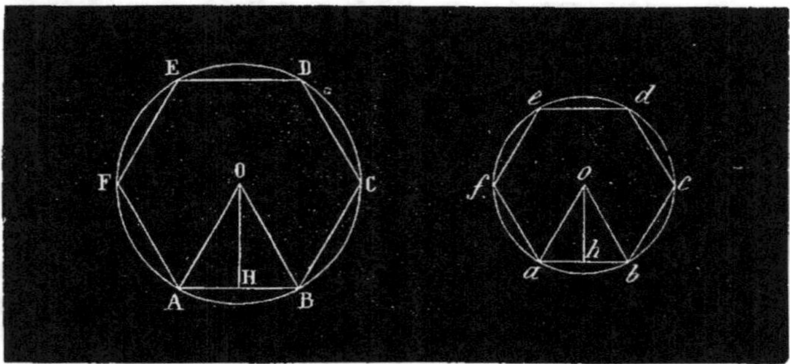

Fig. 320.

en conséquence, $$\frac{P}{p} = \frac{AO}{ao} = \frac{OH}{oh},$$

ou $$\frac{P}{p} = \frac{R}{r} = \frac{A}{a},$$

en désignant les rayons par R, r, et les apothèmes par A, a.

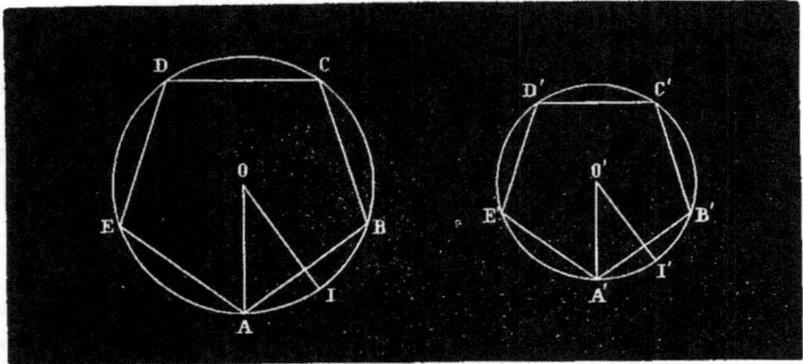

Fig. 321.

CHAPITRE II

RAPPORT DE LA CIRCONFÉRENCE AU DIAMÈTRE.

180. Théorème. *Les circonférences* [C, *c*] *sont proportionnelles à leurs rayons* [R, *r*], c'est-à-dire que

$$\frac{C}{c} = \frac{R}{r}.$$

Démonstration. Soient deux circonférences quelconques ayant pour rayons OA, O'A' (*fig.* 321). Soient ABCDE un polygone régulier inscrit dans la première et A'B'C'D'E' le polygone régulier semblable inscrit dans la seconde; nous aurons

$$\frac{P}{p} = \frac{OA}{O'A'}.$$

La perpendiculaire OI, abaissée du centre sur AB, divise l'arc sous-tendu en deux parties égales au point I; si, à partir du point A, on portait successivement sur la circonférence une ouverture de compas égale à la distance AI, on reviendrait au point de départ A, et, en joignant les points de division consécutifs, on aurait inscrit dans la première circonférence un polygone régulier d'un nombre double de côtés. On peut aussi concevoir dans la seconde circonférence un polygone régulier d'un nombre double de côtés. Les périmètres de ces polygones seront proportionnels aux mêmes rayons. Si, mentalement, l'on continue indéfiniment à doubler le nombre des côtés, la proportionnalité entre les périmètres et les rayons ne cessera pas de subsister.

Or, à mesure que l'on double le nombre des côtés, le périmètre augmente de plus en plus, les arcs et les cordes diminuent et se rapprochent indéfiniment; d'après cela, on conçoit que la différence entre chacun des périmètres inscrits et la circonférence correspondante puisse devenir moindre que toute quantité donnée. Nous pouvons donc admettre que *la longueur de la circonférence est la* LIMITE *vers laquelle tend le périmètre d'un polygone régulier inscrit dans cette courbe, à mesure que les côtés de ce polygone diminuent indéfiniment.* Dès lors, *la circonférence peut être regardée comme le périmètre d'un polygone régulier d'un nombre infini de côtés infiniment petits*[1]; par conséquent, ce qui est vrai pour des polygones réguliers semblables, *quel que soit le nombre des côtés*, doit être vrai aussi pour les circonférences; d'où il suit que les circonférences des cercles sont proportionnelles à leurs rayons :

$$\frac{C}{c} = \frac{R}{r}.$$

C. Q. F. D.

REMARQUE I. Ce genre de considérations[2] s'applique à une *courbe quelconque.* On la décompose en arcs très petits : les différences entre ces arcs et leurs cordes seront très petites ; alors, au lieu de la courbe, on aura une ligne brisée formée d'un très grand nombre de côtés extrêmement petits, et qui s'approchera d'autant plus de la courbe que tous ses côtés seront plus petits; de la sorte *la courbe sera la limite de cette ligne brisée*, et pourra être considérée elle-même comme une ligne brisée d'un nombre infini de côtés infiniment petits.

Toutes les propriétés que pourra présenter la ligne brisée inscrite feront connaître les propriétés correspondantes de la courbe, pourvu que dans l'étude de ces propriétés on n'ait eu à considérer ni la grandeur, ni le nombre des côtés, de telle sorte que les propriétés subsistent quand les côtés dépassent tout degré possible de petitesse.

REMARQUE II. On peut aller encore plus loin : il serait possible qu'une propriété de la ligne inscrite se modifiât à la limite quand

---

1. Le cercle est un polygone régulier infinitésimal.
2. Préparation à *l'analyse infinitésimale.*

les côtés dépassent tout degré possible de petitesse ; ce serait alors cette propriété ainsi modifiée qui serait la propriété correspondante de la courbe. Mais, dans les éléments de géométrie, on n'est pas obligé d'aller jusqu'à cette dernière considération [1].

Observation.

181. Pour mettre les candidats à l'abri de toute objection, nous démontrerons quelques *théorèmes sur les limites*, dont nous ferons d'utiles applications, et nous en tirerons comme conséquence rigoureuse le théorème que nous venons d'établir par induction.

Théorèmes sur les limites.

182. Définition. On nomme *limite* d'une quantité *variable* une constante dont cette variable approche indéfiniment, c'est-à-dire que leur différence peut devenir plus petite que toute quantité donnée.

183. Théorème I. *La limite de la somme de plusieurs quantités variables est la somme de leurs limites.*

---

1. « Sentio autem et hanc et alias (methodos) hactenus adhibitas omnes deduci posse ex generali quodam meo dimetiendorum curvilineorum principio, quod figura curvilinea censenda sit æquipollere polygono infinitorum laterum : unde sequitur quidquid de tali polygono demonstrari potest, sive ita, ut nullus habeatur ad numerum laterum respectus, sive ita, ut tanto magis verificetur quanto major sumitur laterum numerus, ita ut error tandem fiat quovis dato minor, id de curva posse pronuntiari. » (Leibnitz, né à Leipsick en 1643, mort en 1716.)

Traduction :

Quant à moi, je pense que cette méthode et les autres qu'on a employées jusqu'à ce jour peuvent toutes se déduire de l'un de mes principes généraux sur la mesure des grandeurs curvilignes : *une figure curviligne doit être censée équivaloir à un polygone d'une infinité de côtes.*

D'où il suit que tout ce qui pourra être démontré d'un tel polygone, sans avoir égard au nombre des côtés, ou ce qui sera d'autant plus vrai qu'il y aura plus de côtés, de telle sorte que l'erreur devienne plus petite que toute quantité donnée, cela pourra être affirmé pour la courbe.

Démonstration. Soient x, y, z des variables, et a, b, c leurs limites.

La différence entre $(x + y + z)$ et $(a + b + c)$ est la somme des différences $(a-x) + (b-y) + (c-z)$. Or, chacune de ces différences peut devenir aussi petite qu'on voudra; il en est donc de même de leur somme, car pour avoir

$$(a - x) + (b - y) + (c - z) < d.$$

quelque petit que soit d, il suffit que chacune de ces différences soit moindre que $\frac{d}{3}$.

184. Théorème II. *La limite de la différence entre deux variables est la différence de leurs limites.*

Démonstration. Soit $x - y = z$. Cette relation donne $x = z + y$; mais, d'après le théorème précédent, $\lim.(z + y) = \lim. z + \lim. y$; j'ai donc $\lim. x = \lim. z + \lim. y$, d'où $\lim. z = \lim. x - \lim. y$, ou bien $\lim. (x - y) = \lim. x - \lim. y$.   *C. Q. F. D.*

185. Théorème III. *La limite du produit de deux variables est égale au produit de leurs limites.*

Démonstration. Soient a et b les limites de deux variables x et y. La différence $ab - xy$ se compose de l'excès de ab sur ay, plus de l'excès de ay sur xy :

$$ab - xy = ab - ay + ay - xy = a(b - y) + y(a - x).$$

Mais ces deux derniers produits ont chacun un facteur qui pourra devenir aussi voisin de zéro qu'on voudra; ces produits eux-mêmes, et par conséquent leur somme, pourront donc devenir aussi petits qu'on voudra; en sorte que ab est la limite de xy.

Remarque. On étendrait facilement le théorème précédent aux produits de plus de deux facteurs, en considérant ces produits comme composés de deux facteurs :

$$abc = ab \times c, \quad abcd = abc \times d, \text{ etc.}$$

186. Théorème IV. *La limite du quotient de deux variables est le quotient de leurs limites.*

17.

Démonstration. Soient x et y deux variables et $z = \dfrac{x}{y}$.

De cette relation on tire $zy = x$; alors, d'après le théorème III, lim. $z \times$ lim. $y =$ lim. x, d'où l'on tire

$$\text{lim. } z = \frac{\text{lim. } x}{\text{lim. } y} \quad \text{ou} \quad \text{lim. } \frac{x}{y} = \frac{\text{lim. } x}{\text{lim. } y}. \qquad C.\ Q.\ F.\ D.$$

187. Théorème V. *Lorsque deux quantités varient sans cesser d'être égales, leurs limites sont égales.*

Démonstration. Soient x et y deux variables ayant a et b pour limites, dont elles s'approchent par exemple en croissant. Si l'une des deux, b, était plus grande que l'autre, à mesure que y s'approcherait de b, x s'en approcherait aussi, et alors dépasserait a, et s'en éloignerait à mesure que sa différence avec b deviendrait de plus en plus petite; a ne serait donc pas la limite de x. Aucune des deux limites a et b ne pouvant dépasser l'autre, il faut en conclure qu'elles sont égales. *C. Q. F. D.*

Corollaire. *Lorsque deux variables ont un rapport constant, leurs limites ont entre elles le même rapport.*

Soient x et y deux variables dont le rapport est constant et égal à c; soient a et b leurs limites; on a $\dfrac{x}{y} = c$, d'où $x = cy$: par suite, lim. $x =$ lim. cy, ou $a = cb$; d'où $\dfrac{a}{b} = c$. *C. Q. F. D.*

Application.

188. Théorème. *Toute circonférence de cercle est la limite des périmètres des polygones réguliers inscrits, et des périmètres des polygones réguliers circonscrits, dans lesquels on augmente indéfiniment le nombre des côtés.*

Démonstration. La circonférence est plus grande que le périmètre de tout polygone inscrit, car elle l'enveloppe de toutes parts, et celui-ci est partout convexe du même côté.

Par la même raison, elle est plus petite que le périmètre de tout polygone circonscrit.

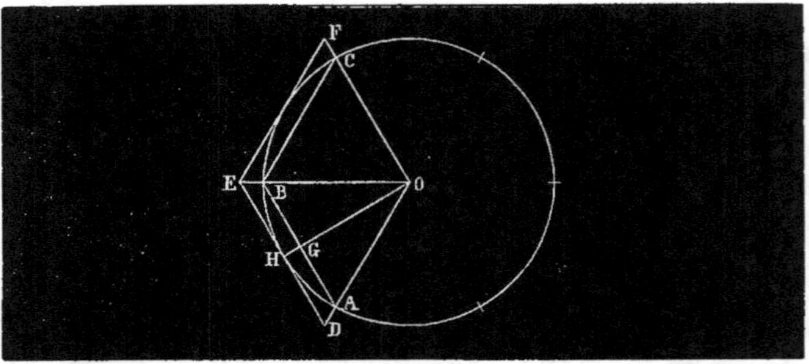

Fig. 322.

La différence entre la circonférence et le périmètre d'un polygone régulier inscrit ou circonscrit est donc plus petite que la différence entre les périmètres de deux polygones réguliers, l'un inscrit, l'autre circonscrit ; il suffit donc de démontrer que cette dernière différence peut devenir aussi petite qu'on voudra.

Soient P le périmètre d'un polygone régulier circonscrit DEF... (*fig.* 322) et p celui du polygone inscrit semblable ABC... ; on aura

$$\frac{P}{p} = \frac{HO}{GO}.$$

d'où

$$\frac{P-p}{P} = \frac{GH}{HO},$$

et

$$P - p = \frac{P.GH}{HO}.$$

A mesure qu'on augmentera le nombre des côtés des polygones, GH, qui est plus petit que HB, pourra devenir aussi petit qu'on voudra : P diminuera, et HO ne changera pas ; $P - p$ pourra donc en effet approcher de zéro autant qu'on voudra.

C. Q. F. D.

189. Théorème. *Les circonférences sont proportionnelles à leurs rayons.*

Démonstration (*fig.* 323). Soient C, c deux circonférences quelconques ; R, r leurs rayons ; je dis que

$$\frac{C}{c} = \frac{R}{r}.$$

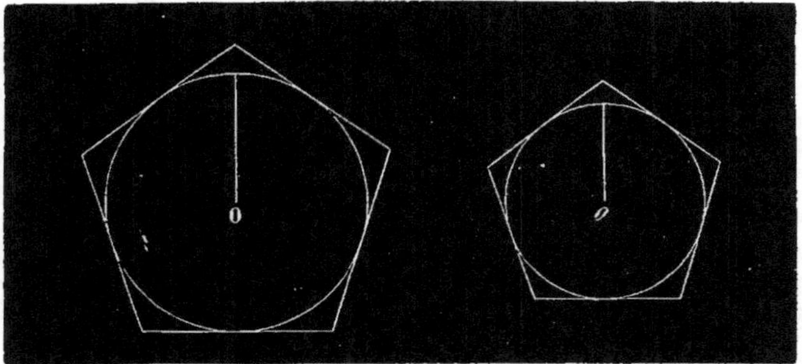

Fig. 323.

Je circonscris à ces deux circonférences deux polygones réguliers d'un même nombre de côtés; j'aurai, en représentant leurs périmètres par P, p,

$$\frac{P}{p} = \frac{R}{r},$$

Si j'augmente indéfiniment le nombre des côtés de P et p, leur rapport ne changera pas; par conséquent, leurs limites, c'est-à-dire C. c. seront aussi dans le même rapport (n° 187, cor.); $\frac{C}{c}$ est donc égal à $\frac{R}{r}$.   *C. Q. F. D.*

COROLLAIRE. Les circonférences sont entre elles comme leurs diamètres D, d :

$$\frac{C}{c} = \frac{D}{d}.$$

190. *Calcul du rapport de la circonférence au diamètre.*

Puisque
$$\frac{C}{c} = \frac{R}{r} = \frac{2R}{2r} = \frac{D}{d},$$
on en tire
$$\frac{C}{D} = \frac{c}{d},$$

c'est-à-dire que *le rapport d'une circonférence à son diamètre est le même que le rapport d'une autre circonférence à son diamètre.* En d'autres termes, *le rapport de la circonférence au diamètre est un nombre constant.*

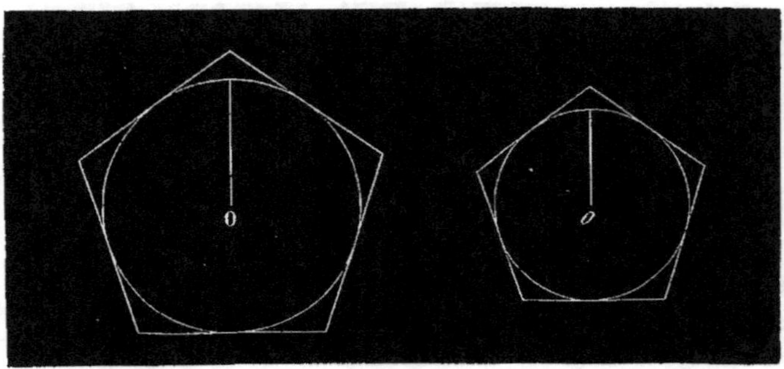

Fig. 323.

On a coutume de représenter ce rapport par π [1].

Lorsque ce rapport sera connu, il pourra servir à calculer la longueur d'une circonférence, connaissant son rayon, puis le rayon d'une circonférence, connaissant sa longueur développée.

EXEMPLE I. *Quelle est la longueur de la circonférence dont le rayon est R ?*

RÉPONSE. π désignant le rapport de la circonférence au diamètre, on a, par définition,

$$\frac{C}{2R} = \pi,$$

d'où
$$C = 2\pi R.$$

EXEMPLE II. *Quel est le rayon d'une circonférence égale à C?*

RÉPONSE. De $\frac{C}{2R} = \pi$ je tire

$$R = \frac{C}{2\pi}.$$

EXEMPLE III. *Quelle est la longueur d'un arc de **23** degrés dans le cercle dont le rayon est R ?*

RÉPONSE. De $C = 2\pi R = 360$ degrés je tire

$$\text{arc } 23° = \frac{23}{360} \times 2\pi R.$$

---

1. Initiale de *periphereia*, circonférence.

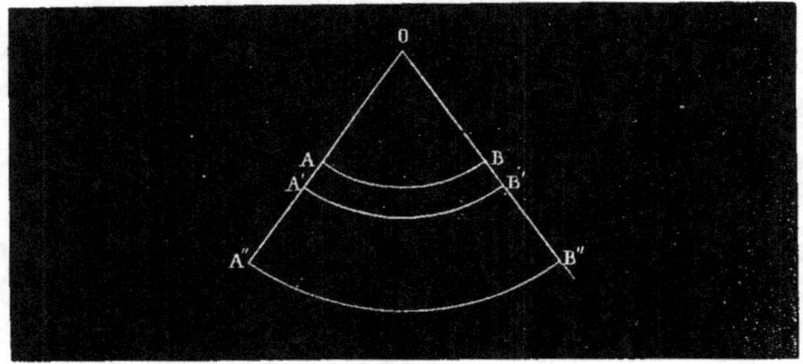

Fig. 324.

EXEMPLE IV. *Quel est le rayon d'une circonférence dans laquelle l'arc de 32 degrés a une longueur de 25 mètres ?*

RÉPONSE. De $\dfrac{32}{360} \times 2\pi R = 25$ mètres je tire

$$R = 25^{m} \times \frac{360}{64\pi}.$$

191. DÉFINITION. On appelle *arcs semblables* les arcs qui répondent à un même angle au centre, ou à des angles au centre égaux. Tels sont (*fig.* 324) les arcs AB, A'B', A''B'', etc.

192. THÉORÈME. *Les arcs semblables* AB, A'B' *sont proportionnels aux rayons* OA, OA'.

DÉMONSTRATION.
$$\frac{\text{arc AB}}{\text{circ. OA}} = \frac{\widehat{AOB}}{4^{d}};$$

$$\frac{\text{arc A'B'}}{\text{circ. OA'}} = \frac{\widehat{AOB}}{4^{d}};$$

donc
$$\frac{\text{arc AB}}{\text{arc A'B'}} = \frac{\text{circ. OA}}{\text{circ. OA'}} = \frac{\text{OA}}{\text{OA'}}. \qquad\qquad \text{C. Q. F. D.}$$

Calcul de π.

193. Toutes les méthodes élémentaires qu'on emploie pour ce calcul consistent à substituer à la circonférence le périmètre d'un polygone régulier d'un grand nombre de côtés.

Les deux méthodes principales sont les suivantes :

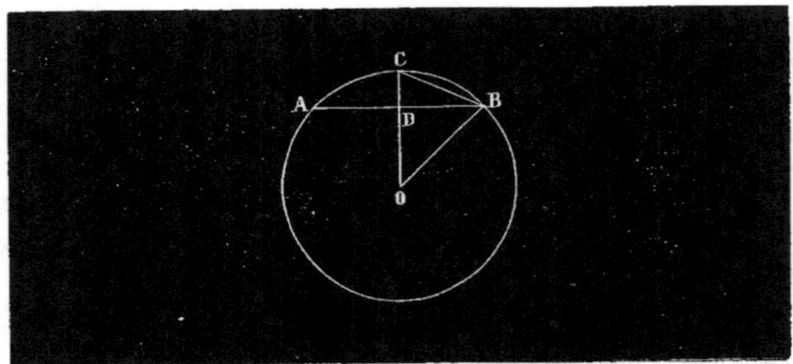

Fig. 325.

1° *On se donne le rayon, et on calcule la circonférence* (c'est-à-dire le périmètre d'un polygone régulier inscrit ou circonscrit); puis on divise la circonférence par le double du rayon.

Si l'on a recours au périmètre inscrit, le résultat est trop petit; si l'on a recours au périmètre circonscrit, le résultat est trop grand. La différence sert à évaluer le degré d'approximation.

2° *On se donne la circonférence, et on calcule le rayon;* puis on divise la circonférence donnée par le double du rayon trouvé, c'est-à-dire qu'on suppose des polygones réguliers ayant pour périmètre la circonférence donnée; après quoi, calculant les rayons des cercles inscrits ou circonscrits, on divise le périmètre par le double du rayon. Si l'on a recours au rayon du cercle circonscrit, le résultat est trop petit; si l'on a recours à celui du cercle inscrit, le résultat est trop grand. La différence sert à évaluer le degré d'approximation.

Avec cette seconde méthode, il y a dans le cours du calcul des polygones successifs ayant tous le même périmètre : le périmètre donné. C'est pourquoi on l'appelle la *méthode des isopérimètres.*

Première méthode.

194. PROBLÈME AUXILIAIRE. *Étant donné le côté d'un polygone régulier inscrit dans un cercle dont on connaît le rayon (fig. 325), trouver le côté du polygone régulier d'un nombre double de côtés, inscrit dans le même cercle.*

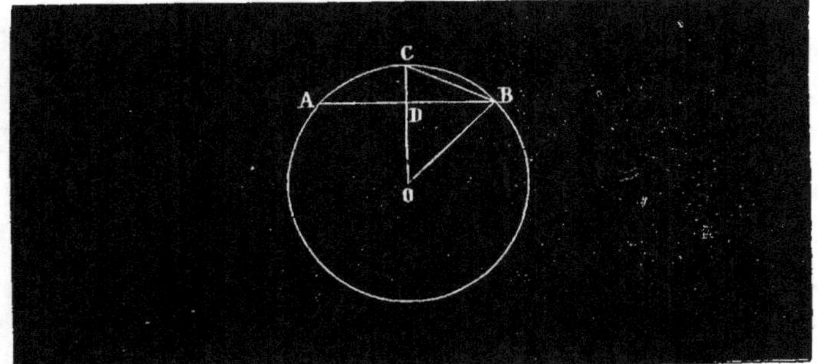

Fig. 325.

SOLUTION. Soient AB le côté (*fig.* 325) donné, et BC celui du polygone d'un nombre double de côtés ; je représente le premier par a, le second par x et le rayon par R.

Pour calculer BC, hypoténuse du triangle rectangle BDC, je connais le côté BD, moitié de a ; il faut en outre connaître CD, lequel est égal à R — OD ; il suffit donc de calculer OD, côté du triangle rectangle OBD, dans lequel je connais l'hypoténuse R et le côté BD $= \frac{a}{2}$. Cela posé, j'ai successivement

$$OD = \sqrt{R^2 - \left(\frac{a}{2}\right)^2} = \sqrt{R^2 - \frac{a^2}{4}} ;$$

$$CD = R - OD = R - \sqrt{R^2 - \frac{a^2}{4}} ;$$

$$x = BC = \sqrt{\overline{BD}^2 + \overline{CD}^2} = \sqrt{\frac{a^2}{4} + \left[R - \sqrt{R^2 - \frac{a^2}{4}}\right]^2}$$

$$= \sqrt{\frac{a^2}{4} + R^2 + R^2 - \frac{a^2}{4} - 2R\sqrt{R^2 - \frac{a^2}{4}}} = \sqrt{2R^2 - R\sqrt{4R^2 - a^2}}.$$

En supposant R $= 1$, la formule précédente devient

(A) $$x = \sqrt{2 - \sqrt{4 - a^2}}.$$

Emploi de la formule [A]. Je prends pour premier polygone le *carré* inscrit ; son côté est $a = \sqrt{2}$ (170), et la formule donne pour le côté de l'*octogone* régulier inscrit : $x = \sqrt{2 - \sqrt{2}}$.

Prenant ce dernier résultat pour a, la même formule donne le côté du polygone régulier de **16** côtés.

Après le côté du polygone de **16** côtés viendra celui de **32**, et ainsi de suite.

En conséquence, j'obtiens les résultats suivants :

Côté du carré. . . . . $\sqrt{2}$.

Côté de l'octogone.. . . . . $\sqrt{2-\sqrt{2}}$.

Côté du polygone de 16 côtés.. . . . $\sqrt{2-\sqrt{2+\sqrt{2}}}$.

Côté du polygone de 32 côtés. . . . $\sqrt{2-\sqrt{2+\sqrt{2+\sqrt{2}}}}$.

Côté du polygone de 64 côtés.. . . . $\sqrt{2-\sqrt{2+\sqrt{2+\sqrt{2+\sqrt{2}}}}}$.
etc., etc.

La loi de ces expressions successives est manifeste.

Pour obtenir les périmètres des mêmes polygones, je multiplie le premier côté par **4**, le second par **8**, le troisième par **16**, le quatrième par **32**, *etc.*, et j'ai :

Périmètre du carré. . . . . $4\ \sqrt{2}$.

Périmètre de l'octogone.. . . . . . $8\ \sqrt{2-\sqrt{2}}$.

Périmètre du polygone de 16 côtés.. $16\ \sqrt{2-\sqrt{2+\sqrt{2}}}$.

Périmètre du polygone de 32 côtés.. $32\ \sqrt{2-\sqrt{2+\sqrt{2+\sqrt{2}}}}$.
etc., etc.

Pour obtenir les valeurs approchées de π, il reste à diviser ces valeurs par le diamètre, qui est **2**; j'obtiens ainsi :

$$2\ \sqrt{2}.$$

$$4\ \sqrt{2-\sqrt{2}}.$$

$$8\ \sqrt{2-\sqrt{2+\sqrt{2}}}.$$

$$16\ \sqrt{2-\sqrt{2+\sqrt{2+\sqrt{2}}}}.$$

$$32 \sqrt{2 - \sqrt{2 + \sqrt{2 + \sqrt{2 - \sqrt{2}}}}}.$$

$$64 \sqrt{2 - \sqrt{2 + \sqrt{2 + \sqrt{2 + \sqrt{2 + \sqrt{2}}}}}}.$$

Etc., etc.

Ainsi, π est la limite de $2^n \sqrt{2 - \sqrt{2 + \sqrt{2 + \ldots}}}$, n étant égal au nombre des racines qu'on aura extraites. De là on peut tirer la règle suivante :

Pour calculer approximativement le rapport de la circonférence au diamètre, *extrayez la racine carrée de* 2, *ajoutez* 2, *extrayez la racine carrée de la somme; ajoutez* 2, *extrayez la racine carrée, et ainsi de suite un certain nombre de fois; ensuite, retranchez le résultat de* 2, *prenez la racine carrée du reste, et multipliez-la par une puissance de* 2 *dont l'exposant soit égal au nombre des racines que vous aurez extraites.*

En exécutant le calcul indiqué, et en se bornant à neuf extractions, ce qui correspond au polygone de 1024 côtés, on obtient avec huit décimales :

$$\sqrt{2} = 1,41421356,$$

$$\sqrt{3,41421356} = 1,84775907,$$

$$\sqrt{3,84775907} = 1,96157056,$$

$$\sqrt{3,96157056} = 1,99036945,$$

$$\sqrt{3,99036945} = 1,99759091,$$

$$\sqrt{3,99759091} = 1,99939764,$$

$$\sqrt{3,99939764} = 1,99984940,$$

$$\sqrt{3,99984940} = 1,99996235,$$

$$\sqrt{0,00003765} = 0,0061359,$$

$$0,0061359 \times 512 = 3,1415.$$

Le nombre 0,00003765 n'ayant que quatre chiffres exacts, sa racine n'en a également que quatre, et à peu près le cinquième. C'est pourquoi je n'en ai calculé que sept décimales. L'erreur de cette racine étant ensuite multipliée par 512, j'ai supprimé comme inexacts les trois derniers chiffres du produit, et j'ai ainsi obtenu 3,1415 pour le demi-périmètre du polygone de 1024 côtés, et pour une valeur approchée de π.

Reste à évaluer le *degré d'approximation*.

Je dis que les quatre décimales obtenues pour le demi-périmètre du dernier polygone appartiennent aussi à la valeur de π, qui n'en différerait que dans les décimales ultérieures. Cela résulte de ce que les quatre premières décimales, c'est-à-dire la moitié de celles que j'ai calculées pour la racine qui précède la dernière, sont des 9.

En effet, π est la limite dont on s'approcherait en augmentant indéfiniment le nombre des racines ; il suffit donc de prouver que le résultat sera toujours le même, quant aux décimales calculées, quelque loin qu'on prolonge le calcul.

Le nombre 1,99996235 est voisin de 2 ; je le représente par $2 - \alpha$; α sera moindre qu'une unité de la quatrième décimale ; le nombre 0,00003765 est donc $2 - (2 - \alpha)$, ou α et le nombre suivant $\sqrt{\alpha}$; ce qui donne pour le demi-périmètre du polygone de 1024 côtés : $512 \sqrt{\alpha} = 3,1415\ldots$

Si je veux passer au polygone suivant, il faut à $2 - \alpha$, ajouter 2, ce qui donne $4 - \alpha$, dont la racine est $2 - \dfrac{\alpha}{4}$ (à une unité près de la huitième décimale) [1]; en ôtant ce résultat de 2, j'obtiens $\dfrac{\alpha}{4}$, dont la racine $\dfrac{\sqrt{\alpha}}{2}$ doit être multipliée par le double de 512 : j'ai donc $1024 \dfrac{\sqrt{\alpha}}{2}$ au lieu de $512 \sqrt{\alpha}$. Ces deux résultats

---

1. Soit δ la différence : j'aurai

$$\delta = \left(2 - \frac{\alpha}{4}\right) - \sqrt{4 - \alpha} = \frac{\left(2 - \frac{\alpha}{4}\right)^2 - (4 - \alpha)}{\left(2 - \frac{\alpha}{4}\right) + \sqrt{4 - \alpha}} = \frac{\frac{\alpha^2}{16}}{1,9\ldots + 1,9\ldots}$$

$$\frac{\frac{\alpha^2}{16}}{1,9\ldots + 1,9\ldots} < \frac{\frac{\alpha^2}{16}}{3},$$

ou

$$\delta < \frac{\alpha^2}{48} ;$$

or α est plus petit qu'une unité de la quatrième décimale : α^2 est donc plus petit qu'une unité de la huitième, et à plus forte raison δ.

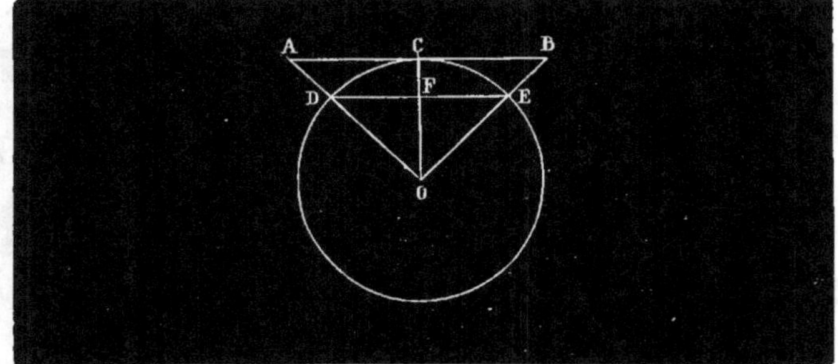

Fig. 326.

sont égaux, puisque le premier facteur est devenu double et que l'autre est devenu moitié de ce qu'il était.

Les polygones suivants, par la même raison, donneraient toujours le même résultat; par conséquent, la limite est égale à ce même résultat 3,1415, qui, par conséquent, représente π jusqu'à la quatrième décimale.

REMARQUE I. On pourrait aussi déterminer l'approximation du résultat obtenu, en calculant le périmètre du polygone régulier circonscrit du même nombre de côtés que l'inscrit, car, la circonférence étant intermédiaire, son excès sur le périmètre inscrit est moindre que la différence des deux périmètres.

Soit DE ($fig.$ 326) le côté du périmètre inscrit, que j'ai appelé a; il est égal dans le calcul qui précède à 0,0061359; son carré est 0,00003765.

Soient P et p les demi-périmètres inscrit et circonscrit, dont π est la limite; j'aurai

$$\frac{\mathrm{P}}{p} = \frac{\mathrm{AB}}{\mathrm{DE}} = \frac{\mathrm{OC}}{\mathrm{OF}} = \frac{\mathrm{R}}{\sqrt{\mathrm{R}^2 - \frac{a^2}{4}}} = \frac{2\mathrm{R}}{\sqrt{4\mathrm{R}^2 - a^2}} = \frac{2}{\sqrt{4 - 0,00003765}}$$

$$= \frac{2}{\sqrt{3,99996235}} = \frac{2}{1,9999905\ldots} = 1,000004\ldots.$$

d'où P $= p \times 1,000004\ldots$; par conséquent P $- p = p \times 0,000004\ldots$ et comme p est à peu près 3, p diffère de P, et par conséquent de π, de moins d'une unité de la quatrième décimale.   *C. Q. F. D.*

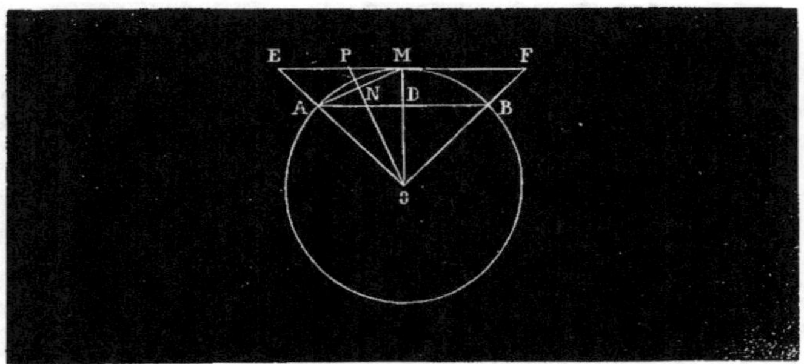

Fig. 327.

Remarque II. L'inconvénient du calcul précédent consiste en ce qu'on est obligé d'effectuer les opérations avec huit décimales pour en avoir seulement quatre au résultat. Cela provient de ce que, à la fin du calcul, on multiplie la racine trouvée par un grand nombre (512 dans le calcul que j'ai effectué). Pour y remédier, il faut calculer directement le périmètre entier, au lieu du côté. On y parvient facilement en introduisant dans le calcul les périmètres des polygones circonscrits.

195. Problème auxiliaire. *Étant donnés les périmètres* p, P *de deux polygones réguliers semblables, l'un inscrit, l'autre circonscrit à un même cercle, calculer les périmètres* p', P' *des polygones réguliers, l'un inscrit, l'autre circonscrit au même cercle, d'un nombre double de côtés.*

Solution. Soient AB, EF (*fig.* 327) les côtés des polygones dont les périmètres sont p, P, et n le nombre des côtés.

Soit OP la bissectrice de l'angle EOM ; MP sera le demi-côté du périmètre P' qui a $2n$ côtés. J'ai la suite de rapports égaux

$$\frac{MP}{PE} = \frac{OM}{OE} = \frac{OD}{OA} = \frac{OD}{OM} = \frac{DA}{ME} = \frac{2n.DA}{2n.ME} = \frac{p}{P}.$$

A chaque dénominateur j'ajoute son numérateur, et je double les numérateurs ; cela me donne

$$\frac{2MP}{ME} = \frac{2p}{P+p}.$$

d'où
$$\frac{2n.2MP}{2n.ME} = \frac{2p}{P+p}.$$

ou
$$\frac{P'}{P} = \frac{2p}{P+p};$$

d'où
$$P' = \frac{2pP}{P+p}.$$

C. Q. F. T.

D'autre part, les triangles semblables MPN, MAD donnent

$$\frac{MN}{AD} = \frac{MP}{MA},$$

d'où
$$\frac{4n.MN}{2n.AD} = \frac{4n.MP}{2n.MA},$$

ou
$$\frac{p'}{p} = \frac{P'}{p'};$$

d'où
$$p' = \sqrt{pP'}.$$

C. Q. F. T.

Les deux formules

(1)
$$P' = \frac{2pP}{P+p},$$

(2)
$$p' = \sqrt{pP'}$$

vont nous servir à calculer les périmètres de deux polygones réguliers semblables, l'un inscrit, l'autre circonscrit à une même circonférence, et d'autant de côtés qu'on voudra. Les *décimales communes* appartiendront à la circonférence qui est intermédiaire, et, en divisant par le diamètre, on aura une valeur approchée de π.

Je fais $R = 1$, et je commence par les carrés, l'un circonscrit, l'autre inscrit : alors j'ai

$$P = 8, \quad p = 4\sqrt{2},$$

et les formules (1), (2) me donneront les périmètres des octogones réguliers, l'un circonscrit, l'autre inscrit ; viendront ensuite, par cet enchaînement d'opérations, ceux des polygones de 16, 32, 64..... côtés. Cela donne lieu au tableau suivant :

NOMBRE DES COTÉS.	PÉRIMÈTRES CIRCONSCRITS.	PÉRIMÈTRES INSCRITS.
4	8,000000	5,656854
8	6,627417	6,122935
16	6,365196	6,242890
32	6,303450	6,273097
64	6,288237	6,280662
128	6,284447	6,282554
256	6,283501	6,283027
512	6,283264	6,283146
1024	6,283205	6,283175

Par suite, la circonférence dont le rayon est 1 est comprise entre 6,2831 et 6,2832, et π est compris entre les moitiés de ces nombres, puisque le diamètre est 2 ; donc finalement

$$\pi = 3,1415, \text{ à } 0,0001 \text{ près.}$$

REMARQUE. Ce calcul exige moins de décimales que le premier dans les calculs préparatoires ; mais, en revanche, il exige pour chaque polygone deux calculs au lieu d'un, de sorte qu'on perd d'un côté ce qu'on gagne de l'autre [1].

Deuxième méthode dite des isopérimètres.

196. PROBLÈME AUXILIAIRE. *Étant donnés le rayon* $OD = R$ (*fig.* 328) *et l'apothème* $OA = r$ *d'un polygone régulier, calculer le rayon* R' *et l'apothème* r' *d'un polygone régulier isopérimètre d'un nombre double de côtés.*

SOLUTION. Soient CD le côté et O le centre du polygone régulier donné. Je prolonge AO jusqu'à la rencontre B de la circonférence circonscrite, et je joins le point O et le point B aux points

---

1. Quant à la question d'approximation, elle est plus simple que dans le premier calcul.

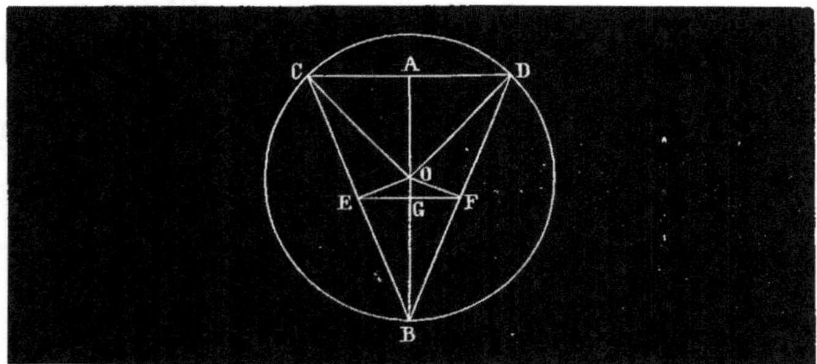

Fig. 328.

C et D. L'angle CBD, moitié de COD, sera l'angle au centre du polygone cherché. La droite EF qui joint les milieux des cordes BC, BD, sera la moitié de CD, et par conséquent égale au côté du nouveau polygone.

Par suite, les inconnues R' r' du problème sont BE et BG ; les données R et r sont OD et OA, ou OB et OA.

G étant le milieu de BA, il en résulte $BG = \dfrac{BA}{2}$ ou

$$(1) \qquad\qquad r' = \frac{R + r}{2}. \qquad\qquad C.\ Q.\ F.\ T.$$

D'autre part, dans le triangle BOE, le côté BE est moyen proportionnel entre BO et BG ; $BE = \sqrt{BO \times BG}$ ou

$$(2) \qquad\qquad R' = \sqrt{Rr'}. \qquad\qquad C.\ Q.\ F.\ T.$$

REMARQUE. La différence $R' - r'$ ou BE — BG est moindre que EG ; mais en doublant indéfiniment le nombre des côtés du polygone, EG, qui est $\dfrac{1}{2n}$ du périmètre, pourra devenir aussi petite qu'on voudra, et à plus forte raison $R' - r'$. On pourra donc arriver à un polygone ayant le périmètre donné, et tel que son apothème diffère aussi peu qu'on voudra du rayon du cercle circonscrit.

197. APPLICATION. Je prends pour premier polygone le carré dont le côté est 1 ; le périmètre est 4, et j'ai $r = \dfrac{1}{2}$, $R = \dfrac{\sqrt{2}}{2}$, d'où je tire $r' = \dfrac{1+\sqrt{2}}{4}$, $R' = \sqrt{\dfrac{2+\sqrt{2}}{8}}$ pour l'apothème et le rayon de l'octogone régulier dont le périmètre est 4. A l'aide des mêmes formules (1), (2), je calculerai l'apothème et le rayon du polygone régulier de 16 côtés, ayant encore 4 pour périmètre, et ainsi de suite, comme on le voit ci-après.

Périmètre constant : 4.

NOMBRE DES CÔTÉS.	APOTHÈMES.	RAYONS DES CERCLES CIRCONSCRITS.
4	0,500000	0,717107
8	0,603553	0,653282
16	0,628417	0,640729
32	0,634573	0,637643
64	0,636108	0,636875
128	0,636492	0,636684
256	0,636588	0,636636
512	0,636612	0,636624
1024	0,636618	0,636621

La circonférence qui aurait pour rayon 0,636618 serait inscrite dans le dernier polygone ; elle serait donc plus petite que 4 ; par conséquent, une circonférence égale à 4 aurait un rayon plus grand. Par une raison analogue, son rayon serait plus petit que 0,636621 ; le rapport de la circonférence au diamètre est donc compris entre les deux quotients suivants :

$$\frac{4}{0,636618 \times 2} = 3,14160\ldots,$$

$$\frac{4}{0,636621 \times 2} = 3,14158\ldots,$$

en sorte que $\pi = 3,1415$, ou $\pi = 3,1416$ à 0,0001 près.

Remarque. Nous reviendrons sur cette question à l'occasion de l'aire du cercle.

18.

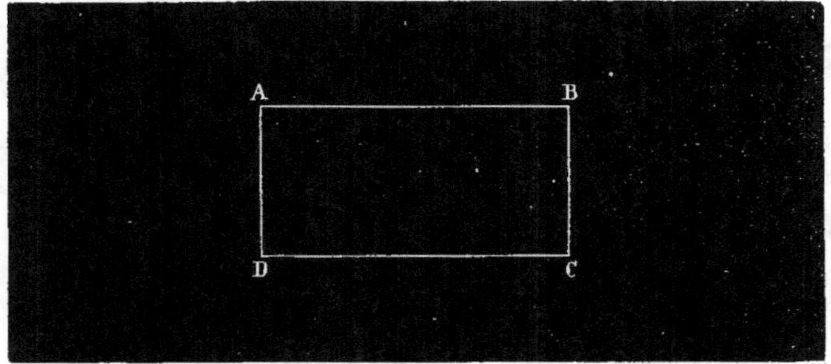

Fig. 329.

CHAPITRE III.

MESURE DES SURFACES.

198. DÉFINITIONS I. *La mesure d'une surface* est le *rapport* de cette surface à une autre surface prise pour unité. On a l'habitude de prendre pour *unité superficielle* la surface du *carré* qui a pour côté l'unité linéaire.

Le *mètre carré* est l'unité de surface, si le mètre est l'unité de longueur.

Ce serait le *décimètre carré*, si le décimètre était l'unité linéaire.

Ce serait l'*are*, si le décamètre était l'unité linéaire.

II. On appelle *figures équivalentes* celles qui, sous des formes plus ou moins différentes, ont la même surface. Ces figures sont *numériquement* égales lorsqu'elles sont rapportées à la même unité superficielle.

REMARQUE I. Deux figures sont *égales* lorsqu'elles sont tout à la fois *semblables* et *équivalentes*.

REMARQUE II. Nous commencerons par la mesure du *rectangle* (*fig.* 329), dont la forme se rapproche le plus de celle qu'on prend pour unité de surface (le carré).

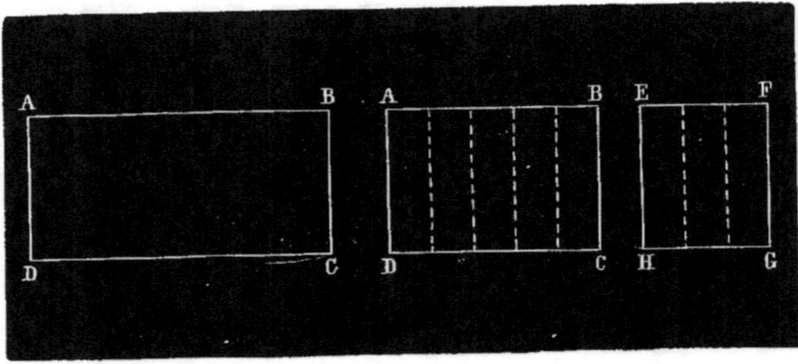

Fig. 329.   Fig. 330.

Le rectangle.

199. Définition. On appelle *hauteur* d'un rectangle ABCD (*fig.* 329) la perpendiculaire AD commune aux deux côtés opposés AB, CD. La *base* est AB ou CD. Si l'on prenait AD pour *base*, AB ou DC serait la hauteur. C'est qu'en effet, dans le rectangle, la base peut être prise pour la hauteur, et *vice versa*.

200. Théorème. *Deux rectangles* [ABCD, EFGH] (*fig.* 330) *de même hauteur* [AD = EH] *sont entre eux comme leurs bases.*

Démonstration. 1° Si les bases AB, EF, sont *égales*, on peut superposer les deux rectangles de manière que leurs bases coïncident ; alors, les hauteurs étant égales, les rectangles eux-mêmes coïncideront : ils seront donc égaux, et par conséquent seront entre eux comme leurs bases.

2° Si les bases sont inégales, mais *commensurables* entre elles, que EF, par exemple, soit les $\frac{3}{5}$ de AB, et qu'on partage AB en 5 parties égales, EF contiendra trois de ces parties ; si par chaque point de division je mène une perpendiculaire à la base, ces perpendiculaires partageront les deux rectangles en rectangles partiels tous égaux entre eux ; ABCD contiendra cinq de ces rectangles, et EFGH en contiendra trois : le rapport de EFGH à ABCD est donc $\frac{3}{5}$, c'est-à-dire le même que celui des bases.

3° Si les bases sont inégales et *incommensurables* entre elles,

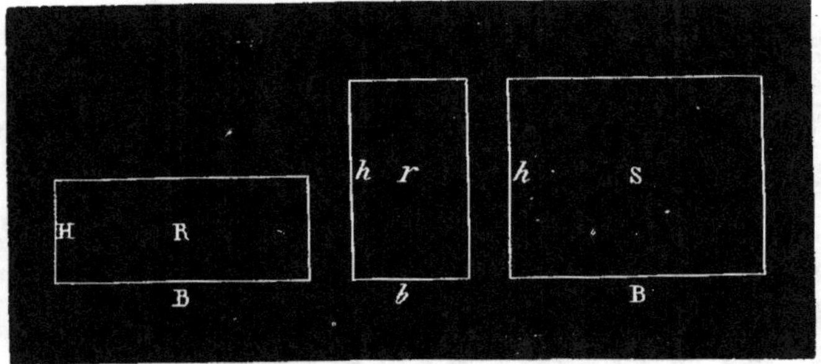

Fig. 331.

comme les hypothèses du théorème général (n° **84**) sont satisfaites, le rapport des rectangles est encore égal à celui de leurs
bases. ce qui démontre le principe énoncé.

CorollaIRE. *Deux rectangles de même base sont entre eux
comme leurs hauteurs.*

201. ThÉorème. *Deux rectangles quelconques sont entre eux
comme les produits des bases par les hauteurs correspondantes.*

DémonstratIon. Soient B et H (*fig*. **331**) la base et la hauteur
d'un rectangle R.
Soient b et h la base et la hauteur d'un autre rectangle r.
Je dis que l'on a

$$\frac{R}{r} = \frac{B \times H}{b \times h}.$$

Je désigne par S la surface d'un rectangle auxiliaire ayant la
base B du premier et la hauteur h du second. D'après le théorème
précédent. j'ai les deux égalités

$$(1) \qquad \frac{R}{S} = \frac{H}{h},$$

$$(2) \qquad \frac{S}{r} = \frac{B}{b}.$$

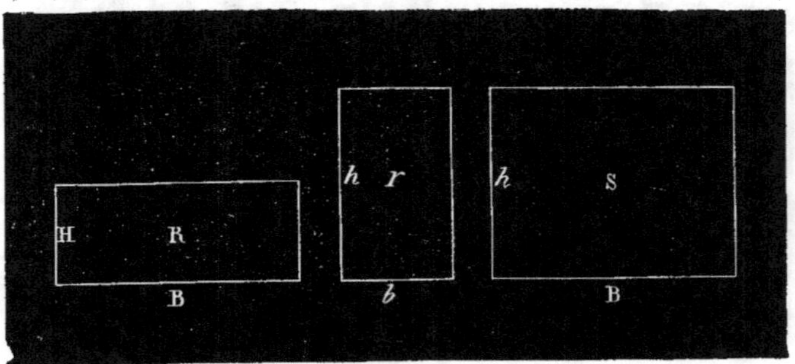

Fig. 331.

Je les multiplie membre à membre et j'obtiens

$$\frac{R \times S}{S \times r} = \frac{H \times B}{h \times b}$$

ou, en simplifiant,

(1) $$\frac{R}{r} = \frac{BH}{bh}.$$ *C. Q. F. D.*

REMARQUE. On ne saurait trop insister, comme nous l'avons déjà dit, sur ce fait : les produits de plusieurs lignes ne sont autres que les produits des nombres qui les représentent, après qu'on a comparé ces lignes à la même unité.

202. THÉORÈME. *L'aire d'un rectangle est égale au produit de sa base par sa hauteur.*

DÉMONSTRATION. Soit ABCD (*fig.* 332) le rectangle à mesurer ; soit *abcd* le carré pris pour unité de surface. J'ai l'égalité de rapports

$$\frac{ABCD}{abcd} = \frac{AB \times BC}{ab \times bc}$$

ou

$$\frac{ABCD}{1} = \frac{AB}{1} \times \frac{BC}{1}.$$

Or, le rapport $\dfrac{ABCD}{1}$, par définition, est la mesure de ABCD, ou l'aire de sa surface ; le rapport $\dfrac{AB}{1}$ est la mesure de AB, $\dfrac{BC}{1}$ est celle de BC : donc *un rectangle a pour mesure le produit de la*

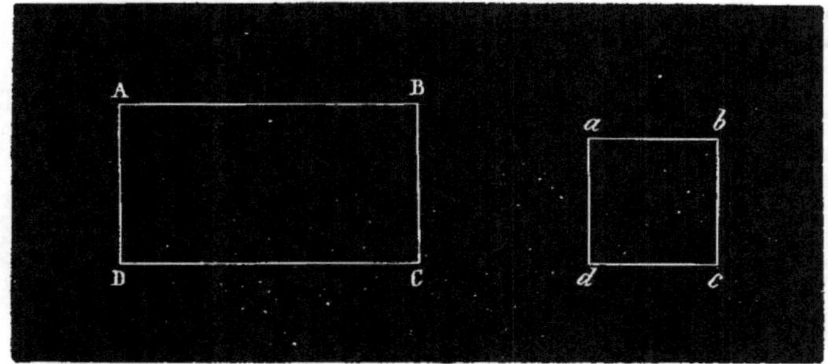

Fig. 332.

mesure de sa base par la mesure de sa hauteur, ou, plus laconiquement, *un rectangle a pour mesure le produit de sa base par sa hauteur.*   **C. Q. F. D.**

REMARQUE. A la rigueur, on pourrait prendre un rectangle pour unité de surface; mais alors il y aurait deux mesures linéaires, l'une pour la base et l'autre pour la hauteur.

Chose digne de remarque, à toute époque (ancienne ou moderne, on a toujours pris pour unité de surface le carré de l'unité linéaire.

203. DÉFINITION. On appelle *dimensions* d'un rectangle les lignes qu'il faut mesurer pour avoir sa surface. Aussi dit-on encore *qu'un rectangle a pour mesure le produit de ses deux dimensions.*

APPLICATIONS NUMÉRIQUES. I. Un rectangle qui a 5 mètres de long sur 3 mètres de large a 5×3 ou 15 mètres carrés de superficie.

II. Un rectangle qui a $5^m,42$ de long sur $3^m,24$ de large a $5,42 \times 3,24$ ou $17^{mq},5608$, ou, en mesures carrées, 17 mètres carrés, 56 décimètres carrés, 8 centimètres carrés.

III. Un rectangle a $17^{mq},5608$ de surface et $5^m,42$ de long. Quelle est sa largeur? Soit x la dimension cherchée. La formule $S = B \times H$ donne $17,5608 = 5,42 \times x$; d'où $x = \dfrac{17,5608}{5,42} = 3,24$.

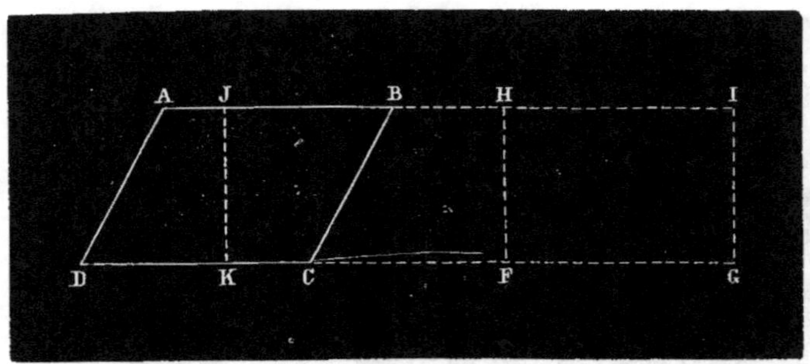

Fig.333.

204. Corollaire. *L'aire d'un carré est égale à la seconde puissance de son côté* [1].

Soient C le côté d'un carré et S sa surface ; ce carré n'est autre chose qu'un rectangle qui a pour base C et pour hauteur C ; par conséquent, on a $S = C \times C = C^2$.   *C. Q. F. D.*

Exemple : un carré qui a 13 mètres de côtés a 169 mètres carrés de superficie.

Réciproquement, un carré qui a 169 mètres carrés de superficie a 13 mètres de côté, puisque $\sqrt{169} = 13$.

Mesure du parallélogramme.

205. Théorème. *L'aire d'un parallélogramme est égale au produit de sa base par sa hauteur.*

Démonstration. Soit le parallélogramme ABCD (*fig.* 333) ; DC est sa base, et JK sa hauteur.

Sur le prolongement de la base DC je prends une longueur FG = DC, et j'élève les perpendiculaires FH, GI jusqu'à la rencontre du prolongement de AB ; le rectangle FGIII ainsi obtenu aura, par construction, même base et même hauteur que le parallélogramme proposé ; d'autre part, il lui sera équivalent : en effet, le trapèze ADFH est égal au trapèze BCGI, car en plaçant le pre-

---

1. Cette seconde puissance se nomme aussi le *carré* du nombre qui représente le côté.

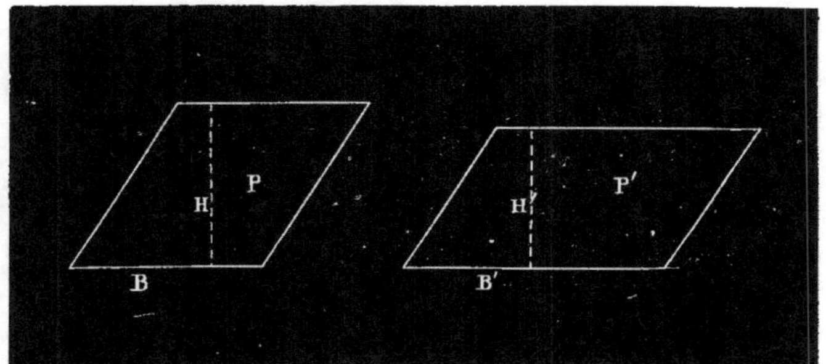

Fig. 334.

mier sur le second, de manière que HF coïncide avec IG, HA et FD coïncideront avec IB et GC, car elles seront les unes et les autres perpendiculaires à IG, et d'ailleurs elles sont respectivement égales; ces deux trapèzes étant égaux, si on en retranche la partie commune BHFC, les restes, c'est-à-dire le parallélogramme et le rectangle, seront équivalents. Or le rectangle a pour mesure FG $\times$ FH, donc le parallélogramme a une mesure égale, c'est-à-dire DC $\times$ JK.   *C. Q. F. D.*

206. CorollAIRE. *Soient* P, P' *(fig.* 354) *deux parallélogrammes;* B, H, *les dimensions de l'un;* B', H', *les dimensions de l'autre ; on a*

(1)
$$\frac{P}{P'} = \frac{B \times H}{B' \times H'}.$$

Si B $=$ B', le second rapport se réduit à $\frac{H}{H'}$; si H $=$ H', le même rapport se réduit à $\frac{B}{B'}$.

Dans le premier cas, on aura

$$\frac{P}{P'} = \frac{H}{H'},$$

et dans le second,

$$\frac{P}{P'} = \frac{B}{B'};$$

c'est-à-dire que : 1° *deux parallélogrammes de bases égales sont entre eux comme leurs hauteurs;* 2° *deux parallélogrammes de hauteurs égales sont entre eux comme leurs bases.*

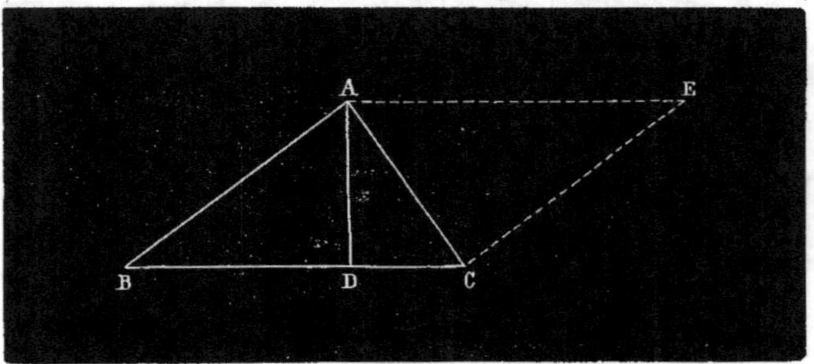

Fig. 335

Mesure du triangle.

207. THÉORÈME. *L'aire d'un triangle est égale à la moitié du produit de sa base par sa hauteur.*

DÉMONSTRATION. Soit le triangle ABC (*fig.* 335) ; par le point A je mène une parallèle à BC, et par le point C une parallèle à BA : je forme ainsi le parallélogramme AECB ; les deux triangles ABC, AEC, qui le composent, sont égaux ; et d'ailleurs sa base BC et sa hauteur AD sont aussi la base et la hauteur du triangle proposé ; il en résulte que ce triangle est la *moitié* d'un parallélogramme de même base et de même hauteur ; par suite, le triangle a pour mesure la *moitié* du produit de sa base par sa hauteur.

COROLLAIRE. *Deux triangles de même base sont entre eux comme leurs hauteurs, et deux triangles de même hauteur sont entre eux comme leurs bases. C'est la conséquence de la proportion*

$$\frac{S}{S'} = \frac{\frac{1}{2}\,BH}{\frac{1}{2}\,B'H'}.$$

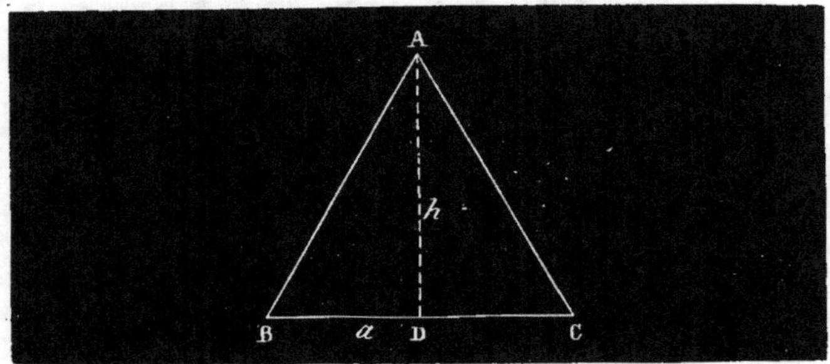

Fig. 336.

208. Problème. *Aire du triangle équilatéral en fonction de son côté.*

Solution. Soit le triangle équilatéral ABC (*fig.* 336). Pour abréger. je désigne sa surface par S, son côté par a et sa hauteur par h. J'ai

$$(1) \qquad S = \frac{1}{2} ah.$$

Or. le triangle rectangle ABD, dans lequel $BD = \frac{1}{2} a$, donne

$$h = \sqrt{a^2 - \frac{a^2}{4}} = \frac{\sqrt{3a^2}}{2} = \frac{a\sqrt{3}}{2}.$$

Substituant cette valeur dans l'égalité (1), on obtient

$$(2) \qquad S = \frac{a^2\sqrt{3}}{4}. \qquad\qquad C.\ Q.\ F.\ T.$$

Remarque. Ce serait a que l'on exprimerait en fonction de h si l'on demandait l'aire du triangle, connaissant sa hauteur :

$$h^2 = a^2 - \frac{a^2}{4} = \frac{3a^2}{4};$$

$$4h^2 = 3a^2;$$

$$a^2 = \frac{4h^2}{3};$$

par suite,
$$S = \frac{h^2\sqrt{3}}{3}.$$

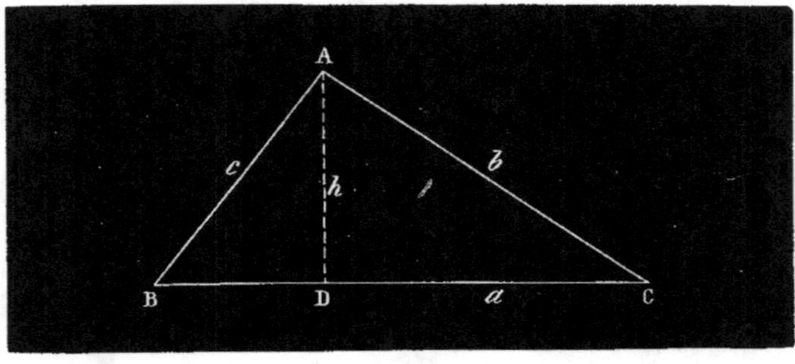

Fig. 337.

209. PROBLÈME. *Exprimer l'aire d'un triangle en fonction des trois côtés.*

SOLUTION. Soit ABC (*fig.* 537) le triangle ; je désigne ses côtés par a, b, c, sa hauteur par h, et j'ai

$$(1) \qquad\qquad S = \frac{1}{2}\,ah.$$

Reste à exprimer h en fonction de a, b, c.
Le triangle rectangle ABD donne

$$(2) \qquad\qquad h^2 = c^2 - \overline{BD}^2 ;$$

or, $b^2 = a^2 + c^2 - 2a \times BD$ (139) ; d'où je tire

$$BD = \frac{a^2 + c^2 - b^2}{2a} ;$$

par suite, l'égalité (2) devient

$$h^2 = c^2 - \frac{(a^2 + c^2 - b^2)^2}{4a^2} = \frac{4a^2c^2 - (a^2 + c^2 - b^2)^2}{4a^2} ;$$

mais la différence de deux carrés se décompose en un produit, ce qui donne successivement

$$h^2 = \frac{(2ac + a^2 + c^2 - b^2) \times (2ac - a^2 - c^2 + b^2)}{4a^2} ;$$

$$h^2 = \frac{[(a + c)^2 - b^2]\,[b^2 - (a - c)^2]}{4a^2} ;$$

$$h^2 = \frac{(a+c+b)\ (a+c-b)\ (b+a-c)\ (b-a+c)}{4a^2};$$

$$(3) \quad h = \frac{1}{2a} \sqrt{(a+b+c)\ (a+b-c)\ (a-b+c)\ (-a+b+c)}.$$

Je substitue cette valeur de h dans l'égalité (1), et j'obtiens finalement

$$(4) \quad S = \frac{1}{4} \sqrt{(a+b+c)\ (a+b-c)\ (a-b+c)\ (-a+b+c)},$$

formule facile à retenir.

Remarque I. Elle devient

$$S = \sqrt{p\ (p-a)\ (p-b)\ (p-c)};$$

quand on pose

$$a+b+c = 2\,p,$$

d'où

$$a+b-c = 2\,(p-c),$$
$$a-b+c = 2\,(p-b),$$
$$-a+b+c = 2\,(p-a).$$

Remarque II. Il y a un genre de questions que l'on ne saurait trop recommander aux candidats. *Que devient une formule pour une hypothèse particulière?* Opérez par *substitution*, c'est-à-dire introduisez dans la formule la relation qui est l'expression de l'hypothèse, et effectuez les calculs indiqués.

Exemple I. Que devient l'égalité (4) dans le cas du triangle équilatéral? J'introduis la condition $a = b = c$, et j'obtiens successivement

$$S = \frac{1}{4} \sqrt{3a \times a \times a \times a},$$

$$= \frac{1}{4} \sqrt{3a^4},$$

$$= \frac{1}{4} a^2 \sqrt{3} = \frac{a^2 \sqrt{3}}{4}.$$

Ainsi, $S = \frac{a^2 \sqrt{3}}{4}$; c'est, en effet, la formule qui a été trouvée au n° 208.

EXEMPLE II. A quoi se réduit la formule dans le cas du triangle rectangle ?

L'expression de l'hypothèse est $a^2 = b^2 + c^2$; reste à l'introduire dans la formule. Pour simplifier cette substitution, j'écris l'égalité comme il suit :

$$S = \frac{1}{4} \sqrt{[(b+c)+a]\,[(b+c)-a]\,[a+(c-b)]\,[a-(c-b)]}\,;$$

par suite,

$$S = \frac{1}{4} \sqrt{(b^2 + 2bc + c^2 - a^2) \times (a^2 - c^2 + 2bc - b^2)}\,;$$

et, comme $b^2 + c^2 = a^2$, la formule se réduit à

$$S = \frac{1}{4} \sqrt{2bc \times 2bc}\,;$$

par suite, $$S = \frac{1}{4} \sqrt{4b^2c^2},$$

$$S = \frac{1}{4}\,2bc,$$

et finalement $$S = \frac{1}{2}\,bc.$$

C'est, en effet, l'aire du triangle rectangle.

REMARQUE I. Si l'on n'avait pas trouvé

$$S = \frac{a^2\sqrt{3}}{4},$$

$$S = \frac{1}{2}\,b \times c,$$

c'est que, de deux choses l'une, il y aurait eu erreur de calcul, ou bien la formule eût été fausse. Ces *vérifications* sont donc fort utiles.

REMARQUE II. La hauteur d'un triangle en fonction des trois côtés s'est présentée subsidiairement dans la résolution du problème 209; mais cette expression a trop d'importance pour que nous ne la mettions pas en évidence :

$$h = \frac{1}{2a}\sqrt{(a+b+c)\,(a+b-c)\,(a-b+c)\,(-a+b+c)};$$

de même,

$$h' = \frac{1}{2b}\sqrt{(a+b+c)\,(a+b-c)\,(a-b+c)\,(-a+b+c)},$$

$$h'' = \frac{1}{2c}\sqrt{(a+b+c)\,(a+b-c)\,(a-b+c)\,(-a+b+c)}.$$

Ces formules nous montrent la relation qui existe entre les côtés a. b. c d'un triangle et les hauteurs correspondantes h, h', h'', savoir :

$$a : b : c :: \frac{1}{h} : \frac{1}{h'} : \frac{1}{h''};$$

c'est-à-dire que les côtés d'un triangle sont en raison inverse de leurs hauteurs, en sorte que *à la plus grande hauteur correspond la plus petite base*, et *vice versa*.

D'ailleurs, ces relations sont la conséquence immédiate de la mesure du triangle :

$$S = \frac{1}{2}\,ah = \frac{1}{2}\,bh' = \frac{1}{2}\,ch'';$$

d'où

$$= \frac{2S}{h}. \quad b = \frac{2S}{h'}. \quad c = \frac{2S}{h''};$$

par suite,

$$a : b : c :: \frac{1}{h} : \frac{1}{h'} : \frac{1}{h''}.$$

REMARQUE III. Deux autres questions d'examens se rattachent à l'aire du triangle :

1° Aire du triangle en fonction des *médianes*.

2° Aire du triangle en fonction des *hauteurs*.

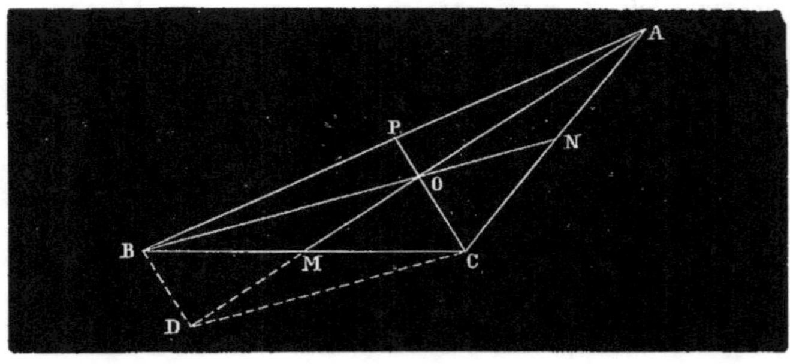

Fig. 338.

210. Problème. *Exprimer l'aire d'un triangle en fonction des médianes.*

Solution. Soient a', b', c' les médianes AM, BN, CP (*fig.* 538) du triangle ABC; $2\,p'$ la somme $a' + b' + c'$ de ces médianes ; S l'aire du triangle ABC ; je dis qu'on aura

$$S = \frac{4}{3}\sqrt{p'\,(p' - a')\,(p' - b')\,(p' - c')}.$$

Démonstration. Je prends, sur le prolongement de OM, MD $=$ OM, et je tire les droites DC, DB. Le quadrilatère OBDC sera un parallélogramme ; donc CD $=$ BO $= \frac{2}{3}b'$. D'ailleurs, OD $= \frac{2}{3}$AM $= \frac{2}{3}a'$, et CO $= \frac{2}{3}c'$.

L'aire du triangle COD a donc pour valeur

$$\sqrt{\frac{2}{3}p' \times \frac{2}{3}(p' - a') \times \frac{2}{3}(p' - b') \times \frac{2}{3}(p' - c')}$$

ou

$$\frac{4}{9}\sqrt{p'\,(p' - a')\,(p' - b')\,(p' - c')}\,;$$

or, le triangle COD est équivalent au triangle COA, et ce dernier est le tiers du triangle ABC ; donc

$$(1)\qquad S = \frac{4}{3}\sqrt{p'\,(p' - a')\,(p' - b')\,(p' - c')}.\qquad \textit{C. Q. F. D.}$$

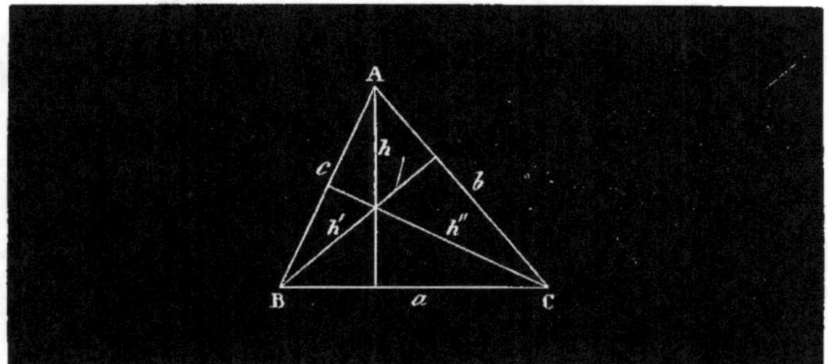

Fig. 339.

Remarque. Quand le triangle ABC est équilatéral, on a $a' = b' = c'$, par suite $p' = \dfrac{3a'}{2}$, $p' - a' = \dfrac{a'}{2} = p' - b' = p' - c'$, et alors l'égalité (1) devient

$$S = \frac{1}{3} \sqrt{\frac{3a'^4}{16}} = \frac{a'^2 \sqrt{3}}{3}.$$

Si l'on désigne par a le côté du triangle ABC, supposé équilatéral, on a

$$a'^2 = \frac{3}{4} a^2,$$

et l'égalité précédente nous fait retrouver

$$S = \frac{a^2 \sqrt{3}}{4}.$$

211. Problème. *Exprimer l'aire d'un triangle en fonction des trois hauteurs.*

Solution. Soient a, b, c (fig. 339) les trois côtés du triangle, h, h', h'' les hauteurs correspondantes à ces côtés et S sa surface ; j'ai

$$S = \frac{ah}{2}; \quad S = \frac{bh'}{2}; \quad S = \frac{ch''}{2};$$

d'où je déduis

$$\frac{a}{2} = \frac{S}{h}; \quad \frac{b}{2} = \frac{S}{h'}; \quad \frac{c}{2} = \frac{S}{h''};$$

par suite,

$$\frac{a+b+c}{2} \quad \text{ou} \quad p = S \times \left(\frac{1}{h} + \frac{1}{h'} + \frac{1}{h''} \right);$$

donc,
$$p - a = S\left(\frac{1}{h} + \frac{1}{h'} + \frac{1}{h''}\right) - \frac{2S}{h} = S\left(\frac{1}{h'} + \frac{1}{h''} - \frac{1}{h}\right);$$

de même,
$$p - b = S\left(\frac{1}{h} + \frac{1}{h''} - \frac{1}{h'}\right),$$

$$p - c = S\left(\frac{1}{h} + \frac{1}{h'} - \frac{1}{h''}\right);$$

or,
$$S = \sqrt{p\,(p - a)\,(p - b)\,(p - c)}.$$

Je remplace dans cette formule p, $p - a$, $p - b$, $p - c$ par leurs valeurs, et j'obtiens successivement

$$S = \sqrt{S^4\left(\frac{1}{h} + \frac{1}{h'} + \frac{1}{h''}\right)\left(\frac{1}{h'} + \frac{1}{h''} - \frac{1}{h}\right)\left(\frac{1}{h} + \frac{1}{h''} - \frac{1}{h'}\right)\left(\frac{1}{h} + \frac{1}{h'} - \frac{1}{h''}\right)}$$

$$S = S^2 \sqrt{\left(\frac{1}{h} + \frac{1}{h'} + \frac{1}{h''}\right)\left(\frac{1}{h'} + \frac{1}{h''} - \frac{1}{h}\right)\left(\frac{1}{h} + \frac{1}{h''} - \frac{1}{h'}\right)\left(\frac{1}{h} + \frac{1}{h'} - \frac{1}{h''}\right)};$$

$$1 = S \sqrt{\left(\frac{1}{h} + \frac{1}{h'} + \frac{1}{h''}\right)\left(\frac{1}{h'} + \frac{1}{h''} - \frac{1}{h}\right)\left(\frac{1}{h} + \frac{1}{h''} - \frac{1}{h'}\right)\left(\frac{1}{h} + \frac{1}{h'} - \frac{1}{h''}\right)};$$

$$S = \frac{1}{\sqrt{\left(\frac{1}{h} + \frac{1}{h'} + \frac{1}{h''}\right)\left(\frac{1}{h'} + \frac{1}{h''} - \frac{1}{h}\right)\left(\frac{1}{h} + \frac{1}{h''} - \frac{1}{h'}\right)\left(\frac{1}{h} + \frac{1}{h'} - \frac{1}{h''}\right)}}.$$

Telle est la formule demandée.

Remarque. Dans le cas du triangle équilatéral,

$$h = h' = h'',$$

et la formule devient

$$S = \frac{1}{\sqrt{\frac{3}{h} \times \frac{1}{h} \times \frac{1}{h} \times \frac{1}{h}}} = \frac{1}{\sqrt{\frac{3}{h^4}}},$$

$$S = \frac{1}{\left(\frac{\sqrt{3}}{h^2}\right)} = \frac{h^2}{\sqrt{3}} = \frac{h^2\sqrt{3}}{3}.$$

C'est, en effet, ce que nous avons trouvé au n° 210.

19.

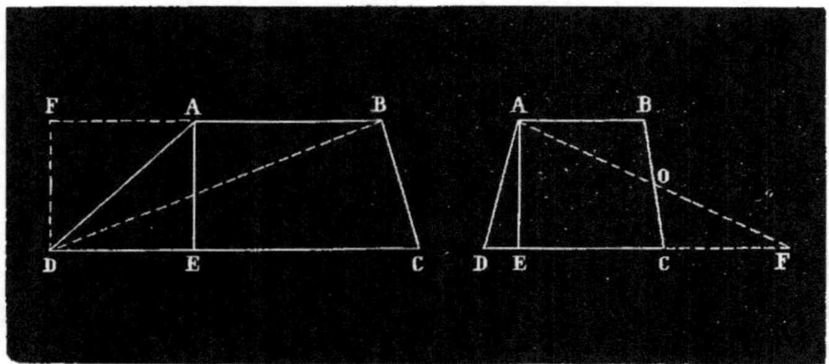

Fig. 340.   Fig. 341.

212. Théorème. *L'aire d'un trapèze est égale à sa hauteur multipliée par la demi-somme des bases parallèles.*

Démonstration. Soit le trapèze ABCD (*fig.* 340); soient AB, CD ses bases, et AE sa hauteur; je dis que

$$ABCD = AE \times \left(\frac{AB + CD}{2} \right).$$

Je mène la diagonale DB; elle décompose le quadrilatère en deux triangles ABD, BDC; or,

$$(1) \qquad ABD = \tfrac{1}{2}\, AB \times DF \quad \text{ou} \quad \tfrac{1}{2}\, AB \times AE,$$

$$(2) \qquad DBC = \tfrac{1}{2}\, CD \times AE;$$

par l'addition membre à membre de ces égalités, j'obtiens

$$ABCD = AE \times \frac{AB + CD}{2}.$$

C. Q. F. D.

Autre démonstration. Je joins le point A (*fig.* 341) au milieu O de BC, et je prolonge AO jusqu'en F. Les deux triangles ABO, OCF, égaux entre eux, sont tels, qu'en les retranchant alternativement de toute la figure on obtient, d'une part, le triangle ADF, et, de l'autre, le trapèze ABCD, en sorte que ces deux figures sont

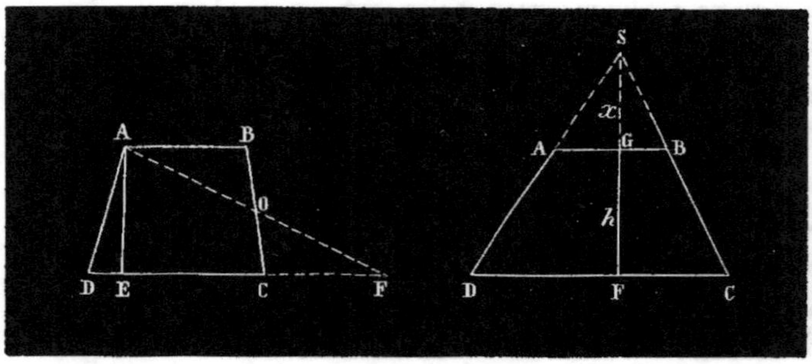

Fig. 341.   Fig. 342.

équivalentes. Or, le triangle ADF a pour base $DC + CF$ ou $DC + AB$, et pour hauteur AE, en sorte que

$$ADF = \frac{1}{2} AE (AB + DC);$$

ou

$$AE \times \left(\frac{AB + DC}{2} \right).$$

Cette expression est donc celle de l'aire du trapèze.

C. Q. F. D.

DÉMONSTRATION PAR LE CALCUL. Je prolonge DA, CB (*fig.* 342) jusqu'à leur rencontre S, et le trapèze est la différence des deux triangles SDC, SAB. Je pose $DC = a$, $AB = b$, $GF = h$, $SG = x$, et je désigne par S la surface cherchée.

$$(1) \qquad SDC = \frac{1}{2} a \times (x + h),$$

$$(2) \qquad SAB = \frac{1}{2} b \times x;$$

par suite, en retranchant membre à membre,

$$(3) \qquad S = \frac{a(x+h) - bx}{2} = \frac{ah + (a-b)x}{2};$$

il reste à exprimer x en fonction des données.

La similitude des triangles SAB, SDC donne

$$\frac{a}{b} = \frac{x+h}{x},$$

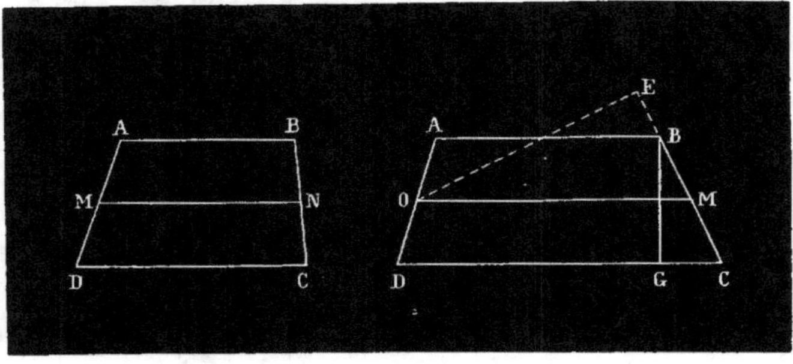

Fig. 343.   Fig. 344.

d'où

$$\frac{a-b}{b} = \frac{h}{x},$$

ce qui donne

$$x = \frac{bh}{a-b}.$$

Je substitue cette valeur dans l'expression (3), et finalement j'obtiens

$$s = h \times \left(\frac{a+b}{2}\right).$$

C. Q. F. T.

213. AUTRES EXPRESSIONS DE LA MESURE DU TRAPÈZE. 1. *L'aire d'un trapèze est égale à sa hauteur multipliée par la ligne* **MN** *(fig. 343) qui joint les milieux des côtés non parallèles.*

En effet, on a vu au n° 58 que

$$MN = \frac{1}{2}(AB+CD).$$

II. *Un trapèze a pour mesure le produit d'un de ses côtés non parallèles par la distance, à ce côté, du milieu du côté opposé.*

DÉMONSTRATION. Il faut prouver que

$$1 \qquad\qquad ABCD = BC \times OE \;\text{(fig. 344)}.$$

Je joins le point O au milieu M de BC, et l'on sait que cette ligne de jonction est parallèle à DC ; du point B j'abaisse sur DC la perpendiculaire BG. D'après le théorème qui précède, j'ai

$$(2) \qquad\qquad ABCD = OM \times BG.$$

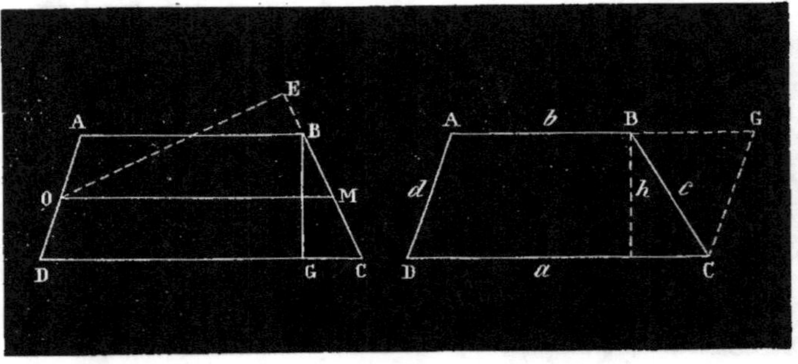

Fig. 344.   Fig. 345.

La question est donc ramenée à démontrer que

$$BC \times OE = OM \times BG,$$

ou que

$$(3) \qquad \frac{BC}{OM} = \frac{BG}{OE},$$

ce qui me conduit à considérer les deux triangles OEM, BGC ; et comme ces triangles sont rectangles et qu'en outre l'angle EMO de l'un est égal à l'angle BCG de l'autre, il y a similitude, et par suite proportionnalité entre les côtés homologues, ce qui démontre le principe énoncé.

214. Problème. *Exprimer la surface d'un trapèze en fonction des quatre côtés.*

Solution. Soit le trapèze ABCD (*fig.* 345) ; je désigne ses côtés par a, b, c, d et sa hauteur par h.

Par le point C je mène CG parallèle à AD ; les trois côtés du triangle CGB sont c, d, et $a - b$; sa hauteur est h ; cela posé, S, s désignant les surfaces du trapèze ABCD et du triangle CGB, on a

$$(1) \qquad S = (a + b) \times \frac{h}{2};$$

or,

$$(2) \qquad s = (a - b) \times \frac{h}{2};$$

je divise les expressions (1) et (2) membre à membre, et j'ai

$$\frac{S}{s} = \frac{a + b}{a - b};$$

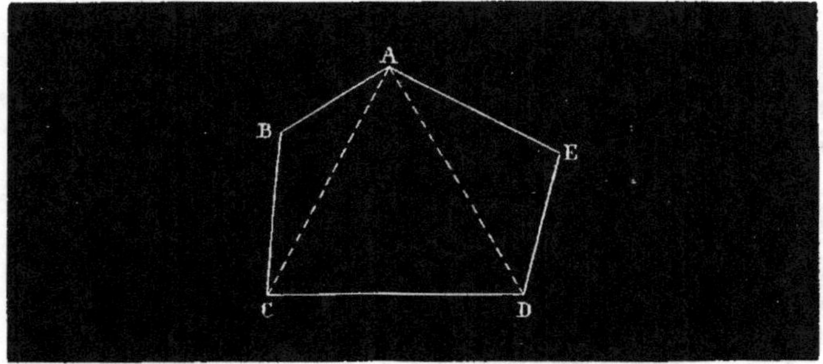

Fig. 346.

par suite,

(3)
$$S = \frac{a+b}{a-b} \times s.$$

Mais

(4) $\quad s = \frac{1}{4} \sqrt{(a-b+c+d)\,(a-b+c-d)\,(a-b-c+d)\,(c+d-a+b)}.$

Je pose $\qquad a+b+c+d = 2p,$

d'où je tire successivement

$$a-b+c+d = 2(p-b),$$
$$a-b+c-d = 2(p-b-d),$$
$$a-b-c+d = 2(p-b-c),$$
$$-a+b+c+d = 2(p-a);$$

par suite, l'expression (4) devient

$$s = \sqrt{(p-a)\,(p-b)\,(p-b-c)\,(p-b-d)};$$

en sorte que, finalement,

$$S = \frac{a+b}{a-b} \sqrt{(p-a)\,(p-b)\,(p-b-c)\,(p-b-d)}. \qquad C.\ Q.\ F.\ T.$$

Remarque. Si $b = 0$, on retombe sur la formule de l'aire du triangle.

215. Problème. *Évaluer la surface d'un polygone quelconque.*

Solution. Soit le polygone ABCDE (*fig.* 346). Je le décompose en triangles par des diagonales partant toutes du même sommet;

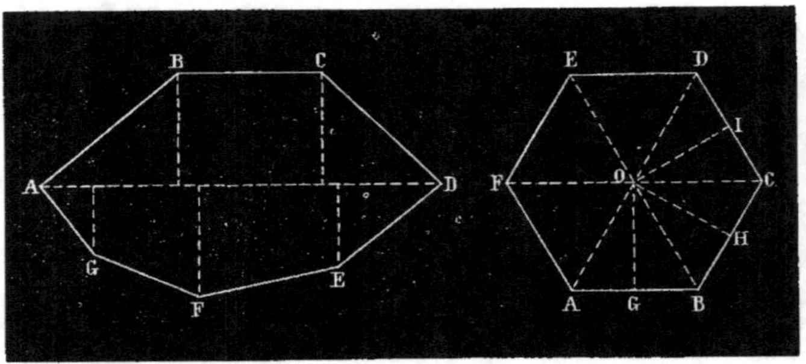

Fig. 347.   Fig. 348.

j'évalue l'aire de chacun de ces triangles; j'en fais la somme, et le problème est résolu.

REMARQUE. Les praticiens, tels que les géomètres arpenteurs, préfèrent décomposer le polygone en triangles rectangles et en trapèzes birectangles, ainsi que l'indique la figure (347). Pour cela, ils abaissent des sommets B, C, E, F, G des perpendiculaires sur la plus grande diagonale AD ; ils évaluent séparément l'aire de chacune des parties du polygone, et ils en font le total.

De plus grands détails sont du ressort de la *Géométrie pratique*, qu'il ne faut pas confondre (Introduction) avec la *Géométrie rationnelle*.

216. THÉORÈME. *L'aire d'un polygone régulier est égale au produit de son périmètre par la moitié de l'apothème.*

DÉMONSTRATION. Soit O (*fig.* 348) le centre du polygone régulier ABCDE... ; je tire les rayons OA, OB, OC..., et je décompose ainsi la figure en autant de triangles qu'il y a de côtés ; les hauteurs de ces triangles sont les apothèmes OG, OH, OI...; chaque triangle a pour mesure le produit d'un côté du polygone par la moitié de l'apothème : donc l'aire du polygone, qui est la somme de tous ces triangles, a pour mesure la somme des côtés, ou le périmètre multiplié par le facteur commun, qui est la moitié de l'apothème, ce qui démontre le principe énoncé, et cela quel que soit le nombre des côtés du polygone.

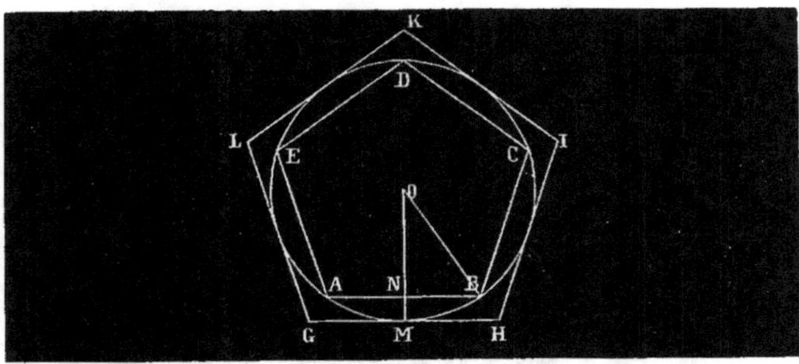

Fig. 349.

217. Théorème. *Un cercle est la limite des polygones réguliers inscrits et des polygones réguliers circonscrits dans lesquels on augmente indéfiniment le nombre des côtés.*

Démonstration. Le cercle est plus grand que tout polygone inscrit, puisque celui-ci en est une partie ; il est plus petit que tout polygone circonscrit, puisqu'il en fait partie.

La différence entre le cercle et la surface du polygone inscrit, ainsi que celle du cercle et du polygone circonscrit, est donc plus petite que la différence de ces deux polygones ; dès lors, il suffit de démontrer que la différence entre deux polygones, l'un inscrit, l'autre circonscrit au même cercle, est susceptible de devenir aussi petite qu'on voudra.

Soient S la surface d'un polygone régulier circonscrit GHI.... (*fig.* 349) et *s* celle du polygone semblable inscrit ABC.... ; j'aurai

$$\frac{S}{s}=\frac{\overline{MO}^2}{\overline{NO}^2}, \qquad \frac{S-s}{S}=\frac{\overline{MO}^2-\overline{NO}^2}{\overline{MO}^2}=\frac{\overline{BO}^2-\overline{NO}^2}{\overline{MO}^2}=\frac{\overline{BN}^2}{\overline{MO}^2},$$

d'où

$$S-s=\frac{S.\overline{BN}^2}{\overline{MO}^2} ;$$

or, à mesure qu'on augmentera le nombre des côtés des polygones, BN, qui est plus petit que l'arc BM, pourra devenir aussi petit qu'on voudra ; $\overline{BN}^2$ aura donc zéro pour limite ; S diminuera et $\overline{MO}^2$ ne changera pas ; S — *s* pourra donc approcher de zéro autant qu'on voudra.   *C. Q. F. D.*

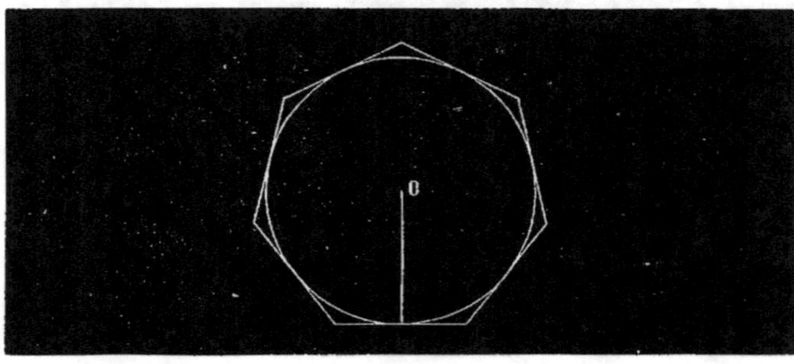

Fig. 350.

218. THÉORÈME. *L'aire d'un cercle est égale à sa circonférence multipliée par la moitié du rayon.*

DÉMONSTRATION. Je circonscris au cercle un polygone régulier (*fig.* 350); sa surface S sera égale au périmètre P multiplié par la moitié de l'apothème qui est le rayon R du cercle donné. Si j'augmente indéfiniment le nombre des côtés du polygone, les deux quantités S et $P \times \frac{1}{2} R$ varieront sans cesser d'être égales : donc *leurs limites sont égales* (84).

Or, S a pour limite l'aire du cercle, P a pour limite la circonférence et R ne varie pas.

L'aire d'un cercle est donc égale au produit de sa circonférence par la moitié de son rayon.   *C. Q. F. D.*

REMARQUE. La formule de l'aire du cercle est la conséquence immédiate de ce qui précède :

$$(1) \qquad S = 2\pi R \times \frac{R}{2} = \pi R^2.$$

Soit D le diamètre; $R = \frac{D}{2}$, $R^2 = \frac{D^2}{4}$; par suite,

$$(2) \qquad S = \frac{1}{4} \pi D^2.$$

COROLLAIRE I. *Les cercles sont entre eux comme les carrés des rayons et comme les carrés des diamètres.*

$$\frac{S}{S'} = \frac{\pi R^2}{\pi R'^2} = \frac{R^2}{R'^2};$$

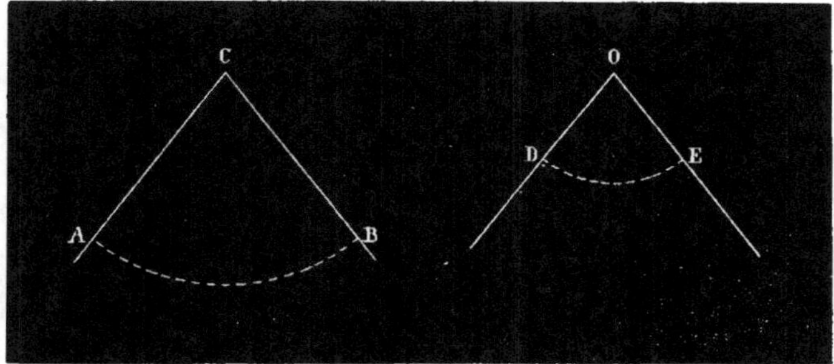

Fig. 351.

$$\frac{S}{S'} = \frac{\frac{1}{4}\pi D^2}{\frac{1}{4}\pi D'^2} = \frac{D^2}{D'^2}.$$

REMARQUE. Nous avons vu (189) que les circonférences sont entre elles comme leurs rayons, tandis que les cercles sont entre eux comme les carrés des mêmes rayons.

Par conséquent, lorsqu'on double le rayon d'un cercle, sa circonférence devient *double* et sa surface *quadruple*.

On voit par là combien il importe de ne pas confondre le *cercle* et la *circonférence.*

COROLLAIRE II. *Les secteurs semblables* [ACB, DOE] (*fig.* 351) *sont entre eux comme les carrés des rayons.*

On appelle *secteurs semblables* ceux qui répondent à des angles au centre égaux.

DÉMONSTRATION. On a successivement

$$\frac{\text{sect. ACB}}{\text{cerc. CA}} = \frac{\overset{\frown}{\text{ACB}}}{4^d},$$

$$\frac{\text{sect. DOE}}{\text{cerc. OD}} = \frac{\overset{\frown}{\text{DOE}}}{4^d},$$

d'où, à cause de l'égalité des seconds membres,

$$\frac{\text{sect. ACB}}{\text{sect. DOE}} = \frac{\text{cerc. CA}}{\text{cerc. OD}} = \frac{\overline{\text{CA}}^2}{\overline{\text{OD}}^2}. \qquad\qquad C.\ Q.\ F.\ D.$$

REMARQUE I. Puisque $S = \pi R^2$, réciproquement

$$\pi = \frac{S}{R^2};$$

donc, pour avoir le rapport de la circonférence au diamètre, il suffit de calculer celui de la surface d'un cercle au carré du rayon.

De là deux autres méthodes élémentaires pour avoir des valeurs approchées du nombre π :

1° Se donner le rayon, calculer l'aire du cercle, et diviser le résultat obtenu par le carré du rayon.

2° Se donner la surface du cercle, calculer son rayon, diviser la surface donnée par le carré du rayon trouvé.

Dans l'un et l'autre cas, on substituera au cercle des polygones réguliers, comme nous l'avons dit au n° 217.

REMARQUE II. La première de ces deux méthodes est celle qui se trouve dans les anciennes éditions de la *Géométrie* de Legendre. L'auteur évalue l'aire d'un cercle dont le rayon est 1 ; partant du carré, il en calcule la surface tant pour le carré inscrit que pour le carré circonscrit ; il passe ensuite aux octogones, puis aux polygones de 16, 32, 64,…,32768 côtés; arrivé à ce terme, il obtient 3,1415926 tant pour la surface du polygone inscrit que pour celle du polygone circonscrit, en sorte que

$$\pi = 3,1415926.$$

Le problème auxiliaire de l'auteur était le suivant :

Étant données les surfaces A, B *d'un polygone régulier inscrit et d'un polygone semblable circonscrit, trouver les surfaces* A', B' *des polygones réguliers inscrit et circonscrit d'un nombre double de côtés.* Les formules à mettre en nombre étaient

$$A' = \sqrt{A \times B},$$

$$B' = \frac{2A \times B}{A + A'}.$$

Les diverses valeurs de π.

219. 1° *Archimède*[1] est considéré comme le plus ancien mathématicien qui se soit occupé de la recherche du rapport de la circonférence au diamètre. A cet effet, il eut recours aux polygones réguliers inscrits et circonscrits à un cercle, depuis 6 côtés jusqu'à 96 côtés ; il calcula leurs périmètres, et trouva que le rapport est compris entre $3 + \frac{10}{70}$ et $3 + \frac{10}{71}$; le premier, qui revient à $\frac{22}{7}$, est fréquemment employé à cause de sa simplicité ; il diffère du vrai rapport de moins d'un centième.

Ce rapport d'Archimède présente quelque chose de très remarquable, ainsi qu'on l'a découvert depuis : aucune fraction ne peut approcher davantage de π, à moins que les termes ne soient plus grands.

2° *Adrien Métius*, géomètre et astronome distingué de Franeker (frère aîné de Jacques Métius, Hollandais, à qui l'on attribue généralement l'invention du télescope par réfraction, vers 1609), a trouvé $\frac{355}{113}$ pour le même rapport ; il diffère du véritable de moins d'une unité de la sixième décimale.

Bezout[2] donne un moyen mnémonique pour le retenir :

Écrivez sur la même ligne deux fois de suite les trois premiers nombres impairs. et coupez le tout par le milieu :

$$113 \mid 355.$$

3° Avant Métius, *Ludolph van Ceulen*, par un travail d'une longueur extraordinaire, en continuant les calculs d'Archimède par l'inscription et la circonscription des polygones, porta à 34 le nombre des décimales exactes de ce rapport.

4° Plus récemment, l'infatigable *Lagny*[3], à l'aide de nouveaux moyens, poussa l'approximation jusqu'à la 128e décimale.

---

1. Né à Syracuse vers 287 av. J.-C., mort l'an 212.
2. 1730-1783.
3. 1660-1734.

Enfin, dans un manuscrit de la bibliothèque de Ratcliff, à Oxford, on a trouvé ce calcul porté à 155 décimales. On a donc des valeurs de π d'une exactitude beaucoup plus que suffisante, pour quelque calcul que ce soit.

Les recherches des savants anglais dans l'Inde ont fait connaître un rapport de la circonférence au diamètre plus approché que celui d'Archimède : c'est celui de 3927 à 1250, consigné dans un ouvrage persan. Il est égal au rapport 3,1416 ou $\frac{31416}{10000}$ qui devient $\frac{3927}{1250}$ en divisant les deux termes par 8.

Dans les opérations qui n'exigent pas de précision, on considère la circonférence comme *triple* du diamètre.

Dans la plupart des calculs ordinaires, on emploie le rapport d'Archimède.

Lorsqu'on veut une plus grande précision, on emploie le nombre 3,1416. Il est rare qu'on ait besoin d'un plus grand nombre de décimales [1].

220. Théorème. *L'aire d'un secteur est égale à l'arc rectifié de ce secteur, multiplié par la moitié du rayon.*

Démonstration. Le secteur AOB (*fig.* 352) est au cercle entier comme l'arc AB est à la circonférence entière, en sorte que

$$\frac{\text{sect. OAB}}{\text{cercle OA}} = \frac{\text{arc AB}}{\text{circ. OA}};$$

---

1. Règle mnémonique :

Que	j'aime	à	faire	apprendre	un	nombre	utile	aux	sages !
3	1	4	1	5	9	2	6	5	3	5

(Autant de lettres, autant d'unités dans le chiffre.)

Pour les applications numériques on peut avoir besoin de $\frac{1}{\pi}$ et du log de π :

$$\frac{1}{\pi} = 0{,}3183098861837906,$$

$$\log. \ \pi = 0{,}4971498726.$$

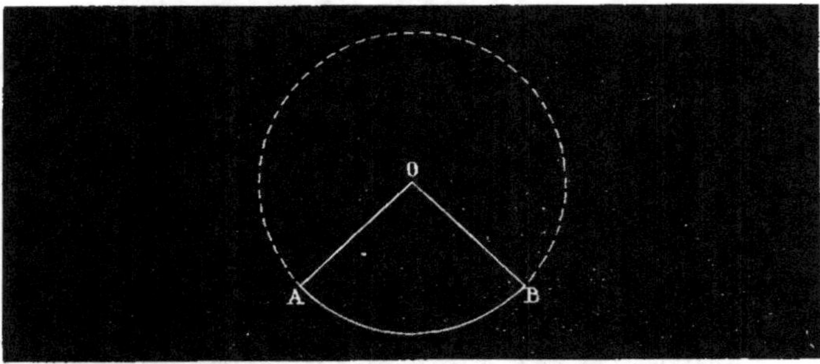

Fig. 352.

je multiplie par $\frac{1}{2}$ OA les deux termes du deuxième rapport, et j'ai

$$\frac{\text{sect. OAB}}{\text{cercle OA}} = \frac{\text{arc AB} \times \frac{1}{2}\text{OA}}{\text{circ. OA} \times \frac{1}{2}\text{OA}},$$

et, comme les dénominateurs sont égaux, j'en conclus que les numérateurs le sont aussi ; par conséquent,

$$\text{sect. OAB} = \text{arc AB} \times \frac{1}{2}\text{OA}.$$

C. Q. F. D.

APPLICATION NUMÉRIQUE. *L'angle d'un secteur circulaire est de 15° 13′ dans un cercle qui a 10 mètres de rayon. Quelle est la surface de ce secteur ?*

SOLUTION. Je commence par calculer la longueur de l'arc de 15° 13′.

$$\text{arc } 180° = \text{arc } 10\,800' = 10\pi,$$

$$\text{arc } 1' = \frac{10\pi}{10\,800},$$

$$\text{arc } 15° \, 13' = 793' = \frac{10\pi \times 793}{10\,800};$$

puis, multipliant cette longueur par la moitié du rayon, j'obtiens

$$S = \frac{10\pi \times 793}{10\,800} \times 5;$$

par suite,

$$\text{secteur} = \frac{39650\pi}{10800} = 16^{mq},163344 \text{ à un millimètre carré près.}$$

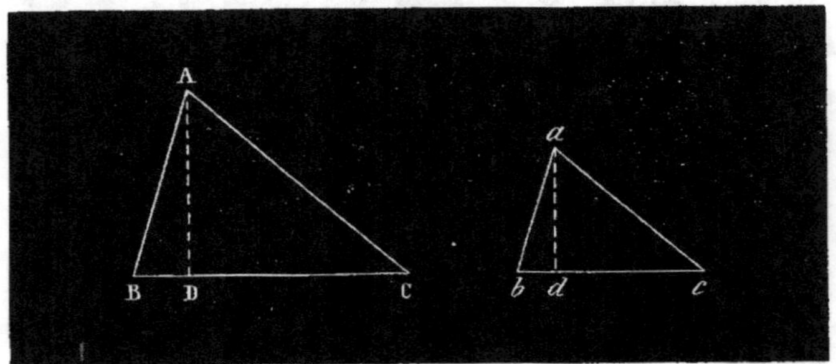

Fig. 353.

Rapport des aires des polygones semblables.

221. THÉORÈME. *Les aires de deux triangles semblables sont proportionnelles aux carrés des côtés homologues.*

DÉMONSTRATION. Soient les triangles ABC, abc (*fig.* 353); je mène les hauteurs homologues ; j'exprime l'aire de chaque triangle ; je les compare l'une à l'autre, après quoi j'introduis l'hypothèse que ces triangles sont semblables :

$$\text{(1)} \qquad \text{ABC} = \tfrac{1}{2}\,\text{BC} \times \text{AD},$$

$$\text{(2)} \qquad abc = \tfrac{1}{2}\,bc \times ad\,;$$

d'où

$$\text{(3)} \qquad \frac{\text{ABC}}{abc} = \frac{\text{BC} \times \text{AD}}{bc \times ad} = \frac{\text{BC}}{bc} \times \frac{\text{AD}}{ad},$$

et, comme

$$\frac{\text{BC}}{bc} = \frac{\text{AD}}{ad},$$

je peux écrire

$$\frac{\text{ABC}}{abc} = \frac{\text{BC}}{bc} \times \frac{\text{BC}}{bc} = \frac{\text{BC} \times \text{BC}}{bc \times bc} = \frac{\overline{\text{BC}^2}}{\overline{bc^2}}. \qquad C.\ Q.\ F.\ D.$$

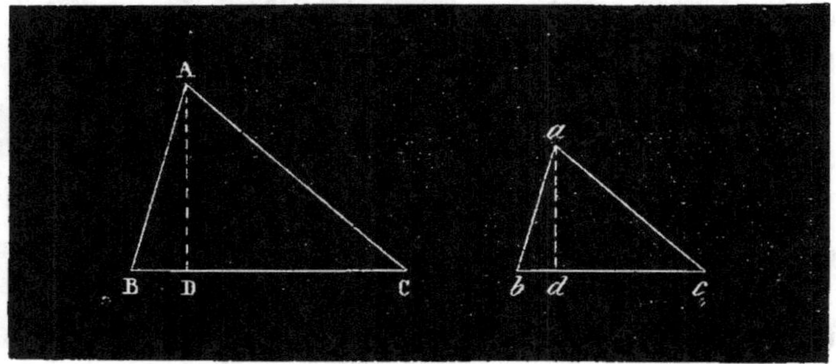

Fig. 353.

Remarque. La réciproque est vraie, pourvu que l'on considère entièrement la directe :

$$\frac{ABC}{abc} = \begin{cases} \dfrac{\overline{AB}^2}{\overline{ab}^2}, \\[2ex] \dfrac{\overline{AC}^2}{\overline{ac}^2}, \\[2ex] \dfrac{\overline{BC}^2}{\overline{bc}^2}, \end{cases}$$

parce qu'alors
$$\frac{\overline{AB}^2}{\overline{ab}^2} = \frac{\overline{AC}^2}{\overline{ac}^2} = \frac{\overline{BC}^2}{\overline{bc}^2}.$$

Extrayant la racine carrée des deux termes de chaque rapport, ce qui change la valeur des rapports sans faire cesser leur égalité, on obtient

$$\frac{AB}{ab} = \frac{AC}{ac} = \frac{BC}{bc}.$$

C. Q. F. D.

Remarque. Si un triangle varie sans cesser d'être semblable à lui-même, de telle sorte que ses côtés deviennent doubles, triples..., son périmètre deviendra en même temps *double, triple...*; mais sa surface deviendra *quatre, neuf...* fois plus grande.

222. Théorème. *Les aires des polygones semblables varient proportionnellement aux carrés des côtés homologues.*

Démonstration. Soient les deux polygones semblables ABCDE,

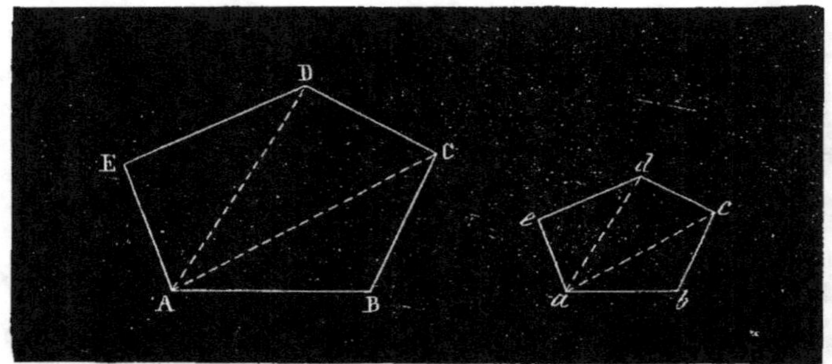

Fig. 354.

$abcde$ (*fig.* 354) ; je les décompose en triangles semblables chacun
à chacun, et j'ai, d'après le théorème précédent,

$$(1) \qquad \frac{ABC}{abc} = \frac{\overline{AC}^2}{\overline{ac}^2} ;$$

$$(2) \qquad \frac{ACD}{acd} = \frac{\overline{AD}^2}{\overline{ad}^2} ;$$

$$(3) \qquad \frac{ADE}{ade} = \frac{\overline{AD}^2}{\overline{ad}^2} ;$$

or, les diagonales homologues sont proportionnelles ; en les élevant au carré, on change la valeur des rapports en laissant
subsister leur égalité, de sorte que les triangles ABC, ACD, ADE,
qui composent le premier polygone, sont respectivement proportionnels à ceux qui composent le second polygone. J'ai donc

$$\frac{ABC}{abc} = \frac{ACD}{acd} = \frac{ADE}{ade},$$

d'où, en vertu d'un théorème sur les proportions,

$$\frac{ABC + ACD + ADE}{abc + acd + ade} = \frac{ABC}{abc},$$

ou

$$\frac{ABCDE}{abcde} = \frac{ABC}{abc} = \frac{\overline{AB}^2}{\overline{ab}^2}.$$

$$C.\ Q.\ F.\ D.$$

Remarque. Pour les polygones de plus de trois côtés, la relation

$$\frac{\overline{AB}^2}{\overline{ab}^2} = \frac{\overline{BC}^2}{\overline{bc}^2} = \frac{\overline{CD}^2}{\overline{cd}^2} = \frac{\overline{ED}^2}{\overline{ed}^2} = \frac{\overline{AE}^2}{\overline{ae}^2}$$

20.

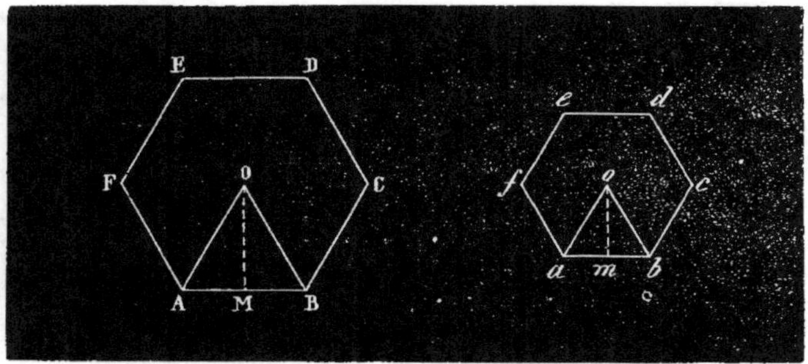

Fig. 355.

donne
$$\frac{AB}{ab} = \frac{BC}{bc} = \frac{CD}{cd} = \frac{ED}{ed} = \frac{AE}{ae};$$

et, comme elle ne suffit pas pour qu'il y ait similitude entre les polygones, la réciproque du théorème qui précède est fausse.

223. Théorème. *Les aires des polygones réguliers d'un même nombre de côtés sont proportionnelles aux carrés des rayons des cercles inscrits et aux carrés des rayons des cercles circonscrits.*

Démonstration. Soient les deux polygones réguliers semblables ABCDEF, $abcdef$ (*fig.* 355); je considère les deux triangles AOB, aob; ces triangles sont équiangles, car 1° $\widehat{AOB} = \frac{4^d}{6}$ et $\widehat{aob} = \frac{4^d}{6}$; 2° $\widehat{OAB}$, moitié de $\widehat{FAB}$, est égal à $\widehat{oab}$, moitié de $\widehat{fab}$; la similitude de ces triangles et de leurs moitiés AOM, aom donne

$$\frac{AB}{ab} = \frac{AO}{ao} = \frac{OM}{om};$$

comme d'ailleurs les surfaces des deux polygones sont proportionnelles aux carrés des côtés homologues, on peut poser

$$\frac{S}{s} = \frac{C^2}{c^2} = \frac{R^2}{r^2} = \frac{A^2}{a^2}.$$

S, s désignant les surfaces; C, c, deux côtés homologues; R, r, les rayons des polygones; A, a, leurs apothèmes.

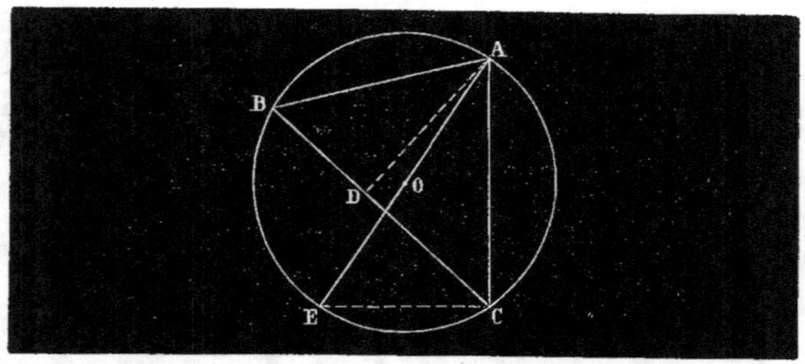

Fig. 356.

224. THÉORÈME. *Le produit des trois côtés d'un triangle* [ABC] *(fig. 356) est égal au double de sa surface multiplié par le dia-mètre du cercle circonscrit* [AE].

DÉMONSTRATION. Du point A j'abaisse sur BC la perpendicu-laire AD, et je mène la corde CE. Les deux triangles rectangles ABD, AEC ont l'angle B égal à l'angle E comme inscrits dans le même segment; ils sont donc semblables et leur similitude donne la proportion

$$\frac{AB}{AE} = \frac{AD}{AC},$$

d'où

(1) $$AB \times AC = AE \times AD,$$

ce qui revient à dire que *le produit de deux côtés est égal au produit du diamètre du cercle circonscrit par la perpendiculaire abaissée sur le troisième côté;* pour avoir le produit des trois côtés, je multiplie par BC les deux membres de l'égalité (**1**), et j'obtiens

$$AB \times AC \times BC = (BC \times AD) \times AE;$$

or, $BC \times AD$ est le double de la surface du triangle ABC; donc le principe énoncé est démontré.

REMARQUE. Ce théorème peut servir à calculer le rayon du cercle circonscrit à un triangle dont on connaît les trois côtés.

En représentant par R ce rayon, par S la surface du triangle et par a, b, c les trois côtés, le théorème précédent donne

$$a.b.c = 2S.2R,$$

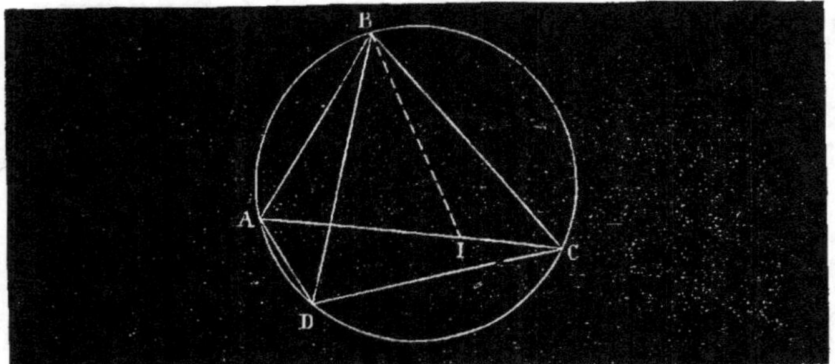

Fig. 357.

d'où
$$R = \frac{a.b.c}{4S}$$

ou bien
$$R = \frac{a.b.c}{\sqrt{(a+b+c)\,(b+c-a)\,(c+a-b)\,(a+b-c)}}$$

225. THÉORÈME. *Dans tout quadrilatère inscrit* [ABCD] (*fig*. 357), *le produit des diagonales est égal à la somme des produits des côtés opposés.*

DÉMONSTRATION. Il s'agit de démontrer que

$$BD \times AC = AB.DC + AD.BC.$$

Je mène BI faisant avec BC l'angle IBC égal à l'angle ABD. Les triangles ABD, IBC sont semblables comme ayant deux angles égaux chacun à chacun ; par suite,

$$\frac{AD}{CI} = \frac{BD}{BC},$$

d'où
$$(1) \qquad AD \times BC = CI \times BD.$$

Les triangles ABI, DBC sont aussi semblables comme ayant deux angles respectivement égaux : donc

$$\frac{AB}{BD} = \frac{AI}{CD},$$

d'où
$$(2) \qquad AB \times CD = AI \times BD ;$$

ajoutant les égalités (1) et (2) membre à membre, il vient

$$AD \times BC + AB \times CD = CI.BD + AI.BD = (CI + AI)\,BD \times = AC \times BD.$$

C. Q. F. D.

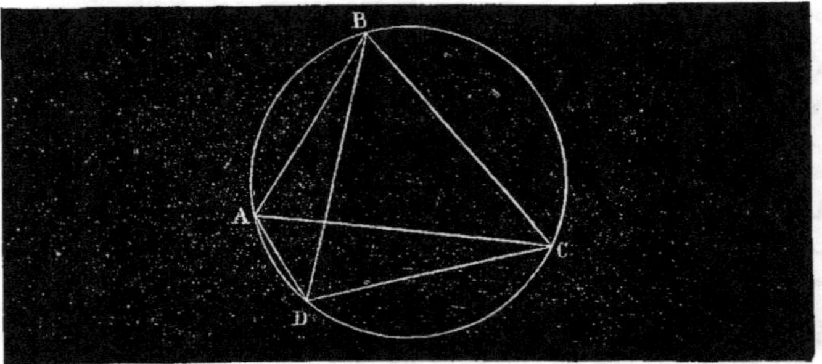

Fig. 358.

226. Théorème. *Dans tout quadrilatère inscrit* [ABCD] (*fig.* 358) *le rapport des diagonales est égal au rapport des sommes des produits des côtés qui aboutissent à leurs extrémités,*

c'est-à-dire que
$$\frac{AC}{BD} = \frac{AB \times AD + BC \times CD}{AB \times BC + AD \times CD}.$$

Démonstration. J'ai recours au théorème d'après lequel le produit des côtés d'un triangle est égal au double de sa surface multiplié par le diamètre du cercle circonscrit.

Les triangles ABC, ADC, qui s'appuient sur la diagonale AC, donnent, en désignant par S, S' leurs surfaces et par D le diamètre,

$$AB \times BC \times AC = 2S \times D;$$

$$AD \times DC \times AC = 2S' \times D.$$

L'addition membre à membre de ces égalités donne

$$(1) \qquad AC \times (AB \times BC + AD \times CD) = 2ABCD \times D.$$

Les deux triangles ABD, BDC, par un calcul semblable, donnent

$$(2) \qquad BD \times (AB \times AD + CB \times CD) = 2ABCD \times D;$$

par suite,

$$AC \times (BA \times BC + DA \times DC) = BD \times (AB \times AD + BC \times CD),$$

d'où
$$\frac{AC}{BD} = \frac{AB \times AD + CB \times CD}{BA \times BC + DA \times DC}. \qquad\qquad C.\ Q.\ F.\ D.$$

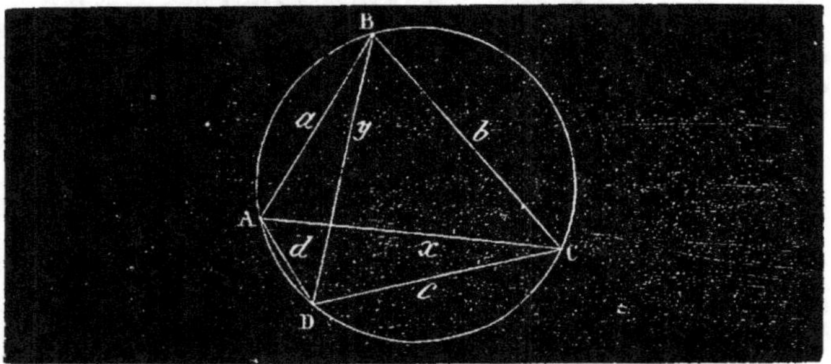

Fig. 359.

Remarque *fig*. 359. Les deux derniers théorèmes donnent immédiatement le moyen d'exprimer les diagonales d'un quadrilatère inscriptible en fonction des quatre côtés.

En représentant les quatre côtés par a, b, c, d, et les diagonales par x et y, les deux théorèmes précédents seront exprimés par les deux équations

(1)
$$xy = ac + bd ;$$

(2)
$$\frac{x}{y} = \frac{ad + bc}{ab + cd},$$

pour résoudre ces équations il suffit : 1° de faire leur produit, ce qui donne

$$x^2 = \frac{(ac + bd)\,(ad + bc)}{ab + cd},$$

et 2° de diviser la première par la seconde, ce qui donne

$$y^2 = \frac{(ac + bd)\,(ab + cd)}{ad + bc}.$$

En extrayant les racines carrées, on obtient, pour les valeurs des diagonales,

$$x = \sqrt{\frac{(ac + bd)\,(ad + bc)}{ab + cd}},$$

et

$$y = \sqrt{\frac{(ac + bd)\,(ab + cd)}{ad + bc}}.$$

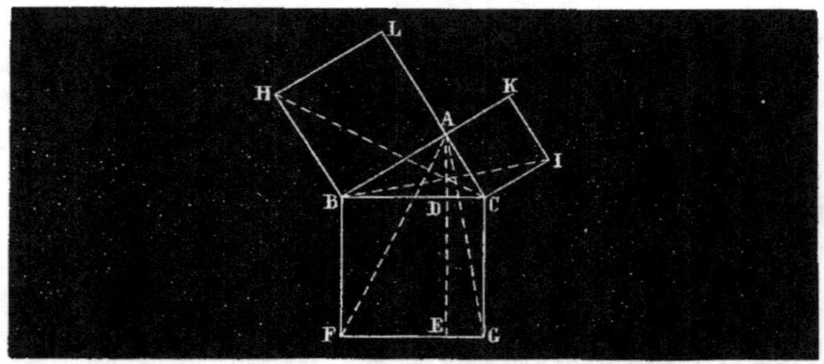

Fig. 360.

Démonstrations graphiques de la valeur du carré du côté d'un triangle opposé à un angle droit, aigu ou obtus.

227. THÉORÈME. *Le carré fait sur l'hypoténuse d'un triangle rectangle est équivalent à la somme des carrés faits sur les deux autres côtés* [1].

DÉMONSTRATION. Soit BAC (*fig.* 360) un triangle rectangle en A ; je construis un carré sur chacun des trois côtés, et je dis que

$$BCGF = ABHL + ACIK.$$

Pour le démontrer, du sommet A j'abaisse sur BC la perpendiculaire AD (elle tombe nécessairement dans l'intérieur du triangle); je la prolonge jusqu'en E ; je décompose ainsi le carré BCGF en deux rectangles

DEFB,
DEGC,

que je dis être respectivement équivalents aux carrés

ABHL,
ACIK.

Pour le démontrer, je tire les droites AF, CH, et je considère les deux triangles

ABF,
HBC.

---

1. Ce théorème porte le nom de théorème de Pythagore.

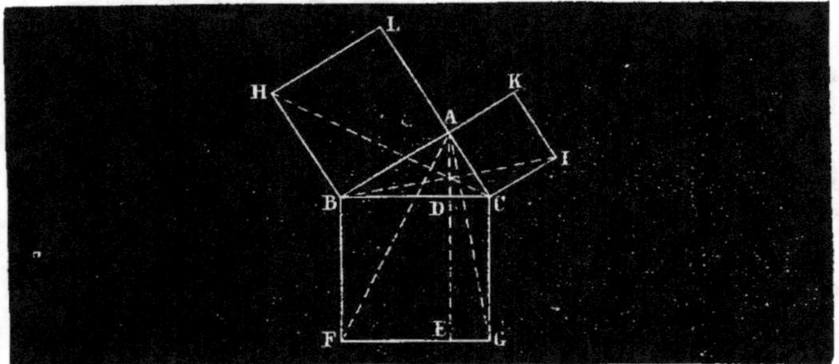

Fig. 360.

Dans ces deux triangles, AB et BH sont égaux comme côtés d'un même carré ; par la même raison, BF et BC sont égaux aussi ; en outre, l'angle ABF, compris entre les côtés AB, BF, est égal à ABC + 90°, ainsi que l'angle HBC compris entre les côtés HB, BC : donc ces deux triangles sont égaux ; or, le premier, ABF, est la *moitié* du rectangle BDEF, qui a même base BF et même hauteur BD ; par la même raison, le triangle HBC est la moitié du carré ABHL ; car, l'angle BAC étant droit (*par hypothèse*), ainsi que BAL, AC et AL ne font qu'une même ligne droite parallèle à HB : donc le triangle HBC et le carré ABHL, qui ont la base commune BH, ont aussi la hauteur commune AB, en sorte que le triangle est en effet la moitié du carré.

Conclusion. La moitié du rectangle BDEF est équivalente à la moitié du carré ABHL : donc le rectangle lui-même est équivalent au carré. On prouverait de même que le rectangle DEGC est équivalent au carré ACIK [1] : donc les deux rectangles pris ensemble, c'est-à-dire le carré BCGF fait sur l'hypoténuse, sont égaux en surface à la somme des carrés ABHL. ACIK, faits sur les deux autres côtés.   *C. Q. F. D.*

Remarque. Cette démonstration, purement géométrique, est préférable à celle qui se fait à l'aide des nombres. C'est le modèle des raisonnements que faisaient les anciens géomètres de l'école d'Alexandrie.

---

1. Nous engageons les élèves à le faire.

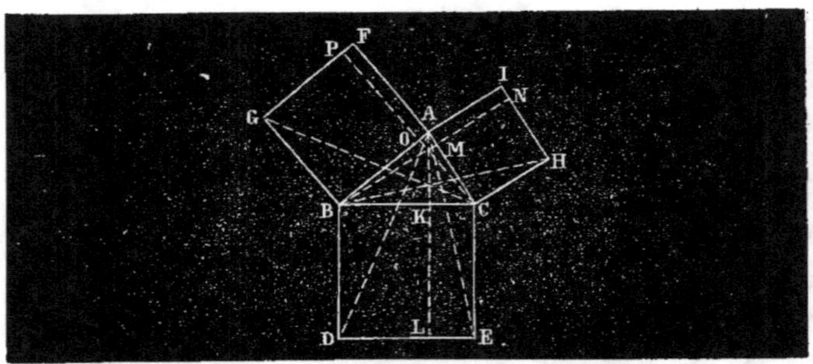

Fig. 361.

Corollaire I. *Le carré de l'hypoténuse est au carré de l'un des côtés de l'angle droit comme l'hypoténuse est au segment adjacent à ce côté.*

Corollaire II. *Les carrés des deux côtés de l'angle droit sont entre eux comme les segments de l'hypoténuse adjacents à ces côtés.*

228. Théorème. *Le carré fait sur le côté d'un triangle opposé à un angle aigu est plus petit que la somme des carrés faits sur les deux autres côtés.*

Démonstration. Les triangles GBC, ABD (*fig.* 361) sont égaux comme ayant un angle égal :

$$\text{GBC} = \text{ABC} + 90°,$$
$$\text{ABD} = \text{ABC} + 90°,$$

et deux côtés égaux :

$$\text{BG} = \text{BA}.$$
$$\text{BC} = \text{BD},$$

comprenant l'angle égal.

L'angle BAC étant *aigu*, la perpendiculaire COP, abaissée du point C sur AB, passera par l'intérieur du triangle ABC.

La droite CP étant parallèle à GB, le triangle GBC a pour hauteur BO ; il a donc même base GB et même hauteur BO que le *rectangle* OBGP : celui-ci est donc double du triangle GBC.

AL étant parallèle à BD, le triangle ABD a pour hauteur BK ; il a donc même base BD et même hauteur BK que le rectangle **BKLD** : celui-ci est donc double du triangle ABD.

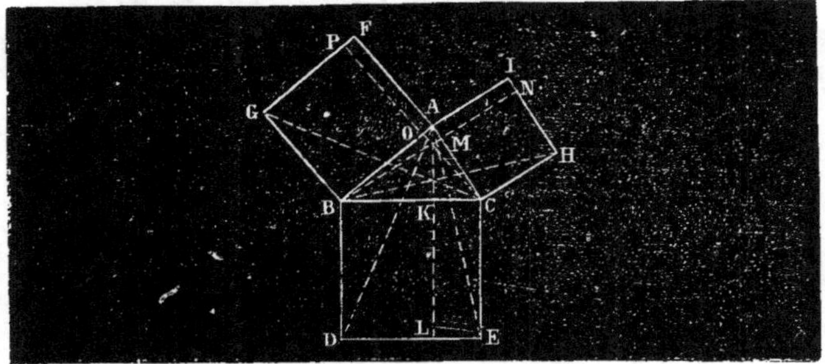

Fig. 361.

Le rectangle BKLD et le *rectangle* OBGP, étant respectivement doubles de deux triangles égaux, sont équivalents :

$$(1) \qquad BKLD = OBGP < ABGF ;$$

de même,

$$(2) \qquad CKLE = MCHN < ACHI.$$

Ajoutant membre à membre, il vient

$$BCED < ABGF + ACHI.$$

ou

$$\overline{BC}^2 < \overline{AB}^2 + \overline{AC}^2. \qquad\qquad C. Q. F. D^1.$$

---

1. Le calcul suivant fait connaître l'excès de $\overline{AB}^2 + \overline{AC}^2$ sur $\overline{BC}^2$.

$$\overline{BC}^2 \text{ ou } BCED = BKLD + CKLE = OBGP + MCHN$$
$$= (ABGF - AOPF) + (ACHI - AMNI).$$

Mais les deux rectangles AOPF, AMNI sont équivalents à cause de la similitude des triangles BMA, COA ; ainsi

$$\overline{BC}^2 = ABGF + ACHI - 2AOPF,$$

ou

$$\overline{BC}^2 = \overline{AB}^2 + \overline{AC}^2 - 2AOPF,$$

ce qui s'accorde avec le théorème 139 du livre III.

En conséquence, le carré du côté opposé à un angle aigu est égal à la somme des carrés des deux autres côtés, diminuée de deux fois le produit de l'un de ces côtés [AF] par la projection [AO] de l'autre [AC].

N. B. Sans que l'angle A cessât d'être aigu, l'un des angles B ou C pourrait être obtus, et alors la perpendiculaire AKL passerait hors du triangle : dans ce cas, il y aurait dans le calcul précédent quelques *signes* à changer, mais l'ensemble du calcul serait le même et le résultat identique au précédent.

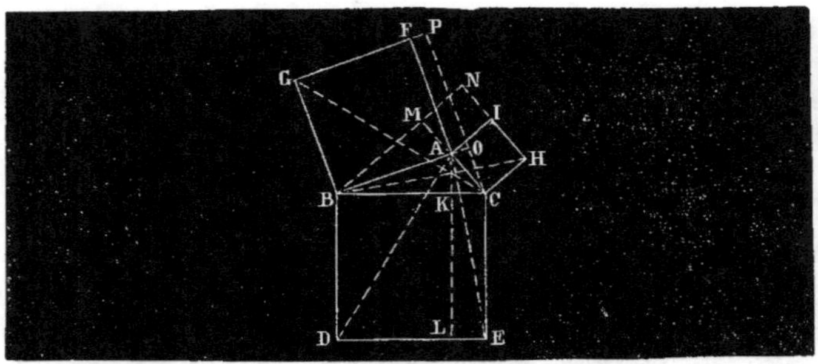

Fig. 362.

229. Théorème. *Le carré fait sur le côté d'un triangle opposé
à un angle obtus est plus grand que la somme des carrés faits
sur les deux autres côtés.*

Démonstration. Les triangles GBC, ABD (*fig.* 362) sont égaux
comme ayant un angle égal :

$$GBC = ABC + 90°,$$
$$ABD = ABC + 90°;$$

et deux côtés égaux :

$$BG = BA,$$
$$BC = BD,$$

comprenant l'angle égal.

L'angle BAC étant *obtus*, la perpendiculaire COP, abaissée du
point C sur AB, passera à l'*extérieur* du triangle ABC.

La droite CP étant parallèle à GB, le triangle GBC a pour hauteur BO ; il a donc même base GB et même hauteur BO que le
rectangle OBGP : celui-ci est donc double de GBC.

AL étant parallèle à BD, le triangle ABD a pour hauteur BK ;
il a donc même base BD et même hauteur BK que le rectangle
BKLD : celui-ci est donc double du triangle ABD.

Le rectangle BKLD et le *rectangle* OBGP, étant respectivement
le double de deux triangles égaux, sont équivalents :

$$(1) \qquad BKLD = OBGP > ABGF;$$

de même,

$$(2) \qquad CKLE = MCHN > ACHI.$$

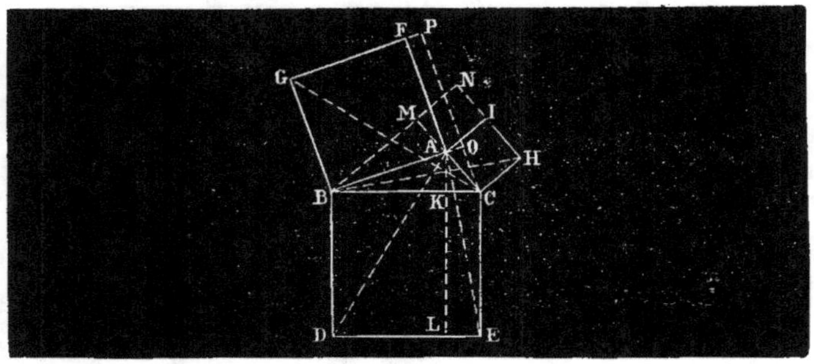

Fig. 362.

Ajoutant membre à membre, il vient

$$BCED > ABGF + ACHI.$$

ou $$\overline{BC}^2 > \overline{AB}^2 + \overline{AC}^2.$$ C. Q. F. D[1].

Conclusion. Le côté opposé à l'angle droit d'un triangle est le seul qui dans les triangles ait un nom particulier, celui d'hypoténuse.

La raison en est que, d'après les trois théorèmes précédents, ce côté jouit *exclusivement* d'une propriété très féconde en applications, propriété d'après laquelle le carré de cette ligne vaut à lui seul les carrés des deux autres.

---

1. Le calcul suivant fait connaître l'excès de $\overline{BC}^2$ sur $\overline{AB}^2 + \overline{AC}^2$.

$$\overline{BC}^2 \text{ ou } BCED = BKLD + CKLE = OBGP + MCHN$$
$$= (ABGF + AOPF) + (ACHI + AMNI).$$

Mais les deux rectangles AOPF, AMNI sont équivalents à cause de la similitude des triangles BMA, COA ; ainsi

$$\overline{BC}^2 = ABGF + ACHI + 2AOPF.$$

ou $$\overline{BC}^2 = \overline{AB}^2 + \overline{AC}^2 + 2AOPF,$$

ce qui s'accorde avec le théorème 140 du livre III.

En conséquence, le carré du côté opposé à un angle obtus est égal à la somme des carrés des deux autres augmentée de deux fois le produit de l'un de ces côtés [AF] par la projection [AO] de l'autre [AC].

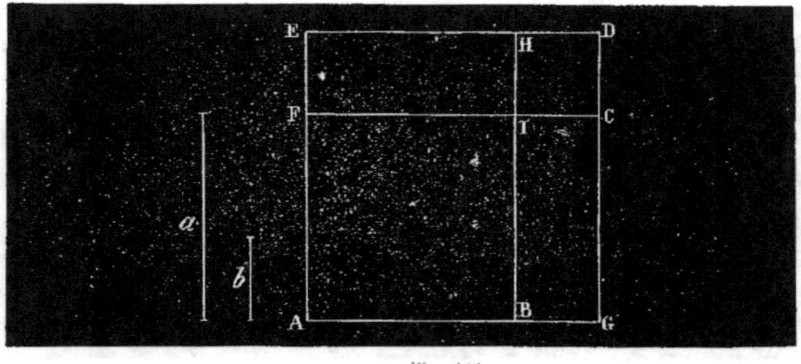

Fig. 565.

**Démonstration graphique des théorèmes de géométrie représentés
par les formules**

$$(a+b)^2 = a^2 + 2ab + b^2,$$

$$(a-b)^2 = a^2 - 2ab + b^2,$$

$$(a+b)(a-b) = a^2 - b^2.$$

Nous avons très souvent employé ces trois formules pour démontrer divers théorèmes, bien que nous ne les ayons pas encore démontrées en géométrie, mais la connaissance qu'on doit en avoir par l'algèbre suffit pour rendre les démonstrations rigoureuses ; néanmoins, il est bon de savoir qu'on peut les établir sans aucun secours de l'algèbre, par une simple décomposition de la figure, ainsi que nous le faisons dans les démonstrations qui suivent.

230. Théorème. *Le carré fait sur la somme de deux droites est équivalent à la somme des carrés de ces droites augmentée de deux rectangles qui ont chacun l'une de ces droites pour base et l'autre pour hauteur.*

Démonstration. Soient a et b (*fig.* 565) deux droites quelconques ; sur AB, égal à a, je construis un carré ABIF ; je prolonge FI et BI d'une longueur égale à b, et j'achève le carré dont IH et IC sont les côtés : j'obtiens ainsi une figure AFIHDCIBA qui est la somme des carrés des deux lignes données ; je lui ajoute

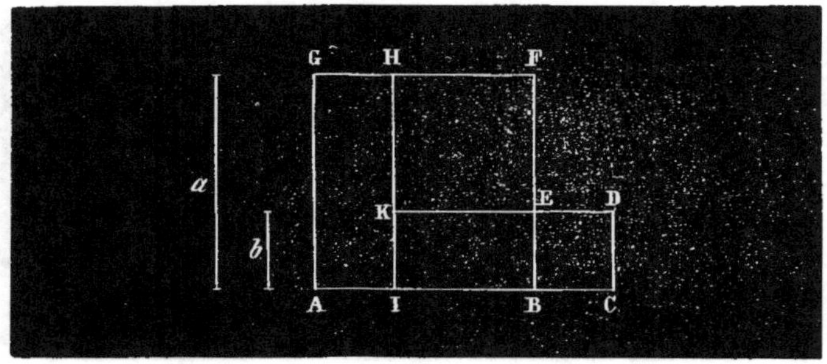

Fig. 564.

le rectangle FIHE. qui a pour côtés IF $= a$ et FE $= b$; j'ajoute encore le rectangle IBCG, qui a pour côtés BI $= a$ et IC $= b$.

J'obtiens ainsi le carré AEDG, qui a pour côtés AE $= a + b$ et qui se compose en effet de ABIF, qui est le carré de a, de IHDC, qui est le carré de b, et des deux rectangles FIHE et BICG, qui ont pour côtés : l'un, IF $= a$ et FE $= b$; l'autre, BI $= a$ et BG $= b$. J'ai donc

$$(a + b)^2 = a^2 + 2ab + b^2.$$ C. Q. F. D.

231. Théorème. *Le carré qui a pour côté la différence de deux droites est équivalent à la somme des carrés de ces deux droites diminuée de deux rectangles qui ont chacun l'une pour base, l'autre pour hauteur.*

Démonstration. Soient a et b *fig.* 564, deux droites quelconques : sur AB $= a$ je construis un carré ABFG ; je prolonge AB d'une longueur BC $= b$, et j'achève le carré BCDE : j'obtiens ainsi la figure ACDEFG, qui est la somme des carrés des deux lignes données ; de cette figure je retranche le rectangle AGHI, qui a pour base AG $= a$ et pour hauteur AI $= b$; je retranche encore le rectangle IKDC, qui a aussi pour base IC $= a$ et pour hauteur CD $= b$; il reste la figure KEFH, qui a pour côtés HF $= a - b$ et FE $= a - b$: ce reste est donc le carré de $a - b$; en conséquence, le carré de la différence de deux droites est équivalent à la somme des carrés de ces deux lignes diminuée de deux rectangles qui ont chacun l'une pour base l'autre pour hauteur. En sorte que

$$(a - b)^2 = a^2 + b^2 - 2ab.$$ C. Q. F. D.

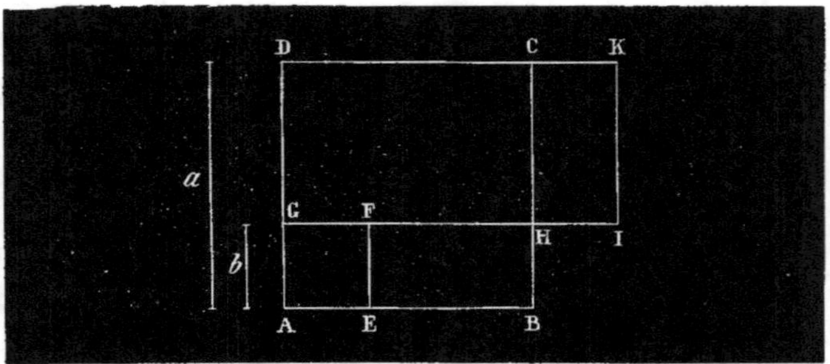

Fig. 365.

232. Théorème. *La différence des carrés de deux droites est équivalente à un rectangle qui a pour base leur somme et pour hauteur leur différence.*

Démonstration. Soient a et b (*fig.* 365) deux droites quelconques ; sur AB $= a$ je construis un carré ABCD, j'en retranche un carré AEFG ayant pour côté AE $= b$; j'obtiens pour reste la figure GFEBCD. Je partage ce reste par FH, prolongement de GF, en deux rectangles : GDCH, FHBE. Je transporte le second à la suite du premier en plaçant FH sur son égale HC, et j'obtiens le rectangle total DKIG, qui a pour base DK $=$ DC $+$ CK $= a + b$ et pour hauteur DG $=$ DA $-$ AG $= a - b$. Donc, en effet, la différence des carrés de deux droites est équivalente à un rectangle qui a pour base leur somme et pour hauteur leur différence ; en sorte que

$$(a+b)\,(a-b) = a^2 - b^2.$$

C. Q. F. D.

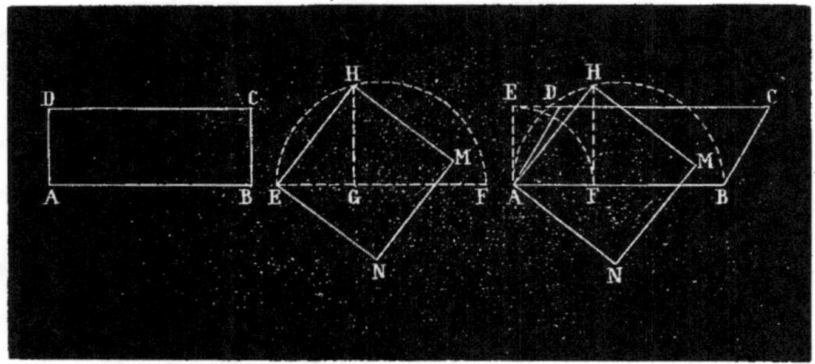

Fig. 366.
Fig. 367.

Problèmes sur le livre IV.

233. PROBLÈME I. *Construire un carré équivalent à un rectangle donné* [ABCD] (*fig. 366*).

SOLUTION. Soit X le côté du carré demandé, sa surface sera X^2, et j'aurai

$$X^2 = ABCD = AB \times BC;$$

d'où

$$\frac{AB}{X} = \frac{X}{BC}.$$

Le côté cherché est donc une moyenne proportionnelle entre AB et BC.

CONSTRUCTION. Soient EF, EG les dimensions du rectangle; sur EF comme diamètre, je décris une demi-circonférence; j'élève GH perpendiculaire sur EF : le carré EHMN construit sur EH est le carré demandé.

234. PROBLÈME II. *Construire un carré équivalent à un parallélogramme donné* [ABCD] (*fig. 367*).

SOLUTION. D'après ce qui précède, il faut chercher une moyenne proportionnelle entre la base et la hauteur du parallélogramme.

CONSTRUCTION. J'opère sur les lignes données en *enchaînant* les constructions, comme on le voit dans la figure.

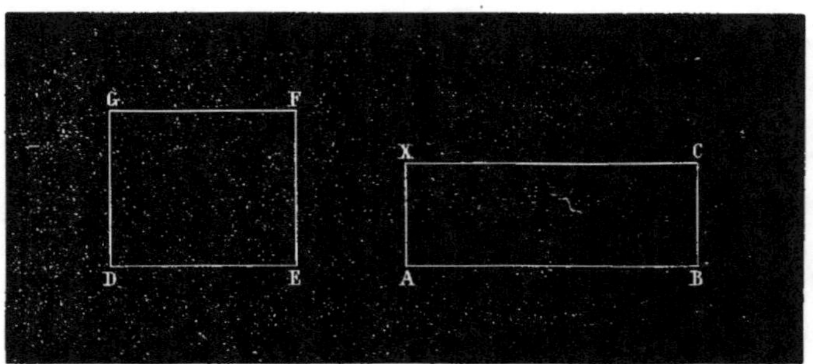

Fig. 368.

235. PROBLÈME III. *Construire un carré équivalent à un triangle donné.*

SOLUTION. Le côté du carré est une moyenne proportionnelle entre la base et la moitié de la hauteur du triangle, ou entre la moitié de la base et la hauteur. Cette moyenne étant trouvée, on construira le carré.

236. PROBLÈME IV. *Construire sur une droite donnée [AB] comme base (fig. 368) un rectangle équivalent à un rectangle donné DEFG.*

SOLUTION. Soit AX la hauteur inconnue du rectangle demandé; puisque les deux rectangles doivent être équivalents, on aura l'égalité

$$AB.AX = DE.DG;$$

d'où
$$AX = \frac{DE.DG}{AB}.$$

La hauteur cherchée est donc une quatrième proportionnelle aux trois lignes AB, DE, DG; cette ligne AX étant construite, on trouvera le point C en menant deux parallèles, l'une par le point X à AB, l'autre par le point B à AX.

237. PROBLÈME V. *Trouver deux lignes dont le rapport soit le même que celui de deux rectangles donnés.*

SOLUTION. Soient B, H ; B', H', les bases et les hauteurs de ces

21.

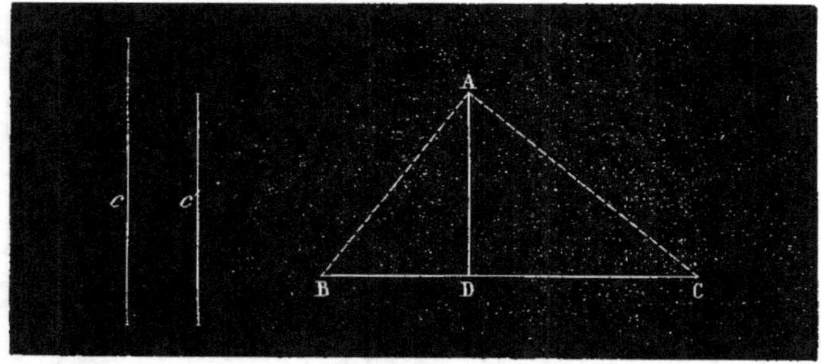

Fig. 369.

deux rectangles ; leurs surfaces sont $B \times H$ et $B' \times H'$; leur rapport a pour expression $\dfrac{B \times H}{B' \times H'}$; d'où la proportion

$$\frac{X}{Y} = \frac{B \times H}{B' \times H'} ;$$

par suite,

$$X = Y \cdot \frac{B \times H}{B' \times H'}.$$

Comme ici il y a deux inconnues, l'une est arbitraire ; pour n'avoir qu'une ligne à construire, je fais $Y = B'$, et j'obtiens

$$X = \frac{B \times H}{H'}.$$

En prenant pour second terme la ligne donnée B', le premier sera donc une quatrième proportionnelle à H', B, H ; cette ligne étant construite. le problème sera résolu.

Cas particulier. Au lieu de deux rectangles, supposons deux carrés ; soient c. c' leurs côtés. Je les place à angle droit, AC, AB (*fig.* 569) : je tire BC, je projette A en D, et j'ai (156)

$$\frac{DC}{BD} = \frac{\overline{AC}^2}{\overline{AB}^2} = \frac{c^2}{c'^2}.$$

Autre cas particulier. Au lieu de deux carrés, ce sont deux *polygones* semblables ; soient c. c' les côtés des carrés faits sur deux côtés homologues, et le problème est ramené au précédent.

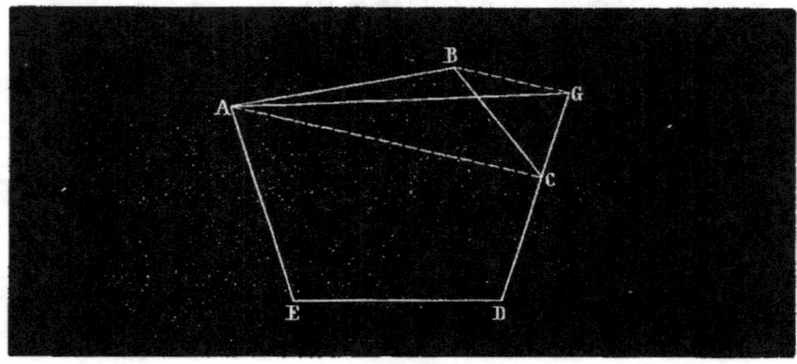

Fig. 370.

238. Problème VI. *Un polygone de n côtés étant donné, le transformer en un autre équivalent de n — 1 côtés.*

Solution. Soit le pentagone ABCDE (*fig.* 370); je tire une diagonale AC; par le point B je lui mène une parallèle jusqu'à la rencontre G de DC prolongé, et je joins le point A au point G. Je considère les deux triangles qui s'appuient sur la diagonale: ces triangles sont ABC, AGC; comme ils ont la même base AC et des hauteurs égales, ils sont équivalents. Cela posé, si au premier j'ajoute la figure ACDE, j'ai le pentagone proposé ABCDE; si au second j'ajoute la même figure, j'obtiens le quadrilatère construit AGDE, et le problème est résolu.

Corollaire. *Transformer un polygone ABCDE (fig. 371) en un triangle équivalent.*

Je transforme : 1° le pentagone en un quadrilatère équivalent AGDE; puis 2°, par la même construction que ci-dessus, ce quadrilatère en un polygone ayant un côté de moins, c'est-à-dire en un triangle AEH, qui est le triangle demandé.

Remarque I. Quelque grand que soit le nombre des côtés du polygone donné, on finira toujours par le réduire à un triangle, en diminuant successivement ce nombre de côtés d'une unité.

Remarque II. Cette construction met en évidence ce que j'ai déjà dit (198) : *deux figures, quoique très dissemblables, peuvent être équivalentes.*

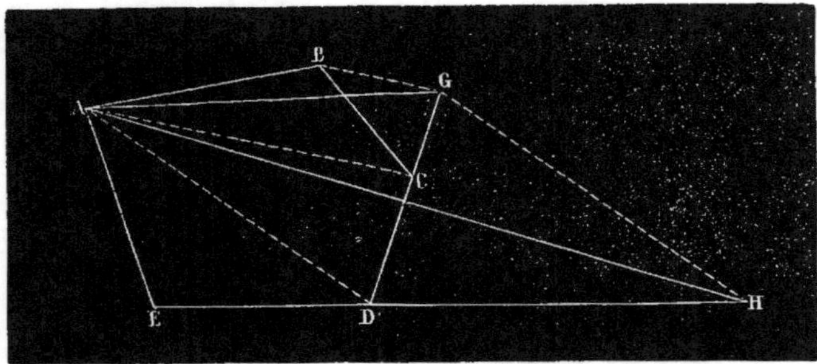

Fig. 371.

239. Définition. Le problème de la *quadrature* d'un polygone consiste à construire un carré équivalent à ce polygone. Or, tout polygone pouvant être transformé en un triangle équivalent, pour lequel on peut avoir un carré équivalent (**235**), cette question peut être résolue en ne faisant usage que de la *règle* et du *compas*.

240. Quadrature du cercle[1]. Il n'en est plus de même de la *quadrature du cercle*, parce que l'on ne connaît pas de construction graphique au moyen de laquelle on puisse *rectifier* une circonférence donnée. Sans cela, comme un cercle a pour mesure le produit de sa circonférence par la moitié du rayon, le côté du carré équivalent serait la moyenne proportionnelle entre deux lignes connues. Mais ce que l'on ne sait pas faire en toute rigueur mathématique. on peut le faire aussi approximativement que l'on voudra ; et pour cela il y a bien des procédés.

---

1. Trois problèmes ont résisté aux efforts des plus grands géomètres de l'antiquité : la *quadrature du cercle*, la *trisection de l'angle*, la *duplication du cube*. Mais comme souvent il arrive que. ne trouvant pas ce que l'on cherche. on découvre ce qu'on ne cherche pas, les efforts de ces géomètres pour *carrer un cercle, partager un angle* (quelconque) *en trois parties égales, doubler un cube*, n'ont pas été perdus pour la science.

Pour la trisection de l'angle et la duplication du cube, ils ne pouvaient pas trouver les solutions qu'ils cherchaient. car elles ne sont pas possibles. attendu que ces deux problèmes dépendent d'une équation du troisième degré.

Il n'en est pas de même de la quadrature du cercle ; car il n'est pas prouvé que le nombre π ne dépende pas d'équations du second degré. La

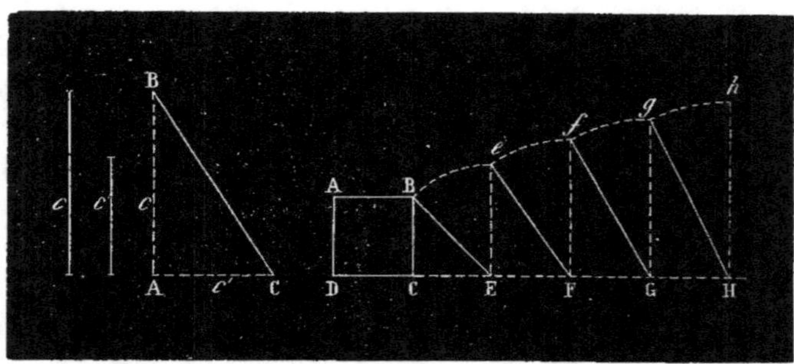

Fig. 372. Fig. 373.

241. PROBLEME VII. *Construire un carré équivalent à la somme de deux carrés donnés.*

SOLUTION. C'est une application immédiate du théorème de Pythagore. Je construis un triangle rectangle ABC (*fig.* 372) dont les côtés AB, AC soient respectivement égaux aux côtés c, c' des deux carrés donnés, et l'hypoténuse BC sera le côté du carré demandé.

REMARQUE. La même construction sert à construire un carré équivalent à la somme d'autant de carrés qu'on voudra.

EXEMPLE. Construire des carrés qui soient respectivement double, triple, quadruple, *etc.*, d'un carré donné ABCD (*fig.* 373). Sur une droite indéfinie je prends des longueurs CE, EF, FG,... égales chacune au côté du carré donné.

Je joins EB et j'élève la perpendiculaire $Ee = EB$;
Je joins Fe et j'élève la perpendiculaire $Ff = Fe$;
Je joins Gf et j'élève la perpendiculaire $Gg = Gf$;
Je joins Hg et j'élève la perpendiculaire $Hh = Hg$,

---

seule chose qu'on ait démontrée, c'est que ce nombre et son carré sont incommensurables.

Pendant des siècles on a cru que les seuls polygones réguliers qu'on puisse inscrire dans une circonférence, à l'aide de la *règle* et du *compas* seulement, sont ceux dont nous avons parlé dans les numéros qui précèdent le n° 163 ; mais, comme nous l'avons dit alors, M. Gauss en 1800 a prouvé le contraire.

Il ne serait donc pas impossible qu'il en fût de même de π, quoique cela soit peu probable.

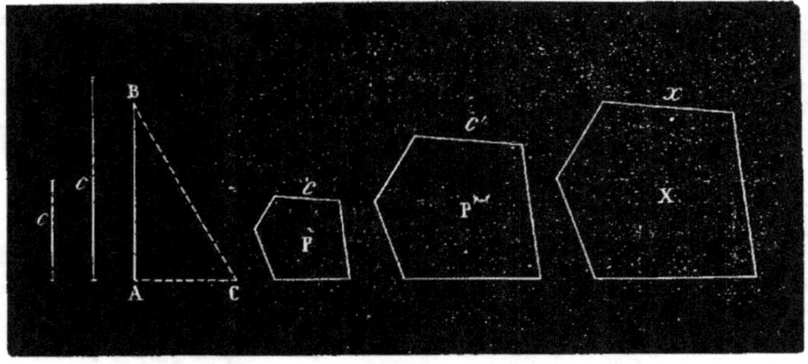

Fig. 374.   Fig. 375.

et ainsi de suite : j'aurai

$$\overline{CB}^2 = \ldots\ldots\ldots\ldots 1\,\overline{AB}^2, \qquad \text{d'où} \qquad CB = AB\sqrt{1};$$
$$\overline{Ee}^2 = \overline{EB}^2 = \overline{BC}^2 + \overline{CE}^2 = 2\,\overline{AB}^2, \qquad » \qquad EB = AB\sqrt{2};$$
$$\overline{Ff}^2 = \overline{Fe}^2 = \overline{EF}^2 + \overline{Ee}^2 = 3\,\overline{AB}^2, \qquad » \qquad Fe = AB\sqrt{3};$$
$$\overline{Gg}^2 = \overline{Gf}^2 = \overline{FG}^2 + \overline{Ff}^2 = 4\,\overline{AB}^2, \qquad » \qquad Gf = AB\sqrt{4};$$
$$\overline{Hh}^2 = \overline{Hg}^2 = \overline{GH}^2 + \overline{Gg}^2 = 5\,\overline{AB}^2, \qquad » \qquad Hg = AB\sqrt{5}.$$

242. Problème VIII. *Construire un carré équivalent à la différence de deux carrés donnés.*

Solution. Je fais un angle droit ; je prends AC (*fig.* 374) égal au côté c du plus petit des deux carrés donnés ; du point C comme centre, avec un rayon égal au plus grand c', je décris un arc de cercle qui me donne le point B ; dans le triangle rectangle ABC, AB est la ligne cherchée.

243. Problème IX (plus général). *Deux polygones semblables* P, P' *étant donnés, construire un polygone égal à leur somme ou à leur différence.*

Solution. Soient c et c' (*fig.* 375) deux côtés homologues de ces polygones ; soient X la surface du polygone demandé, et x le côté homologue à c et c'. Les aires des polygones semblables étant proportionnelles aux carrés des côtés homologues, on a

$$\frac{P}{P'} = \frac{c^2}{c'^2};$$

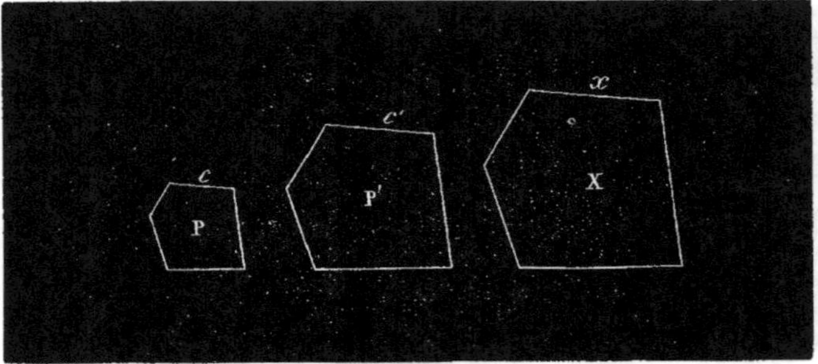

Fig. 375.

d'où

(1)
$$\frac{P}{P + P'} = \frac{c^2}{c^2 + c'^2},$$

on a aussi
$$\frac{P}{X} = \frac{c^2}{x^2},$$

et, comme $X = P + P'$, il vient

(2)
$$\frac{P}{P + P'} = \frac{c^2}{x^2};$$

d'où, en comparant (1) et (2),

(3)
$$x^2 = c^2 + c'^2;$$

x étant trouvé, on n'aura plus qu'à construire un polygone semblable à un polygone donné [P] sur une droite connue, problème qui a été résolu au n° 151.

S'il s'agissait de la *différence*, on arriverait à

$$x^2 = c^2 - c'^2,$$

et on aurait encore à construire un polygone semblable à un polygone donné.

244. Problème X. *Construire un carré qui soit à un carré donné [c^2] dans le rapport de deux lignes données [m et n]* (*fig.* 376).

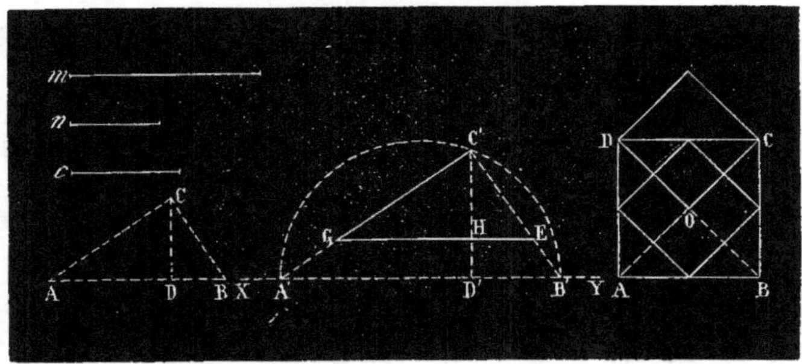

Fig. 376.   Fig. 377.

Solution. Rappelons la figure dans laquelle *deux carrés sont proportionnels à deux droites* (136) :

$$\frac{\overline{CA}^2}{\overline{CB}^2} = \frac{AD}{DB} \cdot$$

Elle résoudrait le problème proposé, si l'on avait

$$AD = m, \quad DB = n, \quad CB = c.$$

Par *imitation*, je trace une ligne indéfinie XY ; je prends A'D' = m. D'B' = n ; sur A'B' comme diamètre, je décris une demi-circonférence ; au point D' j'élève la perpendiculaire D'C' ; sur C'B' je porte une longueur C'E égale au côté c du carré donné ; par le point E je mène EG parallèlement à A'B', et le problème est résolu : C'G est le côté du carré demandé.

En effet,

$$\frac{\overline{C'G}^2}{\overline{C'E}^2} = \frac{GH}{HE} ;$$

$$\frac{\overline{C'G}^2}{c^2} = \frac{A'D'}{D'B'} ;$$

$$\frac{\overline{C'G}^2}{c^2} = \frac{m}{n}.$$

C. Q. F. D.

Remarque. Pour avoir un carré moitié d'un carré donné ABCD (*fig.* 577), il suffit de mener les diagonales AC, BD ; OD est le côté cherché. On pourrait aussi joindre le milieu de chaque côté aux milieux des côtés adjacents.

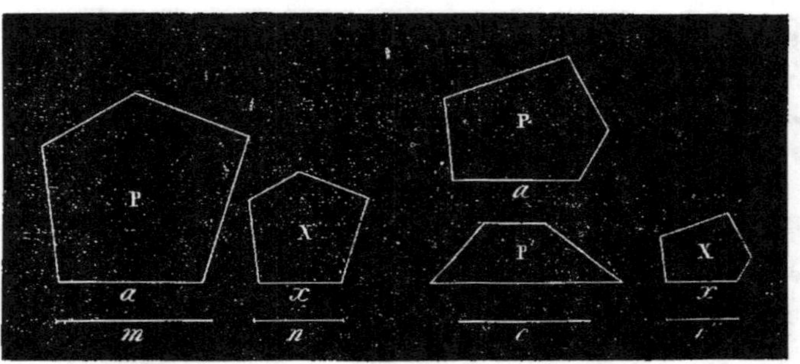

Fig. 378.   Fig. 379.

245. Problème XI (*plus général*). *Construire un polygone semblable à un polygone donné* [P] (*fig.* 578) *et qui lui soit dans le rapport de* n *à* m.

Solution. Soient a l'un des côtés du polygone P , X la surface de la figure cherchée, x le côté homologue de a dans le polygone demandé.

D'après l'énoncé, on doit avoir

(1)
$$\frac{X}{P} = \frac{n}{m};$$

d'autre part,

(2)
$$\frac{X}{P} = \frac{x^2}{a^2};$$

par suite,

(3)
$$\frac{x^2}{a^2} = \frac{n}{m},$$

et on retombe ainsi sur le cas du *carré*.

246. Problème XII. *Deux polygones* [P, P'] (*fig.* 379) *étant donnés, en construire un troisième, semblable à l'un et équivalent à l'autre.*

Solution. Soient a un côté du polygone P et x le côté homologue de la figure cherchée X.

La similitude de ces deux polygones donne

(1)
$$\frac{P}{X} = \frac{a^2}{x^2}.$$

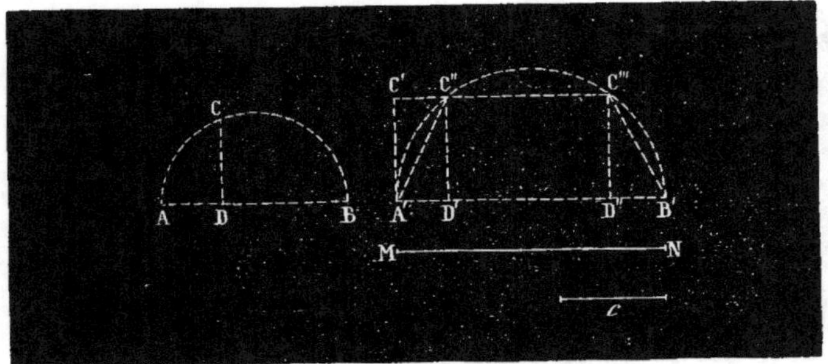

Fig. 380.

Mais la condition de l'équivalence des deux figures X, P′ doit être exprimée ; en conséquence,

$$(2) \qquad \frac{P}{P'} = \frac{a^2}{x^2}.$$

Je remplace P, P′ par deux carrés équivalents c^2, c'^2, et j'obtiens

$$3 \qquad \frac{c^2}{c'^2} = \frac{a^2}{x^2}.$$

d'où

$$(4 \qquad \frac{c}{c'} = \frac{a}{x}.$$

La ligne x est donc une quatrième proportionnelle aux trois lignes c, c', a, et le problème est facile à achever.

247. PROBLÈME XIII. *Construire un rectangle équivalent à un carré donné c^2 (fig. 380), et dont les côtés adjacents fassent une somme donnée MN.*

SOLUTION. Reprenons la figure de la *moyenne proportionnelle* CD *entre les deux segments d'un diamètre* AB (155, cor. II).

Elle résoudrait le problème si AD + DB était égale à la somme donnée MN et si CD était égale au côté du carré donné, puisque $CD^2 = AD \times DB$.

Par *imitation*, je tire A′B′ = MN ; sur A′B′ comme diamètre je décris une demi-circonférence ; je mène A′C′ perpendiculairement à A′B′ et d'une longueur égale à c ; par l'extrémité C′ je mène une parallèle à A′B′ ; du point de rencontre C″ j'abaisse

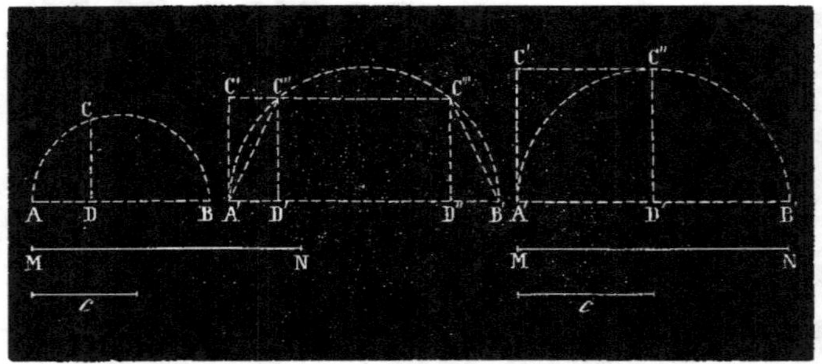

Fig. 380.   Fig. 381.

C″D′ perpendiculairement sur A′B′, et le problème est résolu
A′D′ et B′D′ sont les côtés du rectangle demandé.

Discussion. Trois cas peuvent se présenter :

$$c < \frac{1}{2} MN,$$

$$c = \frac{1}{2} MN,$$

$$c > \frac{1}{2} MN.$$

Dans la première hypothèse, la parallèle coupe la demi-circonférence en deux points C″, C‴ (*fig*. 380), et il y a deux rectangles :

$$A'D' \times B'D',$$
$$A'D'' \times B'D''.$$

Or, A′D′ = B′D″, ainsi que le prouve l'égalité des triangles rectangles A′C″D′, C‴D″B′ ; par suite,

$$A'D' = B'D'',$$
et
$$A'D'' = B'D',$$

en sorte que ces deux rectangles sont *égaux*, et en réalité il
n'y a qu'une solution.

Dans la seconde hypothèse, la parallèle est tangente (*fig*. 381),
et il n'y a qu'une solution ; cette solution, au lieu de donner un
rectangle, comme ci-dessus, donne un carré, car ses deux dimensions A′D′, D′B′ sont égales chacune à la moitié de la ligne
donnée. Ce carré est égal au carré proposé.

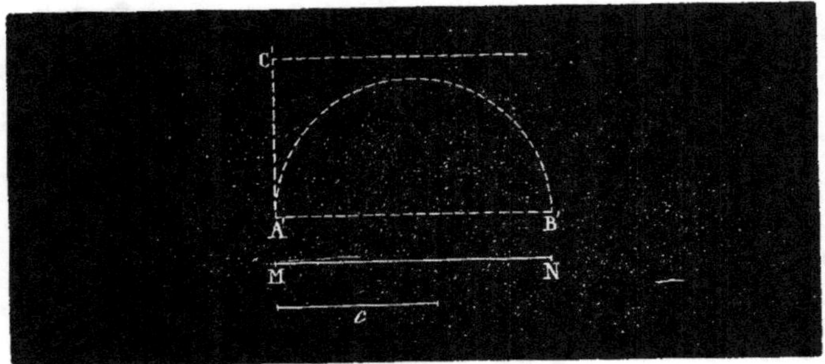

Fig. 382.

Enfin, dans la troisième hypothèse (*fig.* 582 , la parallèle est extérieure à la demi-circonférence ; et, comme la question ne peut être résolue que dans le cas où la droite et la courbe se rencontrent, le problème est impossible.

REMARQUE. Ce problème est remarquable en ce qu'il donne un *maximum :* le côté du carré proposé ne doit pas excéder la moitié de la ligne donnée. Donc, *de tous les rectangles dans lesquels la somme des côtés adjacents est égale à une droite donnée, le plus grand est le carré construit sur la moitié de cette droite.*

Quand donc on aura à partager une droite donnée en deux parties telles, que leur rectangle soit le plus grand possible, on la partagera en deux parties égales, et le rectangle demandé sera un carré.

VÉRIFICATION NUMÉRIQUE. Soit le nombre **12**, par exemple :

$$12 = 11 + 1, \qquad 11 \times 1 = 11,$$
$$12 = 10 + 2, \qquad 10 \times 2 = 20,$$
$$12 = 9 + 3, \qquad 9 \times 3 = 27,$$
$$12 = 8 + 4, \qquad 8 \times 4 = 32,$$
$$12 = 7 + 5, \qquad 7 \times 5 = 35,$$
$$12 = 6 + 6, \qquad 6 \times 6 = 36^1.$$

---

1. 1° Souvent on énonce ainsi la question : *Construire un rectangle, connaissant le produit et la somme de ses dimensions.*

2° Question corrélative : résoudre les équations

$$xy = p,$$
$$x + y = s.$$

et discuter.

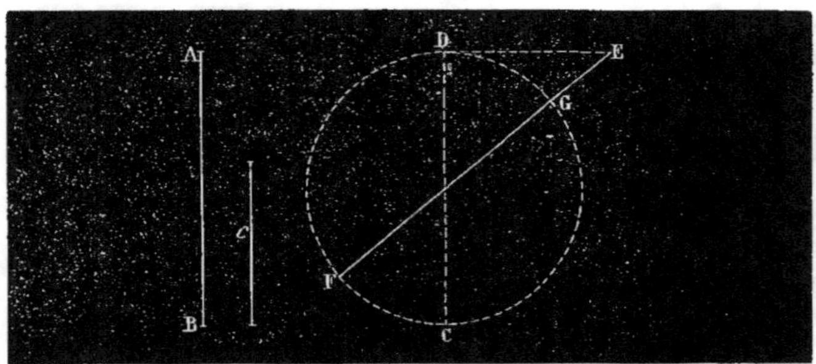

Fig. 383.

248. Problème XIV. *Construire un rectangle équivalent à un carré donné c² (fig. 383), et dans lequel la différence des côtés adjacents soit égale à une ligne donnée* AB.

Solution. Sur CD = AB comme diamètre je décris une circonférence ; au point D je mène la tangente DE égale au côté c du carré donné ; par le point E je mène une sécante EF passant par le centre, et le problème est résolu : cette sécante et sa partie extérieure sont les deux dimensions du rectangle demandé.

En effet,
$$\overline{DE}^2$$
ou
$$c^2 = EF \times EG,$$
et
$$EF - EG = FG = AB.$$

Remarque. Ici, il n'y a pas de *maximum;* la construction réussit toujours, quelles que soient les données[1].

249. Problème XV. *Trouver le lieu géométrique des points tels, que la somme des carrés des distances à deux points donnés* A *et* B *(fig. 384) soit égale à un carré donné c².*

---

1. 1° On dit encore : *Construire un rectangle, connaissant la différence et le produit de ses dimensions.*
2° Question corrélative : résoudre les équations
$$xy = p,$$
$$x - y = d,$$
et discuter.

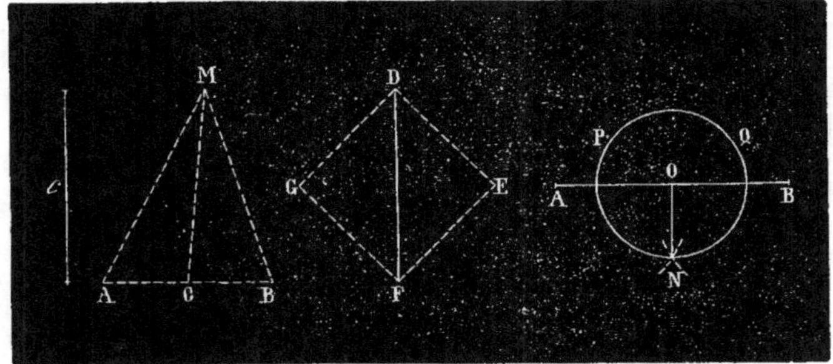

Fig. 384.   Fig. 385.

Solution. Je suppose le problème résolu : soit M un point quelconque du lieu demandé ; on doit avoir

$$\overline{AM}^2 + \overline{MB}^2 = c^2 ;$$

mais (141)
$$\overline{AM}^2 + \overline{MB}^2 = 2\overline{AO}^2 + 2\overline{OM}^2 ;$$

par conséquent, pour tous les points du lieu, $2\,\overline{AO}^2 + 2\overline{OM}^2 = c^2$. Or, AO et c sont constants, donc OM doit l'être aussi ; par suite, le lieu du point M est une circonférence, et son centre O est connu, d'où résulte la construction suivante :

Sur c comme diagonale je construis un carré DEFG (*fig.* 385) ; alors $c^2 = 2\,\mathrm{DE}^2$; des points A et B comme centres, avec des rayons égaux à DE, je décris deux arcs qui se coupent ; le point d'intersection N appartiendra au lieu demandé puisqu'on aura

$$\overline{NA}^2 + \overline{NB}^2 = \mathrm{DE}^2 + \mathrm{DE}^2 = c^2.$$

D'ailleurs, le lieu étant une circonférence dont O est le centre, ON en est le rayon, et la circonférence PNQ est le lieu demandé.

Remarque. Pour que la construction réussisse, il faut que les deux arcs se coupent, et pour cela le rayon DE ne doit pas être plus petit que AO. Le carré donné ne doit donc pas être moindre que $2\overline{AO}^2$.

En effet, dans tout triangle AMB (*fig.* 584), $\overline{AM}^2 + \mathrm{MB}^2$ étant égal à $2\overline{AO}^2 + 2\overline{OM}^2$ ne peut pas être plus petit que $2\overline{AO}^2$; et s'il lui était égal, OM devrait être nul, et le lieu se réduirait à un point, milieu de la droite qui joint les deux points donnés.

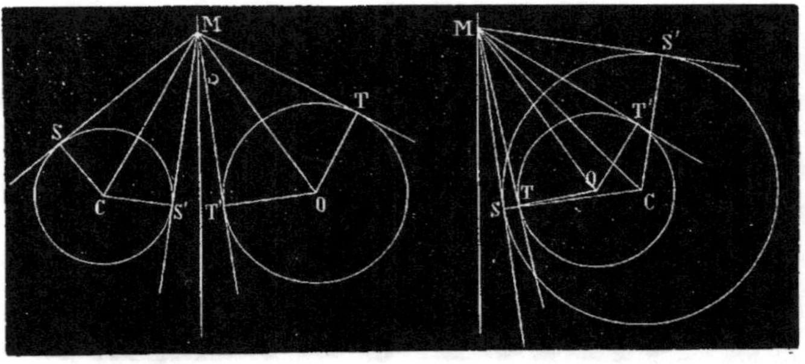

Fig. 390.   Fig. 391.

Supposons le problème résolu ; soit M (*fig.* 390 ou 391) un point quelconque du lieu, on aura

$$\overline{MT}^2 = \overline{MO}^2 - \overline{OT}^2,$$

$$\overline{MS}^2 = \overline{MC}^2 - \overline{CS}^2 \; ;$$

mais MS doit être égale à MT ; par conséquent,

$$\overline{MO}^2 - \overline{OT}^2 = \overline{MC}^2 - \overline{CS}^2 \; ;$$

d'où $$\overline{MC}^2 - \overline{MO}^2 = \overline{OT}^2 - \overline{CS}^2 \; ;$$

c'est-à-dire que le lieu des points M est celui des points pour lesquels la différence des carrés des distances aux centres est égale à la différence des carrés des rayons : ce lieu est donc celui du problème XVI, en prenant pour le carré donné un carré égal à la différence des carrés des rayons ; on pourra donc le construire d'après le problème que nous venons de rappeler. Mais le raisonnement précédent nous ayant appris que le lieu demandé est une droite perpendiculaire à la ligne des centres, on peut le construire beaucoup plus simplement, car il suffit de connaître un point du lieu ; cela conduit à la construction suivante :

En deux points quelconques P, Q (*fig.* 392) pris sur les deux circonférences, je leur mène des tangentes égales PG, QH ; puis, des points C et O comme centres, avec des rayons égaux à CG et OH, je décris deux arcs qui se coupent ; leur point d'intersection

22.

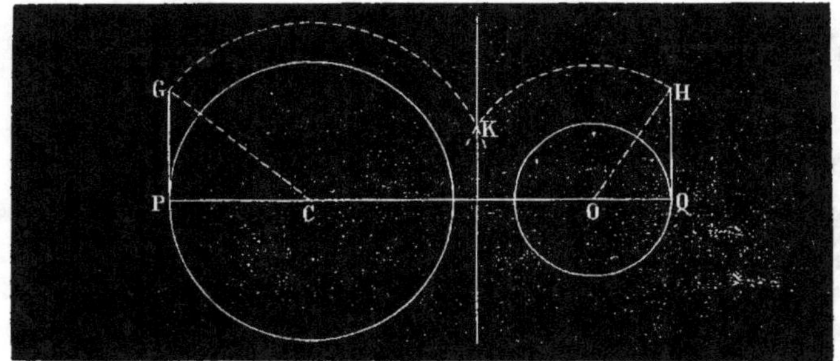

Fig. 392.

K sera un point du lieu. On mènera ensuite par ce point une perpendiculaire à la ligne des centres.

Pour que la construction réussisse, les arcs doivent se couper ; il suffit pour cela que les tangentes PG et QH soient chacune plus grande que la moitié de CO ; car alors les rayons CG et OH de ces arcs surpasseront chacun, à plus forte raison, $\frac{1}{2}$ CO, et par conséquent leur somme surpassera CO, distance des centres.

REMARQUE. Le lieu dont nous venons de parler se nomme *axe radical* des deux circonférences ; cette droite jouit de plusieurs propriétés remarquables :

1° D'après sa définition, les tangentes issues de chaque point de l'*axe radical* sont égales entre elles.

2° C'est le lieu des points tels, que la différence des carrés de leurs distances aux centres est égale à la différence des carrés des rayons. Cela résulte du raisonnement fait dans le troisième cas.

Il est sous-entendu qu'il s'agit de la différence des distances aux centres obtenue en retranchant la distance au centre de la plus petite des deux circonférences de la distance au centre de la plus grande. Si l'on faisait la soustraction dans l'ordre inverse, on n'obtiendrait pas l'axe radical, mais le lieu du problème XVIII.

3° L'*axe radical* de deux circonférences est aussi le lieu des points de concours de deux sécantes qui passent, l'une par les

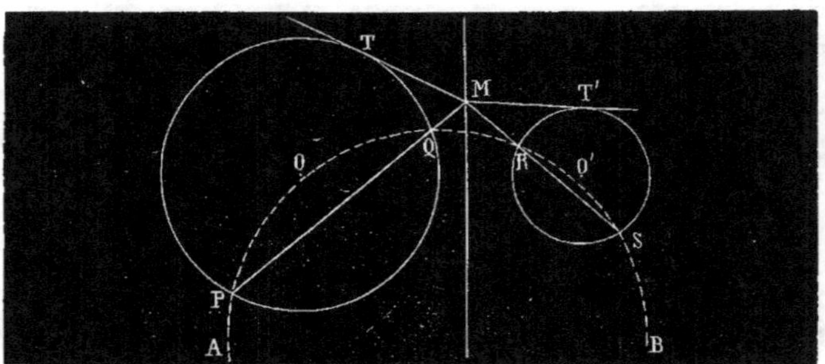

Fig. 393.

points communs à une circonférence quelconque et à la première circonférence donnée, l'autre par les points communs à la même circonférence quelconque et à la seconde circonférence donnée.

DÉMONSTRATION. Soient O et O' (*fig.* 393) les deux circonférences données, APRB une circonférence quelconque qui coupe les deux premières, on aura

$$\overline{MT}^2 = MQ \times MP = MR \times MS = \overline{MT'}^2;$$

d'où $$MT = MT'.$$

Le point M appartient donc en effet à l'axe radical des circonférences O et O'.

252. PROBLÈME XVIII. *Trouver le lieu géométrique des centres des circonférences qui coupent deux circonférences données, chacune en deux points diamétralement opposés.*

SOLUTION. Soient O et O' (*fig.* 394) les centres des circonférences données, R et R' leurs rayons, C le centre de l'une des circonférences qui rempliront la condition du problème; on a successivement

$$\overline{CA}^2 = \overline{CB}^2 = \overline{CO}^2 + R^2,$$

$$\overline{CE}^2 = \overline{CD}^2 = \overline{CO}^2 + R'^2;$$

mais $$CA = CE;$$

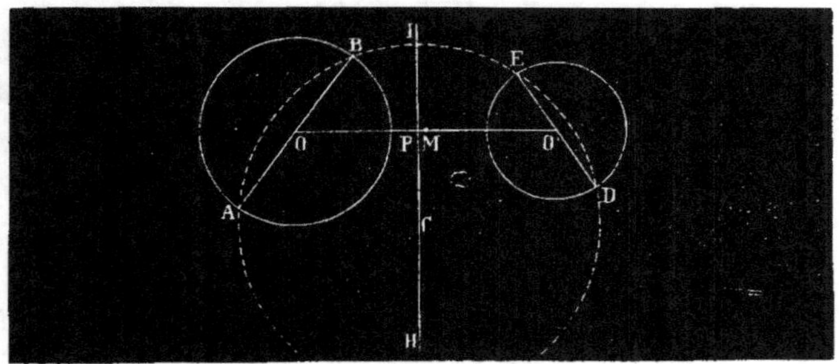

Fig. 394.

donc
$$\overline{CO}^2 + R^2 = \overline{CO}'^2 + R'^2;$$

d'où
$$\overline{CO}'^2 - \overline{CO}^2 = R^2 - R'^2;$$

par conséquent le lieu des points C est celui des points tels, que la différence des carrés de leurs distances aux centres est égale à la différence des carrés des rayons, comme cela arrivait pour l'axe radical, avec cette distinction qu'ici le centre du grand cercle doit être le *plus près* du point C ; pour l'axe radical, c'est le contraire.

De là résulte la construction suivante :

Soit $r^2 = R^2 - R'^2$: je construis la ligne $x = \dfrac{r^2}{2OO'}$, et à partir du point M, milieu de OO', je porte cette ligne en MP (du côté de O, en supposant OA $>$ O'E), et par le point P j'élève une perpendiculaire à la droite OO' : c'est le lieu demandé.

Si je portais MP du côté de O', j'obtiendrais l'axe radical.

VÉRIFICATION. Après avoir construit la perpendiculaire III comme je viens de le dire, c'est-à-dire en prenant

$$MP = \frac{r^2}{2OO'} = \frac{R^2 - R'^2}{2OO'}.$$

je tire CO et CO', puis je mène les diamètres AB et ED respectivement perpendiculaires à CO et CO'.

J'ai
$$\overline{CO}^2 = \overline{CP}^2 + \overline{PO}^2;\quad \overline{CO}'^2 = \overline{CP}^2 + \overline{PO}'^2$$

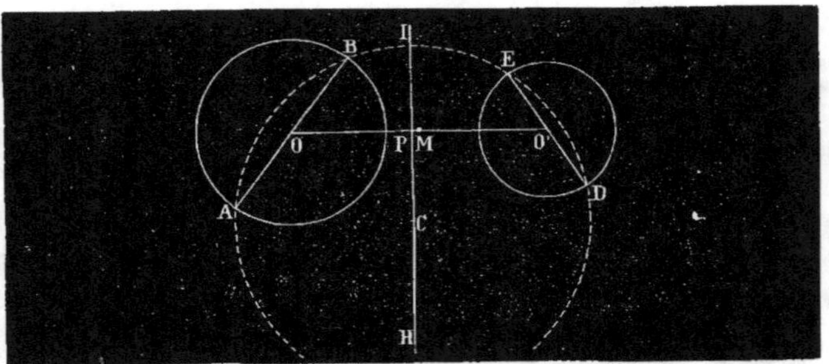

Fig. 394.

d'où $\overline{CO'}^2 - \overline{CO}^2 = \overline{PO'}^2 - \overline{PO}^2 = (PO' + PO)(PO' - PO) = OO'.2MP$;

mais, par construction, $\quad MP = \dfrac{r^2}{2OO'}$;

d'où $\qquad\qquad OO'.2MP = r^2 = R^2 - R'^2$;

par conséquent, $\qquad \overline{CO'}^2 - \overline{CO}^2 = R^2 - R'^2$;

d'où $\qquad\qquad \overline{CO'}^2 + R'^2 = \overline{CO}^2 + R^2$

ou $\qquad\qquad \overline{CE}^2 = \overline{CA}^2$,

et $\qquad\qquad CE = CA$;

par conséquent, la circonférence ayant C pour centre et CA pour rayon passera par les points E, D, B et A, et le problème est résolu.

EXERCICES RÉCAPITULATIFS SUR LE LIVRE IV.

EXAMENS ORAUX.

I. Faites le tableau résumé des *principes sur les proportions* dont on s'est servi dans les livres II. III. IV, et démontrez-les[1].

Quel est l'objet du quatrième livre ? Quand deux polygones réguliers sont-ils semblables ?

Expression générale de l'angle d'un polygone régulier, de son angle au centre.

Inscrivez un décagone régulier dans un cercle.

II. Inscrivez un carré dans un cercle. — Circonscrivez un carré à un cercle. — Expression du côté du carré inscrit en fonction du rayon.

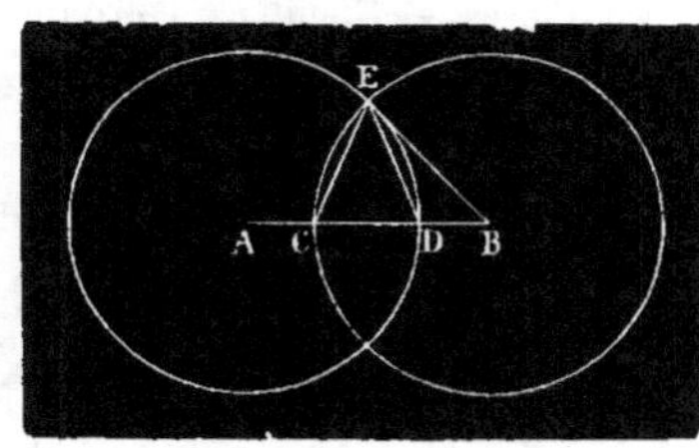

Tracez deux circonférences égales et sécantes ; tirez les lignes AB, EC. ED, EB, et prouvez que CE est moyenne proportionnelle entre CB et CD. De là concluez un moyen très simple pour construire une moyenne proportionnelle entre deux lignes données.

III. Inscrivez un hexagone régulier dans un cercle. — Déduisez-en le triangle équilatéral inscrit. — Dites, à la seule inspection de la figure, dans quel rapport sont les deux polygones.

Inscrivez un triangle équilatéral dans un cercle sans le déduire de l'hexagone.

Circonscrivez un triangle équilatéral au même cercle.

Démontrez les formules $c = R\sqrt{3}$; $c' = 2R\sqrt{3}$.

Le rayon d'une circonférence est de $2^m.243$ à $0^m.001$ près ; calculez la valeur de la circonférence et dites *jusqu'où le résultat sera exact*[2].

---

1. La *théorie des proportions* ayant été modifiée par les auteurs des programmes officiels, il arrive souvent que les candidats s'appuient sur des égalités de rapports, sans pouvoir les démontrer.

2. Au besoin, appliquez à ce genre de questions notre théorie générale des approximations (*Arithmétique*, in-8°, 9e édition).

IV. Démontrez que tout polygone régulier est inscriptible et circonscriptible.

Définissez le rayon et l'apothème d'un polygone régulier.

On a mesuré une circonférence et on a trouvé 13^m,42 à 0^m,01 près. — Quel est son rayon ? Jusqu'où le résultat est-il exact ? (à 0^m,003 près).

V. Un polygone régulier est inscrit dans un cercle ; lui circonscrire un polygone régulier semblable, et réciproquement.

Démontrez qu'un polygone équiangle est régulier lorsqu'il est inscrit dans un cercle et qu'il a un nombre impair de côtés.

La base d'un rectangle est de 1^m,47 à 0^m,01 près ; la hauteur est de 0^m,33 à 0^m,01 près. — Quelle en est la surface ? Jusqu'où le résultat est-il exact ? (à 0^{mq},02 près).

VI. Rappelez ce que signifie la formule $x = \dfrac{aR}{\sqrt{R^2 - \dfrac{a^2}{4}}}$; démontrez-la.

On a mesuré le rayon R et l'angle α d'un secteur, et on a trouvé R = 1^m,45 à 0^m,01 près, et $\alpha = 13^\circ 47'$ à 1$'$ près. — Quelle est l'aire du secteur ? Degré d'approximation (0^{mq},23, à un centième de mètre carré près).

VII. Rappelez ce que signifie la formule $x = \dfrac{R}{2}\sqrt{5-1}$.

Démontrez que le côté du pentagone régulier inscrit dans un cercle est l'hypoténuse d'un triangle rectangle dans lequel les côtés de l'angle droit sont le rayon du cercle et le côté du décagone régulier.

On a estimé à vue le rayon d'un cercle, et l'on a jugé qu'il était de 1^m,3 ; on suppose que le coup d'œil a été assez juste pour que l'erreur commise soit moindre que 0^m,4. — Quelle est la surface de ce cercle ? Degré d'approximation (5^{mq}, à 2^{mq} près).

VIII. Rappelez ce que signifie la formule $c = \dfrac{R}{2}\sqrt{10 - 2\sqrt{5}}$, puis démontrez-la.

Inscrivez un dodécagone régulier dans un cercle. — Inscrivez un pentédécagone. — Pourquoi a-t-on fait seulement la différence entre l'arc sixième et l'arc dixième de la circonférence pour avoir une série de plus des polygones réguliers susceptibles d'être inscrits dans un cercle par des moyens graphiques ?

IX. Quelle relation y a-t-il entre les périmètres de deux polygones réguliers semblables, leurs rayons et leurs apothèmes ?

Avons-nous prouvé directement, ou par la *réduction à l'absurde*, la proportionnalité des circonférences et des rayons ?

Pour prouver celle des cercles et des carrés des rayons, on peut dire

$$\frac{S}{S'} = \frac{\pi R^2}{\pi R'^2};$$

et comme préalablement on a établi que π est un nombre constant, la proportion se réduit à $\frac{S}{S'} = \frac{R^2}{R'^2}$. Pourrait-on raisonner d'une manière analogue pour prouver que $\frac{C}{C'} = \frac{R}{R'}$?

Qu'appelle-t-on *limite* d'une quantité variable ?

Démontrez le premier théorème de la théorie des limites.

Construisez un triangle, connaissant la hauteur, un angle à la base et le rapport des côtés qui comprennent cet angle.

X. Démontrez le second théorème de la théorie des limites.

Construisez un pentagone régulier, connaissant l'une de ses diagonales? Le problème est-il déterminé ?

XI. Démontrez le troisième théorème de la théorie des limites.

Construisez un rectangle tel, que la base soit double de la hauteur et que la diagonale soit égale à une ligne donnée.

Inscrivez dans un cercle donné un rectangle tel, que la base soit le double de la hauteur.

XII. Démontrez le quatrième théorème de la théorie des limites.

Un quadrilatère étant donné, décrivez deux circonférences concentriques telles, que chacune passe par deux sommets opposés.

XIII. Démontrez le cinquième théorème de la théorie des limites.

Construisez un hexagone régulier, connaissant la diagonale qui joint les extrémités de deux côtés adjacents.

Démontrez que la circonférence est la limite des périmètres des polygones réguliers inscrits et celle des périmètres des polygones réguliers circonscrits dans lesquels on augmente indéfiniment le nombre des côtés.

Construisez deux lignes, connaissant leur somme et leur produit. — Discussion.

XIV. Démontrez la proportionnalité des circonférences et de leurs rayons. — Démontrez celle des cercles et des carrés de leurs rayons.

Construisez deux lignes, connaissant leur différence et leur produit. — Discussion.

XV. Définissez les arcs semblables. — Prouvez qu'ils ont la même graduation et que leurs longueurs sont proportionnelles à leurs rayons.

Définissez les secteurs semblables. — Dans quel rapport sont-ils ?

Construisez deux lignes, connaissant leur somme et leur différence.

XVI. Rappelez les préliminaires qui précèdent notre première méthode pour calculer approximativement le nombre π.

Construisez deux droites, connaissant leur somme et leur rapport. — Construisez deux droites, connaissant leur différence et leur rapport.

XVII. Rappelez ce que signifie la formule $x = \sqrt{2 - \sqrt{4 - a^2}}$; démontrez-la. — Quel usage en avons-nous fait ?

Valeur de π avec quatre décimales exactes. — Comment avons-nous établi ce degré d'approximation ?

Construisez les expressions : $x = \dfrac{ab}{c}$; $x = \dfrac{a^2}{b}$; $x = \sqrt{ab}$; $x = \sqrt{a^2 + b^2}$; $x = \sqrt{a^2 - b^2}$.

XVIII. Que signifient les formules $P' = \dfrac{2Pp}{P + p}$; $p' = \sqrt{pP'}$? Comment les démontre-t-on ? Quel usage en avons-nous fait ?

Calculez la surface d'un polygone régulier inscrit dans un cercle en fonction du rayon R, du côté a et du nombre n. — Appliquez la formule pour $a = R\sqrt{3}$ et $n = 3$; pour $a = R$ et $n = 6$.

XIX. En quoi consiste la méthode des isopérimètres pour calculer la valeur de π ? — Démontrez les formules $r' = \dfrac{R + r}{2}$; $R' = \sqrt{Rr'}$. Quel usage en avons-nous fait ?

XX. Démontrez la mesure du rectangle. — Combien la formule $S = B \times H$ comprend-elle de problèmes ?

Démontrez que tout polygone équilatéral inscrit dans un cercle est un polygone régulier.

Peut-on inscrire un losange dans un cercle ? — Est-il vrai de dire que tout polygone équiangle inscrit dans un cercle est un polygone régulier ?

XXI. Démontrez la mesure du rectangle, du parallélogramme et du triangle. — Rappelez les problèmes directs ou inverses que les formules servent à résoudre. — Faites-en des applications numériques.

Construisez une figure semblable à P et équivalente à P'.

Construisez un hexagone régulier équivalent à un triangle donné.

XXII. Rappelez les trois mesures que nous avons données du trapèze et leurs démonstrations

Construisez une circonférence qui passe par deux points donnés et telle, qu'en lui menant une tangente par un troisième point donné cette tangente soit égale à une longueur donnée.

XXIII. Exprimez l'aire d'un triangle équilatéral en fonction du côté, en fonction de la hauteur.

Comment trouve-t-on la formule de l'aire d'un triangle quelconque en fonction des trois côtés ? — Que devient la formule $S = \sqrt{p\,(p-a)\,(p-b)\,(p-c)}$ dans le cas du triangle équilatéral? — Servez-vous de cette formule pour répondre à cette question : De tous les triangles de même base a et de même périmètre, quel est le maximum? Vérification géométrique.

XXIV. Exprimez la hauteur d'un triangle en fonction des trois côtés. — Que devient la formule dans le cas du triangle équilatéral ?

Partagez un trapèze en deux parties équivalentes par une parallèle aux bases.

XXV. A quoi se réduit la formule

$$S = \frac{1}{4}\sqrt{(a+b+c)\,(a+b-c)\,(a-b+c)\,(-a+b+c)}$$

dans le cas du triangle rectangle?

Construisez un triangle qui soit la moitié d'un trapèze et qui ait même hauteur que lui.

XXVI. Démontrez que les bases d'un triangle sont en raison inverse des hauteurs.

Démontrez les formules $S = \pi R^2 = \frac{1}{4}\pi D^2$. — Principes qui en découlent. — Problèmes qu'elles servent à résoudre. — Applications numériques.

Construisez un carré équivalent à un hexagone donné quelconque.

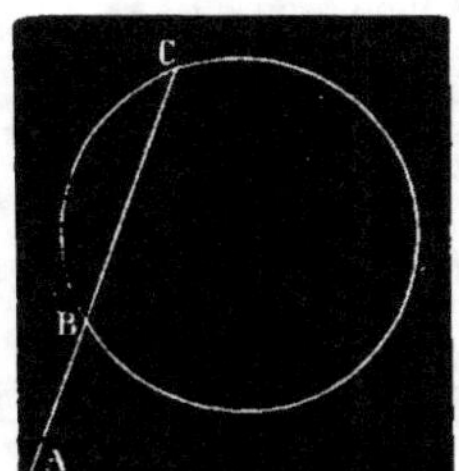

XXVII. Rappelez le calcul que nous avons fait pour trouver la formule de l'aire d'un triangle en fonction des trois hauteurs.

Menez par le point A une sécante telle, qu'on ait la proportion $\dfrac{AB}{CB} = \dfrac{m}{n}$.

Construisez un carré qui soit à un carré donné dans un rapport donné.

XXVIII. Rappelez le calcul que nous avons fait pour trouver la formule de l'aire d'un triangle en fonction des trois médianes. — Cas du triangle équilatéral.

Exprimez la surface d'un hexagone régulier en fonction du côté. — Formule inverse.

XXIX. Démontrez qu'un trapèze a pour mesure le produit d'un de ses côtés non parallèles par la distance de ce côté au milieu du côté opposé.

Démontrez la formule de l'aire du trapèze en fonction des quatre côtés.

Calculez et construisez le rayon d'un cercle qui soit les $\frac{3}{4}$ de la somme de quatre cercles donnés.

XXX. L'aire d'un polygone est de $28^{mq},375$. — Calculez celle d'un polygone semblable dont l'un des côtés est les $\frac{2}{3}$ du côté homologue du premier.

Comment évalue-t-on la surface d'un polygone quelconque ? — Rappelez les divers procédés. — Évaluez l'aire d'un polygone dans l'intérieur duquel on ne peut pas pénétrer.

Construisez un carré, connaissant sa diagonale. — Construisez un carré, connaissant la droite qui joint les milieux de deux côtés adjacents.

XXXI. Énoncez et démontrez la mesure d'un polygone régulier.

Démontrez qu'un cercle est la limite des polygones réguliers inscrits et des polygones réguliers circonscrits dont on augmente indéfiniment le nombre des côtés. — Comment en concluons-nous la mesure du cercle ?

Quelles sont les deux méthodes que nous avons indiquées pour avoir le nombre π au moyen des aires des *surfaces* d'une sorte de polygones réguliers ?

Rappelez les diverses valeurs approchées du rapport de la circonférence au diamètre, avec les noms historiques qui s'y rattachent.

On propose d'exprimer l'aire d'un octogone régulier : 1° en fonction de son côté c ; 2° en fonction du rayon R du cercle circonscrit.

XXXII. Énoncez et démontrez l'aire du secteur.

Évaluez la *couronne circulaire*, c'est-à-dire la différence entre deux cercles concentriques dont on connaît les rayons.

Combien y a-t-il de secondes dans un arc dont la longueur est égale à celle du rayon ?

XXXIII. Lorsque deux triangles sont semblables, quel est le rapport de leurs périmètres ? — Celui de leurs surfaces ?

Deux triangles sont proportionnels aux carrés des côtés correspondants : sont-ils semblables ? Cette réciproque est-elle vraie pour des polygones de plus de trois côtés ?

Exprimez la médiane d'un triangle en fonction des trois côtés. — Cas du triangle équilatéral.

XXXIV. Prouvez que les aires des polygones semblables sont proportionnelles aux carrés des côtés homologues.

Tracez un cercle ; menez un diamètre et trouvez sur son prolongement un point tel, qu'en menant une tangente à ce cercle elle soit égale à une ligne donnée.

XXXV. Quand dit-on que deux secteurs sont semblables ? Rapport de leurs surfaces.

Inscrivez un octogone régulier dans un cercle. Quelle serait la valeur du rayon du cercle circonscrit si ce polygone avait 12 centimètres de côté ?

Trouvez le rayon d'une circonférence telle, que la surface du triangle équilatéral inscrit soit de 1 mètre carré 25 décimètres carrés.

XXXVI. Démontrez que le produit des trois côtés d'un triangle est égal au double de sa surface multiplié par le diamètre du cercle circonscrit.

Concluez-en le rapport des diagonales d'un quadrilatère inscrit.

À quoi est égal le produit des diagonales d'un quadrilatère inscrit ?

Au moyen des deux théorèmes qui précèdent, exprimez les diagonales du quadrilatère inscrit en fonction des quatre côtés.

XXXVII. Démontrez géométriquement que le carré construit sur le côté d'un triangle est *égal* à la somme des carrés construits sur les deux autres côtés, ou *moindre* que cette somme, ou *plus grand* que cette somme, selon que l'angle opposé au côté est *droit*, *aigu* ou *obtus*. Calculez ensuite l'excès de la plus grande somme sur la plus petite.

Rappelez les corollaires qui résultent de la démonstration du théorème de Pythagore.

Construisez un triangle, connaissant la base, la hauteur et la somme des carrés des deux autres côtés.

XXXVIII. Démontrez géométriquement les formules

$$(a + b)^2 = a^2 + 2ab + b^2.$$

$$(a - b)^2 = a^2 - 2ab + b^2.$$

$$(a + b)(a - b) = a^2 - b^2.$$

dans lesquelles a et b désignent des lignes.

Par un point pris hors d'un cercle menez une sécante telle, que la partie extérieure soit égale à la partie comprise dans la circonférence.

XXXIX. Construisez un carré équivalent à un rectangle ou à un parallélogramme, ou à un trapèze donné.

Construisez un triangle équilatéral équivalent à un triangle donné.

On connaît le côté c d'un polygone régulier de n côtés inscrit dans un cercle dont le rayon est R, et l'on propose de calculer la surface d'un polygone régulier d'un nombre double de côtés. — La formule étant trouvée, on y supposera $n = 6$, par suite $c = R$, et l'on aura l'aire du dodécagone régulier inscrit en fonction du rayon. — On démontrera que cette aire est les $\frac{3}{4}$ de celle du carré circonscrit.

XL. Sur une droite donnée comme base, construisez un rectangle équivalent à un rectangle donné.

Partagez un triangle en cinq parties équivalentes par des lignes partant du sommet.

Partagez un triangle en deux parties équivalentes par une ligne partant d'un point donné sur l'un des côtés du triangle.

XLI. On donne deux rectangles, et on demande deux droites qui leur soient proportionnelles.

Un carré a 2 mètres de côté : quelle est la surface du cercle inscrit dans ce carré ? — Celle du cercle circonscrit ?

Trouvez deux droites proportionnelles à deux carrés donnés, ou à deux polygones semblables.

Un triangle équilatéral a 2 centimètres de côté ; quelle est l'aire du cercle inscrit dans ce triangle ? — Celle du cercle circonscrit ?

XLII. Réduisez un polygone à avoir un côté de moins, sans augmenter ni diminuer sa surface.

Transformez un hexagone en un triangle, et ensuite en un carré équivalent.

Quel est le nombre d'hectares contenus dans un hexagone régulier qui a 705 mètres de côté ?

XLIII. Construisez un carré équivalent à la somme ou à la différence de deux carrés donnés.

Formule de l'aire du décagone régulier : 1° en fonction du côté c ; 2° en fonction du rayon R du cercle circonscrit.

XLIV. Construisez un carré équivalent à la somme de trois carrés donnés. — Construisez un cercle équivalent à la somme de trois cercles donnés.

Quel rapport y a-t-il entre le périmètre d'un triangle équilatéral et la circonférence de cercle inscrite dans ce triangle ?

XLV. Construisez un carré qui soit à un carré donné dans un rapport donné.

Construisez quatre cercles dont les rayons soient proportionnels aux nombres 2, 3, 4, 5, et tels, que leur somme soit égale à un cercle de 10 mètres de rayon.

Construisez une figure semblable à P et équivalente à P'.

XLVI. Construisez un rectangle, connaissant la somme de ses dimensions et un carré équivalent. — Discussion. — Question correspondante en algèbre.

Calculez le rayon d'un cercle, à $0^m.001$ près, sachant que la surface de ce cercle surpasse de $62^{mq},25$ celle de l'hexagone régulier inscrit dans ce cercle.

XLVII. Construisez un rectangle, connaissant la différence de ses dimensions et un carré équivalent. — Discussion. — Question correspondante en algèbre.

La diagonale d'un parallélogramme est de 15 mètres ; la somme de deux côtés adjacents est de 30 mètres, et leur différence de 6 mètres. — Calculez la seconde diagonale.

XLVIII. Trouvez le lieu géométrique des points tels, que la somme des carrés de leurs distances à deux points donnés soit égale un à carré donné.

Quel doit être le côté d'un hexagone régulier pour que son aire soit de $166^{mq},272$?

XLIX. Trouvez le lieu géométrique des points tels, que la différence des carrés de leurs distances à deux points donnés soit égale à un carré donné.

Les côtés de l'angle droit d'un triangle rectangle sont respectivement de $3^m,128$ et $4^m,275$. — Calculez, à $0^m,001$ près, les segments que la bissectrice de l'angle droit de ce triangle détermine sur l'hypoténuse.

L. Trouvez le lieu géométrique des points tels, qu'en menant de ces points des tangentes à deux circonférences données, ces tangentes soient égales entre elles.

L'hypoténuse d'un triangle rectangle est 50^m ; l'un des côtés de l'angle droit est 30^m. Quelle est la surface de ce triangle ?

La base d'un triangle isocèle est 15^m ; le côté est 24^m. Quelle est la surface de ce triangle ?

LI. On donne deux circonférences extérieures l'une à l'autre, et l'on demande un point tel, qu'en menant de ce point à chacune des circonférences une tangente, ces tangentes soient égales et fassent entre elles un angle donné.

Un cercle et un carré sont supposés équivalents ; quel est le rapport de la circonférence de ce cercle au périmètre du carré ?

Même problème pour un triangle équilatéral au lieu d'un carré.

LII. En quoi consiste la *règle de fausse position* ou *de supposition* en géométrie ? — L'appliquer à la construction d'un triangle équilatéral dont on connaît la hauteur.

Calculez la surface du trapèze ABDC d'après les données : $AB = 15^m$: $CD = 6^m$: $MN = 8^m$.

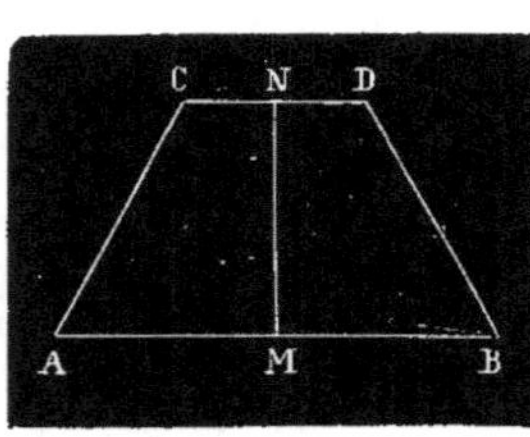
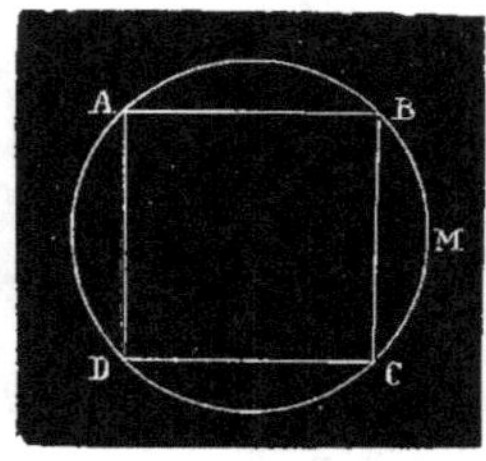

LIII. Exprimez la surface du segment BMC en fonction du rayon du cercle dans lequel le carré est inscrit.

Construisez un triangle équilatéral, connaissant le rayon du cercle circonscrit.

Quel est le carré minimum parmi les carrés inscrits dans un carré donné ?

LIV. Construisez un triangle équilatéral, connaissant le rayon du cercle inscrit.

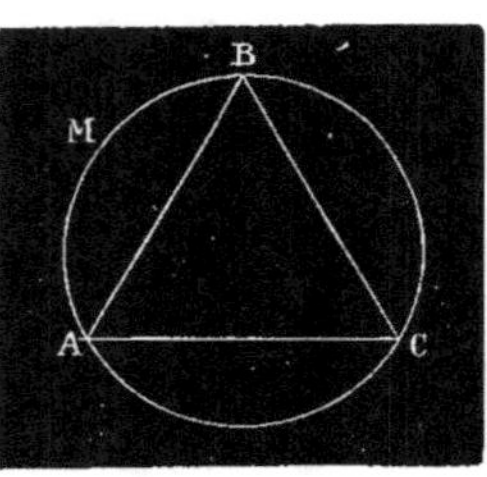

Exprimez la surface du segment AMB en fonction du rayon du cercle dans lequel le triangle équilatéral est inscrit.

Quel est le rectangle maximum parmi les rectangles inscrits dans un carré donné et dont les côtés sont parallèles aux diagonales du carré ?

LV. Construisez un triangle, connaissant ses angles et le rayon du cercle circonscrit à ce triangle.

Étant donné un triangle, construisez sur un de ses côtés un triangle isocèle équivalent.

Exprimez le rayon du cercle inscrit dans un triangle en fonction des trois côtés. — Cas du triangle équilatéral.

LVI. Construisez un carré, connaissant l'excès de la diagonale sur le côté.

Exprimez le rayon du cercle circonscrit à un triangle en fonction des trois côtés a, b, c. — Cas du triangle équilatéral.

LVII. Construisez un pentagone régulier, connaissant son côté.

Partagez un triangle en deux parties équivalentes, au moyen d'une parallèle à la base.

LVIII. Construisez un octogone régulier, connaissant son côté.

Par un point situé dans l'intérieur d'un angle menez une transversale qui soit partagée au point donné en deux parties étant entre elles dans un rapport donné.

LIX. Construisez un décagone régulier, connaissant son côté.

Construisez un cercle équivalent à la différence de deux cercles concentriques (opérer sur la figure proposée).

Démontrez que la somme des carrés des diagonales d'un quadrilatère quelconque est double de la somme des carrés des diagonales du quadrilatère formé par la jonction des milieux des côtés.

LX. Tracez deux cordes à angle droit dans un cercle, et prouvez que la somme des carrés des quatre segments est le quadruple du carré du rayon.

Construisez un carré tel que la transversale oblique qui partage deux côtés opposés chacun en deux parties, l'une double de l'autre, soit égale à une ligne donnée.

LXI. Construisez un carré tel que la distance d'un sommet au milieu de l'un des côtés opposés soit égale à une ligne donnée.

Construisez un carré, connaissant la distance entre les milieux de deux côtés adjacents.

Par un point donné sur le côté d'un trapèze, menez une droite qui partage ce trapèze en deux parties équivalentes.

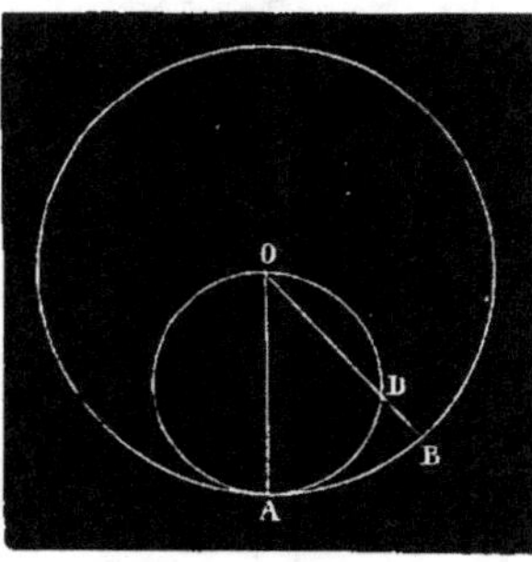

LXII. On donne une circonférence dont OA est le rayon ; sur cette ligne comme diamètre on décrit une circonférence ; si l'arc AD = l'arc AB, les trois points O, D, B sont en ligne droite, et réciproquement.

Si une circonférence *roule* dans l'intérieur d'une circonférence dont le rayon est double, chaque point engendrera une ligne droite.

QUESTIONS A TRAITER PAR ÉCRIT.

I. Démontrez que la somme des côtés du triangle équilatéral et du carré inscrits dans un même cercle est sensiblement égale à la demi-circonférence de ce cercle.

Calculez la hauteur d'un trapèze dont la surface est de 1 315 mètres carrés et dont les côtés parallèles sont l'un de 13 mètres et l'autre de 21 mètres.

II. Calculez la surface d'un segment dont l'angle au centre est de 30 degrés dans un cercle dont le rayon est R.

Deux circonférences sont dans le rapport de 4 à 3 ; la différence de leurs rayons est de 6. Quelles sont les valeurs de ces circonférences ?

III. Calculez l'aire d'un secteur de 120 degrés dans le cercle dont le rayon est R.

Résumez la théorie des lignes proportionnelles [1].

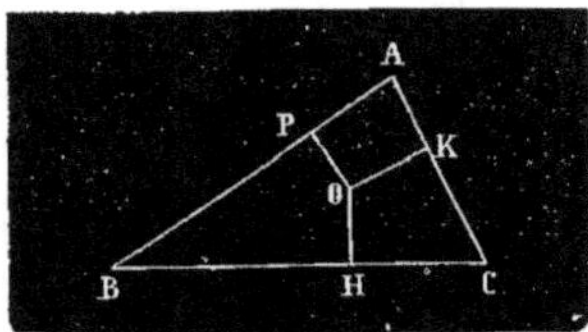

IV. Dans un triangle, la somme des carrés des médianes est les $\frac{3}{4}$ de la somme des carrés des côtés.

D'un point. O pris arbitrairement dans l'intérieur d'un triangle quelconque ABC, on mène les perpendiculaires OH. OP, OK ; démontrer la relation

$$\overline{AP}^2 + \overline{BH}^2 + \overline{CK}^2 = \overline{BP}^2 + \overline{CH}^2 + \overline{AK}^2.$$

V. Combien y a-t-il d'ares et de centiares dans le triangle dont les trois côtés sont de 147^m,25, 192^m,60, 86^m,24 ? — On opérera à l'aide des logarithmes.

Résumez la théorie des triangles semblables.

VI. Inscrivez dans un triangle un rectangle semblable à un rectangle donné.

Résumez la théorie des polygones semblables.

---

1. Il ne suffit pas de s'occuper de la résolution des problèmes ; il faut encore s'exercer à résumer les théories (sans le secours du livre) et à en soigner la *rédaction*.

23.

VII. Décrivez une circonférence qui satisfasse aux trois conditions suivantes : passer par un point donné; être tangente à une droite donnée et à une circonférence donnée.

Résumez la théorie de l'égalité des triangles. — Quatre cas sont à examiner.

VIII. Inscrivez un carré dans un triangle donné.

Résumez le chapitre d'Introduction placé en tête de l'ouvrage.

IX. Calculez les côtés de deux carrés concentriques de manière que l'aire comprise entre leurs périmètres soit d'un mètre carré, et que la distance d'un périmètre à l'autre soit de 1 décimètre.

Résumez la théorie des parallèles.

X. Calculez les rayons de deux cercles concentriques de manière que l'aire de la couronne circulaire comprise entre leurs circonférences soit de 1 mètre carré, et que la distance entre les deux circonférences soit de 1 centimètre.

Résumez les corollaires de la théorie des parallèles.

XI. De tous les triangles qui ont une base donnée et un périmètre donné, quel est le maximum ?

Résumez la théorie des perpendiculaires et des obliques.

XII. Inscrivez un carré donné dans un carré donné. — Limites de la possibilité du problème.

Résumez les lieux géométriques que contient le premier livre.

XIII. Quelle serait la mesure du cercle, si l'on prenait pour unité de surface le cercle ayant pour rayon l'unité linéaire ?

Résumez les lieux géométriques que renferme le second livre.

XIV. Quelle serait la mesure du rectangle, si l'on prenait pour unité de surface le cercle dont le rayon est 1 ?

Résumez les lieux géométriques que renferme le troisième livre.

XV. Décrivez une circonférence qui passe par un point donné et soit tangente à deux droites données. — Combien de solutions?

Résumez les lieux géométriques que renferme le quatrième livre.

XVI. Calculez, à 1 centimètre près, le rayon du cercle dans lequel le segment sous-tendu par la corde égale au rayon est de 2 mètres carrés[1].

Résumez les problèmes relatifs à la division des droites, des angles, des arcs, en deux parties égales.

XVII. Quel est l'angle dont on peut obtenir facilement la trisection avec la règle et le compas ?

Résumez la théorie de la mesure des angles.

XVIII. Inscrivez un carré dans un demi-cercle : 1° graphiquement ; 2° par le calcul.

Récapitulez les problèmes relatifs aux constructions des triangles.

XIX. Mesurez l'angle d'un bastion, sans en approcher, à l'aide de jalons et d'un instrument propre à mesurer les angles.

Des trois sommets A, C, B d'un parallélogramme ABCD comme centres, on décrit trois arcs de cercle DE, DF, EMF, avec des rayons respectivement égaux à AD, CD, BA + AE, en limitant ces arcs à leurs points de rencontre : on propose de démontrer que le troisième est égal à la somme des deux autres.

XX. Résumez les théorèmes relatifs au quadrilatère inscrit.

Quel contour faut-il donner (à $0^m,01$ près) à un bassin circulaire pour que l'eau qui y sera contenue ait 115 mètres carrés de superficie ?

XXI. Résumez les propriétés du parallélogramme.

Calculez (à $0^m,01$ près) la superficie d'un bassin qui a 100 mètres de circonférence.

XXII. Résumez les propriétés du losange.

Trouvez (à $0^m,01$ près) le rapport entre la surface d'un cercle et celle de l'hexagone régulier inscrit à ce cercle.

XXIII. Démontrez l'égalité $(OA)^2 + (OB)^2 + (OC)^2 = \frac{1}{3}(a^2+b^2+c^2)$,

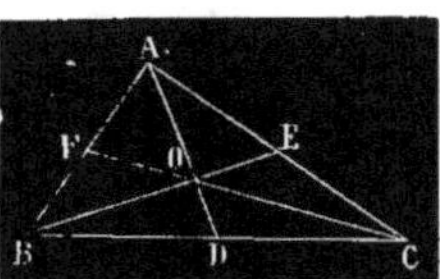

sachant que les points D, E, F sont aux milieux des côtés.

Résumez les propriétés du triangle isocèle et leurs réciproques.

XXIV. Maximum des triangles ayant un périmètre donné.

Par un point donné sur la petite base d'un trapèze, menez une droite qui divise la surface de ce trapèze en deux parties équivalentes.

XXV. Résumez les théorèmes relatifs au trapèze.

Construisez un rectangle équivalent à un carré donné, et dont les dimensions soient proportionnelles à deux lignes données.

XXVI. Répétez la démonstration du théorème réciproque relatif aux carrés des côtés de l'angle droit proportionnels aux deux segments de l'hypoténuse, et dites en quoi le raisonnement est défectueux.

Quels sont les polygones réguliers égaux qui peuvent servir à faire un carrelage?

XXVII. Relation entre les carres des côtés d'un triangle ayant un angle droit, aigu ou obtus.

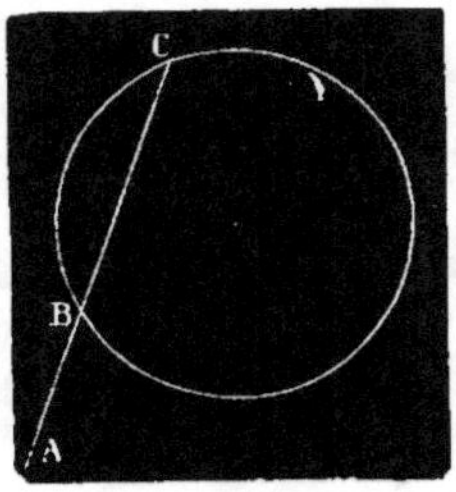

Par le point A menez la sécante ABC de façon que BC soit moyen proportionnel entre AB et AC. — Limite de la possibilité du problème.

XXVIII. Récapitulez la marche que nous avons suivie pour établir la mesure des surfaces, depuis le rectangle jusqu'au cercle inclusivement.

Construisez un carré qui soit les $\frac{3}{4}$ d'un polygone donné.

XXIX. Résumez la théorie des positions relatives de deux circonférences.

Rappelez la démonstration relative aux réciproques qui s'établissent par exclusion.

XXX. Construisez un trapèze, connaissant ses quatre côtés et leur disposition.

Construisez un parallélogramme, connaissant l'un de ses côtés et ses diagonales.

XXXI. Résumez les propositions relatives aux axes de symétrie.

Partagez un carré donné en deux autres qui soient entre eux dans le rapport de m à n.

XXXII. Construisez un polygone semblable à un polygone donné et équivalent à un autre.

Décrivez un cercle qui soit moyen géométrique entre deux cercles concentriques donnés et qui ait même centre.

XXXIII. Rappelez le théorème de Pythagore. — Généralisez-le.

Le côté d'un hexagone régulier est de 9 mètres; calculez (à $0^m,04$ près) le côté d'un autre hexagone régulier dont la surface soit les $\frac{2}{3}$ de celle du premier.

XXXIV. Combien faut-il de conditions pour déterminer une droite? une circonférence? un triangle? un polygone?

Construisez un triangle, connaissant la base, la hauteur et l'un des côtés.

XXXV. Construisez un triangle rectangle, connaissant l'un des côtés de l'angle droit et la somme de l'hypoténuse et de l'autre côté.

Définissez et comparez l'*égalité*, l'*équivalence* et la *similitude*.

XXXVI. Construisez un triangle, connaissant ses angles et son périmètre.

Construisez un triangle, connaissant la base, un des angles adjacents à cette base et le rayon du cercle inscrit.

XXXVII. Faites un rapprochement entre les problèmes déterminés, plus que déterminés, indéterminés. — Citez des exemples.

Construisez un triangle rectangle, connaissant son hypoténuse. — A laquelle des trois classes précédentes appartient ce problème? — Qu'arrive-t-il si l'on assujettit en outre l'un des côtés de l'angle droit à être moyen proportionnel entre l'hypoténuse et l'autre côté?

XXXVIII. Construisez les deux expressions $x = \dfrac{a+b}{2}$; $x = \sqrt{a \times b}$.

Prouvez *géométriquement* que la moyenne arithmétique entre deux quantités différentes est plus grande que la moyenne géométrique. — Que faudrait-il supposer pour que ces deux moyennes fussent égales?

Construisez un carré qui soit moyen proportionnel entre deux carrés donnés.

XXXIX. Trouvez la formule de l'aire d'un quadrilatère inscriptible en fonction des quatre côtés. — Rendez cette formule propre au calcul par logarithmes en la mettant sous la forme

$$S = \sqrt{(p-a)\,(p-b)\,(p-c)\,(p-d)};$$

a, b, c, d représentent les quatre côtés.

Application numérique : $a = 7$; $b = 8,5$; $c = 10$; $d = 9,3$.

XL. Un cercle étant donné, décrivez un cercle concentrique tel que la couronne circulaire soit moyenne proportionnelle entre le cercle donné et le cercle cherché.

Démontrez que l'apothème d'un triangle équilatéral est la moitié du rayon du cercle circonscrit, et que sa hauteur en est trois fois la moitié.

XLI. Calculez le côté du pentagone régulier inscrit dans un cercle en fonction du rayon de ce cercle.

Au carré du côté du décagone régulier on ajoute le carré du rayon : que trouve-t-on ?

XLII. Démontrez que dans le pentagone régulier les diagonales se coupent en moyenne et extrême raison.

Calculez la surface d'un triangle isocèle dont on connaît la base et l'un des côtés. — La formule étant trouvée, supposez-y le côté $= 24$ mètres et la base $= 15$ mètres.

XLIII. Exprimez la somme des quatre cercles tangents aux côtés d'un triangle équilatéral en fonction du côté.

Exprimez l'aire du dodécagone régulier en fonction du côté de ce polygone.

XLIV. On partage le diamètre AB d'un cercle en quatre parties

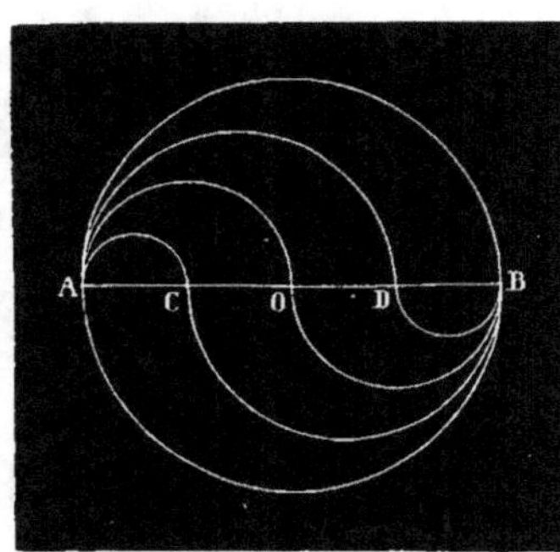

égales : AC, CO, OD, DB ; dans l'un des demi-cercles on décrit des demi-circonférences ayant pour diamètres : AC, AO, AD ; dans l'autre demi-cercle on décrit des demi-circonférences ayant pour diamètres : BD, BO, BC.

Démontrez que le cercle est décomposé en quatre parties équivalentes.

Calculez les deux bases d'un trapèze : leur différence est de 7 mètres ; la hauteur est de 8 mètres, et l'aire de la figure est de 52 mètres carrés.

XLV. Décrivez un cercle qui touche un cercle donné et une droite donnée en un point donné.

Évaluez approximativement l'aire d'un cercle dont le rayon est $0^m.1$ en le décomposant en trapèzes et en triangles déterminés par des cordes perpendiculaires à un diamètre, et partageant ce diamètre en six parties égales. On mesurera les longueurs au moyen du double décimètre.

XLVI. Soit un polygone régulier quelconque dont le côté est a ; soient r, R les rayons des cercles, l'un inscrit, l'autre circonscrit ;

prouvez que la différence de ces cercles est $\pi \left(\dfrac{a}{2}\right)^2$. — Traduisez ce résultat en langage ordinaire.

Construisez un rectangle, connaissant sa surface et son périmètre.

XLVII. Partagez un triangle en trois parties équivalentes par des parallèles à la base.

Partagez un trapèze en parties proportionnelles aux droites m et n par une ligne parallèle aux bases.

XLVIII. Construisez un triangle équilatéral tel que ses sommets reposent sur trois circonférences concentriques données.

On donne un triangle équilatéral, et l'on propose d'y inscrire trois cercles égaux tangents entre eux et aux côtés du triangle donné.

XLIX. L'aire du dodécagone régulier inscrit dans un cercle est égale à celle du carré ayant pour côté celui du triangle équilatéral inscrit dans le même cercle.

Construisez un triangle, connaissant ses trois médianes ; — ses trois hauteurs.

L. On a trouvé pour l'expression d'une surface en mètres carrés : $2100\ \pi$. — Avec combien de décimales faut-il employer le nombre π pour avoir cette surface à 1 décimètre carré près ?

Trois demi-cercles ont pour diamètres respectifs l'hypoténuse et les côtés de l'angle droit d'un triangle rectangle ; prouver que le premier équivaut à la somme des deux autres et que la somme des deux lunules MCPE, PDNF est équivalente au triangle MPN[1].

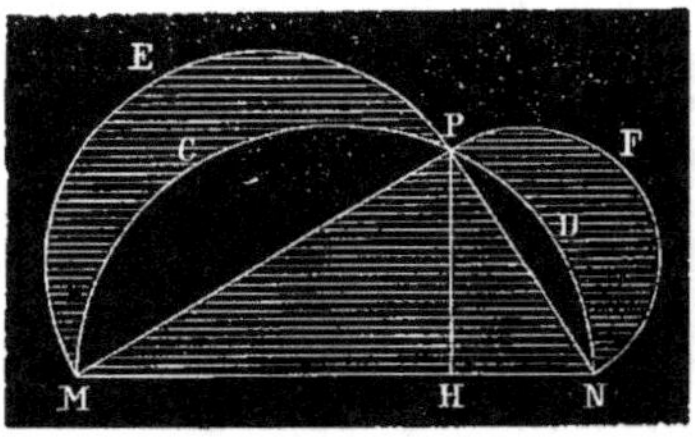

Lorsque le triangle rectangle MPN est isocèle, la lunule MCPE est *quarrable*, c'est-à-dire qu'on peut construire à la règle et au compas une figure équivalente. Cette figure est le triangle MPH.

LI. Dans un trapèze, on donne les bases et la hauteur ; on partage en trois parties égales les côtés non parallèles ; on joint les points de division correspondants, ce qui forme trois nouveaux trapèzes. — Calculez l'expression de la surface de chacun d'eux.

Construisez un pentagone régulier équivalent à un triangle donné.

---

1. Ces lunules se nomment les *lunules d'Hippocrate*.

LII. L'angle d'un secteur est de 45 degrés. — Quelle est, à 1 mètre carré près, sa surface, dans le cercle dont le rayon est de 6 mètres ?

Un secteur de 1 mètre carré appartient à un cercle dont le rayon est de 2 mètres. — Quel est, à une minute près, l'angle de ce secteur ?

LIII. Quel est le rayon du cercle dans lequel l'arc d'un secteur de 1 mètre carré de surface est de 28 degrés ? (Employez une valeur de π telle que le résultat soit à 1 centimètre près.)

Le rayon d'un cercle est de 9 mètres. Quel doit être le rayon d'un autre cercle (à $0^m,01$ près) pour que sa surface soit les $\frac{2}{3}$ de celle du cercle donné ?

LIV. Tracez une circonférence et menez deux diamètres perpendiculaires l'un à l'autre : AB, CD ; sur chacun des quatre rayons comme diamètres décrivez une circonférence ; calculez la surface de la rosace OMNPQ en fonction du rayon OA. — Application numérique : OA = 12 centimètres.

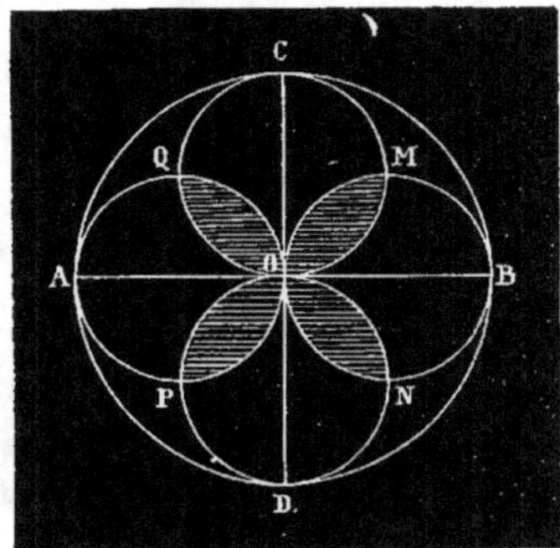

Construisez un trapèze dont vous connaissez la hauteur, la somme des bases et les deux côtés non parallèles.

LV. On donne le plus grand segment d'une droite divisée en moyenne et extrême raison ; retrouvez la droite.

On donne le plus petit segment d'une droite divisée en moyenne et extrême raison ; retrouvez la droite.

LVI. Démontrez que le produit des deux segments d'une droite partagée en moyenne et extrême raison est égal à la différence des carrés de ces segments.

Lorsqu'une droite est divisée en moyenne et extrême raison, que faut-il faire pour partager le plus grand segment lui-même en moyenne et extrême raison ?

LVII. Décrivez une circonférence telle qu'une droite donnée en sous-tende les $\frac{3}{4}$.

Démontrez que les trois points de concours : 1° des hauteurs d'un triangle, 2° des perpendiculaires sur les milieux des côtés, 3° des médianes, sont en ligne droite et que la distance du premier au second est triple de celle du second au troisième.

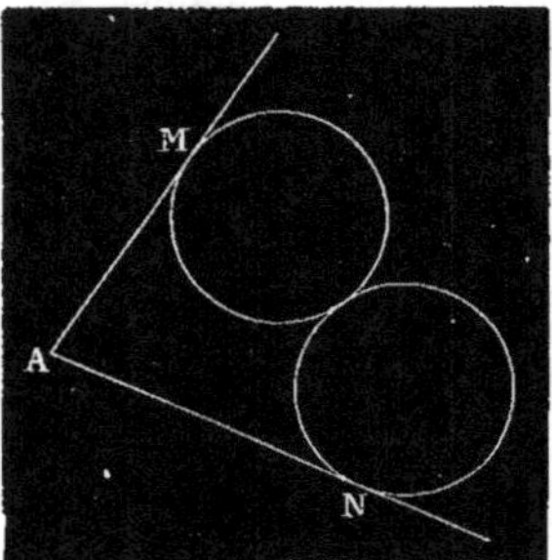

LVIII. Construisez un triangle, connaissant un angle, la somme des côtés de cet angle et la distance du sommet du même angle au côté opposé.

Tracez un angle A ; marquez un point M sur l'un des côtés et un point N sur l'autre ; puis décrivez deux cercles égaux tangents entre eux et aux droites données aux points donnés.

NOTES DIVERSES

SUR LA GÉOMÉTRIE PLANE

NOTE A[1]. — DÉFINITIONS DE LA LIGNE DROITE ET DE LA LIGNE COURBE.
— CRITIQUES.

La ligne droite a été définie par Euclide : *ligne qui est la même entre tous ses points*. Cette définition, très obscure, n'a pas été adoptée par les modernes.

La ligne droite a été définie par Archimède : *le plus court chemin d'un point à un autre*. Cette définition, que tout le monde comprend, peut être admise sans difficulté.

Mais, objecte-t-on, qu'est-ce que la longueur du *chemin* ou de la ligne qui va d'un point à un autre ?

Si l'on prend pour point de départ la pratique usuelle au moyen de laquelle on *mesure les courbes*, c'est-à-dire l'emploi d'un cordeau, la *longueur d'une ligne* est le résultat idéal de sa mesure effective avec un cordeau infiniment mince et flexible qu'on fait coïncider avec elle. C'est l'idée que tout le monde s'en fait instinctivement.

Conformément à ce que nous avons dit dans l'*Introduction*, la *longueur d'une ligne quelconque* est une idée primitive qui n'a pas plus besoin de définition que la *longueur d'une ligne droite*. Mais cet avis n'est pas celui de plusieurs rigoristes (feu Duhamel, *etc.*), qui prennent pour définition de la *longueur d'une ligne courbe* la *limite* dont on s'approche en lui inscrivant une *ligne brisée* dont on augmente indéfiniment le nombre des côtés, de manière que chacun d'eux diminue indéfiniment (DUHAMEL, *Calcul infinitésimal*, p. 125) : mais alors il faut laisser la ligne droite sans définition.

Au reste, le commencement de la géométrie *plane*, aussi bien que celui de la géométrie à *trois dimensions*, nécessite l'admission de certaines idées primitives résultant des notions expérimentales : *pour suspendre une chaîne, il faut un clou*.

L'idée de la ligne droite une fois admise, celle de la ligne courbe n'offre pas de difficulté : *ligne dont aucune partie n'est droite*.

Mais, objecte-t-on, vous dites ce qu'elle n'est pas, et vous ne dites pas ce qu'elle est.

---

1. Page 41, *au lieu de :* voir la note A, *lisez :* voir la note B.

A notre avis, c'est précisément là une des conditions de la justesse de sa définition. Le mot *courbe* exprime une idée *négative ;* il ne peut donc être défini que par une *négation.* Qu'on nous permette une comparaison vulgaire : nous disons qu'un *étranger* est celui qui *n'est pas Français.*

On a voulu substituer à cette définition la suivante : La ligne courbe est celle qui est engendrée par un point qui *change* à chaque instant de *direction.*

Mais *changer,* c'est *ne pas conserver ;* cette définition est donc également une *négation.* D'autre part, le mot *direction* n'a pas un sens assez précis pour constituer une bonne définition. Quand je dis : Je vais *directement* à Versailles, cela ne veut pas dire que j'y vais en *ligne droite.*

Note B. — Théorie des parallèles. — Postulatum d'Euclide.

Depuis Euclide, c'est-à-dire depuis plus de deux mille ans, il y a dans l'ensemble de la *théorie des parallèles* un *désidératum,* c'est-à-dire un théorème dont on a vainement cherché la démonstration.

Il ne faut pas confondre ce *postulatum* avec les *axiomes* dont en n'a jamais cherché ni désiré la démonstration, tels que, par exemple : *Un tout est égal à la somme des parties dont il est composé.* Ces axiomes ne sont, à proprement parler, que des énoncés propres à indiquer la signification des mots.

Le nombre des prétendues démonstrations de la théorie des parallèles, sans postulatum, est considérable. Les uns prennent pour point de départ le postulatum d'Euclide (c'est l'objet de cette note) ; d'autres débutent par le *théorème sur la somme des angles d'un triangle* (objet de la note C).

Postulatum d'Euclide. — *Si deux droites* [AC, BD] *en rencontrent une troisième* [AB], *en faisant avec elle, du même côté, deux angles* [BAC, ABD] *dont la somme soit moindre que deux droits, ces deux droites suffisamment prolongées se rencontrent du côté où la somme est moindre que deux droits.*

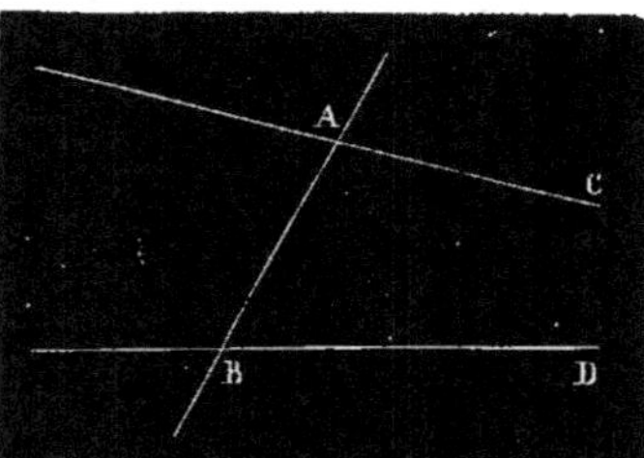

Parmi les prétendues démonstrations de ce postulatum, la suivante, due à *Bertrand de Genève,* est celle qui a eu le plus de succès.

Voici sa démonstration textuelle : Supposons que deux droites LC, RA fassent sur une troisième RL

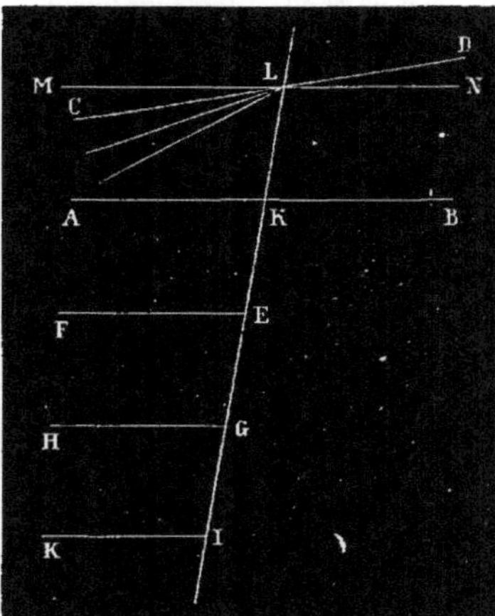

des angles intérieurs $\widehat{\text{ARL}}$, $\widehat{\text{CLR}}$ plus petits que deux angles droits, certaine droite LM fera avec LC un angle $\widehat{\text{CLM}}$ de grandeur telle que

$$\widehat{\text{ARL}}+\widehat{\text{RLC}}+\widehat{\text{CLM}}$$
$$=\widehat{\text{ARL}}+\widehat{\text{RLM}}=2 \text{ droits};$$

par conséquent si LC ne coupait pas RA, l'angle MLC serait renfermé en entier dans la bande MLRA ; mais cette bande est contenue une infinité de fois dans le plan (MLRA + AREF + FEGH...), tandis que l'angle MLC n'y est contenu qu'un nombre limité de fois: donc l'angle MLC n'est pas renfermé en entier dans la bande MLRA ; donc son côté LC sort de cette bande et coupe RA.   C. Q. F. D.

Le vice de cette démonstration consiste à considérer l'*infini* comme une quantité ; un angle n'est pas une *aire ;* il ne peut pas être évalué en *mètres carrés*, par exemple. Un angle est une quantité *sui generis* qui ne peut être évaluée qu'à l'aide d'une unité angulaire.

D'ailleurs, s'il est vrai de dire que, lorsqu'une surface est super-

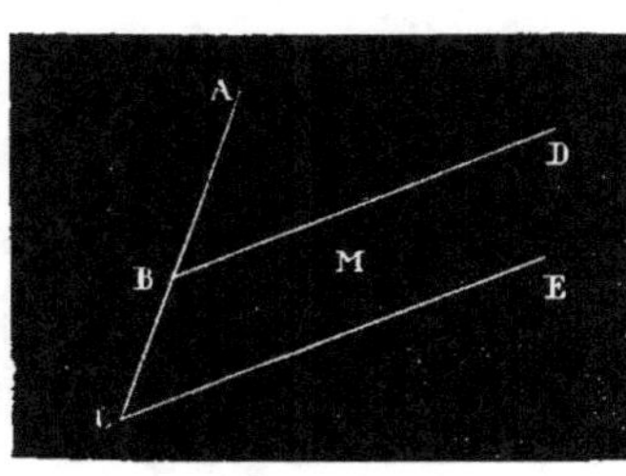

posée à une surface plus petite, elle doit la déborder quelque part, il est également vrai qu'en plaçant une surface sur une surface *égale*, si la première déborde d'un côté, la seconde doit déborder d'un autre côté: or, si je place un angle ABD sur un angle égal ACE, de manière qu'ils soient limités par la même droite CA, sans avoir le même sommet, l'angle ACE contiendra l'espace M, situé en dehors de l'angle ABD; auquel cas il faudrait que celui-ci débordât quelque part ACE, et que, pour cela, BD prolongé rencontrât CE, ce qui n'est pas.

A cette occasion, rappelons un passage de l'académicien Duhamel, déjà cité (*Calcul infinitésimal,* p. 18) :

« Le mot *infini* est employé pour exprimer l'absence de *limite :*

« c'est ainsi que l'espace et le temps sont dits infinis. Cette idée
« exclut celle de toute comparaison sous le rapport de la grandeur.

« On peut bien se proposer de trouver la limite du rapport de
« quantités dépendantes les unes des autres et croissant sans limites ;
« dans ce cas, on dit quelquefois que cette limite est le rapport de
« ces quantités *infinies;* mais il n'y a aucun sens à attribuer à la
« comparaison de deux infinis, puisque, comme je l'ai dit, l'infini
« n'est pas une grandeur, mais l'absence de limite : ainsi, si dans un
« plan on mène des parallèles équidistantes, il est absurde de dire
« que les espaces indéfinis renfermés entre les parallèles consécutives
« sont égaux ; mais si l'on cherche le rapport de ces espaces crois-
« sant indéfiniment, on peut bien se demander quelle est la *limite*
« de ce rapport, et alors le résultat sera indéterminé, car on peut
« faire croître indéfiniment les longueurs de deux de ces bandes en
« établissant entre ces longueurs une relation arbitraire, et l'on ne

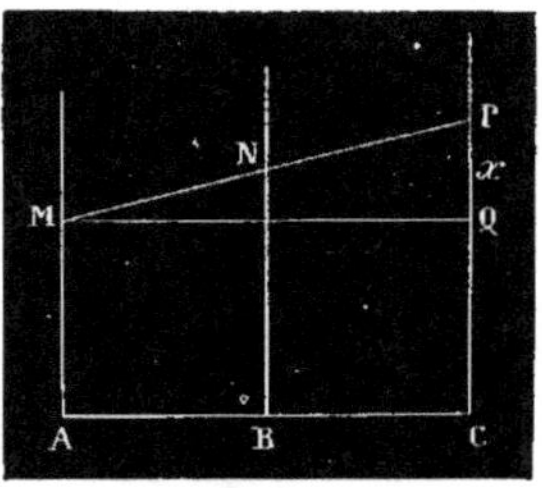

« trouvera le rapport de ces bandes in-
« finies égal à l'unité que dans des cas
« très particuliers. »

Pour en donner un exemple, je suppose qu'on limite deux de ces bandes
consécutives par une droite MP, telle
que AM = AB = BC, que cette droite
tourne autour du point M, et que l'angle QMP augmente, avec un angle droit
pour limite; dans une position quelconque de MP, j'aurai, en représentant

par x la variable QP.

$$\frac{NBCP}{MABN} = \frac{\overline{AB}^2 + AB \cdot \frac{3}{4} x}{\overline{AB}^2 + AB \cdot \frac{1}{4} x} = \frac{\frac{AB}{x} + \frac{3}{4}}{\frac{AB}{x} + \frac{1}{4}}.$$

Mais x augmentant indéfiniment, $\dfrac{AB}{x}$ tend vers zéro, et le rapport

cherché a 3 pour limite.

Mais si l'on supposait que la droite MP s'éloignât indéfiniment en
restant parallèle à elle-même, on trouverait pour limite l'unité, car
on aurait

$$\frac{NBCP}{MABN} = \frac{BN + CP}{AM + BN} = \frac{2AM + \frac{3}{2} QP}{2AM + \frac{1}{2} QP} = \frac{2 + \frac{3}{2} \frac{QP}{AM}}{2 + \frac{1}{2} \frac{QP}{AM}};$$

et comme QP est constant et que AM grandit indéfiniment, la conclu-

-ion définitive est que $\dfrac{QP}{AM}$ tend vers zéro, et le rapport cherché vers l'unité.

Il résulte de cette dissertation que, dans l'enseignement de la géométrie, on a eu raison de renoncer à la démonstration de Bertrand de Genève.

Note C. — Somme des angles d'un triangle.

Legendre, dans les deux premières éditions de sa *Géométrie*, suit la marche d'Euclide. Dans la troisième année (1800), il donne une démonstration, *par exclusion*, du théorème relatif à la somme des angles d'un triangle. La tentative était hardie, et elle eût été couronnée de succès, en ce sens qu'elle aurait affranchi la théorie des parallèles de son postulatum, si l'auteur était parvenu à démontrer rigoureusement *que la somme des angles d'un triangle est égale à deux angles droits*. Or, c'est ce qu'il n'a pas fait; et, chose singulière! voulant éviter un postulatum, l'illustre géomètre en admet un presque inaperçu, et qui, examiné de près, diffère peu de celui d'Euclide : « *Dans un angle, on peut mener une droite qui en rencontre les deux côtés.* »

Dans la neuvième édition (1814), l'auteur, dont l'esprit est évidemment tourmenté par cette partie de l'ouvrage, revient à la marche d'Euclide. Enfin, dans une édition postérieure, il donne une nouvelle démonstration du théorème relatif à la somme des angles d'un triangle, laquelle a été reproduite dans les éditions suivantes jusqu'à la quinzième inclusivement, la dernière à proprement parler.

Parut alors la *Géométrie* Legendre-Blanchet, dans laquelle mon honorable confrère s'est rangé sous le drapeau d'Euclide.

Bien que la démonstration de Legendre n'ait plus sa raison d'être, il n'en est pas moins intéressant de voir un si grand esprit aux prises avec une difficulté scolaire, et de prouver en quoi pèche son raisonnement. Tel est le but de cette note.

Lorsqu'on examine à fond la démonstration donnée dans les éditions 13, 14, 15..., on y découvre un *non démontré* provenant de la confusion entre les sens multiples de cette phrase :

« Les points A, B, C... *approchent* d'être en ligne droite. »

Quel est le sens précis de votre mot *approchent?* Entendez-vous que le point B et les autres points intermédiaires de la ligne courbe, brisée ou mixte ABC... sont peu éloignés de la droite qui joint ses extrémités, ou que la longueur de la ligne brisée est peu différente de celle de la ligne droite? Cette distinction est importante, parce que l'un n'est pas la conséquence de l'autre. En effet, si, le long d'une droite AB

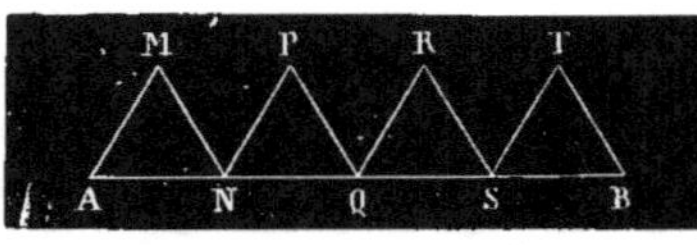

d'une longueur déterminée, on place des triangles équilatéraux, de plus en plus nombreux et de plus en plus petits, la ligne brisée AMNPQRSTB sera de plus en plus *près* de la droite AB; cela est vrai pour les *points* de la ligne brisée qui se rapprochent, autant qu'on voudra, de AB; mais sa longueur ne s'*approchera* pas de celle de la droite, vu qu'elle en sera toujours le double.

Voici maintenant la démonstration de Legendre :

Soit ABC un triangle quelconque. Je joins le sommet de l'angle A, supposé le plus petit, au milieu I du côté opposé : puis je retourne le triangle AIB en plaçant I en K et B en C', et je prends AB = 2AK.

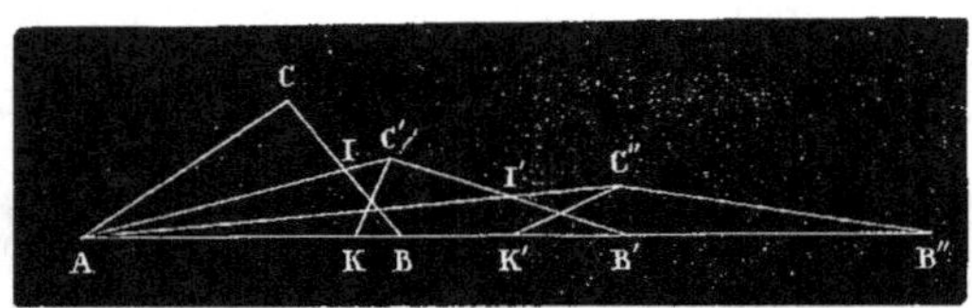

Le triangle KB'C' sera égal au triangle IAC, car KB' = AK = AI; C'K = IB = IC, et l'angle C'KB' compris entre KB' et C'K est égal à l'angle AIC compris entre les côtés AI, IC respectivement égaux aux précédents; j'ai dit que C'KB' est égal à AIC parce que ces angles sont les suppléments des angles C'KA, AIB, qui sont égaux par construction.

De l'égalité de ces triangles résulte celle des angles CAI, KB'C', d'où CAI + IAB = KB'C' + IAB, ou CAB = KB'C' + IAB, c'est-à-dire que l'angle A du triangle donné est égal à la somme des angles A et B' du triangle construit AC'B'.

Par un raisonnement semblable on prouverait que la somme des angles C et B du triangle donné est égale au troisième angle C' du triangle construit; ainsi, la somme des angles du nouveau triangle est la même que celle des angles du triangle proposé.

Par la même construction on obtiendrait un troisième triangle AC''B'' où la somme des angles serait encore la même ; puis un quatrième remplissant la même condition, et ainsi de suite.

Il suffit donc de démontrer qu'on arrivera à un triangle où la somme des angles sera égale à 2 droits.

Mais, si l'on a eu la précaution de choisir AC < AB, on aura

$$B'C' < AC' \text{ et } C'AB < AB'C', \text{ ou } C'AB < IAC, \text{ d'où } C'AB' < \frac{1}{2}A.$$

En nommant A, A′, A″,… les angles des triangles successivement obtenus. et dont le sommet est en A, on aura

$$A' < \frac{1}{2} A. \quad A'' < \frac{1}{2} A'. \quad A''' < \frac{1}{2} A''. \; etc.$$

$$A' < \frac{1}{2} A. \quad A'' < \frac{1}{4} A. \quad A''' < \frac{1}{8} A. \; etc.$$

On finira donc par arriver à un triangle dans lequel A_n sera aussi petit qu'on voudra ; et, comme d'autre part on a

$$A = A' + B', \quad A' = A'' + B'', \quad A'' = A''' + B''', \; etc.,$$

il en résulte que la somme des angles à la base

$$A' + B'. \quad A'' + B''. \quad A''' + B''', \; etc.,$$

deviendra également aussi petite qu'on voudra.

Soit abc un triangle obtenu par la série des constructions précédentes, et dans lequel, comme je viens de le démontrer, la somme des angles est la même que dans le triangle proposé, et celle des angles a et b aussi petite qu'on voudra.

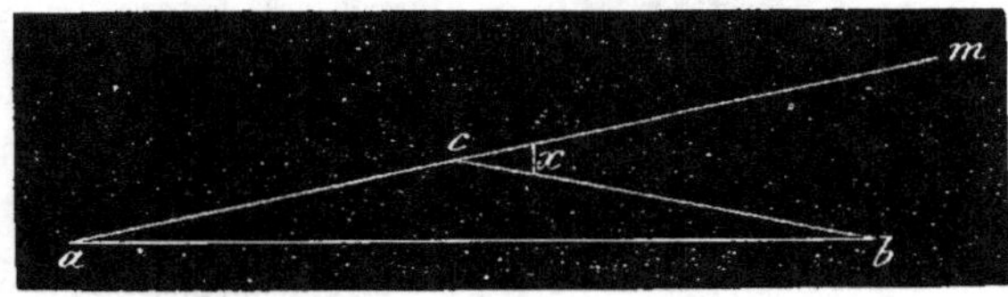

Or, la somme des angles du triangle abc est égale à $a + b + 2^d - x$; la différence entre cette somme et 2^d est donc $a + b - x$. Mais, *dit l'auteur*. lorsque $a + b$ approchera de zéro, l'angle x s'anéantira en même temps que $a + b$, et alors $a + b - x$ sera zéro, et il restera deux droits pour la somme des angles du triangle.

Réfutation. Dire que x s'anéantira sous le prétexte *insuffisant* que acb approchera d'être rectiligne. c'est introduire un *postulatum*: x deviendra aussi petit qu'on voudra, mais jamais il ne deviendra nul.

Dans la réalité. la somme des angles est $2^d + a + b - x$: si elle est plus *grande* que deux droits, l'excès sera $a + b - x$; il faudra que x soit moindre que $a + b$. et $a + b - x$ pourra devenir aussi petit qu'on voudra, chose impossible. car l'excès de la somme des angles du triangle sur 2^d, s'il existait. serait constant et ne pourrait pas être égal à une quantité aussi petite qu'on voudra. Il est donc en effet bien prouvé par ce raisonnement que la somme des angles d'un triangle ne peut pas être *plus grande* que deux angles droits; mais il n'est pas établi qu'elle ne peut pas être *plus petite*. C'est qu'en effet, dans ce cas, la réduction à l'absurde est en défaut, puisque le *déficit* a pour expression $x - (a + b)$; et alors rien ne s'oppose à ce que x surpasse d'une quantité constante $a + b$, qui tend vers zéro. Donc finalement la démonstration de Legendre est incomplète, et par conséquent inadmissible.

Citons un autre auteur qui, lui aussi, a prétendu avoir prouvé l'égalité

$$A + B + C = 2^{d}.$$

Sans s'appuyer sur la théorie des parallèles, voici comment raisonne M. Vincent (auteur d'une *Géométrie* très connue) dans une note lue à l'Académie des sciences le 9 juin 1856 :

Théorème. « La somme des angles *extérieurs* d'un triangle ABC est « égale à *quatre* droits; par suite, celle des angles *intérieurs* est égale « à *deux droits.*

« En effet, 1° faisons glisser la droite AB sur sa direction, de ma-

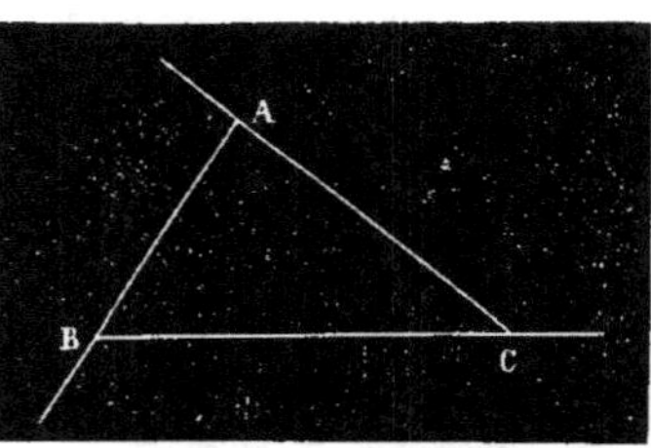

« nière que le point A vienne se « placer en B; 2° faisons-la pi- « voter autour du point B, de « manière qu'elle prenne la po- « sition BC; 3° faisons-la glisser « sur sa nouvelle direction, de « manière que le point B vienne « se placer en C; 4° faisons-la « pivoter autour du point C, de « manière qu'elle prenne la po- « sition CA; 5° faisons-la derechef glisser sur elle-même, de manière « que le point C vienne de nouveau se placer en A; enfin 6° faisons « pivoter la droite autour du point A, de manière qu'elle prenne la « position AB. Or, cette position est identiquement sa position pri- « mitive; donc la droite a nécessairement exécuté une rotation en- « tière, c'est-à-dire une somme de rotations partielles égale à quatre « angles droits. »

Réfutation. — Ce raisonnement est en défaut en ce qui concerne le principe essentiel de l'*addition des angles*. Pour ajouter deux angles, il faut les placer dans la position d'*angles adjacents*, c'est-à-dire les transporter l'un à côté de l'autre, de telle sorte qu'ils aient leurs sommets au même point, avec un côté commun (sans être l'un dans l'autre); après quoi, supprimant réellement ou mentalement ce côté commun, l'angle formé par les deux autres se trouve être la *somme* des deux angles donnés; en réitérant la même opération, on obtiendra la somme d'autant d'angles qu'on voudra.

24.

Cela posé, si l'on répète la démonstration de l'auteur en ayant
égard au principe de l'addition des angles, il sera facile de montrer
qu'elle renferme un *cercle vicieux* (la théorie des parallèles n'étant
pas encore connue).

Soit, en effet, le triangle ABC ; pour obtenir la somme de ses trois

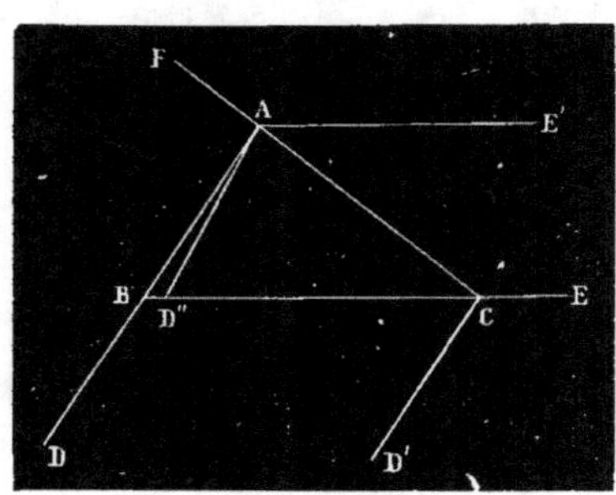

angles *extérieurs*, 1° je fais
glisser la droite ABD sur
elle-même jusqu'à ce que A
arrive en B ; 2° je la fais
tourner autour du point B de
manière qu'elle engendre le
premier angle DBC ; 3° je
fais glisser BC sur BCE jusqu'à ce que B arrive en C ;
mais d'après le principe de
l'addition des angles, je suppose que BC entraîne dans
son mouvement le premier
côté BD de l'angle DBC, et alors cet angle prendra la position D'CE
adjacent à ECA qui est le second des angles dont je dois faire la
somme, et la quantité angulaire allant de CD' à CA, en passant par CE,
sera la somme des deux premiers angles ; 4° pour ajouter cette
somme au troisième angle FAB, je la fais glisser le long de CA jusqu'à
ce que le sommet C arrive en A ; alors la somme des deux premiers
angles sera devenue adjacente au troisième FAB ; les lignes CD', CE
et CA ayant pris les positions AD'', AE' et AF, on aura pour la somme
cherchée la quantité angulaire allant de AD'' à AB en passant par AE'
et AF ; mais cette somme ne vaudra quatre angles droits qu'autant
que AD'' coïncidera avec AB, ce qui n'est pas démontré, à moins
toutefois qu'on ne s'appuie sur la *théorie des parallèles,* non encore
connue (cercle vicieux) ; dans cette hypothèse, les angles FAD'', FAD
étant, l'un et l'autre, *correspondants* de l'angle FCD' seraient égaux,
ce qui entraînerait la coïncidence de AD'' avec AB. Donc, finalement,
la démonstration de M. Vincent est inadmissible.

On prouverait qu'il en est de même de toutes les notes qui ont été
publiées pour lever la difficulté dont l'origine remonte au temps
d'Euclide, qui vivait à Alexandrie vers l'an 300 avant J. C.

Remarque. On peut demander pourquoi il n'y aurait pas de *postu-*
latum si l'on pouvait s'appuyer sur le THÉORÈME : *Les trois angles*
d'un triangle valent deux droits. Voici la réponse à cette question.

Il suffit, pour cela, de démontrer le théorème n° 37, en s'appuyant
sur celui dont je viens de rappeler l'énoncé et que je suppose démontré antérieurement.

Voici cette démonstration donnée par Legendre :

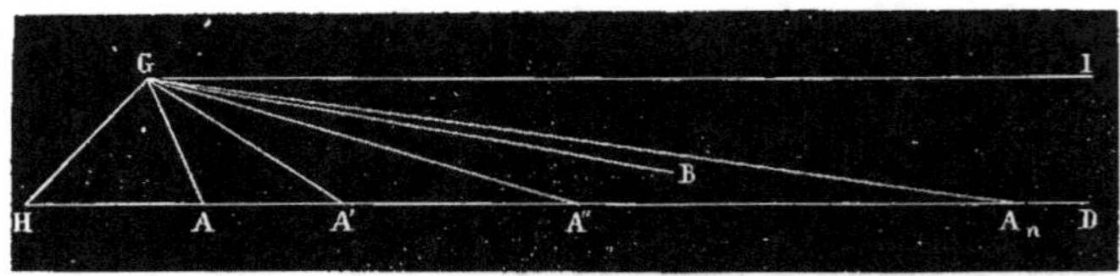

Soient les deux droites GB, HD, faisant avec GH deux angles internes BGH, GHD, dont la somme est moindre que deux droits ; il s'agit de démontrer qu'en les prolongeant suffisamment elles se rencontreront.

A cet effet, j'augmente l'angle HGB de manière que l'angle HGI, qui résulte de cet accroissement, soit supplément de GHD.

Je prends $HA = HG$; l'angle HGA sera égal à HAG, et j'aurai

$$AHG + HGI = 2^d \text{ par construction ;}$$

$AHG + HGA + GAH = 2^d$ en vertu du théorème que je suppose démontré,

d'où
$$HGI = HGA + GAH = 2HGA.$$

Donc la ligne GA, bissectrice de l'angle IGH, *rencontre* HD à une distance $HA = HG$;

De même GA', bissectrice de l'angle IGA, *rencontre* AD à une distance $AA' = AG$;

Puis GA'', bissectrice de IGA', *rencontre* A'D à une distance $A'A'' = GA'$.

En continuant ainsi des bissections successives, j'obtiendrai des droites GA, GA', GA'',.... faisant avec GI des angles égaux à

$$\frac{1}{2}HGI, \quad \frac{1}{4}HGI, \quad \frac{1}{8}HGI, \quad \frac{1}{16}HGI....,$$

et toutes ces droites *rencontreront* HD.

J'arriverai à un angle IGA_n aussi petit que je voudrai, et par conséquent à

$$IGA_n < IGB,$$

et, GA_n rencontrant HD, GB qui sera dans l'intérieur du triangle HGA_n la rencontrera à plus forte raison.   *C. Q. F. D.*

Note D. — Méthode d'exhaustion.

Cette méthode est fondée sur le principe suivant :

Deux quantités *invariables* sont égales lorsque leur différence est moindre que toute quantité assignable.

M. Vincent a démontré, dit-il, la fausseté de ce principe, à moins qu'il ne s'agisse de quantités *variables* ; et c'est précisément le contraire qui est vrai. Chose singulière! le critique cite l'autorité du célèbre Lacroix, qui, cependant, à la suite de l'énoncé du principe, ajoute :

« Il faut bien faire attention qu'il s'agit de quantités *invariables*. »

En effet, dès que deux quantités sont invariables, leur différence est constante, et alors il y aura nécessairement des quantités plus petites. Ce n'est que lorsque deux quantités varient (ou seulement l'une d'elles) que leur différence est susceptible de devenir plus petite que toute quantité donnée. *Exemple* : un polygone, inscrit dans un cercle, peut différer de ce cercle aussi peu qu'on voudra; mais il ne lui sera jamais égal.

La *méthode d'exhaustion* (du mot latin *exhaurire*, épuiser) proprement dite consiste à retrancher successivement des quantités égales deux à deux des deux quantités dont on veut prouver l'égalité, et à faire voir que la différence des restes, qui est la même que celle des deux quantités primitives, est plus petite qu'une quantité donnée, quelle qu'elle soit, les restes eux-mêmes pouvant devenir aussi petits qu'on voudra.

C'est à cette méthode qu'Euclide a recours pour démontrer que *deux cercles* (C, c) *sont proportionnels aux carrés de leurs diamètres* (D, d) :

$$\frac{C}{D^2} = \frac{c}{d^2}.$$

À cet effet, il retranche d'abord les carrés inscrits P, p, qui sont entre eux comme les carrés des diamètres, et alors la différence entre les restes

$$\frac{C}{D^2} - \frac{P}{D^2} \quad \text{et} \quad \frac{c}{d^2} - \frac{p}{d^2}$$

est la même que la différence entre

$$\frac{C}{D^2} \quad \text{et} \quad \frac{c}{d^2} :$$

puis, de chaque reste qui se compose de segments, il retranche les

triangles isocèles inscrits dans ces segments ; en représentant par T
et t les sommes de ces triangles, la différence entre

$$\frac{C}{D^2} - \frac{P}{D^2} - \frac{T}{D^2} \quad \text{et} \quad \frac{c}{d^2} - \frac{p}{d^2} - \frac{t}{d^2}$$

sera encore la même que la différence entre

$$\frac{C}{D^2} \quad \text{et} \quad \frac{c}{d^2} :$$

puis, en retranchant de chaque segment restant le triangle isocèle qui
lui est inscrit, la différence entre

$$\frac{C}{D^2} - \frac{P}{D^2} - \frac{T}{D^2} - \frac{T'}{D^2} \quad \text{et} \quad \frac{c}{d^2} - \frac{p}{d^2} - \frac{t}{d^2} - \frac{t'}{d^2}$$

est encore la même qu'entre les quantités primitives; et alors tout se
réduit à prouver qu'en continuant ces soustractions successives on
pourra arriver à des restes aussi petits qu'on voudra, et dont les différences, également aussi petites qu'on voudra, étant constantes,
seront nécessairement nulles.

En effet, le carré inscrit est *plus* de la moitié du cercle; par conséquent, les premiers restes sont *moindres* que la moitié de chaque
cercle.

Chaque triangle isocèle inscrit dans un segment est *plus* de la
moitié de ce segment; par conséquent, le reste en est *moins* de la
moitié.

Les restes successifs diminuent donc plus rapidement que les termes
de la progression géométrique.

$$\frac{1}{2}, \quad \frac{1}{4}, \quad \frac{1}{8}, \quad \frac{1}{16}, \ldots ;$$

ils pourront devenir aussi petits qu'on voudra. Même conclusion pour
leur différence

$$\frac{C}{D^2} \quad \text{et} \quad \frac{c}{d^2} :$$

mais cette dernière, si elle existait, serait constante, auquel cas elle
ne pourrait pas être moindre que toute quantité donnée ; en sorte
que

$$\frac{C}{D^2} - \frac{c}{d^2} = 0.$$

Donc, finalement,
$$\frac{C}{D^2} = \frac{c}{d^2},$$

ou encore
$$\frac{C}{c} = \frac{D^2}{d^2}. \qquad\qquad C.\ Q.\ F.\ D.$$

Note E. — La réduction a l'absurde.

Ce mode de démonstration consiste à supposer le *contraire* de ce qu'on veut prouver, et à faire voir, par une suite de raisonnements, que cette supposition est *absurde*. C'est, pour ainsi dire, plaider le faux pour connaître le vrai.

Les anciens géomètres avaient souvent recours à la réduction à l'absurde, qui, à leurs yeux, était un raisonnement sans réplique. Aussi Euclide, après avoir démontré, ainsi que cela a été expliqué dans la note précédente, qu'on peut retrancher successivement de deux cercles des triangles formant des polygones semblables, de manière que les restes soient aussi petits qu'on voudra, ne se croit-il pas suffisamment autorisé à en conclure immédiatement que les cercles sont entre eux comme ces polygones, et par suite comme les carrés des diamètres. « Une conclusion aussi immédiate, » dit fort judicieusement M. Duhamel, « aurait été l'objet de trop d'attaques de la part des sophistes qui niaient des choses beaucoup plus évidentes. Aussi a-t-il recours à un détour, à la réduction à l'absurde. »

A cet effet, le géomètre d'Alexandrie suppose que le rapport des cercles n'est pas celui des carrés de leurs diamètres, et que, au lieu d'avoir

$$\frac{C}{D^2} = \frac{c}{d^2}.$$

on a

$$\frac{C}{D^2} = \frac{s}{d^2}.$$

en représentant par s une surface plus grande ou plus petite que c, soit, en premier lieu, plus petite.

Dans cette hypothèse, on pourra du cercle c retrancher des triangles jusqu'à ce que le reste soit moindre que la différence entre c et s: on formera ainsi un polygone p plus grand que s et inscrit dans le cercle c: en inscrivant dans le cercle C un polygone semblable P, on aura

$$\frac{P}{D^2} = \frac{p}{d^2}.$$

et, comme on a supposé

$$\frac{C}{D^2} = \frac{s}{d^2}.$$

on aurait

$$\frac{C}{P} = \frac{s}{p}.$$

ce qui est absurde, car C est plus grand que P qui y est inscrit, tandis que s est plus petit que p, en sorte que le second des deux rapports

$$\frac{C}{D^2} \quad \text{et} \quad \frac{c}{d^2}$$

ne peut pas être plus petit que le premier. On prouverait de même
que le premier ne peut pas être plus petit que le second; d'où finalement

$$\frac{C}{D^2} = \frac{c}{d^2} \qquad\qquad C.\ Q.\ F.\ D.$$

Remarques. En réalité, la réduction à l'absurde, appliquée aux *proportions*, n'est rigoureuse qu'en apparence.

Lorsque vous dites : Si, dans la proportion

$$\frac{C}{D^2} = \frac{c}{d^2},$$

le premier rapport n'est pas égal au second, il sera égal à un rapport
plus grand ou plus petit, vous supposez que ces rapports sont susceptibles d'être exprimés en nombres. Mais, s'ils sont *incommensurables*,
tout consiste à démontrer que la valeur *approchée* du second est
égale (n° 83) à celle du premier, avec la même approximation, quelle
que soit cette approximation; et c'est précisément ce que nous
démontrons dans la *méthode des limites.*

La réduction à l'absurde doit-elle être rejetée d'une manière absolue, ainsi que le prescrivait l'*instruction générale* qui fut publiée à
l'appui du nouveau plan d'études (sous le ministère de M. Fortoul)?

Réponse. — Non. Sans en faire abus, il y a des cas où il faut y
avoir recours, faute de mieux, ou seulement lorsqu'elle est plus simple
ou plus féconde qu'une autre méthode; par exemple, le mode de démonstration expliqué d'une manière générale au n° 26, sous la dénomination de *démonstration par exclusion*, a de très nombreuses
applications, et ce n'est cependant qu'un raisonnement par la réduction à l'absurde.

———————

NOTE F. — INDIVISIBLES. INFINIMENT PETITS.

Plusieurs géomètres, et spécialement des géomètres italiens, parmi
lesquels nous citerons en première ligne *Cavalieri* (1598-1647, ami
de Galilée), ont cherché à démontrer des théorèmes et à résoudre des
problèmes à l'aide d'une méthode dite des *indivisibles*, et cela en
décomposant les *quantités*, les *surfaces* et les *volumes*, par exemple,
en leurs derniers éléments, dits *indivisibles.* C'est ainsi qu'ils con-
sidèrent le *cercle* comme composé d'une infinité de triangles, et par
suite comme égal au produit de sa circonférence par la moitié du
rayon.

Comme démonstration, cette méthode est très insuffisante. D'abord,
le mot *indivisible* est impropre, par la raison qu'une quantité, quelque

petite qu'elle soit, est toujours divisible : à proprement parler, elle n'a pas de *dernières* parties.

Quelque grand que soit le nombre des rayons qui divisent un cercle, chaque partie est un *secteur* et non un *triangle*; il n'est pas permis de négliger les *segments* qui complètent les secteurs, parce que, est-il dit, ces segments seront aussi petits qu'on voudra; reste encore à prouver que leur *somme* peut devenir moindre que toute quantité donnée, auquel cas on tombe dans la *méthode des limites* dont il a été fait usage dans le IVe livre.

Il y a plus, la dénomination d'*infiniment petits*, prise à la lettre, est pareillement impropre : il est vrai que l'usage l'a consacrée pour désigner des quantités *indéfiniment décroissantes*, ce qui revient à dire qu'un *infiniment petit est une quantité qui a zéro pour limite* [1].

Les infiniment petits sont un moyen de mettre la méthode des limites en équation : en représentant par deux lettres la limite d'une variable et la différence entre cette limite et la variable, cette différence est un infiniment petit, et la limite une constante.

Ou bien on divise la quantité qu'on veut déterminer en infiniment petits qu'on partage en plusieurs groupes, pour déterminer ensuite la limite de la somme de chacun de ces groupes.

Si, par exemple, on suppose la surface d'un cercle divisée par des rayons en une infinité de parties égales infiniment petites, ces parties seront des *secteurs*; chacun de ces secteurs se compose d'un triangle et d'un segment; après quoi on détermine, d'une part, la somme des triangles, et, d'autre part, celle des segments.

Chaque segment est moindre que le rectangle ayant pour base la corde et pour hauteur la flèche : leur somme est donc moindre que le produit de la somme des cordes par la flèche : le second facteur a zéro pour limite, et le premier n'augmente pas indéfiniment ; par suite, le produit, c'est-à-dire la somme des rectangles, et, à plus forte raison, la somme des segments, ont zéro pour limite, et la surface cherchée a pour limite la somme des triangles. Cette somme est le produit de la somme des cordes par la moitié de l'apothème. Je remplace l'apothème par le rayon, ce qui augmente le produit de la demi-somme des bases par la flèche, dont zéro est la limite, et par conséquent ne change pas la limite cherchée; reste donc à trouver la limite du produit de la somme

____

1. Leibniz (1646-1716), inventeur des infiniment petits, les désignait d'abord par le mot *indéfiniment petits*; ce n'est que plus tard, pour abréger, qu'il remplaça indéfiniment par infiniment.

« ..... Inveni meum calculum *indefinite* parvorum.... »

Leibniz, Opera, éd. Dutens, tome III, page 188.

des cordes par la moitié du rayon. Enfin, remplaçant la somme des cordes par la circonférence, on augmente le multiplicande de l'excès de la circonférence sur la somme des cordes, excès qui deviendra nul à la limite, en sorte que, finalement, il ne reste plus que le *produit de la circonférence par la moitié du rayon.*   *C. Q. F. D.*

Remarque. Il n'est pas difficile de voir qu'au fond cette démonstration est la même que celle des limites, et qu'elle n'est pas plus simple que la nôtre.

ERRATA.

Page 46. douzième ligne, au lieu de *perpendiculuires.* lisez : *perpendiculaires.*

— 104. dix-huitième ligne, au lieu de n, lisez : $\frac{211}{150}$ de n.

— 148. appelez Fig. 235 la figure de gauche. et Fig. 236 celle de droite.

— 290. huitième ligne. 2ᵉ parenthèse. au lieu de $\frac{}{h''}$. lisez : $\frac{1}{h''}$.

— 300. vingt-cinquième ligne. au lieu de *circonscrit.* lisez : *circonscrit au même cercle.*

— 349. vingt-sixième ligne. au lieu de *Calculez ensuite l'excès de la plus grande somme sur la plus petite.* lisez : *Calculez la différence entre chacun de ces carrés et la somme des carrés des deux autres.*

TABLE DES MATIÈRES.

Livre Ier. — Principes fondamentaux.

CHAPITRE Ier. — Les angles. ... 2
CHAPITRE II. — Les triangles. ... 12
CHAPITRE III. — Perpendiculaires et obliques. ... 26
CHAPITRE IV. — Les triangles rectangles. ... 36
CHAPITRE V. — Théorie des parallèles. ... 38
CHAPITRE VI. — Polygones. — Quadrilatères. ... 51
Exercices récapitulatifs sur le livre Ier.
    Examens oraux. ... 69
    Questions à traiter par écrit. ... 76

Livre II. — Le cercle et la mesure des angles.

CHAPITRE Ier. — Dépendance mutuelle des arcs et des cordes. ... 80
CHAPITRE II. — Tangentes et sécantes parallèles. ... 90
CHAPITRE III. — Contacts et intersections des circonférences. ... 93
CHAPITRE IV. — Mesure des angles. ... 99
CHAPITRE V. — Problèmes fondamentaux sur les livres I et II. ... 112
Exercices sur les livres I et II.
    Examens oraux. ... 153
    Questions à traiter par écrit. ... 156

Livre III. — Lignes proportionnelles. — Similitude.

CHAPITRE Ier. — Proportionnalités. ... 162
CHAPITRE II. — Similitude des polygones. ... 172
CHAPITRE III. — Théorèmes résultant de la proportionnalité. ... 187
CHAPITRE IV. — Problèmes relatifs au livre III. ... 204
Exercices sur le livre III et sur ce qui précède.
    Examens oraux. ... 217
    Questions à traiter par écrit. ... 230

Livre IV. — Polygones réguliers. — Rapport de la circonférence au diamètre. — Évaluation des surfaces.

CHAPITRE I⁽ᵉʳ⁾. — Polygones réguliers.   238
CHAPITRE II. — Rapport de la circonférence au diamètre.   255
CHAPITRE III. — Mesure des surfaces.   275
Problèmes sur le livre IV.   321
Exercices récapitulatifs sur le livre IV.
          Examens oraux.   343
          Questions à traiter par écrit.   354

Notes diverses sur la Géométrie plane.

NOTE A. — Définition de la ligne droite et de la ligne courbe. —
          Critiques.   363
     B. — Théorie des parallèles. — Postulatum d'Euclide.   364
     C. — Somme des angles d'un triangle.   367
     D. — Méthode d'exhaustion.   373
     E. — La réduction à l'absurde.   375
     F. — Indivisibles. Infiniment petits.   376

www.ingramcontent.com/pod-product-compliance
Lightning Source LLC
LaVergne TN
LVHW020603180726
843502LV00002B/336